H. J. Warnecke (Hrsg.)

wt spezial

Beiträge aus acht Jahrzehnten

Springer-Verlag
Berlin Heidelberg New York
London Paris Tokyo
Hong Kong Barcelona Budapest

Herausgeber:

Prof. Dr.-Ing. h. c. mult. H. J. Warnecke
Fraunhofer-Gesellschaft
Leonrodsstraße 54
80636 München

Redaktion:

Dr. S. Klingauf
Redaktion wt, Springer-Verlag
Heidelberger Platz 3
14197 Berlin

ISBN 978-3-642-52358-8   ISBN 978-3-642-52357-1 (eBook)
DOI 10.1007/978-3-642-52357-1

Die Deutsche Bibliothek - CIP-Einheitsaufnahme
wt, Produktion und Management: Werkstattstechnik; Organ der VDI-Gesellschaft Produktionstechnik (ADB)
Hrsg.: Verein Deutscher Ingenieure. - Berlin; Heidelberg: Springer.
Erscheint monatl. - Aufnahme nach Bd. 84, H. 5 (1994)
Bis Jg. 81, H. 12 (1991) u. d. T.: Werkstattstechnik
ISSN: 0941-2360
NE: Produktion und Management

Spezial. wt spezial. - 1994

wt spezial: Beiträge aus acht Jahrzehnten / H. J. Warnecke (Hrsg.) Berlin; Heidelberg; New York;
London; Paris; Tokyo; Hong Kong; Barcelona; Budapest: Springer, 1994
(wt, Produktion und Management; Spezial)
ISBN 978-3-642-52358-8
NE: Warnecke, Hans J. (Hrsg.)

SPIN: 10471407   62/3020 - 5 4 3 2 1 0 - Gedruckt auf säurefreiem Papier

Inhaltsverzeichnis

Editorial VII

Zur Geschichte der Zeitschrift "Werkstattstechnik" IX

Titelseite für den ersten Jahrgang 1907 XI

"Zur Einführung". - Geleitwort der Schriftleitung zur Gründung der WERKSTATTSTECHNIK XIII

Zeitgemäße Betriebsorganisation in einer deutschen Automobilfabrik (1926)
G. Schlesinger 1

Auslese-Paarung (1942)
O. Kienzle 9

Grundlagen der Automatisierung und ihr Einfluß auf die Ausbildung
von Maschineningenieuren (1957)
C. M. Dolezalek 17

Schnittkraftberechnungen für das Abspanen von Metallen (1969)
H. Victor 23

Optische Sensoren zur Automatisierung der Qualitätsprüfung (1984)
K.W. Melchior und G. Pavel 34

Sensorgeführte Industrierobotersysteme (1984)
R. Strauch 38

Bedienerloses Fertigen mit einer Werkzeugstandzeitüberwachung (1985)
K. Brankamp und B. Bongartz 42

Verschleißschutz durch CVD-Behandlung (1985)
A. Inzenhofer 46

Laserschneiden dreidimensionaler Teile mit Industrierobotern (1985)
R. Fumagalli 52

Kaltfließpressen - Neue Möglichkeiten und Anwendungen (1985)
H. Leykamm 56

Simulation des dynamischen Verhaltens einer Drehmaschine (1986)
J. Koch und M. Michalak 60

Geometrie- und technologieorientierte Verbindung von CAD-Systemen
mit NC-Programmiersystemen (1987)
J. Milberg und St. Peiker 63

Senkung der Produktionskosten beim Einsatz von CNC-Werkzeugschleifmaschinen (1988)
G. Petuelli 67

Systematische Planung der Montage bei Einzel- und Kleinserienproduktion (1988)
W. Eversheim, I. Kosmas und K.-H. Sossenheimer 72

Prüfhäufigkeit aus der Werkzeugstandzeit (1989)
U. Haußmann.. 77

Koordinatenmeßtechnik (1990)
Th. Garbrecht, H. Schmitt, S. Roth, F. Hartmann, F. Eberle und J. Funk 81

Serienfertigung Just-in-time mit SPC-Protokoll (1990)
M. Kleiner 84

Bahnregelung im Zustandsraum (1990)
G. Pritschow und H. Rudloff 89

Automatisierung der Werkstückversorgung an Werkzeugmaschinen (1991)
U. Dilling 93

Optimale Anwendung moderner Schneidstoffe (1991)
R. Abel 98

Fehlerdiagnose an Werkzeugmaschinen mittels Parameterschätzmethoden (1991)
R. Isermann 102

Probleme und Lösungsmöglichkeiten der Bewertung von Ausreißern
bei der Einflanken-Wälzprüfung (1991)
R. Marquardt...107

Aktuelle Probleme der Abrasiv-Wasserstrahl-Bearbeitung (1991)
A. Momber...112

Lasermaterialbearbeitung mit CO_2-Hochleistungslasern bis 25 kW Strahlausgangsleistung
(1991)
R. Nuss...117

Werkstattorientierte Programmiersysteme: Charakteristika, Erfahrungen und Entwicklungen
(1991)
M. Thines 121

Die fraktale Fabrik (1992)
H.-J. Warnecke...126

Inhaltsverzeichnis 83/1993, Hefte 1 - 11/12 131

Editorial

Professor Dr.-Ing. Dr. h. c. mult.
Hans-Jürgen Warnecke

Auch alte Erkenntnisse sind noch umzusetzen

Lieber Leser, sehr verehrter Abonnent unserer wt, vor Ihnen liegt ein Treueband, der ausgewählte Beiträge aus den Jahren 1907 bis 1992 enthält. Es ist immer wieder interessant und aufschlußreich, in älteren Jahrgängen unserer Zeitschrift zu blättern und in den Aufsätzen Aussagen zu lesen, die genauso gut heute hätten geschrieben werden können. So sagt die Schriftleitung in der Ausgabe Januar 1907: "Wer am besten, schnellsten und billigsten zu arbeiten versteht, der herrscht heute!" oder "Der fehlende Rohstoff, nicht nur das Eisen, muß durch gesteigerte Tätigkeit der Hand und des Geistes ausgeglichen werden. Die Werkstatt muß für die fehlenden Naturschätze die Gegenwerte auf dem Weltmarkt schaffen; sie muß in erster Linie auf der Höhe in voller Ordnung sein, soll ein Unternehmen emporkommen und in Blüte bleiben." Man geht dann weiter darauf ein, daß nur beim Zusammenwirken von Ingenieuren und Kaufleuten, "tüchtigen, arbeitsfreudigen, zufriedenen Leuten", mit zweckentsprechender Organisation und besten Betriebsmitteln sowie Arbeitsbedingungen der Erfolg kommt, an dem alle beteiligt sind. Und schließlich heißt es: "Wir wollen in den Spalten unserer Zeitschrift mit strengster Unparteilichkeit all die erwähnten Fragen zur Erörterung bringen, beitragen zu einem Meinungsaustausch über gegenseitige Rechte und Pflichten. Denn Meinungsaustausch ist die Brücke zur Verständigung."

Sie werden auch in anderen Beiträgen dieser Zeitschrift immer wieder auf Aussagen stoßen, die an Aktualität nichts verloren haben. So gelten z.B. die Gedanken zur Automatisierung, die vor mehr als 30 Jahren niedergeschrieben wurden, genauso heute noch.

Im komplexen Geschehen eines Unternehmens, insbesondere eines Fabrikbetriebs, hat es immer wieder unterschiedliche Schwerpunktsetzungen gegeben. Diese richteten sich danach, wo man die größten Verbesserungspotentiale sah. So lag in den vergangenen zwei Jahrzehnten bis vor kurzem der Schwerpunkt auf der Automatisierung und dem

Rechnereinsatz. Dann wurde festgestellt, daß das nicht immer den wirtschaftlichen Erfolg brachte: In etlichen Fällen wurde zwar eine hohe Arbeits-, aber eine geringe Kapitalproduktivität bewirkt. Es wurde zu großer Aufwand in der Automatisierung betrieben, da man sich vor Änderungen der Organisation und Verbesserung der Abläufe scheute. Deswegen liegt jetzt der Schwerpunkt auf der Verbesserung von Strukturen und Abläufen sowie der Nutzung der Kenntnisse und Potentiale der qualifizierten und auch der angelernten Mitarbeiter vor Ort. Unter dem jetzigen Schock der Rezession, die Strukturschwächen und unsere Kostenkrise offenbarte, versuchen die Unternehmen geradezu in einer Crash-Aktion ihre Position im Vergleich zum weltbesten Konkurrenten zu verbessern. Die Produktivität der Produktion wird dadurch in den nächsten Jahren in Deutschland enorm steigen, und die Bundesrepublik wird ein wettbewerbsfähiger Produktionsstandort bleiben.

Man kann aber jetzt schon sagen, daß sich bald der Schwerpunkt des Interesses der Produktions-Fachleute wieder den Investitionen, den Werkzeugmaschinen und der weiteren intelligenten Automatisierung zuwenden wird. Nach der gegenwärtigen Strukturinnovation wird die Prozeßinnovation und dann auch in Zusammenarbeit zwischen Wirtschaft und Wissenschaft die Produktinnovation vorangetrieben werden. Vor allem letztere ist der Schlüssel, hier am Standort Deutschland, - der sich nach dem 2. Weltkrieg sehr schnell zu einem teuren Produktionsstandort entwickelt hat,- preiswert zu produzieren: Der Kunde muß zu einem akzeptablen Preis-Leistungs-Verhältnis geliefert bekommen. Als wirklich neue Themen kommen die ressourcenschonende und umweltfreundliche Produktion einschließlich des Recycling dazu.

Wir dürfen aber nicht wieder - wie vor allem in den 80er Jahren - unseren Blick durch Sondereinflüsse trüben lassen, sondern müssen hellwach und ständig auf der Suche nach Verbesserungen und nach Neuem bleiben: Der weltweite Wettbewerb und die Neuverteilung der produktiven Arbeit in der Welt setzen sich fort, andere holen auf, erarbeitete Abstände sind nach einigen Monaten, spätestens nach zwei bis drei Jahren wieder verschwunden.

Neue Sichtweisen ergeben sich heute vor allem aus der Zusammenarbeit von Spezialisten verschiedener Disziplinen. Dazu ist die Kommunikation zu verbessern. Hier spielt eine Fachzeitschrift eine wichtige Rolle, die wir mit der wt in der Kommunikation zwischen Wissenschaft und Wirtschaft auf dem Gebiete der Produktion unterstützen wollen. Der Abonnent und Leser bestärkt uns, daß wir auf dem richtigen Wege sind, und ich schließe mit demselben Satz, den die Schriftleitung 1907 in ihrem Editorial verwendete:

"Wir hoffen, daß es uns gelingen wird, unser Scherflein zum Aufklärungswerk beizutragen und durch unsere Arbeit der Ingenieurwelt künftig gute Dienste zu erweisen."

Zur Geschichte der Zeitschrift "Werkstattstechnik"

Prof. Dr.-Ing.
Georg Schlesinger

"Es sollen neben der reinen Praxis der Werkstatt die wissenschaftlichen Grundlagen der Arbeitsverfahren beleuchtet, nicht minder aber die wirtschaftlichen Fragen zur Diskussion gestellt werden.

Es fehlt in Deutschland eine Zeitschrift, die den Raum für die freie Meinungsäusserung gerade dieser wichtigen Gebiete des Wirtschaftslebens hergibt, die der Werkstatttechnik des reinen Empirikers denselben Raum gönnt, wie den wissenschaftlichen Untersuchungen des Gelehrten auf diesem noch jungfräulichen Boden, die endlich gewillt ist, den Lebensfragen der Technik, "den Wirtschaftsfaktoren", die ihnen gebührende weittragende Wichtigkeit zuzuerkennen." (Zielsetzung der Herausgeber der **Werkstatttechnik** *in einem Rundschreiben an potentielle Fachautoren. August 1906)*

Um die Jahrhundertwende prägte ein anhaltender Differenzierungsprozeß das Maschinenbauwesen. Dieser Prozeß war wiederum Folge der schnellen Entwicklung in Wissenschaft und Technik: Mechanische Werkstätten wurden zu Maschinenfabriken; Metall- und Holzbearbeitung erfuhren eine grundlegend neue Technologie. Ausgehend von Amerika wurden Begriffe wie rationelle Betriebsorganisation, Normung und Serienfertigung mit Inhalt gefüllt. Der Name Frederick Winslow Taylor stand hierfür Pate.

Die deutschen technischen Hochschulen zollten dieser Entwicklung ihren Tribut, indem sie ihre Lehrstühle teilweise einer Neuprofilierung unterzogen und sie betriebswirtschaftlich und fertigungstechnisch modern orientierten. So besetzte 1904 Georg Schlesinger (1874-1952) in Berlin an der TH Charlottenburg den ersten fertigungstechnischen Lehrstuhl der Welt. Analoge Gründungen gab es in Aachen, Danzig, Breslau, Dresden und Hannover. Die wissenschaftliche Fertigungstechnik in Deutschland war damit institutionalisiert.

Die Gründung der ersten Fachzeitschrift für die gesamte Fertigungstechnik, der *Werkstattstechnik*, im Jahre 1907 bestätigte diese im ersten Jahrzehnt unseres Jahrhunderts stattgefundene Entwicklung. Der Gründung unter der Herausgeberschaft von Georg Schlesinger war ein Projekt-Vorschlag des Kölner Ingenieurs Karl Georg Frank im Dezember 1905 vorausgegangen. Er fragte bei Springer an, ob Interesse an einer "Zeitschrift für mechanische Technologie" bestünde, die "dem weiten Gebiet der Arbeits- und Fabrikationsmethoden gewidmet" sein sollte, "etwa wie die amerikanische Zeitschrift *The American Machinist*. Wir haben meines Wissens noch nichts derartiges in unserer technischen Litteratur (sic!) hier in Deutschland." Zu der Zeit arbeitete Frank bei den Land- und Seekabelwerken in Köln-Nippes. Seine Erfahrungen rekrutierten sich damals aus einem eineinhalbjährigen Aufenthalt in Amerika.

Julius Springer interessierte sich sehr für das Vorhaben und holte den Rat des in Deutschland führenden Fachmannes, Georg Schlesinger, ein. Nach einem regen Gedankenaustausch, der sich über einige Monate hinzog, wurde Schlesinger im Sommer 1906 als Mitherausgeber gewonnen und übernahm schließlich Ende September des gleichen Jahres die Gesamtredaktion, da Frank aus arbeitsrechtlichen Gründen die Hauptherausgeberschaft hatte aufgeben müssen.

Daß der noch junge Professor Schlesinger Erfolg gewohnt war und dies sehr selbstbewußt vertrat, zeigten die Bedingungen, an die er sein Einverständnis zur Mitarbeit an der neuen Zeitschrift knüpfte: "Das Honorar, welches Sie mir bieten, ist nur der Schreiberlohn für die aufgewandte Zeit. Sie tragen das geschäftliche Risiko, ich setze neben meinen Kenntnissen auf schwierigen Fachgebieten meinen Namen und meine persönlichen Kenntnisse ein. (...) Wenn die geplante Zeitschrift nicht großzügig ins Leben tritt, hervorragend nach Inhalt und Ausstattung, wenn sie etwa auf dem Niveau der vielen technischen Zeitungen stehen soll, die als Annoncenblättchen ihr Leben fristen, so muß ich darauf verzichten, meinen Namen dafür herzugeben; dabei würde ich mich selbst aufs schwerste schädigen." Zu einer Einigung zwischen Springer und Schlesinger kam es bald.

Kleine Meinungsverschiedenheiten gab es später noch einmal wegen des Titels. Schlesinger favorisierte *Die Fabrik*. Dies schien Julius Springer aber als "zu wenig wissenschaftlich", und so schlug er *Werkstattstechnik* vor. Schlesinger gab nach, räumte aber ein, daß der Titel ihm eigentlich zu lang sei, "und die Abkürzung *wt* erinnert zu stark an Wolffs Telegraphenbüro. *Fabrik* ist netter."

Die schließlich ab Januar 1907 monatlich erscheinende Zeitschrift erfreute sich innerhalb ihrer Zielgruppe rasch großer Beliebtheit. Wohl ein Grund, warum sich im August 1911 Alexander Luchars, Generaldirektor des New Yorker Verlags Industrial Press, an Springer wandte, um ihm die deutsche Herausgabe seiner Zeitschrift für Werkzeugmaschinen *Machinery* anzutragen: "... possibly we might find a way by which, instead of being competitors, our interests might be combined to our mutual advantages."

Sowohl Luchars als auch Springer kamen aber zu dem Schluß, daß eine reine Übersetzung der amerikanischen Zeitschrift inhaltlich am deutschen Markt vorbeiproduziert würde. Vielmehr einigte man sich darauf, daß ab 1912 die *wt* zweimal monatlich erscheinen, ihr Umfang von 56 Seiten auf 32 reduziert werden und zu 40 Prozent übersetzte Beiträge aus der *Machinery* aufnehmen sollte, die von Schlesinger auszusuchen waren. Zu diesem Zweck wurde eine gemeinsame Firma gegründet, deren Kapital zu einem Drittel von Industrial Press und zu zwei Dritteln von Springer aufgebracht wurde.

Natürlich unterschieden sich die Auffassungen über das, was heute als Marketing bezeichnet wird. Bezüglich des Absatzes sah Luchars eine große Möglichkeit in einer erweiterten Zielgruppe, die auch Arbeiter umfaßte. Die Beiträge hätten dementsprechend einfacher verständlich sein müssen. Nach einer Rücksprache mit dem Herausgeber Georg

Schlesinger äußerte sich Springer hierzu mittels einer kurzen Arbeitsmarktanalyse: "Sie dürfen nicht vergessen, daß die Verhältnisse in Amerika und Deutschland vollständig verschieden sind. (...) Dies liegt in der Entwicklung der deutschen Industrie begründet, deren Stärke die wissenschaftliche Ausbildung der Ingenieure bildet."

Für die Abonnentenwerbung schlug Luchars die amerikanische Methode der Geldprämie vor. Er empfand es als großen Fehler, "to pursue the oldfashioned German method of obtaining subscriptions." Hier argumentierte Springer, daß man bei deutschen Werkmeistern mit einem "stark ausgeprägten Gewerkschaftsgefühl" rechnen müsse, und sie seien wohl kaum als Provisionswerber zu gewinnen.

Ergebnis dieser Diskussion war, daß ab 1914 die *wt* in eine Ingenieurs- und eine Betriebs-Ausgabe für Werkmeister aufgeteilt wurde. Dieses Splitting hatte guten Erfolg und konnte sich auch während der Wirren des Ersten Weltkriegs behaupten. Erst 1919, als Industrial Press und Springer ihre Zusammenarbeit aufgrund organisatorischer Schwierigkeiten in Freundschaft auflösten, wurde die Betriebs-Ausgabe eingestellt.

Georg Schlesinger blieb Herausgeber der *wt*, bis er 1934 - nachdem er ein Jahr zuvor von April bis November in politischer Untersuchungshaft hatte sitzen müssen - nach der Schweiz emigrierte und dort an der ETH Zürich einen Lehrstuhl annahm. Im November 1934 wechselte er für vier Jahre an die *Université Libre* nach Brüssel. Anfang 1939 wurde ihm die Gründung und Leitung der *Institution of Production Engineers* in Loughborough/ Leicester übertragen.

Auf Schlesingers Wunsch folgte ihm 1934 sein ehemaliger Schüler Professor Otto Kienzle auf den Berliner Lehrstuhl und als Herausgeber der *wt*. In diesem Amt blieb Kienzle bis 1957. Der sich steigernde Fertigungsbedarf vor und während der Kriegsjahre verlangte auch vom Herausgeber der Zeitschrift *Werkstattstechnik und Werksleiter* (Titel seit 1934) einen starken inhaltlichen Ausbau des Fachorgans. Dieser Entwicklung wurde seit 1943 ein allmähliches Ende gesetzt. Wegen der knappen Papierkontingente und des Mangels an Arbeitskräften wurde behördlicherseits eine Zusammenlegung der *wt* mit der vom Verein Deutscher Ingenieure herausgegebenen Zeitschrift *Maschinenbau - Der Betrieb* angeordnet. Das letzte Heft der nunmehr gemeinsamen Zeitschrift mit dem neuen Titel *Werkstattstechnik - Der Betrieb* erschien im September 1944.

Nach 1945 bedurfte es mehrerer Jahre bis zur Wiederbelebung der *wt*. Lizenz-Anträge Springers an das britische *Military Government of Germany* waren mehrmals erforderlich: "Das baldige Wiedererscheinen dieser Zeitschrift in der britischen Zone ist dringend erwünscht, da bisher noch keine technische Zeitschrift, die sich mit dem Fabrikbetrieb, der Fabrikorganisation, der Herstellung von Werkzeugen und der Konstruktion von Werkzeugmaschinen befasst, in dieser Zone erscheint. In der amerikanischen Zone hingegen kommt bereits wieder die Zeitschrift *Werkstatt und Betrieb* heraus."

Die Anträge blieben zunächst wegen Papierknappheit bis September 1948 unberücksichtigt. Bis zu diesem Zeitpunkt hatten Otto Kienzle und Julius Springer alle Vorkehrungen für ein Wiedererscheinen der *wt* getroffen. Da die Nachkriegsnöte (zerstörte Druckereien und vieles mehr) noch sehr hinderlich waren, kamen Springer und der VDI überein, "ihre Zeitschriften *wt* und *Maschinenbau - Der Betrieb* nicht getrennt wieder aufleben zu lassen, sondern als Gemeinschaftszeitschrift *Werkstattstechnik und Maschinenbau* herauszubringen, so daß 1949 das erste Heft dieser wiedererstandenen ersten und ältesten Zeitschrift für das gesamte Gebiet der Fertigung erscheinen konnte". (Julius Springer zum 50jährigen Jubiläum der *wt* in: *Werkstattstechnik und Maschinenbau*. Heft 1, 1957)

Marion Badenhop
Springer-Archiv

WERKSTATTSTECHNIK

ZEITSCHRIFT FÜR ANLAGE UND BETRIEB VON FABRIKEN UND FÜR HERSTELLUNGSVERFAHREN

Herausgegeben

von

Dr.-Ing. G. SCHLESINGER

Professor an der Technischen Hochschule zu Berlin.

Erster Jahrgang: 1907.

BERLIN.
Verlag von Julius Springer.
1907.

WERKSTATTSTECHNIK.

1907. JANUAR.

INHALT: Moderne Arbeits- und Meßmethoden für die Herstellung richtiger Gewinde des Systems International „S. J.“ Von Ingenieur Otto Eckelt-Berlin. S. 3. — Die Fabrikbuchführung. Von Joh. Lilienthal-Berlin. S. 14. — Über ein neues Entlohnungssystem. Von Dr. Karl Georg Frank-Cöln. S. 19. — Kraftverbrauch von Fräsmaschinen. Von Oberingenieur S. Streiff-Rheydt. S. 21. — Tragbare doppelte Vertikal-Fräsmaschine. Von Konstruktionsingenieur O. Rambuscheck-Charlottenburg. S. 22. — Das Wernerwerk der Siemens & Halske A.-G. Von Professor W. Franz-Charlottenburg. S. 28. — Neue Grundlagen für Schraubenbolzen in Amerika. Von Professor Dr.-Ing. G. Schlesinger-Charlottenburg. S. 30. — Profileisenschneider (Patent Krüger Nr. 163990). Von Oberingenieur Fr. Uhlig-Oberschöneweide. S. 34. — Das Aufhauen der Feilen im eigenen Betriebe. Von Ingenieur G. Peiseler-Charlottenburg. S. 37. — Stufenräder-Getriebe mit doppeltwirkender Schwinge. Von Ingenieur A. Finkelstein-Charlottenburg. S. 42. Zeitschriftenschau. S. 43. — Patentbericht. S. 47. — Bücherbesprechungen. S. 50. — Neue Bücher. S. 51. — Aus Werkstatt und Büro. S. 51.

> „Ein Mann, der recht zu wirken denkt,
> Muß auf das beste Werkzeug halten!“
>
> (Goethe.)

Der ungeheuren wirtschaftlichen Übermacht der Länder, in denen das Eisen wächst und denen gleichzeitig die gütige Natur die schwarze Kohle oder die weiße, das Kraftwasser, freigiebig schenkt, müssen die weniger gut bedachten Völker ihre werktätige Arbeitskraft entgegenstellen.

Wer am besten, schnellsten und billigsten zu arbeiten versteht, der herrscht heute!

Das Dichterwort: „Wo das Eisen wächst in der Berge Schacht, da entspringen der Erde Gebieter!“ bedarf längst der Ergänzung!

Der fehlende Rohstoff, nicht nur das Eisen, muß durch gesteigerte Tätigkeit der Hand und des Geistes ausgeglichen werden. Die Werkstatt muß für die fehlenden Naturschätze die Gegenwerte auf dem Weltmarkte schaffen; sie muß in erster Linie auf der Höhe und in voller Ordnung sein, soll ein Unternehmen emporkommen und in Blüte bleiben.

Wo liegen nun die Mittel, welche den Erfolg verbürgen, welche dazu beitragen, das wirklich Höchste auf den betreffenden Fachgebieten, die wir in der Hauptsache auf Maschinenfabriken einschränken wollen, zu leisten?

Genügt eine besonders wirksame Ausrüstung von Bearbeitungsmaschinen und verfeinerten Einrichtungen aller Art?

Sie kann unausgenutzt bleiben oder nutzlos werden, wenn die Betriebsleitung versagt, oder wenn es nicht gelingt, gut geschulte Arbeiter anzuwerben oder allmählich durch gute Ausbildung von Lehrlingen heranzuziehen. Sie kann erheblich an ihrer Wirksamkeit einbüßen, wenn unsachgemäß angelegte Gebäude die Arbeit erschweren, wenn die richtigen Beförderungsmittel im Gebäude fehlen oder in unzureichender Anzahl vorgesehen sind.

Insbesondere, wenn die Arbeitsverteilung nicht richtig wirkt, wenn es der Betriebsleitung nicht gelingt, rechtzeitig die Rohstoffe heranzuschaffen, die halbfertigen Stücke unter voller Ausnutzung des vorhandenen Maschinenparks durch die Abteilungen zu führen, immer möglichst die richtige Maschine frei zu machen, dann nützen die besten Einrichtungen, die willigsten und tüchtigsten Arbeiter nichts, dann wird das Wort „Lieferzeit“ zu einer gefürchteten Geißel, dann wird das ganze Unternehmen zu einem Fehlschlag.

Und weiter! Eine Fabrik kann trotz all ihrer technischen Errungenschaften ins Hintertreffen geraten, wenn der zweite gleichwertige Faktor: „die kaufmännische Leitung“ nicht ebenso auf der Höhe steht wie die technische. Ingenieur und Kaufmann dürfen keine Gegensätze in einer Fabrik sein. Erst ihre sachverständige selbstlose Zusammenarbeit gibt vollen Erfolg. Der Voranschlag des Ingenieurs bedarf auf Schritt und Tritt des sorgfältigsten

Nachspürens der Betriebsbuchführer. Die Selbstkostenberechnung muß mit der Fertigstellung des Fabrikationsgegenstandes ebenfalls fertig sein, oder doch gewissermaßen in „Reichweite" hinter dem Stück herkommen. Hat die Maschine erst das Haus verlassen, ungeprüft auf die Übereinstimmung des Gewichts und der Selbstkosten mit dem Voranschlage, erscheint die Nachprüfung erst ein Vierteljahr später, so verliert sie für den Ingenieur den packenden Wert. Nur eine ständige Wechselwirkung zwischen den werteschaffenden Arbeitern und Ingenieuren und den nachprüfenden Kaufleuten zeitigt den Erfolg. Auf gleich starken, technischen wie kaufmännischen, Füßen stehe die Fabrik, keine Kämpfer, nur Helfer und Mitarbeiter finde sie in allen ihren Angestellten.

An der Entwicklung der Bearbeitungsmaschinen, insbesondere an der Verbesserung der Arbeitseinrichtungen und Werkzeuge sind einfache Arbeiter von jeher in hohem Grade beteiligt gewesen, aber man muß es verstehen, ihr Vertrauen zu wecken und zu erhalten, indem man ihre erfinderische Tätigkeit in geeigneter Weise ansport und belohnt.

Ein wesentlicher Teil unserer Zeitschrift ist der Pflege dieser Werkstattstechnik, die im Grunde das A und O des Gedeihens einer Fabrik bedeutet, gewidmet. Wir erhoffen eine rege Mitarbeit aller Schichten gerade bei diesem für die Allgemeinheit so wichtigen Wissenszweige.

Das Höchstmaß der Arbeitsfähigkeit wird erreicht, wenn tüchtige, arbeitsfreudige, zufriedene Leute in zweckmäßig angelegten Räumen an den besten Maschinen mit vorzüglichen Werkzeugen und Einrichtungen arbeiten; in Räumen, die sich der Arbeitsform und dem Arbeitsgang eines bestimmten Gegenstandes anpassen, die richtige Hebezeuge im Innern und ausreichende Verbindungsmittel unter einander besitzen und den Betriebsbeamten eine leichte Übersicht gewährleisten. Erst wenn das alles erfüllt ist, kann am Schluß, gewissermaßen als das vereinigende Band, eine straffe Organisation zur Wirkung kommen, kaufmännisch und technisch, welche die Probe auf die Rechnung bedeutet, welche mit größter Schnelligkeit festzustellen hat, ob das Unternehmen wirtschaftlich reif ist, ob es den erhofften Überschuß abwirft.

Denn das Endziel jeder Produktion, mag sie vom Einzelnen oder von einer Gemeinschaft mehrerer betrieben werden, ist Gewinn!

Gewinn unter den oben gemachten Voraussetzungen, bei denen Zufriedenheit herrscht beim Arbeitnehmer und Arbeitgeber, jenen beiden großen Gruppen, von deren Einigkeit das Wohl und Wehe der gesamten Industrie abhängt.

Vom einfachen Arbeiter zum Meister, vom Angestellten, Kaufmann wie Ingenieur, zum Direktor, alle sind sie am endgültigen Erfolge beteiligt.

> „Wie alles sich zum Ganzen webt,
> Eins in dem andern wirkt und lebt!"

Wir wollen in den Spalten unserer Zeitschrift mit strengster Unparteilichkeit all die erwähnten Fragen zur Erörterung bringen, beitragen zu einem Meinungsaustausch über gegenseitige Rechte und Pflichten. Denn Meinungsaustausch ist die Brücke zur Verständigung.

Wir haben versucht, in den Aufsätzen des ersten Heftes unser Programm möglichst vollständig zu kennzeichnen, d. h. ein umfassendes Bild der Werkstätte in ihren wesentlichen Teilen zu geben, so wie wir es oben entworfen haben. Wir hoffen, daß es uns gelingen wird, unser Scherflein zum Aufklärungswerk beizutragen und durch unsere Arbeit der Ingenieurwelt künftig gute Dienste zu erweisen.

Die Schriftleitung.

WERKSTATTSTECHNIK

XX. JAHRGANG.   15. OKTOBER 1926.   HEFT 20.

ZEITGEMÄSSE BETRIEBSORGANISATION IN EINER DEUTSCHEN AUTOMOBILFABRIK.

Von G. Schlesinger, Charlottenburg.

Fließarbeit ist das Schlagwort der Stunde. Mit dem laufenden Band oder der wandernden Kette glauben viele die Not unserer Industrie endgültig bannen zu können. Und doch ist die fließende Fabrikation bei einfachen Massenherstellungsgegenständen, wie Preßkohlen, Ziegeln, Seife und dergl., und in der Hüttenindustrie, die glühende Körper nicht kalt werden lassen darf, seit Jahrzehnten eine Selbstverständlichkeit. Man vergißt immer wieder, daß nur die Herstellungsmenge entscheidet, und daß diese wieder abhängig ist vom Bedarf. Die genannten Verbrauchsgegenstände des täglichen Lebens sowie Bleche, Stangen usw. werden in ungeheuren Mengen völlig gleichartig stets unter selbstverständlicher Voraussetzung eines Massenbedarfes hergestellt, ohne daß sich die Form, d. i. die konstruktive Ausbildung, ändert. Die Ergebnisse dieser Art Fabrikation lassen sich ferner mit verhältnismäßig geringem Aufwand an Kosten und Platz aufstapeln. In manchen Fällen ist nicht einmal Rücksicht auf die Witterung von Bedeutung, oder der Einfluß des Wetters läßt sich durch offene Schuppen oder geeignete einfache Lagerräume beheben. Viel schwieriger dagegen wird die Aufbewahrungsfrage, wenn es sich um Maschinen handelt, die immer empfindlich gegen Nässe und starke Wärmeveränderungen sind, und deren Aufstapelung in bezug auf Raumbedarf und Schonung des Gegenstandes sehr schwierig sein kann.

Unter den maschinellen Einrichtungen der Industrie nimmt nun der Kraftwagen eine besondere Stellung ein, insofern als er durch die Mannigfaltigkeit der verbrauchten Rohstoffe (alle möglichen Eisen- und Stahlsorten, Rotguß, Leichtmetallegierungen, Holz, Glas Polsterstoffe, Leder usw.) wohl zu dem überhaupt schwierigsten Herstellungsgegenstand wird, den die Industrie kennt. Hat doch ein normaler Personenkraftwagen rd 4—5000 Teile, die sich nach Abrechnung der Wiederholungen auf etwa 1000—1200 verschiedene Einzelelemente verringern. Dazu kommt, daß bei diesem Herstellungsgegenstand auch noch die Sicherheitsfrage eine große Rolle spielt, da sich die Insassen eines Kraftwagens auf Leben und Tod der Zuverlässigkeit der Baustoffe anvertrauen müssen. Es ist ohne weiteres klar, daß die Bedarfsfrage einerseits und der Rohstoffpreis andererseits eine um so entscheidendere Rolle spielt, je mehr man sich von den ganz billigen Wagen (Ford-Runabout für 265 Doll. = 1100 Mk.) den teueren nähert, und daß es bei mittleren Preislagen zwischen RM. 8000,— und 14 000,— in deutschen Landen bereits eines erheblichen Mutes bedarf, wenn man es wagen will, auch nur eine Monatsproduktion von 100 Stück, ohne Deckung durch feste Bestellungen, hinzulegen. Damit kommen wir zum springenden Punkt: der Festsetzung der Tagesleistung an Wagen; sie ist abhängig von der Güte des Wagens, von seinem Preise, von der Finanzkraft, der Verkaufsorganisation und schließlich dem Wagemut des Unternehmers. Da in jedem Fabrikbetriebe, der aus eigener Kraft bestehen will, die Verkaufsmöglichkeit die entscheidende Rolle spielt, so bedeutet jedenfalls die Festlegung der Tagesziffer bereits die Entscheidung über die Art, wie die Fließarbeit in der in Frage kommenden Werkstatt durchgeführt werden muß.

In einem Gespräch mit dem Generalmanager der „General-Motors-Corporation" in Detroit stellte sich dieser auf den Standpunkt, daß sich eine fließende Fabrikation, insbesondere die Band-Montage (progressive assembly) mit vollem Nutzen und mit wirklicher Vollendung der Arbeitsmittel nur durchführen ließe, wenn die Tagesleistung an Wagen nicht unter 300 sänke, und auch bei einer solchen für deutsche Verhältnisse unbekannten Ziffer — nach meiner Kenntnis hat sich auch die leistungsfähigste deutsche Fabrik auf nicht mehr als 100 Wagen/Tag eingestellt — wären in den Werkstätten der Einzelteile (mechanische Werkstätten) großartige Einrichtungen, wie endlose Bänder oder zwangläufige Ketten, nur von Fall zu Fall am Platze, während es sonst durchaus genüge, Rollenförderer, Rutschbahnen, Schiebetische, Wanderkarren oder dergl. zu benutzen.

Es ist kein Kunststück, eine fließende Fabrikation für 300 Wagen am Tag einzurichten, dagegen entstehen sehr erhebliche Schwierigkeiten für die Durchführung dieses Grundgedankens in einer Fabrik, die nur wesentlich kleinere Mengen täglich liefern will. Wenn man noch dazu die laufende Fabrikation nicht stören darf, so müssen alle Umstellungsmaßnahmen ganz allmählich, natürlich auch unter Rücksichtnahme auf die vorhandenen finanziellen Mittel, vorgenommen werden, und man darf sich nicht wundern, wenn 1 bis $1\frac{1}{2}$ Jahre vergehen, bis sich eine solche Umstellung an Haupt und Gliedern bis in alle Einzelheiten auswirkt.

Der deutsche Wagen wird aus Edelstahlsorten gebaut — das verlangt heute noch die deutsche, knochenmahlende Landstraße —, diese Musterprüfstrecke für Chromnickelstähle zwischen 90 bis 150 kg Festigkeit und mit Preisen, die zwischen RM. 0,50 und 1,00 für 1 kg Rohstoff schwanken. Wenn auch nicht verkannt werden soll, daß bestimmte Landstraßen in Deutschland in den letzten Jahren wesentlich verbessert worden sind, so ist der überwiegende Teil der Straßen noch immer in bösem Zustand, und diese Erkenntnis spiegelt sich z. B. wieder in den Berichten der englischen Presse, die noch im Hochsommer 1926 dem englischen Reisenden empfahl, mit jedem Kraftwagen, mit dem er in Deutschland Reisen machen wolle, ein erhebliches Lager von Ersatzteilen mitzunehmen, um an einer solchen Reise noch einigermaßen Genuß und Freude zu haben.

Der beste Fabrikationswille muß an der mangelnden Grundlage, dem guten Straßenbau, scheitern, der den deutschen Kraftwagenkonstrukteur zwingt, bei sorgsamer Hütung der gesunden Glieder bzw. des Lebens der Wageninsassen, Kraftwagen zu bauen, deren Rohstoffe insgesamt teurer sind, als der gleichgroße amerikanische Wagen — cif Geschäftsstelle des Berliner Händlers — mit allen Steuern und Zöllen kostet. Wer also nicht Sonderkonstruktionen, die durch überwältigende Rennsiege gewissermaßen geschützt sind, herstellt, für die dann auch das Ausland Liebhaberpreise anlegt, der bleibt auf das deutsche Inland und seine Straßen angewiesen und muß dann aber auch seine Herstellungstagesziffern auf den deutschen, vorläufig recht kleinen Bedarf einstellen.

Die Horchwerke A.-G.-Zwickau haben vom Februar 1924 bis Juli 1926 durch Einführung einer Art geistiger Kette, die von den Büros anfangend bis in die letzten Winkel der Werkstatt gezogen wurde, ohne Festlegung wesentlicher Geldmittel und mit der Unteraufgabe, unter keinen Umständen die Fabrikation zu stören, die gesamte Umstellung in den Büros und in den Werkstätten durchgeführt.

Wer solche Umstellung einmal mitgemacht hat, weiß, welche außerordentliche Arbeit und Nervenanspannung alle leitenden Männer des Betriebes unausgesetzt aufwenden müssen, um reibungslos und nach außen unbemerkt die alte Fabrikation aufhören zu lassen und gleichzeitig die neue aufzubauen und zum guten Ende durchzuführen. Das ist das große Verdienst der Zwickauer Werksleitung.

Dabei war trotz der dauernden Leistungserhöhungen, die sich im Absenken der Akkordminuten auf mehr als die Hälfte ausdrücken, die Zusammenarbeit mit Angestellten und Arbeitern völlig harmonisch. Die Fabrikangehörigen hatten begriffen, daß der Bestand der Horchwerke an die dauernde Senkung der Verkaufspreise geknüpft war. Wurde doch durch die Verbilligung der Zölle, verbunden mit einer fast gewaltsamen Einführung der amerikanischen Wagen, der gefährliche ausländische Wettbewerb von Monat zu Monat schwerer und fühlbarer. Daß in der Hauptsache die verbesserten Fabrikationseinrichtungen und ihre erhöhte Ausnutzung

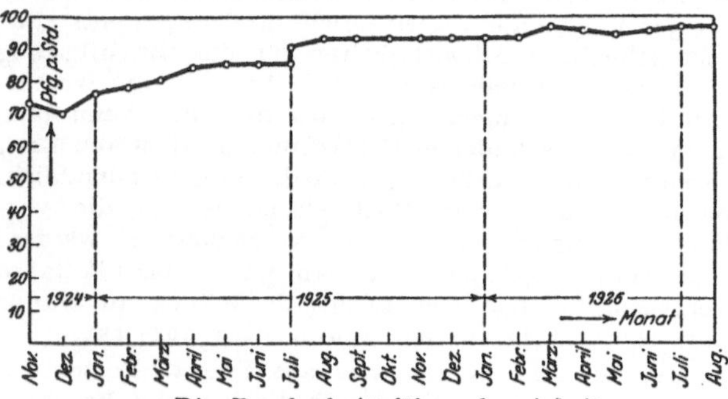

Fig. 1. Die Durchschnittslöhne der Arbeiter.

die dauernde Senkung der Akkordminuten verursacht haben, zeigt die Tatsache, daß die Durchschnittslöhne der Arbeiter gleichgeblieben, ja sogar stetig gestiegen sind (Fig. 1); auch unter Berücksichtigung des allgemeinen Ansteigens der Löhne und Gehälter im deutschen Maschinenbau seit Juli 1925.

Von den deutschen Kraftwagenfabriken werden nur die dieses schwere und sich unter unerhört ungünstigen Bedingungen für Deutschland abspielende Rennen erfolgreich bestehen, die gleichzeitig eine Hochleistung der Werkstätten, hervorgebracht durch beste Maschinen und fleißige Arbeiter, mit größter und doch in keinem Fall zu weitgetriebener Sparsamkeit — (das kann auch ein schwerer Fehler sein) — zu vereinigen verstehen.

Wer einen Betrieb schnell umstellen will, muß bei den Kopfarbeitern beginnen. Alle verantwortlichen Stellen, einschließlich der Meister, sowie sämtliche Büros müssen neu geordnet und gewissermaßen auf ein Ziel gerichtet und eingespielt sein — denn bei den Kopfarbeitern liegt vor allen Dingen Vorbereitung, Führung und Überwachung der Arbeit, — dann werden die Betriebswerkstätten sehr schnell nachfolgen.

Die Befolgung dieser Reihenfolge hindert durchaus nicht, daß gleichzeitig in den Herstellungswerkstätten

alle augenfälligen Mißstände sofort beseitigt werden können — das sind gewissermaßen die großen Rosinen, deren Entdeckung keine Kunst ist. Aber eine zähe, stetig erfolgreiche Tätigkeit kann man in einem schon eingelaufenen Betrieb nur entfalten, wenn man ganz systematisch vorgeht, alles bis ins einzelne zwar vorbereitet, die Meister, Vorarbeiter und Arbeiter aber nicht vorzeitig beunruhigt, d. h. nicht eher zur .Umstellung veranlaßt, bis alle Vorbereitungen für die Abänderung der bisherigen, häufig gut bewährten Arbeitsweisen getroffen sind, damit dann auch wirklich alle, weil sie gewissermaßen zwangläufig aufeinander angewiesen sind, denselben Strang ziehen müssen.

Die Zeiten, in denen ein überragender Fabrikationsfachmann durch den Betrieb ging und mit dem „bloßen Auge" die faulen Stellen erschaute, sind für Fabriken von einer gewissen Größe (etwa 400 Arbeiter) an vorüber, ebenso das System der verfrühten Zeitstudien. Diese sollten immer erst dann einsetzen, wenn

I. die Arbeitsvorbereitung (Materialversorgung, Werkzeugeinrichtung, schlagbereite Maschinen, Vorkalkulation);

II. die Arbeitsführung (Werkbüro) mit dem gesamten Schreibwerk (der Vordisposition und Revision) und

III. die Abrechnung (Aufschreibung der Akkordzahlungen und Nachrechnung)

eingerichtet sind und plangemäß zusammenwirken.

I. Arbeitsvorbereitung.

Es handelt sich beim Kraftwagen, wie bereits ausgeführt, wohl um den überhaupt schwierigsten Herstellungsgegenstand der Maschinenindustrie, auch dann, wenn sich die Fabrik, wie hier die Horchwerke, nur auf einen Personenwagen einer Größe beschränkt. In diesem Falle bleibt wenigstens das fertige Fahrgestell einheitlich gleich. Der Aufbau (Karosserie) ändert sich noch sehr stark nach den Wünschen des Käufers.

Selbst ein Ford muß dem Rechnung tragen und gibt in seinem Katalog fünf verschiedene Aufbaumöglichkeiten an. Während sich aber Ford nur auf schwarzlackierte Wagen beschränkt, müssen die größeren Personenwagen Aufbauten erhalten, die je nach den Wünschen des Käufers außer schwarz auch in vielen andern Farben lackiert sind, so daß die endgültige Fertigstellung des Aufbaues von der getroffenen Wahl der Farbe abhängt. Von den 1200 verschiedenen Teilen des Horchautos (im ganzen 4800 Stück) werden alle rohen Guß-, Schmiede- und Preßteile von auswärts bezogen. Dagegen werden mit Ausnahme der Schrauben, Muttern, Stifte, Unterlegscheiben und der sonstigen käuflichen Normen nur noch die einfachsten Automatenteile gekauft, während alle übrigen Teile im Zwickauer Betrieb selbst bearbeitet und fertiggestellt werden.

Die Rohmaterialbeschaffung arbeitet mit dem die Arbeit führenden Werkbüro derart zusammen, daß das Werkbüro dem Einkauf bestellreife Unterlagen liefert, die, nach Materialsorten getrennt, von Fall zu Fall stark wechselnde Liefermengen und Termine enthalten, die der Leistungsfähigkeit des Betriebes, vor allem dem Besetzungsplan der Maschinen, auf das genaueste angepaßt sind, um die beiden Hauptforderungen:

a) Vollausnutzung des Maschinenparkes,

b) Mindestumlauf des Materiales zu erfüllen.

Da Stückzahl, Größe und Schwierigkeit der Teile wechseln, so entsteht im Werkbüro unter dem Gesichtspunkt der Kleinsthaltung der Läger ein aufs feinste durchgearbeiteter Lieferterminplan für die nun folgende kaufmännische Arbeit des Einkäufers, dem die ganze technisch-sachliche Verantwortung zwar abgenommen ist, der aber nun mit seiner ganzen kaufmännischen Begabung und Arbeit für das Aushandeln, Bestellen, Termineinhalten und Bezahlen der nach Menge und Güte vom Fachmann festgelegten Teile einsteht.

Von dem Augenblick des Einlangens der Ware in Zwickau beginnt die Tätigkeit der Lagerverwaltung, die die Annahme, Prüfung, Einordnung, Pflege und Verausgabung gemäß den Weisungen des Werkbüros ausführt. Die klare Trennung in Einkaufstätigkeit, d. h. die Sorge für das, was nicht da ist, und Lagerverwaltung, das ist das Arbeiten mit dem, was da ist, gibt eine überaus einfache und übersichtliche, reibungslose Verwaltungstätigkeit der 3 mit einander arbeitenden Stellen (Werkbüro, Einkauf, Lager), die sich in der Geringstzahl der Beamten und dem Klappen der Einrichtungen im Laufe der Jahre als richtig erwiesen hat. Die Horch-Einkäufer haben sich weder um die Lagerverwaltung noch um die Betriebslage zu kümmern. Man verlangt von ihnen nichts weiter, als daß sie zuerst von allen Fabrikangestellten wissen, wann eingekauft werden muß, ferner wo am besten und am günstigsten, und daß sie dafür sorgen, daß jederzeit die für die Herstellung notwendigen Mengen in der Fabrik sind, ohne daß mit Depeschen, Eilgütern und sonstigen, die Materialbeschaffung so sehr verteuernden und die Arbeit der Werkstätten schwer störenden Unregelmäßigkeiten gerechnet werden darf. Dabei wird naturgemäß die Mitarbeit der Lagerverwaltung bei der Sicherung der Termineinhaltung durch Festlegung der eisernen Bestände nicht vernachlässigt. Sie wird aber nur als Notsignal aufgefaßt, d. h. sie soll nur dann wirken, wenn aus irgendwelchen, unvorhergesehenen Gründen und Störungen im Einkauf Fehler gemacht werden oder etwas nicht klappt.

Ohne Material kann kein Arbeiter arbeiten. Da von den Tausenden von Teilen auch nicht ein einziges Stück für die Tagesleistung fehlen darf, so bedeutet eine gut arbeitende Materialversorgung im Kraftwagenbau das Kernstück der Verwaltungsorganisation. Ohne ihr pünktliches Spiel ist eine fließende Besetzung der Bearbeitungsmaschinen unmöglich.

Im spezialisierten Kraftwagenbau kommen so alle Vor- und Nachteile einer ununterbrochenen Massenfabrikation in einem Ausmaße zur Geltung, wie sie die übrige Maschinenindustrie einschl. des Landmaschinenbaues nicht kennt. Der Hauptvorteil ist die ununterbrochene Wiederholarbeit, die nach gutem Einspielen eine fehlerlose und störungsfreie glatte Fabrikation ermöglicht, unter der einen wichtigen und unerläßlichen Voraussetzung, daß die Konstruktion feststeht und fabrikationsreif ist.

Der Hauptnachteil ist die große Empfindlichkeit des Zusammenbaues gegen jeden organisatorischen und fabrikatorischen Fehler.

II. Arbeitsführung.

Die in üblicher Weise angefertigte Maschinenkartei, in der die Maschinen nach Gruppen gleicher Leistung mit allen für ihre restlose Ausnützung nötigen Angaben zusammengestellt sind, ist das unentbehrliche Handwerkzeug für den Besetzer im Werkbüro. Das zweite Mittel ist das Terminprogramm, das sich aus der Laufzeit der einzelnen Teile und dem Abliefertag, zu dem sie für den Zusammenbau der Hauptgruppen (Aggregate) fertig sein müssen, ergibt. Die Vorarbeit hierfür muß durch die systematische Zusammenarbeit von

1. Betriebsingenieur,
2. Fortschrittsmann,
3. Vorrichtungskonstrukteur,
4. Vorrichtungshersteller,
5. Vorkalkulator,
6. Obermeister

bereits geleistet sein. Sie besteht in der Festsetzung der zweckmäßigsten Arbeitsfolgen (Vorbereitung) und der Festsetzung der auf Grund des Arbeitsfolgenplans geschätzten Arbeitszeiten (Vorkalkulation). Aus der Gemeinschaftsarbeit dieser 6 Leute ergibt sich die Werksliste, die die Grundlage für die gesamte Arbeitsausführung bildet. Mit der Herausgabe der Werksliste ist die Konstruktion unter Heranziehung aller Praktiker arbeitsreif gemacht. Erst wenn Vorrichtungen, Werkzeuge und Lehren auf der bestgeeigneten Maschine eingespielt sind, ist es dem Arbeiter möglich, die eingesetzten Akkordzeiten zu erreichen. Je nach der Geschwindigkeit des Arbeiters und dem Besetzungsgrad der Werkstatt steigen und fallen naturgemäß die Akkordüberschüsse. Für die Höchstausnutzung der Maschinen besteht dann eine Anweisung über Schnittgeschwindigkeiten und Vorschübe, die in Fig. 2 zusammengestellt ist. Der Vergleich zwischen alten und neuen Maschinen erzwingt unaufhörlich die Ausmerzung der ausgedienten oder veralteten Werkzeugmaschinen und gibt dem Fortschrittsmann und dem Vorkalkulator dauernd Veranlassung, an der Herabsetzung der Akkordzeiten durch Verbesserung der Maschinen und Einrichtungen zu arbeiten. Zur systematischen Durchführung von eingehenden Zeitstudien ist eine besondere Versuchswerkstatt in Vorbereitung. Überschlagzeitbeobachtungen dagegen werden unaufhörlich gemacht, einmal um die eingesetzten Akkorde zu berichtigen, dann um Meinungsverschiedenheiten zwischen Meistern, Arbeitern und Vorkalkulatoren eindeutig und sachlich aus der Welt zu schaffen. An dieser Stelle arbeitet der Betriebsrat mit der Vorkalkulation einträchtig im Sinne der Produktionssteigerung des Werkes zusammen und erfüllt hier im Horchwerk eine seiner wichtigsten, ihm durch das Gesetz gestellten Aufgaben.

Der Maschinenpark ist in Gruppen etwa gleichwertiger Maschinen eingeteilt worden, so daß der Besetzer (ein Mann im Werkbüro) sich nur mit der generellen Besetzung der Gruppen zu befassen hat. Er gibt dann täglich ein Programm an die mit ihm zusammenarbeitenden Terminbeamten im Werk heraus. Die hier tätigen Praktiker sind mitten in die Werkstatt gesetzte Angestellte des Werkbüros mit der Aufgabe, in Gemeinschaft mit dem Meister nunmehr von Fall zu Fall die bestgeeigneten Maschinen der Gruppe, die frei und in voll arbeitsfähigem Zustande sind, für die Arbeit auszuwählen und die Werkstatt, über deren Gesamtleistung der Besetzer im Werkbüro nur ein allgemeines Bild besitzt, nunmehr im einzelnen auf das höchste auszunutzen. Diese Zusammenarbeit der Terminbeamten hat mit den üblichen Terminjägern nichts mehr zu tun. Die Besetzung geschieht in allen Fällen, bevor die Arbeit begonnen hat. Die Erfüllung des Programmes wird täglich geprüft. Damit hört das Hetzen und Jagen auf, und an seine Stelle tritt die ruhige, zielsetzende Vorbereitung; die Arbeit wird wirklich geführt! Die Meister schreiben überhaupt nicht mehr; sie sind unausgesetzt bei ihrem Berufe, dem des Fabrikanten, den sie meisterhaft beherrschen müssen. Die Ausgabe der Zeichnung und des zugehörigen Akkordscheines gemäß dem Arbeitsstufenplan der Vorkalkulation geschieht durch den Terminbeamten bzw. durch seinen Schreiber, so daß kein Arbeiter mehr als den Auftrag für immer nur eine einzige Arbeitsstufe in der Hand hat und sich rechtzeitig am Schalter des Terminbeamten seiner Abteilung die neue für ihn bereitgestellte Zeichnung nebst Auftrag im Austausch gegen die fertiggestellte holen muß. Die an den Terminplätzen aufgestellten Benzing-Stempeluhren mit die ganze Woche fortschreitendem Druckwerk, das sich jeden Tag am

| | Gußeisen | | | | | | Schmiedeeisen 30—40 kg/mm² | | | | | |
| | mit gewöhnl. Stahl | | | mit Schnellstahl | | | mit gewöhnl. Stahl | | | mit Schnellstahl*) | | |
	Umfangs- oder Schnittgeschw. m/min	Vorschub mm/Umdr.	Spantiefe mm	Umfangs- oder Schnittgeschw. m/min	Vorschub mm/Umdr.	Spantiefe mm	Umfangs- oder Schnittgeschw. m/min	Vorschub mm/Umdr.	Spantiefe mm	Umfangs- oder Schnittgeschw. m/min	Vorschub mm/Umdr.	Spantiefe mm
Drehen	18	0,4	3,5	25	0,6	5	28	0,4	5	35	0,6	6
Gewindeschneiden	9	—	—	11	—	—	16	—	—	20	—	—
Ein- und Abstechen	10	0,2	—	15	0,35	—	16	0,3	—	20	0,4	—
Bohren { m. Bohrstange	6	0,15	4	10	0,2	6	9	0,1	2	12	0,15	6
Bohren { m. Spiralbohrer	11	0,15	—	18	0,2	—	14	0,15	—	18	0,2	—
Reiben	11	5 mm/min	—	10	5 mm/min	—	7	0,2 mm/min	—	10	0,3 mm/min	—
Fräsen { Lang- u. Plan	15	0,3	3	20	0,4	6	28	0,3	2,5	35	0,4	6
Fräsen { Rund	15	0,3	3	20	0,4	6	28	0,3	2,5	35	0,4	6
Fräsen { Zahn	15	0,5	—	18	0,6	—	16	0,2	—	40	0,25	—
Fräsen { Gewinde	15	0,25	—	18	0,35	—	16	0,1	—	20	0,15	—
Hobeln	18	wager. 1 / senkr. 0,8	3	24	wager. 1,5 / senkr. 1	6	14	wager. 0,3 / senkr. 0,25	0,8	14	wager. 0,5 / senkr. 0,3	4
Stoßen (wager. u. senkr.)	18	0,5	—	24	0,7	—	14	0,2	—	14	0,25	—

| | Stahl 80—100 kg/mm² | | | | | | Bronze, Rotguß | | | | | |
| | mit gewöhnl. Stahl | | | mit Schnellstahl*) | | | mit gewöhnl. Stahl | | | mit Schnellstahl*) | | |
	Umfangs- oder Schnittgeschw. m/min	Vorschub mm/Umdr.	Spantiefe mm	Umfangs- oder Schnittgeschw. m/min	Vorschub mm/Umdr.	Spantiefe mm	Umfangs- oder Schnittgeschw. m/min	Vorschub mm/Umdr.	Spantiefe mm	Umfangs- oder Schnittgeschw. m/min	Vorschub mm/Umdr.	Spantiefe mm
Drehen	—	—	—	20	0,2	6	28	0,5	3	45	0,8	5
Gewindeschneiden	—	—	—	10	—	—	22	—	—	28	—	—
Ein- und Abstechen	—	—	—	10	0,2	—	25	0,3	—	30	0,4	—
Bohren { m. Bohrstange	—	—	—	6	0,1	3	18	0,15	3	20	0,15	6
Bohren { m. Spiralbohrer	—	—	—	8	0,1	—	24	0,15	—	28	0,15	—
Reiben	—	—	—	5	0,15 mm/min	—	12	5 mm/min	—	14	5 mm/min	—
Fräsen { Lang- u. Plan	—	—	—	22	0,25	2,5	36	0,4	2	45	0,5	5
Fräsen { Rund	—	—	—	22	0,25	2,5	36	0,4	2	45	0,5	5
Fräsen { Zahn	—	—	—	13	0,15	—	18	0,25	—	25	0,35	—
Fräsen { Gewinde	—	—	—	13	0,1	—	18	0,25	—	25	0,35	—
Hobeln	—	wager. / senkr.	—	6	wager. 0,4 / senkr. 0,3	3	25	wager. 0,3 / senkr. 0,2	2	35	wager. 0,4 / senkr. 0,3	6
Stoßen (wager. u. senkr.)	—	—	—	6	0,25	3	25	0,25	2	35	0,35	6

| | Schmiedeeisen | | | | Stahl | | | |
	Umfangsgeschwindigkeit des Arbeitsstücks m/min	der Schleifscheibe m/sek	Anstellung der Schleifscheibe mm	seitlicher Vorschub der Scheibe je Umdrehung des Arbeitsstücks	Umfangsgeschwindigkeit des Arbeitsstücks m/min	der Schleifscheibe m/sek	Anstellung der Schleifscheibe mm	seitlicher Vorschub der Scheibe je Umdrehung des Arbeitsstücks
Rundschleifen	12	30	0,01—0,05	¾ Scheibenbreite	12	30	0,01—0,04	¾ Scheibenbreite
Planschleifen	12	20	0,01—0,04		12	20	0,01—0,03	

Ende der Arbeitszeit selbsttätig ausschaltet und erst am nächsten Morgen bei Beginn der neuen Arbeitszeit weiterzählt, übernehmen das Aufdrucken von Arbeitsbeginn und Arbeitsende auf den Arbeitsfolgeplan (Begleitkarte = Werkslistenvorschrift), der die Büros der Terminbeamten überhaupt nicht verläßt, der nur druckschriftliche, also keine handschriftlichen, Eintragungen mehr erhält und eine fortlaufende Kette der Arbeit zeigen muß bzw. die Unterbrechungen, die stattgefunden haben. In diesem Werkstattbüro entsteht auch gleichzeitig die Arbeiterwochenkarte, die als Grundlage der Ausrechnung des Bruttolohnes benutzt wird. Ihre ununterbrochenen von unparteiischer Stelle aufgedruckten Zeitstempel müssen mit den Angaben der Stempeluhrkarte am Fabriktor übereinstimmen, ohne

daß der Arbeiter nun noch mit irgendwelchen schriftlichen Eintragungen behelligt wird. Die gesamte Schreibarbeit wird eben im Werkbüro getan, die Arbeitsausführer: Meister, Vorarbeiter und Arbeiter, brauchen den Bleistift für Zeitbuchungen an laufenden produktiven Arbeiten nicht mehr in die Hand zu nehmen.

Das Lohnbüro zahlt nur, wenn die vorkalkulierte Zeit der Begleitkarte mit der Stempelung der Terminstelle übereinstimmt oder diese unterschreitet. Karten mit Zeitüberschreitung werden angehalten und dem Betriebsleiter zur Genehmigung vorgelegt, dem gleichzeitig die Begründung der Zeitüberschreitung — zu hartes Material, Materialausschuß, Werkzeugbruch, Maschinenbruch und dergl. mehr — angegeben werden muß.

Stahl 40—60 kg/mm²						Stahl 60—80 kg/mm²					
mit gewöhnl. Stahl			mit Schnellstahl*)			mit gewöhnl. Stahl			mit Schnellstahl*)		
Umfangs- oder Schnittgeschw. m/min	Vorschub mm/Umdr.	Spantiefe mm	Umfangs- oder Schnittgeschw. m/min	Vorschub mm/Umdr.	Spantiefe mm	Umfangs- oder Schnittgeschw. m/min	Vorschub mm/Umdr.	Spantiefe mm	Umfangs- oder Schnittgeschw. m/min	Vorschub mm/Umdr.	Spantiefe mm
28	0,4	5	35	0,6	6	26	0,35	4	32	0,55	6
16	—	—	20	—	—	14	—	—	18	—	—
16	0,3	—	20	0,4	—	14	0,25	—	18	0,35	—
9	0,1	2	12	0,15	6	8	0,1	1,5	10	0,15	5
14	0,15	—	18	0,2	—	12	0,15	—	16	0,15	—
7	0,2	—	10	0,3	—	6	0,2	—	8	0,25	—
	mm/min			mm/min			mm/min			mm/min	
28	0,25	2,5	32	0,35	6	20	0,2	1,5	28	0,3	4
28	0,25	2,5	32	0,35	6	20	0,2	1,5	28	0,3	4
16	0,2	—	35	0,25	—	14	0,15	—	25	0,2	—
16	0,1	—	20	0,15	—	14	0,1	—	18	0,15	—
	mm/Hub			mm/Hub			mm/Hub			mm/Hub	
14	wager. 0,3 senkr. 0,5	0,8	13	wager. 0,4 senkr. 0,25	4	10	wager. 0,2 senkr. 0,1	0,5	10	wager. 0,25 senkr. 0,15	3,5
14	0,2	—	13	0,25	—	10	0,15	—	10	0,2	—

Aluminium						Silumin					
mit gewöhnl. Stahl			mit Schnellstahl*)			mit gewöhnl. Stahl			mit Schnellstahl		
Umfangs- oder Schnittgeschw. m/min	Vorschub mm/Umdr.	Spantiefe mm	Umfangs- oder Schnittgeschw. m/min	Vorschub mm/Umdr.	Spantiefe mm	Umfangs- oder Schnittgeschw. m/min	Vorschub mm/Umdr.	Spantiefe mm	Umfangs- oder Schnittgeschw. m/min	Vorschub mm/Umdr.	Spantiefe mm
200	0,3	1	350	0,5	1,5	200	0,3	1	350	0,5	1,5
25	—	—	35	—	—	25	—	—	35	—	—
200	0,25	—	350	0,4	—	200	0,25	—	350	0,4	—
100	0,25	1	200	0,4	1,5	100	0,25	1	200	0,4	1,5
150	0,25	—	300	0,4	—	150	0,25	—	300	0,4	—
—	—	—	—	—	—	—	—	—	—	—	—
	mm/min			mm/min			mm/min			mm/min	
200	0,8	1	250	1	3	200	0,8	1	250	1	3
200	0,8	1	250	1	3	200	0,8	1	250	1	3
100	0,5	—	150	0,8	—	100	0,5	—	150	0,8	—
100	0,2	—	150	0,3	—	100	0,2	—	150	0,3	—
	mm/Hub			mm/Hub			mm/Hub			mm/Hub	
150	wager. 2 senkr. 1	1	200	wager. 2 senkr. 1	3	150	wager. 2 senkr. 1	1	200	wager. 2 senkr. 1	3
150	1,5	1	200	1,5	3	150	1,5	1	200	1,5	3

Gußeisen			
Umfangsgeschwindigkeit		Anstellung der Schleifscheibe	seitlicher Vorschub der Scheibe je Umdrehung des Arbeitsstücks
des Arbeitsstücks m/min	der Schleifscheibe m/sek	mm	
15	25	0,01—0,06	⁵⁄₆ Scheibenbreite
15	25	0,01—0,06	⁵⁄₆ Scheibenbreite

Fig. 2.

Tafel für Schnittgeschwindigkeiten und Vorschübe
in Verwendung bei der Vorkalkulation.
Für Schmiedeeisen- und Stahlbearbeitung wird jetzt
fast ausschließlich Schnellstahl benutzt.

*) Verwendung der Klopstockschneide

Das geschilderte Verfahren wird nur geübt, wenn es sich um die Ausführung von Arbeiten handelt, die bald auf dieser, bald auf jener Maschine, je nachdem sie frei ist, ausgeführt werden, so daß also der die betreffende Arbeitsstufe ausführende Arbeiter wechselt.

Handelt es sich aber um die sich stets wiederholende Durchflußarbeit in den zur Linie — z. B. Pleuelstange, Kolben, Kurbelwelle, Nockenwelle, Getriebegehäuse usw. — zusammengestellten Maschinen, über die die gleiche Arbeit auf genau bekannter Maschine immer gleichmäßig durchläuft, so ist es überflüssig, dauernd neue Akkordscheine auszuschreiben. Es wird dann nach einem sehr einfachen Sammelakkordverfahren unter Zusammenfassung aller Arbeiter an einer Linie nachgeprüft und gezahlt, wobei einfach die vorher festgesetzte, aber von der Revision abgenommene Stückzahl als Bezahlungsgrundlage dient. Es wird täglich geprüft, ob das gesetzte Pensum erreicht oder überschritten ist, und nur die wirkliche Leistung wird bezahlt, die der Revisor mit einer Zahl für die Arbeiterwochenkarte angegeben hat.

Getrennt von dieser zahlenmäßigen Aufschreibung liegt die tatsächliche Prüfung der Stücke auf ihre Brauchbarkeit durch die Revisoren. Die Revisionsarbeiten erfolgen durchweg fliegend. Die Revisoren gehen mit ihren Prüfwerkzeugen, die sie entweder bei sich tragen, oder, wenn sie zu schwer sind, auf einem fahrbaren Tisch (Fig. 3) zu den Werkbänken bewegen, innerhalb ihres Arbeitsbereiches von Arbeiter zu Arbeiter und nehmen die Arbeit so ohne Zwischentransporte ab.

Die Revisionswerkstätten sind in den Horchwerken fast ganz verschwunden, ebenso wie alle Zwischenläger. Die Durchführung der fließenden Arbeit ist nicht möglich, wenn man den Arbeitsgang durch nicht genau eingefügte und störungsfrei verlaufende Revisionen unterbricht. Die Revisoren stehen im Lohn, und sie geben über ihre Tätigkeit täglich einen schriftlichen Übersichtsbericht an das Werkbüro, der die Stücknummern des geprüften Teiles, die vollendete Arbeitsstufe und die abgenommenen Stückzahlen enthält. Im Werkbüro werden auf Grund dieser Revisionsberichte, und nur dieser, die Übersichten geschaffen, aus denen hervorgeht, wo sich die Teile befinden, in welcher Zahl und in welchem Zustand, und zwar täglich.

Der Besetzer erhält sofort von seinen Terminleuten aus dem Betriebe Nachricht, wenn Stockungen eingetreten sind, vor allen Dingen aber bekommt die

Fig. 3. Der fahrbare Tisch für die Revision.

Transportkolonne auf Grund der Revisionsmeldungen ihre Weisungen für den nächsten Tag unter Angabe, wo halbfertige oder fertige Teile sich befinden, und wohin sie zu bringen sind. Das Werkbüro stellt somit als Arbeitsführer das wichtigste Glied der Zwanglaufsordnung dar, die — bei dem Fehlen von Transportbändern und Ketten, die sich im vorliegenden Betrieb mit geringer Tagesleistung niemals lohnen würden — für das Fließen der Arbeit durch den Betrieb sorgt.

III. Abrechnung.

Es ist schon bei der Besprechung der Abstempelung der Arbeiterkarte im Terminbüro angedeutet worden, daß hier wichtige Vorarbeit für das Lohnbüro geschieht. Dieser Grundgedanke, daß die eine Abteilung der anderen vorarbeitet, daß jede schriftliche Arbeit nur einmal gemacht werden darf und stets so, daß sie ohne jede Zusatzarbeit als Unterlage oder als Vorbereitung für die nächste Arbeit unmittelbar benutzt werden kann, ist der Schlüssel zu der bei Horch erreichten Verringerung des Personals und gleichzeitig dennoch zur größten Sicherung der Zuverlässigkeit der schriftlichen Unterlagen. Die Abrechnung des Materials, der Löhne und der Lohnzuschläge erfolgt im Zwanglauf, so daß die unerläßlichen Forderungen an eine zeitgemäße Abrechnung, daß sie nämlich

1. rechtzeitig,
2. laufend,
3. in sich geprüft

mit der Arbeit fertig wird, restlos erfüllt sind. Die Unterlagen für die Abrechnung liefert, ähnlich wie beim Einkauf, wieder eine technische Abteilung der

Fabrik, im vorliegenden Fall das Werkbüro. Die hier ausgefertigten Schriftstücke, bei deren Herstellung alle an sich für Schreibarbeit nicht verantwortlichen Leute, wie Lagerverwalter, Meister, Arbeiter, ausgeschaltet sind, werden so vorbereitet, daß die mit der Verarbeitung der Unterlagen betrauten Stellen,

1. Lagerbuchhaltung,
2. Lohnbuchhaltung,
3. Unkostenbuchhaltung

nur Augenkontrolle auszuüben haben, eben weil die sachliche Arbeit vor der Ausführung der Arbeit stets vom Sachkundigsten festgelegt und daher nicht erst hinterher nachgeprüft werden muß. Diese Augenkontrolle beschränkt sich darauf, festzustellen, daß die der Arbeit vorangehenden Anweisungen auf Geldzahlungen eingehalten wurden. Dann ist das Schriftstück ungeändert, während jede Änderung durch die von dem Vordruck (Abzug, Schreibmaschinenschrift, Durchschlag) immer abweichende Schriftart sofort in die Augen fällt. Das ganze System bei „Horch" ist trotzdem auf elastische Anpassung eingestellt, d. h. es darf jeder Bevollmächtigte (Lagerist, Meister, Betriebsingenieur) ändern, falls er die Verantwortung für die Änderung übernehmen will. Er hat sich dann hinterher zu rechtfertigen, weil das Lohnbüro keine Überschreitung oder Zusatzarbeit zahlt, die Materialbuchhaltung keine Mehrausgaben von Material, als die Werkbüro-Anforderung enthält, anerkennt, und erhält Anerkennung, wenn seine Beweisführung durchschlagend ist.

Die Abrechnung, als wirksame Prüfstelle, zerfällt nun in zwei Teile: 1. die Abrechnung der produktiven Arbeiten, d. i. die Feststellung der Leistung, 2. die Abrechnung der Hilfs-, Neben- und Zusatzarbeiten, die als Gemeinkosten oder Zuschläge auf die produktiven Löhne zur Anrechnung gelangen, und die gewissermaßen die Verkörperung der Sparsamkeitserfolge der Fabrik darstellen.

Die Leistungskontrolle erfolgt durch die Aufschreibung der gearbeiteten Akkordminuten. Diese Aufschreibung ergibt in der Zusammenstellung, ob die vorkalkulierten Löhne stimmen oder nicht. Das stellt das Lohnbüro fest als an der Sache nicht interessierte Stelle und gibt sie dann zur Nachkalkulation an die Arbeitsvorbereitung bzw. Vorkalkulation weiter, die durch eine Art Prämiensystem daran interessiert sind, daß die von diesen Stellen selbst eingesetzten Zahlen mindestens eingehalten, besser unterschritten werden. Die nüchterne ziffernmäßige Vorprüfung der Richtigkeit durch die Lohnbuchhaltung nimmt der Kritik den Stachel und gestattet nunmehr, dem Vorkalkulator auch die Nachrechnung ohne Bedenken zu übergeben.

Diese Schilderung zeigt sowohl, daß man nicht recht daran getan hat, an Stelle von Vorkalkulation: Vorrechnung und an Stelle von Nachkalkulation: Nachrechnung zu sagen, denn das, was der Arbeitsausführung vorhergeht, kann zwar geschätzt, doch nicht errechnet werden; zur Vorkalkulation gehört aber eine auf großer Erfahrung ruhende Schätzungsgabe. Die Nachrechnung ist wiederum bereits durch die zahlenmäßige Aufschreibung der Leistungen im Lohnbüro geschehen, während die Nachkalkulation ja die zweite Vorkalkulation bedeutet, also eine neue Schätzung, die unter der Berücksichtigung der aufgeschriebenen Tatsachen etwas besseres und sicheres schaffen soll, als bisher da war. Das läßt sich wieder nicht errechnen, sondern nur schätzen.

Arbeitsvorbereitung und Vorkalkulation haben mit den Fortschrittsleuten daher eine nimmer ruhende, dauernd veränderungsfähige Arbeit zu leisten, bei der es vor allen Dingen darauf ankommt, daß sie wirtschaftliche Erfolge zeitigt. Sie stehen dabei ständig unter der Kontrolle der Hauptleitung, die nach jeder Abrechnung im Monat die Wagenkosten im einzelnen nach einer zweckmäßig unterteilten Abrechnungsformel so zusammenstellen läßt, daß der Betriebsleiter sofort sieht, ob die Werkstatt auf Grund der Vorkalkulation weitere Ersparnisse gemacht hat oder nicht. Es arbeitet also die Betriebsleitung zunächst nur mit der Summenkontrolle, und sie greift erst dann auf die Einzelunterlagen zurück, wenn das Ergebnis ungünstig war. Alle sogenannten „Berichte", vom Meister bis zum Oberingenieur hinauf, sind grundsätzlich ausgeschaltet. Beweismittel sind nur die von den oben genannten Buchhaltungen nachgeprüften Original-Betriebs-Belege, die unmittelbar für alle Übersichten benutzt werden.

Ebenso scharf, wie die Leistung der Fabrik in ihren Veränderungen unablässig verfolgt wird, werden die Sparsamkeitsmaßnahmen überwacht. Das geschieht durch eine Betriebsrechnung, die zunächst die Ortskosten, dann die Zuschläge für jede produktive Arbeitsstelle ermittelt

Die Ortskostenermittlung ist in die bekannten fünf Gruppen gegliedert:

1. Betriebsmaterial,
2. innere Aufträge,
3. Monatskosten,
4. Jahreskosten,
5. nichtanrechenbare Löhne (das sind die sogenannten unproduktiven Betriebslöhne).

Diese Summen und ihre Unterteilung werden für jeden einzelnen kostenverschlingenden Ort allmonatlich 14 Tage nach Monatsschluß vorgelegt. Die Betriebsrechnung gibt der Werksverwaltung die Möglichkeit, in allen wichtigen Punkten des inneren Betriebes, außerhalb der eigentlichen Produktion, Kritik zu üben und einzugreifen. Ihre Schwankungen, hervorgerufen durch den wechselnden Beschäftigungsgrad, Programm- und Konstruktionsänderungen, Umstellungen von Werkstätten, Einrichtung neuer Linien usw. usw., sind das untrügliche Manometer für die Zweckmäßigkeit oder das Fehlschlagen der getroffenen Maßnahmen, für unvermutet auftretende Störungen u. dgl. Der 15. des Monats wird daher von der Werksverwaltung mit einer gewissen Spannung erwartet. Erst wenn die Kurve der Zuschläge einigermaßen gleichmäßig geworden ist, ist der Betrieb zur Ruhe gekommen. Die Vorarbeiten für die Betriebsrechnung sind laufende; sie werden so geführt, daß die Arbeit nach Eingang der Unterlagen von den verschiedenen Rechnungsstellen innerhalb eines Tages von einem leitenden, buchhalterisch völlig sicheren hohen Angestellten und seiner Sekretärin fertig gemacht werden kann. Die Arbeit ist also auf das überhaupt mögliche Mindestmaß zusammengedrängt, und sie gestattet dennoch der nachprüfenden Werksverwaltung, mit jedem Leiter eines kostenverschlingenden Ortes, z. B. dem Meister der Dreherei oder der Bremsstation oder der Kraftzentrale, eine sehr ernste Aussprache auf Grund sachlicher Unterlagen zu pflegen, wenn die Ortskosten dieser Abteilung unzulässig hoch geworden sind.

Die Wirkung dieser Aussprachen, die allmonatlich von der Betriebsleitung durchgeführt werden — mögen sie kaufmännischer oder technischer Art sein, mögen sie einen Lagerverwalter, einen Lohnbuchhalter oder einen Meister betreffen —, ist von einer ganz außerordentlichen moralischen Bedeutung, und

die Horchwerke verdanken dieser Betriebsrechnung vor allem die Möglichkeit, die Sparsamkeitsmaßnahmen von Fall zu Fall bis zum äußersten treiben zu können und in jedem Augenblick zu wissen, wie die Anordnung wirkt, ob sie zu scharf war oder, ob sie noch weiter verschärft werden kann.

Was das Vorhandensein einer kontrollierten Unkostenrechnung gerade in dem letzten Jahr der finanziellen Not für eine wirtschaftliche Bedeutung gehabt hat, braucht nicht auseinandergesetzt zu werden, und es ist ein Gefühl der Beruhigung, wenn man feststellen kann, daß die Unkosten bei der gleichen täglichen Wagenleistung in der absoluten Geldziffer um rd 50 vH. gesenkt und in der Zuschlagsziffer auf die Löhne ungefähr gleich hoch gehalten werden konnten, und dieser große Erfolg wurde erreicht trotz der stärkeren Ausnutzung des Maschinen- und Werkzeugparkes, in diesem Falle auf das Doppelte gestiegenen Minutenleistung.

Der Erfolg der Sparsamkeitsmaßregeln hat also mit den Leistungssteigerungen gleichen Schritt gehalten.

An Stelle der üblichen Unkostenstatistik, die sich, außerhalb des Vermögenskreislaufes stellend, mit bloßen Erhebungen befaßt, ist hier eine Betriebsrechnung getreten, die erhebliche Teile des Fabrikvermögens durch sich hindurchgehen läßt, die ein Konto geworden ist, das rechnerisch doppelt geprüft nach den Gesetzen der doppelten Buchhaltung (aber abweichend von ihrer Form) auch an dieser Stelle richtige, zwangläufig fallende und in sich geprüfte Ergebnisse hervorbringt.

Man muß wissen, was man tut! An diesem ersten Grundsatz einer klarsehenden Fabrikverwaltung wurde stets festgehalten.

Sobald die Betriebsrechnung ihre Unkostenzuschläge hergibt, kann die Stückrechnung für den Kraftwagen fertiggemacht werden. Die Stückrechnung, die auf der Lohnaufschreibung beruht, verfolgt laufend die Arbeit. Bei den Horchwerken erfährt man wöchentlich mit jeder Löhnung die in der Woche neu „gefallenen" Kosten der Teile und des ganzen Wagens, und alle 14 Tage, was der ganze Wagen mit neuen gesunkenen Löhnen kostet; allerdings nicht zusammengesetzt aus den Kosten der

Fig. 15. Fließmontage der Vorderachse. Eine Art Kette bewegt sich in senkrechter Ebene; auf ihrer Oberseite sind die Vorderachsen aufgeklemmt und bewegen sich schrittweise mit wachsender Vervollständigung vorwärts. Die fertige Vorderachse fällt am Ende der Kette auf die Schienen, wie x anzeigt, und läuft auf das Hauptgleis ein, während das frei gewordene Kettenstück leer auf der Unterseite des Montagetisches zurückkehrt.

Teile ein- und desselben Wagens, denn dieser Wagen wird ja nicht in einer Woche fertig, wohl aber erhält man die Wagenkosten zusammengesetzt aus den letzten und neuesten Werten aller kürzlich bearbeiteten Teile, so daß es nicht etwa notwendig ist, am Wochenende die vielen tausend verschiedenen Akkorde zu addieren,

fordernden Abteilung abgenommen. In der Montage selbst sind nunmehr sehr einfache Einrichtungen getroffen worden, von denen als typisches Beispiel für eine sehr leistungsfähige und doch sehr einfache, Menschen und Platz sparende Arbeitsweise, Fig. 4, die Bandarbeit der Vorderachse zeigt, Fig. 5, die Vormontage des Getriebes und Fig. 6 den Beginn der Wandermontage des Fahrgestelles.

Die Vormontagen z. B. des Getriebes, Fig. 5 geschehen, nur mit Vorrichtungen, normale Schraubstöcke mit Feilen und Meißel sind vollständig verschwunden. Das Getriebe wird im Rücken des Fahrgestellmonteurs zusammengebaut, um jeden überflüssigen Transport zu vermeiden. Das Hauptgleis ist doppelt ausgeführt. Das längere Gleis geht durch, das kürzere Nebengleis dient zum Überstellen und Absetzen von Fahrgestellen, an denen Störungen vorgekommen sind, damit der Transportfluß auf dem Hauptgleis nicht unterbrochen werden muß. Zu dem Zweck sind Flaschenzüge an Hochgleisen zur Verfügung, mit denen auch die zusammengesetzten Hauptgruppen auf die auf eigenen Felgen rollenden Fahrgestelle aufgesetzt werden können. Die früher von Menschen

Fig. 5. Links Vormontage des Getriebes, rechts Zusammenbau. Die Vormontage geschieht nur in Vorrichtungen, es wird kein normaler Schraubstock verwendet; Feilen, Hämmer, Meissel sind verschwunden.

sondern immer nur die Änderungen, in der Regel Verbilligungen, die im Laufe einer Woche in der Aufschreibungsstelle zusammengeflossen sind, während die Vorziffern beibehalten werden können.

IV.

Parallel mit der Vorbereitung, Führung und Abrechnung der Arbeit gingen die Verbesserungen in der Ausführung selbst. Hierüber soll nur kurz berichtet werden. An vielen Stellen herrscht in den mechanischen Werkstätten die Linienarbeit, bei deren Durchführung die Einhaltung des Taktes auf allen Maschinen der Linie Vorbedingung ist. Mit Einführung der Linienarbeit konnten auch die bereits auf S. 605 angedeuteten Vereinfachungen in der Schreibarbeit durchgeführt werden.

Die Herstellung der großen Teile auf der Linie ist zeitlich mit der der meist kleinen Einzelteile durch den Besetzungsplan verknüpft. Sie treffen dann am Ende der Linienfabrikation ohne Zwischenlager im fließenden Transport zusammen, werden unmittelbar an der Schlußstelle zu Hauptgruppen (Aggregaten) zusammengestellt, und an dieser Stelle von dem Revisor der Montage als der

Fig. 6. Beginn der Wandermontage bei Hinterachse (links) und Vorderachse (rechts). Beide werden unter Benutzung von Nebengleisen auf die zugehörigen Felgen gesetzt, dann werden die Federn eingebunden. Die beiden Nebengleise münden auf das Hauptgleis (hinten), auf dem dann der Rahmen aufgesetzt wird. Lehre a dient zur Kontrolle, ob die Federn winklig eingebunden sind. Alle zu montierenden Teile liegen hoch und dort, wo sie gebraucht werden. Sämtliche Arbeiten werden in Brusthöhe ausgeführt.

wimmelnden Werkstätten sind leer geworden und gestatten noch eine weitere erhebliche Produktionssteigerung ohne Neubauten.

WERKSTATTSTECHNIK UND WERKSLEITER

XXXVI. Jahrgang   November 1942   Heft 21/22

Auslese-Paarung.

Von Prof. Dr.-Ing. O. Kienzle, Berlin, Obmann des Arbeitsausschusses für Passungen.

Grenzen des Austauschbaues.

Der Austauschbau hat seine wirtschaftliche Grenze da, wo die Einhaltung der Paßtoleranzen einen höheren Aufwand erfordert als die Einpaßarbeit mit all ihren bekannten Nachteilen. Die Anforderung an Paßtoleranzen geht bereits in vielen Fällen weit unter die für Passungen vorgesehenen ISA-Toleranzfelder der Qualitäten IT 5 und IT 6 herunter. Für solche Fälle stehen an sich die Qualitäten IT 1...IT 4 zur Verfügung; sie werden bekanntlich für Lehren und feine Werkzeuge, aber auch für die Hauptlager feiner Werkzeugmaschinen, Kolben von Einspritzpumpen, Kolbenbolzen von Motoren und viele andere Zwecke benutzt. Wenn man sich trotzdem noch nicht entschließen konnte, für die Qualitäten unter IT 5 Paßtoleranzfelder aufzustellen, so liegt das einmal an dem immerhin geringen Bedarf an so feinen Paßtoleranzen, andererseits an den Herstellungsschwierigkeiten (vgl. die Stücktoleranzen IT 3 bis IT 4 in **Abb. 1**) und schließlich daran, daß die Praxis schon längst wirtschaftlichere Umwege gefunden hat.

Aussuch-Paarung.

Der älteste Umweg besteht darin, daß man zu jedem einzelnen Paßteil aus einer Menge M_1 ein Gegenstück aus einer Menge M_2 heraussucht, das das gewünschte Spiel oder Übermaß innerhalb geringer zulässiger Schwankungen ergibt. Eine solche Paarung kann man A u s s u c h p a a r u n g nennen. Eine Aussuchpaarung entsteht also dadurch, daß man zu einem S t ü c k m i t b e k a n n t e m I s t m a ß I_1 aus einem Vorrat ein zweites Stück aussucht, dessen Istmaß I_2 sich von I_1 höchstens um eine zulässige

Größe A (Größtspiel, Größtübermaß) und mindestens um eine Größe B (Kleinstspiel, Kleinstübermaß) unterscheidet[1].

Eine Aussuchpaarung erfordert also die Feststellung der Istmaße. Hierbei sind die Meßungenauigkeiten T_1 und T_2 zu berücksichtigen.

Gemäß **Abb. 2** betragen die beim Messen festgestellten Maßunterschiede A und B. In Wirklichkeit kommen die Beträge T_1 und T_2 dazu oder davon weg, so daß sie $A \pm (T_1 + T_2)$ und $B \pm (T_1 + T_2)$ betragen. Die wirkliche Paßtoleranz ist somit

$$P = A - B + 2(T_1 + T_2) \quad \ldots \ldots \quad (1).$$

Sind die größten und kleinsten Paßunterschiede z. B. als Spiele S_g und S_k vorgeschrieben, so ist

$$A = S_g - (T_1 + T_2); \quad B = S_k + (T_1 + T_2) \quad . . \quad (2).$$

Wenn $A - B$ nicht allzu klein ist, dann ist das Verfahren bequem, denn man kann das erste beste Stück aus der Menge M_2 einbauen, dessen abgelesenes Maß sich von dem des Stückes 1 um nicht mehr als A und nicht weniger als B unterscheidet.

Findet man durch fortgesetztes Aussuchen aus der Menge M_2 ein Stück, das genau einen bestimmten Maßunterschied gegenüber dem Stück aus der Menge M_1 aufweist, so sinkt die Paßtoleranz äußersten Falles auf

$$P = 2(T_1 + T_2). \quad \ldots \ldots \ldots \quad (3).$$

Dieses Verfahren findet seine natürliche Begrenzung darin, daß nach der Wahrscheinlichkeitslehre niemals alle Stücke der Menge M_1 ihre in diesem Sinne genügend genau passenden Gegenstücke aus der Menge M_2 finden

---

[1] Die hier abgeleiteten Gesetzmäßigkeiten gelten nicht nur für Längenmaße, sondern auch für andere Größen (Gewichte, elektrische Widerstände u. a.), die paarweise bestimmte Summen oder Differenzgrößen innerhalb geringer Toleranzen aufweisen müssen.

Grund-toleranz-reihe	Nennmaßbereich mm						
	über 6 bis 10	über 10 bis 18	über 18 bis 30	über 30 bis 50	über 50 bis 80	über 80 bis 120	über 120 bis 180
IT 5	6	8	9	11	13	15	18
IT 6	9	11	13	16	19	22	25
Paßtoleranz IT 5 + IT 6	15	19	22	27	32	37	43
IT 3	3	3	4	4	5	6	8
IT 4	4	5	6	7	8	10	12
Paßtoleranz IT 3 + IT 4	7	8	10	11	13	16	20

Abb. 1 (oben).
Paßtoleranzen sehr genauer Passungen.
(Grundtoleranzen aus DIN 7151.)

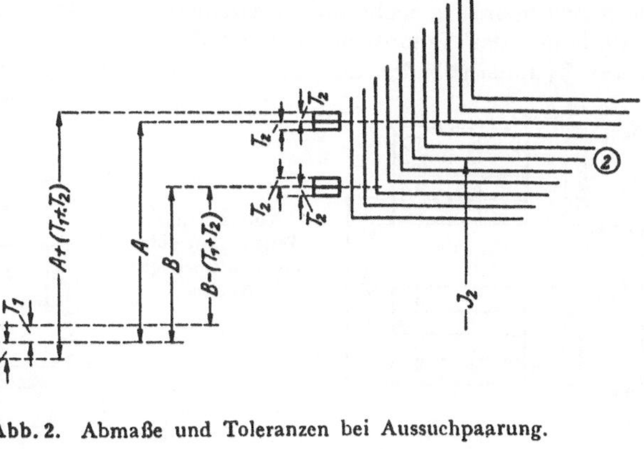

Abb. 2. Abmaße und Toleranzen bei Aussuchpaarung.

werden; außerdem ist das Verfahren recht mühsam. Praktisch ist es jedoch dann, wenn nur ein Teil der zu paarenden Stücke eine sehr kleine Paßtoleranz zu haben braucht, während der größere Teil der Gesamttoleranzen frei gepaart werden darf, mit anderen Worten da, wo nur ein Teil der Erzeugnisse für besondere Zwecke eine hohe Paßgenauigkeit aufweisen muß.

Auslese-Paarung.

Wesentlich verschieden von diesem Verfahren ist das andere Verfahren, das darin besteht, daß man Stücke innerhalb verhältnismäßig großer Gesamttoleranzen fertigt und sie nach Teiltoleranzen ausliest und dann innerhalb zugehöriger Teiltoleranzfelder wie im freien Austauschbau paart. Man nennt dieses Verfahren Auslesepaarung.

Der Begriff „Aussuchpaarung" ist vorangestellt worden, um keine Verwechslung mit dem hier nunmehr weiter zu behandelnden Begriff der Auslesepaarung entstehen zu lassen, und um den letzteren dadurch um so deutlicher hervorzuheben.

In der Praxis sprach man im allgemeinen von „Sortieren". Dieser Ausdruck ist aber ungenau, da Sortiervorgänge auch noch in anderer Hinsicht (z. B. in bezug auf Güte) erfolgen. Aus dem deutschen Wortschatz bieten sich dafür die Worte ordnen, sichten, aussondern, auswählen, auslesen. Sichten ist zwar für körniges Gut in ähnlichem Sinne schon eingeführt (Ordnung desselben Gutes nach verschiedenen Größen), jedoch eignet sich dieses Wort nicht zu Zusammensetzungen wie Sichtpaarung, Sichtgerät usw. Am besten eignet sich das Wort Auslese. Auslese bedeutet ja auch sonst das Herausheben einer gewissen Menge besonders geeigneter Menschen oder Gegenstände. Der neue Begriff lautet Auslesepaarung, nicht Auslesepassung, denn der erzeugten Passung kann man es nicht ansehen, wie sie zustande gekommen ist, ob durch freien Austauschbau oder durch Auslesen. Es handelt sich hier also nicht um die Benennung des Erreichten, sondern um die Benennung des Verfahrens der Paarung. Von Auslesen leiten sich weiterhin Begriffe wie Auslesegeräte, Ausleseprüfverfahren, Auslesearbeitsplatz, Auslesekosten usw. ab.

Bei der Auslesepaarung sind die beiderseitige Auslese und die einseitige Auslese zu unterscheiden.

Beiderseitige Auslese.

Hierbei entsteht eine Auslesepaarung dadurch, daß man die Einzelgrößen beider Mengen in eine gleiche Anzahl von Teiltoleranzfeldern einordnet, diese einander zuordnet und Teile aus entsprechenden Teiltoleranzfeldern beliebig paart.

Eine Auslesepaarung erfordert also im Unterschied zur Aussuchpaarung nicht die Feststellung der Istmaße, sondern nur das Einordnen in Teiltoleranzfelder T_t innerhalb der Gesamttoleranzen.

Mathematische Grundregel.

Die Gesamttoleranzen T_B und T_W der zu paarenden Stücke müssen gleich (T) sein und in gleich viele (n) gleich große Teiltoleranzen T_t unterteilt werden (Abb. 3).

$$T_B = T_W = T = n \cdot T_t \ \ldots \ldots \ (4).$$

Bisweilen besteht die Meinung, daß es günstiger sei, bei einer für die Bohrung gegebenen Gesamttoleranz die Gesamttoleranz der Welle zu verkleinern (Abb. 4a). Im nachstehenden wird daher der Beweis dafür geführt, daß hierbei die Schwankung des Spiels bei allen Paarungen zusammen größer ist, als wenn man die Wellentoleranz ebenso groß macht. **Abb. 4a** zeigt die Bohrungstoleranzfelder 1, 2…n, deren Toleranz je gleich T_{tB} ist, mit denen Wellen aus den Teiltoleranzfeldern 1, 2…n zu paaren sind (Bohrungen 1 mit Wellen 1… Bohrungen n mit Wellen n).

Das kleinste hierbei auftauchende Spiel S_{1k} ist das zwischen der größten Welle 1 und der kleinsten Bohrung 1. Das größte auftauchende Spiel S_{ng} ist das zwischen der größten Bohrung n und der kleinsten Welle n. Die Paßtoleranz des ganzen Loses ist also

$$P = S_{ng} - S_{1k}.$$

Ist V die Größe, um die die untere Grenze des Wellengesamttoleranzfeldes gegenüber der unteren Grenze des Bohrungsgesamttoleranzfeldes verschoben ist, so ergibt sich

$$S_{ng} = V + n \cdot T_{tB} - (n-1) T_{tW}$$
$$S_{1k} = V - T_{tW},$$

demnach

$$P = V + n \cdot T_{tB} - n \cdot T_{tW} + T_{tW} - V + T_{tW}$$
$$= n (T_{tB} - T_{tW}) + 2 T_{tW}.$$

Demnach wird die Paßtoleranz P offensichtlich am kleinsten, wenn

$$T_{tB} - T_{tW} = 0 \quad \text{oder} \quad T_{tB} = T_{tW} = T_t.$$

Umgekehrt wird P um so größer, je kleiner T_{tW} wird; das ersieht man aus der Form

$$P = n \cdot T_{tB} - (n-2) T_{tW}.$$

Andererseits könnte es rein rechnerisch scheinen, daß, wenn die Bohrungs-Teiltoleranz $T_{tB} <$ Wellentoleranz T_{tW} ist, die Klammer einen negativen Wert annimmt und dadurch P verkleinert. Daher ist an Hand der **Abb. 4b** für diesen Fall ebenfalls der Beweis geführt.

$$P = S_{1g} - S_{nk}$$
$$= V + n \cdot T_{tW} - (n-1) T_{tB} - (V - T_{tB})$$
$$= n \cdot (T_{tW} - T_{tB}) + 2 \cdot T_{tB}.$$

P erreicht wieder seinen Kleinstwert, wenn

$$T_{tW} = T_{tB} = T_t.$$

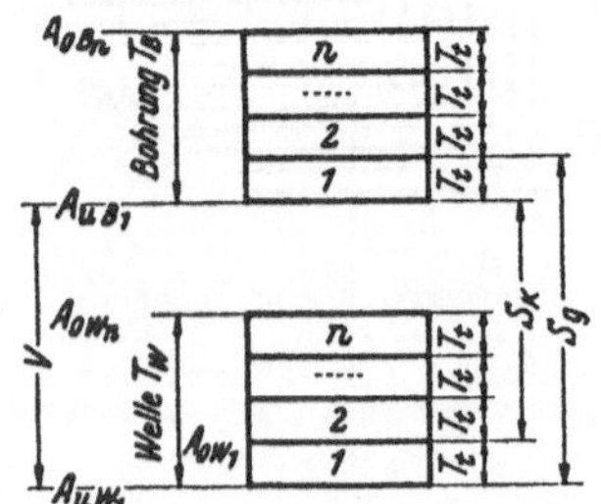

Abb. 3 (links).
Teiltoleranzfelder
bei beiderseitiger
Auslese.

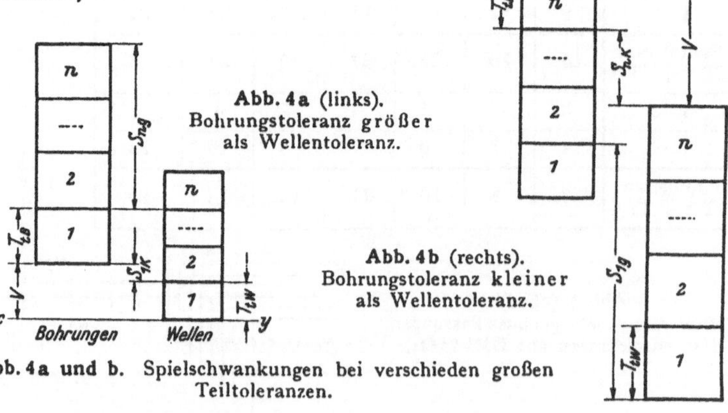

Abb. 4a und b. Spielschwankungen bei verschieden großen Teiltoleranzen.

In beiden Fällen wird

$$P = 2\,T_t$$

und erreicht damit seinen Kleinstwert, wenn Bohrung und Wellentoleranz gleich sind.

Hieraus gewinnen wir folgende Erkenntnisse:

a) Maßgebend für die Größe der Teiltoleranz ist die verlangte Auslesepaßtoleranz P_t. Da diese nach dem obigen gleich dem Doppelten einer Teiltoleranz ist, so ergibt sich umgekehrt die Teiltoleranz als die Hälfte der verlangten Auslesepaßtoleranz P_t

$$T_t = 0{,}5\,P_t \ldots \ldots \ldots \ldots (5).$$

b) Für die Gesamttoleranz innerhalb der Stücke, die auf der Maschine zu fertigen sind, ist, wenn die Fertigung von Stück und Gegenstück an sich ungleiche Ungenauigkeiten ergeben, die ungenauere maßgebend.

c) Die Auslesepaßtoleranz P_t ist bei n Teiltoleranzfeldern n-mal kleiner, als die Paßtoleranz P ohne Auslesen wäre.

$$P_t = \frac{T_B + T_W}{n} = \frac{2\,T}{n} \ldots \ldots (6).$$

d) Die Anzahl n der Toleranzklassen, in die Stücke und Gegenstücke je zu unterteilen sind, ergibt sich demgemäß

$$n = \frac{2\,T}{P_t} \ldots \ldots \ldots \ldots (7)$$

bzw. wenn dieser Bruch nicht aufgeht, die benachbarte nächst höhere ganze Zahl.

Das regelmäßige Bild der Toleranzfelder einer Auslesepaarung ist demnach das in **Abb. 3** wiedergegebene.

Das Maß, um das die Gesamttoleranzfelder gegeneinander verschoben sind, nennt man Versetzung V = Abstand zwischen einem Bohrungsabmaß und dem entsprechenden Wellenabmaß. Entsprechend DIN 7182 bezeichnet man die oberen Abmaße mit A_o, die unteren mit A_u und fügt für Bohrungen den Zeiger B, für Wellen W zu, ferner für die einzelnen Teiltoleranzfelder die Nummer 1, 2, 3. Somit ist

$$V = A_{uB1} - A_{uW1} = A_{uB2} - A_{uW2} = \ldots = A_{uBn} - A_{uWn}$$
$$= A_{oB1} - A_{oW1} = A_{oB2} - A_{oW2} = \ldots = A_{oBn} - A_{oWn}.$$

Die Versetzung V ist also sowohl eine Eigenschaft der Gesamttoleranzfelder wie auch der zusammengehörigen Teiltoleranzfelder. V ist gleichzeitig der mittlere Paßunterschied (Spiel oder Übermaß) zwischen den ausgelassenen Bohrungen und ihren zugehörigen Wellen.

Häufigkeitsverteilung.

Bisher wurde stillschweigend vorausgesetzt, daß bei der Auslesepaarung in entsprechenden Teiltoleranzfeldern gleich viele Werkstücke gefunden werden. Diese Voraussetzung ist im allgemeinen nicht gegeben, da die Streuungsverhältnisse bei der Bohrungsfertigung andere sind als bei der Wellenfertigung. Schon das Streben nach der Gutseite führt zu einseitigen Häufigkeitsverteilungen, die sich nicht entsprechen.

In **Abb. 5** sind zu den Teiltoleranzfeldern als waagerecht gezeichnete Ordinaten von der Nullinie XX durch Säulen die Stückzahlen der in jedes Teiltoleranzfeld fallenden Stücke dargestellt.

Damit man in entsprechenden Feldern gleich große Mengen findet, muß die Häufigkeitsverteilung der zu paarenden Teile gleich sein. Wenn nun z. B. beim Streben nach der Gutseite gemäß **Abb. 6** die Häufigkeitsverteilung der Wellen nach der anderen Seite einseitig ist als die der Bohrungen, dann findet man z. B. im Feld 3 Bohrungen entsprechend in der Menge AB, zu denen keine Wellen da sind, und im Feld 6 Wellen in der Menge CD, zu denen keine Bohrungen da sind.

Es wäre natürlich gänzlich unwirtschaftlich, derartige Bohrungen und Wellen als Ausschuß zu erklären; man muß also einen Weg finden, um zu ihnen passende Gegenstücke zu finden. Das Nächstliegende ist, daß man dem Arbeiter an der Maschine sagt, er möge (wenigstens zeitweise) trachten, mehr Bohrungen nahe dem Größtmaß bzw. mehr Wellen nahe dem Kleinstmaß zu fertigen. Das läuft darauf hinaus, planmäßige Wege zu suchen, um die Streuungsverhältnisse der beteiligten Fertigungsverfahren einander anzugleichen.

Ungleiche Gesamttoleranzen von Stück und Gegenstück.

Es gibt Arbeitsverfahren bei denen die Gesamttoleranzen von Stück und Gegenstück so stark verschieden sind, daß es geradezu unsinnig wäre, wenn man die kleine Toleranz gewaltsam auf die mehrfach größere bei der Erzeugung ausdehnen wollte. Wenn beispielsweise Bohrungen entsprechend **Abb. 7** mit der Gesamttoleranz T_B angefertigt und in 4 Teiltoleranzen unterteilt werden, und wenn ein wirtschaftliches Fertigungsverfahren der Wellen ohne weiteres eine Toleranz $T_W = 0{,}5\,T_B$ ermöglicht, dann bestellt man an der Maschine zwei getrennte Lose von Wellen, und zwar

Los 1 zwischen den Abmaßen A_{oW2} und A_{uW1},

„ 2 „ „ „ A_{oW4} „ A_{uW3},

und liest nun beide nur nach zwei Teiltoleranzfeldern, nämlich Teiltoleranzfelder 1, 2 bzw. 3, 4 aus. Man sieht sofort, daß zu große Teile der Fertigungstoleranz T_W' in die Toleranzklassen 3 und 4 bzw. zu kleine Teile der Toleranz T_W'' in die Toleranzklassen 2 und 1 fallen.

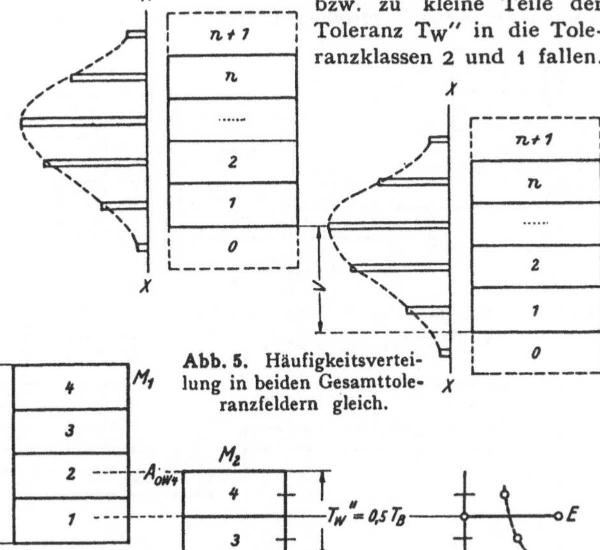

Abb. 5. Häufigkeitsverteilung in beiden Gesamttoleranzfeldern gleich.

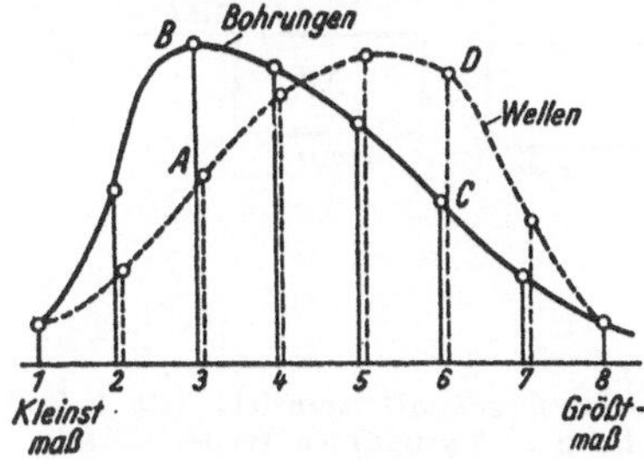

Abb. 6. Häufigkeitsverteilung in beiden Gesamttoleranzfeldern **nicht** gleich.

Abb. 7. Toleranzfelder bei zweiseitiger Auslese, wobei Menge M_2 innerhalb kleinerer Toleranzen (T_W', T_W'') gefertigt ist.

Bezüglich der zusammengehörigen Mengen ist diesem Verfahren ein Vorteil eigen: man kann die Menge der Stücke zu den Teiltoleranzfeldern 1 und 2 genau nach deren Summenstückzahl bestellen. Damit hat man einen sehr günstigen Weg gefunden, um sich der Häufigkeitsverteilung der Bohrungen zu nähern. Die Summenwerte E und F können nun auf das Stück genau erreicht werden, und die Wahrscheinlichkeit, daß die Verteilung der Wellenmengen E und F sich besser der der Bohrungen anpassen läßt, ist größer geworden, weil sich naturgemäß lediglich ein Verschieben von einer Toleranzhälfte in die andere an der Maschine leichter beeinflussen läßt.

Das Ideal in dieser Hinsicht ergibt sich nun zwangläufig. Es ist gefunden, wenn das Fertigungsverfahren des Gegenstücks wirtschaftlicherweise erlaubt, es innerhalb der Teiltoleranzen zu fertigen; dies führt zur „einseitigen Auslese".

Einseitige Auslese.

Es kommt in der Tat nicht selten vor, daß man bei einer Paßtoleranz von $8\,\mu$ Wellenstücke z. B. unschwer innerhalb $4\,\mu$ Toleranz, die zugehörigen Bohrungen dagegen wirtschaftlich nur z. B. innerhalb $20\,\mu$ Toleranz fertigen kann. Dann hat man nur die Menge M_1 der schwieriger zu fertigenden und daher gröber tolerierten Teile nach Teiltoleranzen T_t auszulesen, während die leichter zu fertigenden Stücke (Zweitstücke) innerhalb kleiner Teiltoleranzfelder von der Größe T_z zu fertigen sind. Sie werden für jedes Teiltoleranzfeld genau in der Menge bestellt, in der vorher die Stücke in dem zugehörigen Toleranzfeld angefallen sind.

Nunmehr ist man frei von der mathematischen Bindung $T_{tB} = T_{tW}$. Die Toleranzen T_z der leichter zu fertigenden Stücke können

$$T_z \gtreqless T_t$$

sein. Die Auslese-Paßtoleranz einer durch einseitige Auslese gebildeten Paarung ist

$$P_t = T_t + T_z = \frac{T}{n} + T_z \quad \ldots \ldots \quad (7).$$

Am häufigsten wird man $T_z = T_t$ wählen und damit die gleichen Verhältnisse wie bei der beiderseitigen Auslese **(Abb. 3 und 7)** erhalten. Ist T_z wirtschaftlich nicht so klein einzuhalten, so wählt man $T_z > T_t$. Diesem Bedürfnis kann man durch Vergrößerung von n entgegenkommen,

indem es nach folgender aus Gleichung (7) abgeleiteten Gleichung bestimmt wird:

$$n \geq \frac{T}{P_t - T_z} \quad \text{(n = nächste ganze Zahl)}. \quad (8).$$

Seltener wird $T_z < T_t$ sein; aber auch in diesem Fall ist Gleichung (8) anzuwenden.

Als Regel merke man nach **Abb. 8:**

Jedes Teiltoleranzfeld T_z ist um den gleichen Betrag V gegen sein zugehöriges Teiltoleranzfeld T_t verschoben.

Wer freilich die Verhältnisse beherrscht, darf sich unter Berücksichtigung der Paßtoleranz gewisse Verschiebungen erlauben, wenn er dadurch den Vorteil des Gebrauchs üblicher ISA-Grenzlehren eintauscht (vgl. **Abb. 10**).

Zuordnung zu genormten ISA-Toleranzfeldern.

Da für die Fertigung an der Maschine die Gesamttoleranzen und die diesen entsprechenden festen Lehren maßgebend sind, so liegt es nahe, die Gesamttoleranzen aus dem ISA-Passungssystem zu entnehmen. Es geht aber aus **Abb. 3** hervor, daß bei gegebener Paßtoleranz die Gesamttoleranzfelder (T_B, T_W) anders zueinander liegen als bei den üblichen Passungspaarungen. Während bei diesen die Toleranzfelder um den Betrag des Kleinstspiels S_k auseinander liegen, ist demgegenüber hier die Versetzung V maßgebend. Beachtlich ist, daß diese Verschiebung größer als S_k sein kann, die Gesamttoleranzfelder dem Bild einer Übergangspassung entsprechen können und dennoch reine Spiel- oder reine Preßpassungen erzeugt werden. Dies wird in **Abb. 9** veranschaulicht. Eine allgemeine Regel kann daher nur festlegen, daß man entweder die Bohrungsgesamttoleranz gleich einer H-Bohrung oder die Gesamtwellentoleranz gleich einer h-Welle des ISA-Systems macht. Werke, die im übrigen nach Einheitsbohrung arbeiten, werden daher, soweit keine anderen Gesichtspunkte entgegenstehen, für die Bohrungsgesamttoleranz eine Einheitsbohrung wählen.

In diesem Fall ist die Nullinie die untere Grenzlinie der gesamten Bohrungstoleranz **(Abb. 9)**. Daraus ergibt sich, daß man mit der Benummerung der Teiltoleranzen an der Nullinie beginnt, wie das in allen Abbildungen geschehen ist. Der Einheitlichkeit halber geht die Reihenfolge der Benummerung stets von den Kleinstmaßen aus (bekanntlich wird das Einheitsbohrungssystem in Zweifelsfällen immer als das Primäre in den Vordergrund gestellt).

Bei Einheitsbohrung und beiderseitiger Auslesepaarung wird das Gesamttoleranzfeld T_W für die Gegenstücke folgendermaßen bestimmt:

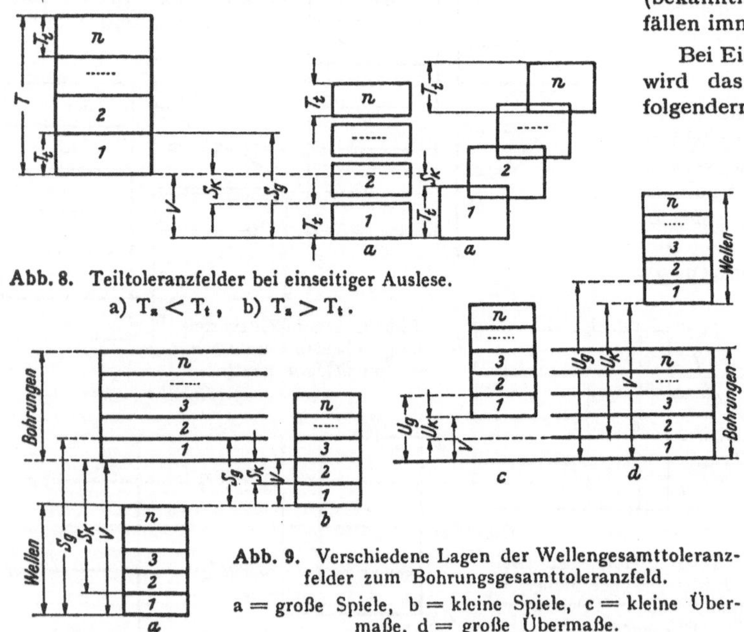

Abb. 8. Teiltoleranzfelder bei einseitiger Auslese.
a) $T_z < T_t$, b) $T_z > T_t$.

Abb. 9. Verschiedene Lagen der Wellengesamttoleranzfelder zum Bohrungsgesamttoleranzfeld.
a = große Spiele, b = kleine Spiele, c = kleine Übermaße, d = große Übermaße.

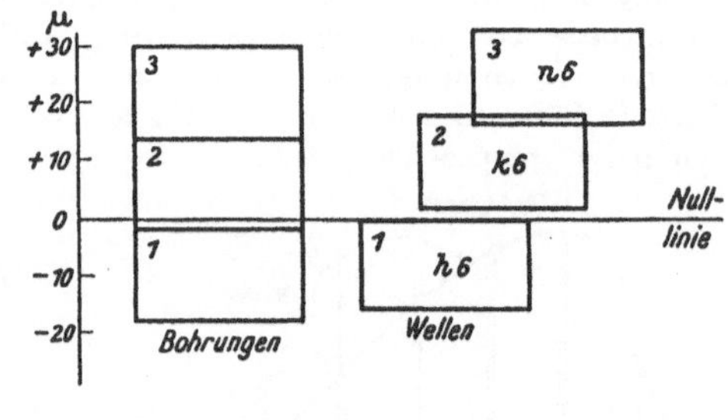

Abb. 10. Bohrungsgesamttoleranzfeld mit 3 Teiltoleranzfeldern zu 3 genormten Wellentoleranzfeldern. Passung etwa = h 6 — k 6.

a) Beide Toleranzfelder haben die gleiche ISA-Qualität:

$$T_W = T_B = T.$$

Die Qualität bestimmt sich nach dem wirtschaftlichen Herstellungsverfahren, das so gut wie keinen Ausschuß ergibt.

b) Aus der verlangten Paßtoleranz P_t bestimmt sich die Anzahl n der Toleranzklassen als die dem Quotienten

$$n = \frac{2\,T}{P_t}$$ benachbarte nächst höhere ganze Zahl.

c) Die Versetzung V des Toleranzfeldes T_W gegen das Toleranzfeld T_B wird nach Gl. (9a) oder (b) (vgl. **Abb. 9**) bestimmt.

$$V = S_k + T_t \quad \ldots \ldots \ldots \quad (9a)$$

$$V = U_k + T_t \quad \ldots \ldots \ldots \quad (9b)$$

Bei Einheitswellen geht man umgekehrt von der Einheitswelle aus und verschiebt ihr gegenüber das Gesamttoleranzfeld für die Bohrungen.

In besonderen Fällen, z. B. bei einseitiger Auslese, kann man auch Teiltoleranzfelder gleich genormten ISA-Toleranzfeldern machen. So zeigt **Abb. 10** eine sehr geringe Verschiebung gegenüber der Anordnung nach **Abb. 3**. Dieses Beispiel zeigt die Bildung eines nicht genormten Bohrungsgesamttoleranzfeldes etwa innerhalb IT 9 zu 3 genormten Wellentoleranzfeldern; die sich ergebenden Passungen entsprechen etwa H 6 – k 6.

Beispiele.

a) Beiderseitige Auslese.

Gegeben: Nenndurchmesser 25 mm,
Paßtoleranzfeld: 5…14 μ Spiel.

Das Gesamttoleranzfeld der Bohrungteile entspreche einer H-Bohrung; das Herstellungsverfahren für das schwierigere Stück erfordere $T \sim 20\,\mu$. Die nächstliegende ISA-Toleranz ist IT 7 = 21 μ. Gewählt wird die Einheitsbohrung H 7. Die Zahl n der Teiltoleranzfelder wird nach Gleichung (7):

$$n \geq \frac{2\cdot 21}{(14-5)}\,;\quad n \geq \frac{42}{9}\ \text{aufgerundet} = 5.$$

Die Teiltoleranzfelder der Bohrungen können, damit nicht Bruchteile von Mikron entstehen, um 1…2 μ verschieden sein; sie ergeben sich, wie nachstehend aufgeführt, durch Aufteilung der Gesamttoleranz von 21 μ in 5 (praktisch) gleiche Klassen-Teiltoleranzen von 4 (5) μ, ausgehend von der Nullinie bei Einheitsbohrung.

Da ein Kleinstspiel von 5 μ vorgesehen ist, so erhält die der Bohrung 1 zugeordnete Welle 1 das obere Abmaß $0-5 = -5\,\mu$. Da bei den Bohrungsklassen die nur einmal vorkommende Teiltoleranz (5 μ) dem Teiltoleranzfeld 5 zukommt, so legt man diese bei den Wellen umgekehrt in Teiltoleranzfeld 1 (womit man die um 1 μ größeren Paßtoleranzen in die seltener vorkommenden, an den Ausschußseiten liegenden Randfelder legt) und erhält als unteres Abmaß $-5-5 = -10\,\mu$. Hieran schließen sich die Teiltoleranzfelder, wie folgt:

Teiltoleranzfeld Nr.	1	2	3	4	5
Bohrungen	$+4 \atop 0$	$+8 \atop +4$	$+12 \atop +8$	$+16 \atop +12$	$+21 \atop +16$
Wellen	$-5 \atop -10$	$-1 \atop -5$	$+3 \atop -1$	$+7 \atop +3$	$+11 \atop +7$
Paßtoleranz	9	8	8	8	9

Das Gesamttoleranzfeld der Welle ist also $\pm^{11}_{10}\,\mu$ und entspricht wie verlangt der ISA-Qualität IT 7 (21 μ), ohne aber mit einem genormten Toleranzfeld übereinzustimmen.

b) Einseitige Auslese mit genau bestimmten Teiltoleranzfeldern und Stückzahlbestimmung.

Nenndurchmesser: 28 mm
Paßtoleranzfeld: 0…14 μ Spiel.

Bohrungen werden innerhalb IT 7 (Toleranz T = 21), Wellen innerhalb von Teiltoleranzen $T_t = 6…8\,\mu$ hergestellt.

Wähle: Gesamttoleranzfeld für die Bohrung n H 7 = 21 μ.

Die Teiltoleranz ergibt sich zu $T_t = \frac{1}{3}(14 - 0) = 7\,\mu$.

Anzahl der Teiltoleranzfelder: $n = \frac{2\cdot 21}{(14-0)} = 3.$

Für die Bohrungen Nr.	1	2	3
sind die Toleranzfelder	$+7 \atop 0$	$+14 \atop +7$	$+21 \atop +14$
Für Wellen sind die Teiltoleranzfelder	$0 \atop -7$	$+7 \atop 0$	$+14 \atop +7$

Durch Zählung finde man in den einzelnen Teiltoleranzfeldern 45, 120, 35 Stücke mit Bohrungen und bestelle gleiche Stückzahlen von Wellen.

c) Einseitige Auslese mit genormten Toleranzfeldern als Teiltoleranzfelder.

Nenndurchmesser: 35 mm.
Paßtoleranzfeld ähnlich H 7 – r 6.

Wellen können innerhalb IT 6 (25 μ), Bohrungen jedoch nur innerhalb IT 10 (100 μ) hergestellt werden; die letzteren sind daher auszulesen.

Anzahl der Teiltoleranzfelder $n \geq$ Herstellungstoleranz IT 10: Teiltoleranz IT 7; für 35 mm $n \geq \frac{100}{25} = 4$.

Graphisch findet man die 4 passenden Teiltoleranzfelder

$$r\,6 - u\,6 - x\,6 - z\,6.$$

Das größte auftretende Übermaß beträgt 53 (Teiltoleranzfelder 4), das kleinste 5 (Teiltoleranzfelder 3). Die Paßtoleranz P über alle Auslesepaarungen beträgt somit 48 μ.

Mehrere Passungen in einem Stück.

Die bisherigen Ausführungen gelten dem Wortlaut nach nur für einfache Passungen, bei denen jedes Stück sein Gegenstück hat. Sinngemäß gelten sie aber auch in Fällen wie in den **Abb. 11** und **12**.

In **Abb. 11** ist eine Grundplatte gezeigt, die 4 Paßstellen zur Aufnahme von Lagerböcken hat, die im Wege der Auslesepaarung einzubauen seien. Die 4 Paßstellen der Grundplatte 1 werden insofern „ausgelesen", als festgestellt wird, innerhalb welchen Teiltoleranzfeldes jede liegt. Ebenso werden die Lagerböcke 2 nach ihren Teiltoleranzfeldern ausgelesen und an jeder Stelle der Grundplatte 1 entsprechend ihrem Teiltoleranzfeld eingesetzt. Diese 4 Lagerböcke können also unter Umständen alle in verschiedenen Teiltoleranzfeldern liegen.

Etwas schwieriger ist es bei einer Mehrfachpassung an ein und demselben Teil. **Abb. 12** zeigt als Beispiel eine doppelte Passung einer Gabel 2 zwischen zwei Lagern des Lagerbocks 3 und einem Schwingteil 1. Es möge sich

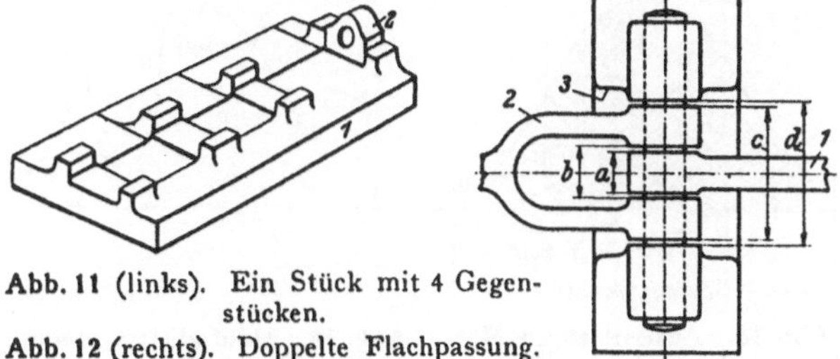

Abb. 11 (links). Ein Stück mit 4 Gegenstücken.

Abb. 12 (rechts). Doppelte Flachpassung.

auch hier um so genaue Paßtoleranzen handeln, daß sowohl die Flachpassung zwischen 1 und 2 wie auch die Flachpassung zwischen 2 und 3 nur durch Auslesepaarung erzielt werden kann. Würde man die Sache mathematisch betrachten, so fände man zu n Toleranzklassen der Innenpassung a—b und m Toleranzklassen der Außenpassung c—d m · n Kombinationen, die auszulesen und zu ordnen unnötig mühsam wäre. Man wird daher so vorgehen, daß man beispielsweise zunächst zu den Teiltoleranzfeldern von 3 die Gabeln 2 nach den entsprechenden Teiltoleranzfeldern des Außenmaßes paarweise ordnet, und daß man dann zu jedem solchen Paar entsprechend dem Teiltoleranzfeld des Innenmaßes b das zugehörige Stück 1 gemäß dem entsprechenden Teiltoleranzfeld des Außenmaßes a hinzunimmt.

Edelauslese und grober Rest.

Schließlich ist noch eine Art der Paarung zu besprechen, die zwischen der Aussuchpaarung und der Auslesepaarung steht. Es ist z. B. bekannt, aus einer größeren Menge gezogener Stahlstangen, die innerhalb einer großen Toleranz liegen, Stangen zum Abschneiden von Stücken auszulesen, die innerhalb eines Teils dieser Toleranz liegen (z. B. h 8 innerhalb h 11), weil die Fertigung eines Loses innerhalb der kleineren Toleranz nicht möglich ist. Auf ähnliche Art hat man sich jahrelang bemüht, die genaueren Wälzlager für Werkzeugmaschinen aus den übrigen Wälzlagern gleicher Abmessungen auszulesen. Man liest also den edlen Teil einer großen Masse aus und beläßt den groben Rest für die übrigen Zwecke. Das setzt voraus, daß die Menge der „Edelauslese" M_e sich zur Gesamtmenge M_g ähnlich verhält wie die in **Abb.** 13 rechts und links geschrafften Flächen F_e und F_g, und zwar so, daß

$$\frac{M_e}{M_g} < \frac{F_e}{F_g}$$

hieraus ergibt sich

$$M_g > M_e \cdot \frac{F_g}{F_e} \quad \ldots \ldots \ldots \quad (10).$$

Dieses Vorgehen setzt also genügend große Mengen M_g voraus, die innerhalb der Gesamttoleranz Verwendung finden können. Dabei ist zu beachten, daß die Häufigkeitsverteilung des groben Restes sich wie **Abb.** 14 darstellt, wenn beispielsweise etwa $^3/_4$ der in der Teiltoleranz enthaltenen Menge herausgelesen worden sind. Dies kann bei der Verwendung dieses Restes unter Umständen zu Schwierigkeiten führen, z. B. dann, wenn der Empfänger die Auslesepaarung vornehmen will und über diese vorherige Edelauslese nicht unterrichtet ist.

Ausschußstücke.

Ausschußstücke können wegen Maßfehler nur an den Grenzen des Gesamttoleranzfeldes, wegen Formfehler aber auch an den Grenzen zwischen zwei Teiltoleranzfeldern entstehen.

a) Soweit Formfehler keine Rolle spielen, brauchen bei der beiderseitigen Auslesepaarung überhaupt keine Arbeitsstücke als unbrauchbar ausgeschieden zu werden. Es steht

nämlich nichts entgegen, Stücke, die zu groß oder zu klein geraten sind, in weitere als die zunächst vorgesehenen Teiltoleranzfelder einzuordnen; dabei gilt nur die mathematische Bindung, daß auch solche angefügten Teiltoleranzfelder ebenso groß sind wie die anderen, und daß entsprechende Teiltoleranzfelder auch bei den Gegenstücken gebildet werden. **Abb. 5** zeigt dies an den gestrichelt „angefügten" Toleranzklassen (n + 1) und 0. Bei Ansammlung einer gewissen Anzahl solcher Teile sagt man dem Bearbeiter der Gegenstücke, er möge auch einige entsprechend über das Toleranzgebiet herausrutschen lassen; dann gleichen sich die Stückzahlen der zu paarenden „Ausschuß"stücke mit der Zeit aus.

So tauscht man bei der Auslesepaarung gegen den Verzicht auf wahllosen Austauschbau den Vorteil ein, daß es **auf die Dauer überhaupt keinen mäßlichen Ausschuß mehr gibt.**

Bei der einseitigen Auslesepaarung werden die Gegenstücke zu Ausschußstücken unter Verwendung von Meßgeräten bewußt innerhalb zusätzlicher Teiltoleranzfelder erzeugt.

b) Formfehler (Kegeligkeit, Unrundheit usw.) können an den Gutseiten (obere Abmaße der Wellen, untere der Bohrungen) aller Teiltoleranzfelder zusätzlichen Ausschuß ergeben. Man findet ihn durch eine vorschriftsmäßige Prüfung nach dem Taylorschen Grundsatz: volle Lehrenfläche an der Gutseite zur Sicherung des sog. Paarungsdurchmessers[2], verkleinerte Lehrenfläche zur Auffindung einzelner Ausschußmaße (zu kleiner Wellendurchmesser, zu großer Bohrungsdurchmesser) an der Ausschußweite.

Während man im allgemeinen die Werkstücke nach ihren Istmaßen mit Zeigermeßgeräten in ihre Teiltoleranzfelder ausliest, kann es bei der Taylorschen Prüfung einer Bohrung vorkommen, daß der Gutdorn an der Maßgrenze zwischen den Teiltoleranzfeldern 2 und 3 nicht hineingeht und ihr größter Durchmesser größer als das Größtmaß des Teiltoleranzfeldes 2 ist (vgl. **Abb. 5**). In diesem Fall kann das Bohrungsstück dem Teiltoleranzfeld 2 nicht zugeordnet werden, weil es dafür zu groß ist, aber auch nicht dem Teiltoleranzfeld 3, weil es dafür zu klein ist; es ist also Ausschuß.

Man muß in Anbetracht des gewählten Arbeitsverfahrens und der verlangten Passung (gegebenenfalls nach einer Anzahl Messungen) entscheiden, ob man die Formfehler durch Anwendung vollflächiger Lehrengutseiten berücksichtigen muß; wenn dies nicht nötig erscheint, gilt Absatz a.

Zeichnungsangaben für Auslesepaarung.

Auf den Zeichnungen sind Angaben über die Auslesepaarung zu machen. Auf der Zusammenstellungszeichnung ist es nötig, damit jeder Betrachter darauf aufmerksam wird, daß an der betreffenden Stelle kein wahlloser Austauschbau herrscht. Auf der Teilzeichnung sind vollständige Angaben nötig, beispielsweise in der Art, daß in die Zeichnung in üblicher Weise die Gesamttoleranz eingetragen wird und ein Bezugsstrich auf die weiteren Angaben gemäß **Abb. 15** hindeutet.

Richtlinien für Auslesegeräte.

Das Auslesen von Werkstücken nach verschiedenen Toleranzklassen verursacht mehr Prüfarbeit als das einfache Prüfen. Dem muß durch arbeitsgerechte Gestaltung der Lehren und Prüfgeräte entgegengewirkt werden. Die Forderung lautet:

Ausleseprüfgeräte sind so zu gestalten, daß in einem Arbeitsvorgang jede Toleranzklasse erfaßt wird.

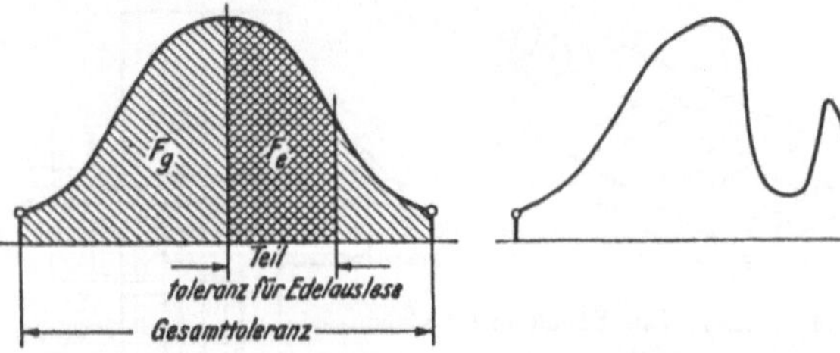

Abb. 13. Auslesemengen M_e und Gesamtmengen M_g **Abb. 14.** Häufigkeitsverteilung des „groben Restes".

[2] Berndt, Techn. Zbl. prakt. Metallbearb. (1937) S. 355; Autom.-techn. Z. **43** (1940) Heft 16 S. 407/411.

a) Feste Ausleselehren.

Die Auslese von Zylindern nach verschiedenen Durchmessern kann beispielsweise durch eine Mehrfachrachenlehre vorgenommen werden, wie sie in **Abb. 16** dargestellt ist [3].

Eine Ausführung für Außengewinde zeigt **Abb. 17** (Bauart Bauer & Schaurte). Für Bohrungen hat man kegelige Dorne benutzt, auf die man die Werkstücke gemäß **Abb. 18** aufreiht. Maßgebend ist die Lage der unteren Werkstückkante innerhalb der durch Markenstriche M und Zahlen 1...4 gekennzeichneten Teiltoleranzfelder mit den Teiltoleranzen $T_{t1}...T_{t4}$; V ist ein Vorführdorn.

Genau genommen, müßte man für jedes Teiltoleranzfeld die Lehren nach dem Taylorschen Grundsatz [4] für Gut und Ausschuß verschieden gestalten. Das würde hier zu einem stark erhöhten Lehrenaufwand führen. Da die geprüften Teile ihrer Bestimmung gemäß gepaart werden sollen, so muß auf alle Fälle das zur Paarung nötige Maß, d. h. die Gutseite, gesichert sein. Man wird daher für jedes Teiltoleranzfeld Gutlehren in den üblichen Formen vorsehen; nur der Ausschußseite des letzten Teiltoleranzfeldes sollte eine Ausschußlehre zugeordnet werden.

Aus dieser Erwägung ergibt sich eine Bohrungs-Ausleselehre gemäß **Abb. 19** mit 4 Gutdornen und einer Ausschußseite A. Hierbei ist auf größte Handlichkeit zu achten; die Lehre ist daher mit einem Vorführzapfen V und kegeligen Übergängen zu jedem Dorn zu versehen.

Sollten die möglichen Formfehler den Gebrauch der ausgelesenen Teile gefährden, so muß, wie im Teiltoleranzfeld 4 der **Abb. 19**, auch für jedes der Teiltoleranzfelder 1 bis 3 je ein Kugelendmaß als Ausschußseite eingeschaltet werden, dessen Durchmesser gleich dem Gutdorn des jeweils nächsten Teiltoleranzfeldes ist.

Sollte die Formtoleranz innerhalb noch engerer Grenzen als der Teiltoleranz eingehalten werden müssen, dann müßte dafür eine besondere Prüfung vorgesehen werden. Teile mit zu großer Unrundheit oder Kegeligkeit würden damit als wirklicher Ausschuß zu erklären sein.

Sinngemäß gelten diese Überlegungen auch für andere Ausleselehren.

b) Anzeigende Auslesegeräte.

Einfach wird die Auslesearbeit, wenn man nur die Istabmaße prüft und Zeigermeßgeräte mit mehreren Toleranzmarken und deutlich sichtbaren Nummern der Teiltoleranzfelder benutzt. Hat man dabei, wie im Beispiel **Abb. 20**, einen sehr deutlich sichtbaren Zeiger, so kann man sehr schnell die Zuordnung der Werkstücke zu den einzelnen Toleranzklassen finden; nur für Grenzfälle ist die feine Spitze des Zeigers genau in ihrer Lage zu beobachten. Ein für diese Zwecke hervorragend geeignetes Gerät ist das Solexgerät, das hier die Maßunterschiede sehr stark vergrößert anzeigt. Auch hier ist es ein leichtes, an der ansteigenden Flüssigkeitssäule Toleranzmarken und Nummern der Teiltoleranzfelder anzubringen (**Abb. 21**).

c) Selbsttätige Auslesegeräte.

Bei den selbsttätigen Auslesegeräten gelten grundsätzlich auch die Regeln gemäß a und b. Wenn feste Lehren selbsttätig an den verschiedenen Prüfstellen wirken, so ist für jedes Toleranzfeld eine besondere Prüfstelle vorzusehen, die das Teil nur dann der nächsten Stelle weitergibt, wenn sie es nicht als „gut" im eigenen Teiltoleranzfeld findet. Die Anzahl p der Prüfstellen eines selbsttätigen Prüf- und Auslesegerätes findet man wie folgt:

Es seien x verschiedene Abmessungen zu prüfen, von denen y in je m Teiltoleranzfelder und z in je n Teiltoleranzfelder auszulesen sind, während die restlichen Abmessungen $(x-y-z)$ nicht auszulesen sind; dann sind im allgemeinen für die auszulesenden Abmessungen je m bzw. n Gutseiten und je eine Ausschußseite vorzusehen, somit

$$p = (x-y-z) + (m+1)\,y + (n+1)\,z.$$

Wenn gemäß a für jedes Toleranzfeld auch eine Formfehlerprüfung nach dem Taylorschen Grundsatz nötig ist, dann sind für jedes Teiltoleranzfeld 2 Prüfstellen vorzusehen, also

$$p' = (x-y-z) + 2\,m\,y + 2\,n\,z.$$

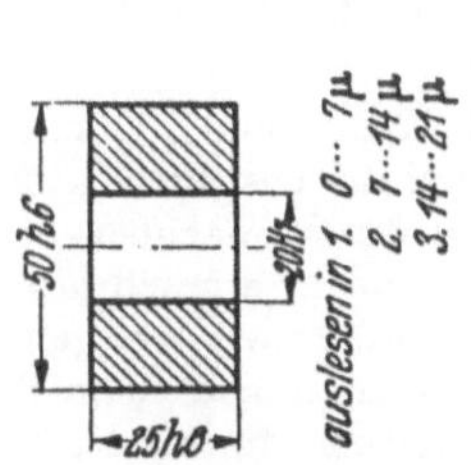

Abb. 15. Angabe von Teiltoleranzfeldern auf Teilzeichnungen.

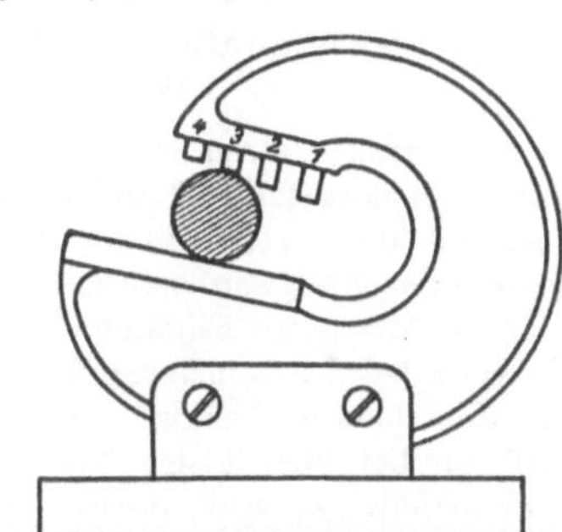

Abb. 16
(oben rechts).
Mehrfachrachenlehre.

Abb. 17. Gewinde-Auslesegerät.
(Werkfoto Bauer & Schaurte.)

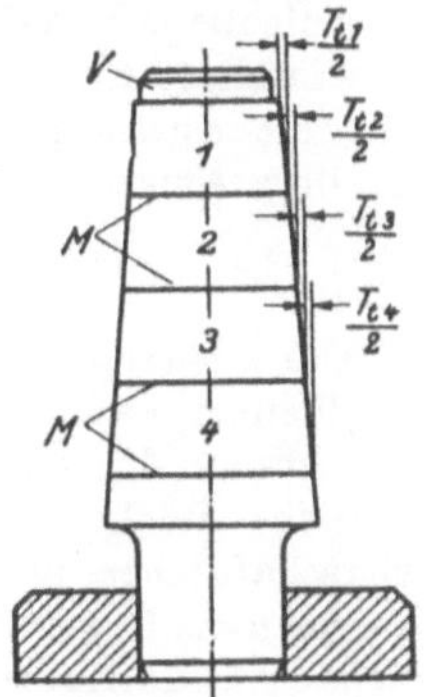

Abb. 18 (links). Kegel-Bohrungs-Ausleselehre für 4 Teiltoleranzfelder.

Abb. 19 (rechts). Abgesetzte Bohrungs-Ausleselehre für 4 Teiltoleranzfelder mit 4 Gutseiten und einer Ausschußseite.

Abb. 20. Feintaster mit 4 Teiltoleranzfeldern. (Werkfoto Carl Mahr, Eßlingen a. N.)

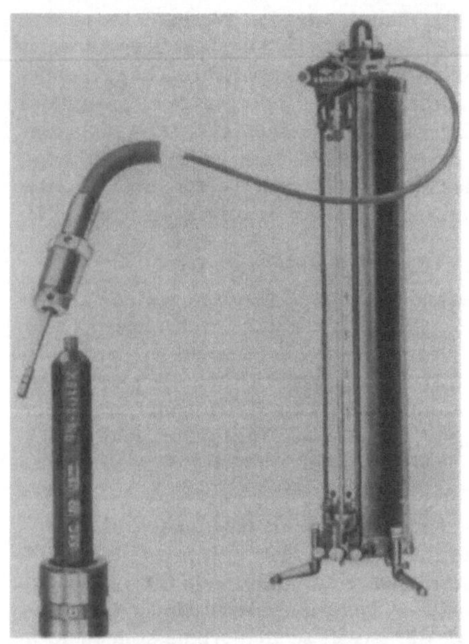

Abb. 21.
Solex-Auslesegerät
(Werkfoto Reindl
& Nieberding).

Anzahl der Teiltoleranzfelder	zu kleine Stücke rot	Farben für brauchbare Stücke							zu große Stücke grün
		orange	gelb	weiß	blau (hell)	indigo (dunkelblau)	veil	schwarz	
1	(×)			×					(×)
2	(×)			×	×				(×)
3	(×)		×	×	×				(×)
4	(×)		×	×	×			×	(×)
5	(×)		×	×	×		×	×	(×)
6	(×)	×	×	×	×		×	×	(×)
7	(×)	×	×	×	×	×	×	×	(×)

Abb. 22. Farben zur Bezeichnung ausgelesener Werkstücke bei verschiedenen Anzahlen (1...7) von Teiltoleranzfeldern.

Das Auslesen kann aber auch anders erfolgen, und zwar sparsamer, indem man das Auslesen einer Abmessung nicht durch mehrere Meßstellen, sondern gemäß b als Istmaßbestimmung mit Hilfe eines elektrischen Tasters an einer einzigen Meßstelle vornimmt, die Stücke über eine Bahn mit mehreren Ausleseklappen leitet und diese je nach Lage des Istmaßes ähnlich steuert, wie dies bei einer Hollerithlochkarten-Auslesemaschine geschieht.

Auseinanderhalten der ausgelesenen Werkstücke.

Der Erfolg des Auslesens hängt außer von der Genauigkeit der Auslesegeräte davon ab, daß die bestimmten Teiltoleranzfeldern zugeordneten Werkstücke nachher nicht mehr verwechselt werden. Bei Teilen, die in Sammelbrettern oder Behältern zur Einbaustelle befördert werden, genügt es, wenn jedes Sammelbrett bzw. Behälter nach dem Teiltoleranzfeld bezeichnet ist. Die Einzelbezeichnung der Teile wird hierbei überflüssig. Wenn aber die Teile lose zur Einbaustelle gelangen, müssen sie selbst die Bezeichnung ihres Teiltoleranzfeldes deutlich tragen; immer gilt dies, wenn es sich um Ersatzteile handelt, die an Instandsetzungsparke geliefert werden. Diese Bezeichnungen können Zahlen oder Farben sein; Buchstaben sollen für andere Zwecke frei bleiben und scheiden der Einheitlichkeit halber aus. Für die Zahlen ist die oben genannte Regel (vgl. **Abb. 3**) maßgebend, daß die Zahl 1 dem kleinsten der ausgelesenen Maße zukommt.

Man benutzt im allgemeinen arabische Zahlen, die aufgestempelt oder aufgemalt werden. Es steht jedoch nichts entgegen, römische Ziffern zu benutzen, die strichartig manchmal leichter aufgebracht werden können. Da jedoch oft der Stempel zu klein ist, eine aufgemalte Zahl aber zu groß wäre oder keinen Platz hat, so kann auch eine Farbkennzeichnung vorgesehen werden. Auch hier ist eine Einheitlichkeit erwünscht, insbesondere im Hinblick auf die Zusammenarbeit zwischen verschiedenen Firmen und auf das Ersatzteilwesen. Eine Anregung für die Normung der Reihenfolge der Farben bietet der Regenbogen. Davon haben jedoch die Farben rot und grün bereits ihre besondere Bedeutung an Meßgeräten mit elektrischer Glühlampenanzeige, nämlich

rot = zu klein,
grün = zu groß.

Andererseits stehen die Farben weiß und schwarz noch zur Verfügung. Durch Herausnehmen von grün und Hereinnehmen von weiß an seine Stelle, durch Einfügung von schwarz und Benutzung von rot und grün für die obengenannten Zwecke ergibt sich eine Farbenfolge gemäß **Abb. 22**. Dort ist in den Zeilen 1...7 angegeben, welche Farben man bei den verschiedenen Anzahlen von Teiltoleranzfeldern vorsieht. Im allgemeinen Fall von nur einem Toleranzfeld, d. h. dem reinen Austauschbau, bedeutet weiß entsprechend bisheriger Gewohnheit gut. Bei Unterteilung in zwei Klassen wird blau hinzugenommen, bei Unterteilung in drei Klassen gelb usw. Einander naheliegende Farben kommen erst bei den vermutlich höchst selten vorkommenden Anzahlen 6 und 7 zur Anwendung. Rot und grün bedeutet überall zu klein bzw. zu groß.

Normung.

Das Gebiet der Auslesepaarung erfordert eine einheitliche Regelung. Von einer Normung ist folgendes zu verlangen:

a) Einheitliche Begriffe und Benennungen,
b) Regel für die Größe der Teiltoleranzfelder,
c) Anschluß an die ISA-Passungen,
d) Reihenfolge der Benummerung der Teiltoleranzfelder,
e) Bezeichnung der zu paarenden Stücke.

Der Arbeitsausschuß für Passungen hat hierfür die Norm DIN E 7185 ausgearbeitet; ihr Inhalt ist in diesem Aufsatz vollständig durchgearbeitet. Der Passungsausschuß hat damit das Toleranzwesen in einer weiteren wichtigen Beziehung vervollständigt.

Aufgabe der Meßingenieure, insbesondere der Arbeitsgemeinschaft für industrielle Meßtechnik (AIM), wird es sein, die Auslesegeräte weiter zu entwickeln und Regeln für ihre Anwendung zu geben.

Schlußbemerkung.

Die Auslesepaarung ermöglicht große Arbeitstoleranzen bei kleinen Paßtoleranzen; dieser Vorteil wird mit dem Verzicht auf den freien Austauschbau erkauft. Wenn dieser Verzicht möglich ist, ist die Auslesepaarung zweifellos wirtschaftlicher als die Verkleinerung der Werkstücktoleranzen. Der Passungsausschuß glaubt daher, daß die meisten Bedürfnisse für Passungen, die feiner als die genormten Passungen zwischen Bohrungen der 6. und Wellen der 5. ISA-Qualität sind, besser durch Auslesepaarungen als durch die Festlegung genauerer Passungen zu befriedigen sind.

Grundlagen der Automatisierung
und ihr Einfluß auf die Ausbildung von Maschineningenieuren

DK 658.564:373.631

Von Professor Dipl.-Ing. C. M. DOLEZALEK VDI, Stuttgart

Steigende Stückzahlen und die Notwendigkeit der Kostensenkungen führen über die Fließfertigung zur automatisierten Fertigung. Die damit verbundene Verkettung von Arbeitsgängen verschiedenster Art zwingt zu neuer Betrachtung unserer Werkzeugmaschinen und Fertigungseinrichtungen unter dem Gesichtswinkel der gleichen Stückzeit. Die synchronisierte Steuerung verketteter Fertigungsanlagen erfordert den Einsatz elektrischer Steuerungsorgane. Diese ganze Entwicklung wird auf die Ausbildung von Fertigungsingenieuren nicht ohne Rückwirkung bleiben.

Wenn die Zeitschrift „Werkstattstechnik und Maschinenbau" in diesem Jahr auf ein 50jähriges Bestehen zurückblicken kann, so erscheint es wohl angebracht, auf die Wandlungen der Fertigungstechnik in den vergangenen 50 Jahren zurückzuschauen und dann den Blick der Gegenwart und der Zukunft zuzuwenden.

Der augenfällige Unterschied zwischen einer mechanischen Werkstatt um 1900 und heute liegt wohl im Fortfall des Riemenwaldes, mit dem damals die Kraft auf die Werkzeugmaschinen verteilt wurde. Die elektrische Energieversorgung hat dem Einzelantrieb der Werkzeugmaschine zum Siege verholfen und klare, übersichtliche Werkstätten geschaffen.

Ein anderes Merkmal jener Jahre war, daß die Werkstätten nach Maschinenarten — Dreherei, Fräserei usw. — aufgestellt waren und in ihnen jede Maschine einen von jeder anderen unabhängigen Teil bildete.

In den zwanziger Jahren begannen die Benutzer von Werkzeugmaschinen, angeregt durch die amerikanischen Erfolge, die auf einer besseren Durchschleusung der Erzeugnisse durch die Fertigung beruhten, Gemischtwerkstätten zu bilden, durch die bestimmte Arten von Werkstücken, wie z. B. Kurbelwellen, liefen. Man nahm eine schlechtere Ausnutzung der Werkzeugmaschine in Kauf, wenn die Vorteile, die durch den schnelleren Durchlauf erzielt wurden, größer waren als eine bessere Ausnutzung der Werkzeugmaschinen, die beim Aufstellen einer bestimmten Werkzeugmaschinenart in e i n e r Werkstatt erreicht werden konnte. Der Fertigungsingenieur, angeregt durch F. W. TAYLORS „wissenschaftliche Betriebsführung", war auf den Plan getreten und beschäftigte sich mit dem gesamten A b l a u f der Produktion.

In die zwanziger Jahre fällt auch die Entwicklung der Fließarbeit [1], die eine gleichmäßigere Qualität zu niedrigem Preis, bessere Liefermöglichkeiten, geringeres Umlaufkapital mit sich brachte, und zugleich eine vorzügliche Erziehungsmaßnahme für die Zulieferbetriebe wurde, weil fehlerhafte Teile, die sich in einem Stillstand der Reihe auswirkten, einen entsprechenden Druck auf die Zulieferungswerkstätten erzeugten. Über die Nutzanwendung der Fließarbeit mit abgestimmten Fertigungsstufen in der mechanischen Fertigung feinmechanischer Mengenteile hat der Verfasser schon früher berichtet [2].

Beide Erscheinungsformen, die Aufstellung der Maschinen nach der Arbeitsfolge bestimmter Werkstückarten, aber noch ohne zeitliche Abstimmung, und die Fließarbeit deuten auf eine Zusammenfassungsbewegung in der industriellen Fertigung hin. Ich sehe in den heute so stark in den Vordergrund geschobenen Bestrebungen zur A u t o m a t i s i e r u n g der Fertigung nichts anderes als ihre Fortsetzung.

In allen zivilisierten Nationen besteht ein Zug zur besseren Ausbildung und zur Vermeidung untergeordneter Arbeiten. Die Automatisierung ist die logische Folge auch dieser Bestrebungen [3]. Sie strahlt nicht nur auf die Fabrik selbst aus, sondern auch auf das Leben unseres Volkes, die Art der Güterversorgung, die Produktions-Zusammenfassung und in viele andere Richtungen. Daraus ergibt sich zwangsläufig, daß sie auch auf die Ausbildungsstätten wirken muß, an denen die werdenden Ingenieure lernen, ihre Aufgabe von hoher Warte aufzufassen und alle Kräfte, die die Natur den Menschen zur Verfügung stellt, zu einer harmonischen Einheit zusammenzufassen.

Ich werde nun zunächst das Gebiet der Automatisierung der industriellen Produktion skizzenhaft umreißen und daraus einige Schlußfolgerungen für die Ausbildung von Maschinen-Ingenieuren ziehen.

1. Begriff der Automatisierung

Soviel mir bekannt ist, besitzen wir weder in den USA noch in England oder Deutschland eine klare Definition dessen, was man streng genommen unter Automatisierung versteht. Wir wissen, daß der selbsttätige Ablauf von Verrichtungen damit gemeint ist. Wir wissen aber auch, daß eine Menge selbsttätiger Abläufe von Verrichtungen bereits heute besteht, die wir nicht unter den Begriff der Automatisierung einordnen können.

Man versucht, ein neues Wort an die Stelle eines nicht vorhandenen Begriffs zu setzen, und zwar glaubt man, das Wort Automation anwenden zu können, um damit die sogenannte „Vollautomatisierung" zu bezeichnen. Ich glaube, daß dieser Versuch zum Scheitern verurteilt sein wird. Eine Vollautomatisierung ist schlechterdings kaum vorstellbar. Der „selbsttätige Ablauf" bedeutet einen Ablauf ohne Zutun des Menschen bei diesem Ablauf selbst, andererseits ist aber das Zutun des Menschen stets notwendig sowohl zur Schaffung und Überwachung eines automatischen Mechanismus als auch zur Heranbringung der Rohstoffe und Abführung der Erzeugnisse. Es scheint mir daher ein gängiger Ausweg zu sein, die Automatisierung vom Menschen her zu umreißen:

„Automatisierung bedeutet die Befreiung des Menschen von der Ausführung immer wiederkehrender gleichartiger Verrichtungen und insbesondere seine Loslösung aus der zeitlichen Bindung an den Rhythmus maschineller und anderer technischer Einrichtungen." [1]

Diese Doppelerklärung gibt uns die Möglichkeit, in einem Betriebe festzustellen, für wie viele vorher tätige Menschen die Arbeit automatisiert ist und auch wieviel Kapital in automatischen Einrichtungen einerseits und nichtautomatischen andererseits investiert ist. So können wir einen Maßstab für den Grad der Automatisierung gewinnen. Allerdings fällt ein Fertigungsautomat, in den jedes Werkstück einzeln eingelegt werden muß, nicht unter den Begriff „automatisiert", weil er den Menschen zeitlich an seinen Rhythmus bindet. Erst wenn er mit einem Magazin versehen ist, das vom Menschen innerhalb eines längeren Zeitintervalls zu einem von ihm frei gewählten Zeitpunkt gefüllt werden kann, wird eine wirklich automatisierte Maschine aus einem solchen „Halbautomaten".

2. Maßnahmen zur Erreichung großer Stückzahlen

Eine wichtige Voraussetzung für die Automatisierung bilden bekanntlich möglichst große Stückzahlen des gleichen Erzeugnisses. Wenn wir in Europa auch nicht über so große Märkte wie in den Vereinigten Staaten von Nordamerika verfügen, so kann die Industrie doch selbst sehr viel dazu beitragen, die Voraussetzung der großen Stückzahl zu verbessern.

Die Maßnahmen sind teils technischer, teils geschäftspolitischer und teils verkaufstechnischer Natur.

Da ist zunächst die Typenbeschränkung. Die meisten Erzeugnisse, welche hergestellt werden, werden in einer mehr

---

[1] Eine treffende Definition dürfte folgende sein:
Automatisierung ist die Einrichtung des Ablaufs von Vorgängen verschiedenster Art in solcher Weise, daß der Mensch von der Ausführung ständig wiederkehrender, gleicher manueller oder geistiger Verrichtungen und von der zeitlichen Bindung an den Rhythmus technischer Anlagen befreit ist.

oder weniger großen Zahl verschiedener Typen gefertigt, und häufig ist sich der Industriebetrieb nicht darüber im klaren, welche Typen tatsächlich notwendig sind und welche man ausmerzen könnte. Es ist erstaunlich zu hören, daß wir in Deutschland 3000 verschiedene Bodenhacken verwenden. Wenn man im Bundesgebiet 600 verschiedene Kolbenbolzen an Stelle von vielleicht 100 braucht, so ist ganz zweifellos die Ansicht des Fertigungs-Ingenieurs nicht genügend zur Geltung gekommen. Ein Motorenkonstrukteur, der sich über die wirtschaftlichen Auswirkungen einer solchen Situation klar ist, wird sicher freiwillig bereit sein, Normkolbenbolzen zu verwenden. Gerade auf dem Gebiet des Kraftfahrzeugzubehörs lassen sich viele derartige Beispiele anführen. Die Weiterführung der Normung von Typen scheint in dieser Hinsicht wichtig zu sein, aber noch wichtiger ist, daß die Vorstände gerade großer Industriekonzerne darüber wachen, daß die Normen auch tatsächlich angewandt werden.

Das gleiche gilt für die Typnormung einer großen Zahl von Gebrauchsgegenständen, die heute schon wieder in einer unsinnigen Vielzahl auf den Markt kommen und dadurch eine ernste Gefahr für die Befriedigung der Bedürfnisse der Volkswirtschaft darstellen. Auch hier ist die weiteste Verbreitung von Kenntnissen über die wirtschaftliche Bedeutung großer Stückzahlen, die an einem Platz hergestellt werden, von erheblicher Wichtigkeit.

Sie wirkt sich auch auf die Geschäftspolitik aus, denn natürlich können Zusammenschlüsse von Unternehmen im Sinne der Vergrößerung der Stückzahlen je Typ vorgenommen werden, wenn man einmal erkannt hat, mit wieviel weniger Arbeitskräften man die Fertigung durchführen könnte, wenn eine Verringerung der Typen eine Vervielfachung der Stückzahlen je Teil an einer bestimmten Fertigungsstelle nach sich zöge. In den USA sorgt ein gut ausgebautes Netz von spezialisierten Zuliefer-Firmen für größere Stückzahlen.

Eine weitere Maßnahme, die auf konstruktivem Gebiet liegt, ist das Zerlegen der Erzeugnisse in Baukastenelemente. Eine große deutsche Motorenfabrik hat sich diese Möglichkeit zunutze gemacht und bei der Entwicklung eines neuen luftgekühlten Dieselmotors beschlossen, alle Motoren mit einem Einheits-Zylindertyp auszustatten, und eine Reihe verschiedener Motoren-Stärken nur durch eine mehr oder weniger große Anzahl von Zylindern herzustellen. Dadurch sind große Stückzahlen für die Zylinderproduktion entstanden, die eine weitgehende Fließfertigung der Zylindereinheiten mit den entsprechenden wirtschaftlichen Vorteilen ermöglicht haben.

Es sollte selbstverständlich sein, daß ein Konstrukteur, der über die Fertigungsdinge genügend Bescheid weiß, von sich aus derartige Maßnahmen vorschlägt; auch der Fertigungs-Ingenieur kann dazu beitragen, wenn er rechtzeitig zur fertigungstechnischen Durchsprache einer Konstruktion herangezogen wird.

Auch die Verkaufspolitik eines Unternehmens kann in Richtung auf eine Typenbeschränkung oder auf eine Typenvermehrung geführt werden. Der Verkäufer wird in vielen Fällen, um Kundenwünsche zu befriedigen, die Vermehrung der Typen seines Unternehmens ohne große Bedenken hinnehmen. Eine gute statistische Überwachung des Marktes und seines tatsächlichen Bedarfes sowie der durch jeden Sonderwunsch entstehenden Mehrkosten könnte hier abhelfen, und die weitere Verbreitung der Grundlagen für billige automatisierte Fertigungen könnte auch den Verkäufer als Mitarbeiter für die wirtschaftliche Fertigung gewinnen.

Das eindrucksvollste Beispiel hierfür ist die Normal-Glühlampe, die trotz Lohn- und Rohstoffkosten-Steigerung heute ebensoviel DM kostet, wie sie 1936 RM kostete.

3. Automatisierungsreife Konstruktionen

Die Hauptaufgabe eines Konstrukteurs ist natürlich der Entwurf eines Erzeugnisses, das am besten die Funktionen erfüllt, die von ihm erwartet werden. Dabei muß er im Auge behalten, daß der Preis des Erzeugnisses nicht zu hoch wird[2].

Es wird für einen Konstrukteur oft unmöglich sein, alle Feinheiten der Fertigungsverfahren und der damit im Zusammenhang stehenden Werkstoffauswahl völlig zu beherrschen, und er wird stets gut daran tun, sich mit seinen Kollegen von der Fertigung schon vor Beginn seiner Konstruktion über den am zweckmäßigsten einzuschlagenden Weg zu unterhalten.

Dazu ist es aber notwendig, daß er weiß, welche Auswirkungen die Wahl des Werkstoffs und des Fertigungsverfahrens haben können. Ich möchte das an zwei Beispielen erläutern.

Die besagte Motorenfabrik hatte einen Zylinderaufsatz aus Grauguß konstruiert. Da jedoch neue Maschinen für die Bearbeitung dieses Graugußteils beschafft werden mußten, wurde die Frage des für die Fertigung am besten geeigneten Rohstoffs angeschnitten. Es wurde beschlossen, an Stelle des Graugußteils ein Aluminium-Druckgußteil zu verwenden, welches die Bearbeitung auf einer automatischen Sondermaschine gestattete, die entwickelt und gebaut werden mußte. Das wirtschaftliche Ergebnis war, trotz des erheblich höheren Preises für das Rohgußteil, eine Ersparnis von nahezu DM 300 000,— im Jahr und obendrein eine Einsparung an den Maschinenbeschaffungskosten von etwa DM 200 000,—, da die Herstellung der Sondermaschine erheblich billiger wurde als der Ankauf einer größeren Zahl von handelsüblichen Werkzeugmaschinen, wie sie ursprünglich geplant waren [4].

Ein anderes Beispiel stammt aus der Verbandstoff-Herstellung. Dort wurde für das Aufwickeln von Gipsbinden ein Kern verwendet, der aus einer kleinen Papprolle bestand, die radial perforiert war. Als die Beschaffung dieses Kernes schwierig wurde, überlegte man sich, ob man den Kern selbst herstellen könnte. Es wurde daraufhin vorgeschlagen, ihn aus Kunststoff mittels einer Schneckenpresse als Strang zu pressen. Kunststoff ist natürlich erheblich teurer als Pappe. Trotzdem gelang es, durch geschickte Gestaltung des Querschnittes des gepreßten Teils sowie eine vollselbsttätige Anordnung der Produktion bei einer Investition von etwa DM 100 000,— eine Einsparung von etwa DM 70 000,— bis DM 80 000,— im Jahr zu erzielen.

Manche Fertigungsverfahren eignen sich besser für die Automatisierung als andere. Der Sandguß eignet sich schlecht, der Druckguß besser. Aluminium ergibt bessere Standzeiten für die Werkzeuge. Auch die Herstellung von Teilen aus Sintermetall sollte noch erheblich ausgebaut werden können. Weiterhin sollten, wo immer die Stückzahlen es erlauben, die Umformverfahren angewendet werden, weil sie wirtschaftlicher sind als spanende.

Nur ein Beispiel dafür:

Während des Krieges hatte eine Firma Zylinderbüchsen für Flugmotoren herzustellen. Zuerst wurden diese Büchsen aus Schmiederohlingen gefertigt. Das Einsatzgewicht betrug in einem Fall 61 kg, während das Fertigteil nur 5,9 kg wog. Durch die Anwendung des Fließpreßverfahrens, bei dem von einem Stangenabschnitt mit 11,5 kg ausgegangen wurde, gelang es, den Werkstoffeinsatz von 900% auf 200%, bezogen auf das Fertigteil, zu senken [5].

4. Verkettung

Die Verkettung von Werkzeugmaschinen und Prüfmaschinen stellt die schwierigste Aufgabe der Automatisierung in der Fertigung dar, und zwar weil sehr viele Einzelteile die verschiedenartigsten technologischen Prozesse hintereinander zu durchlaufen haben, die teilweise in ihrem Zeitbedarf sehr stark voneinander abweichen. Bei einem Magnetzündergehäuse, für das einst eine Maschinenfließreihe[3] errichtet wurde, schwankten die Arbeitszeiten für die 42 verschiedenen Arbeitsgänge zwischen 0,1 und 5,5 Minuten. Voraussetzung für den Aufbau einer Fließreihe oder Fertigungskette, ob nun von Hand oder automatisch betrieben, ist, daß die Arbeitsgänge zeitlich miteinander in Einklang gebracht werden. Der sogenannte Arbeitstakt [6],

---

[2] Vgl. Kesselring, S. 15...20 dieses Heftes.

[3] Einheitliche Benennungen s. [1].

d. i. die Zeit für einen Arbeitsgang vom Erfassen eines Werkstücks bis zum Erfassen des nächsten, muß für alle miteinander verketteten Arbeitsgänge der gleiche sein. Da nun unsere Werkzeugmaschinen, wie bereits erwähnt, individuell für die verschiedenen Fertigungsvorgänge entwickelt worden sind, und zwar ohne auf die Arbeitszeit für ein bestimmtes Teil in irgendeiner Weise Rücksicht zu nehmen, und da auch die Teile selbst sehr verschieden lange Arbeitsgänge aufzuweisen haben, entsteht hier eine ernste Schwierigkeit. Als übergeordneter Gesichtspunkt ist dabei zu beachten, daß der Arbeitstakt mit der Ausbringung je Monat in einem festen Verhältnis steht. Wir haben heute in einer Woche je Schicht nach Abzug von Stillstandszeiten etwa 2500 Minuten zur Verfügung (45 Wochenstunden — 10% für Stillstand). Bei einem Arbeitstakt von einer Minute würden wir also wöchentlich 2500 Stück herstellen. Bei einer üblichen handbetätigten Fließarbeit kann man die Stückzahl nur dadurch verändern, daß man die Belegschaft kürzer oder länger arbeiten läßt oder eine zweite Schicht einlegt. Wenn eine größere Zahl von Arbeitskräften von einer solchen Maßnahme betroffen ist, so ergeben sich unausweichlich Schwierigkeiten mit der Entlohnung. Diese Schwierigkeiten lassen sich überwinden, wenn es gelingt, eine automatisierte Fertigungskette aufzubauen, bei der nur ein oder zwei Personen zur Beaufsichtigung benötigt werden, die man an den verschiedensten Fertigungseinrichtungen dieser Art beschäftigen kann. In diesem Fall entsteht lediglich die Frage des besser oder schlechter ausgenützten Kapitals bei schwankenden Stückzahlen.

Wenn die benötigte Stückzahl so groß ist, daß eine Maschine sie mit der größten Ausbringung gerade zu bewältigen vermag, dann läßt sich die Kette ziemlich leicht zusammensetzen dadurch, daß man an den Stellen, wo längere Arbeitszeiten benötigt werden, die Einrichtung mehrfach vorsieht. Allerdings werden dann die Förder-Vorrichtungen verwickelter [1].

Da die einzelne Maschine in der Fließreihe immer nur eine Arbeit zu erledigen hat, entsteht das Bedürfnis für sehr stark vereinfachte Werkzeugmaschinen, die als Einzweckmaschinen ausgelegt sind und auf alle teuren Einrichtungen, wie Räderkästen für veränderliche Geschwindigkeiten usw., verzichten. Vielmehr kann man Wechselräder vorsehen, mit denen jeweils für längere Zeit eine Geschwindigkeit eingestellt werden kann. Diese Maschinen müssen mit einer Einrichtung versehen sein, die sie befähigt, einen Zyklus vollselbsttätig ablaufen zu lassen und sie stillsetzt, bis ein Steuerimpuls einen nächsten Zyklus auslöst. In diesem Stadium der Entwicklung würden sie der Industrie schon eine wesentliche Hilfe durch Mehrfachbedienung geben. Der Einbau unserer üblichen hochgezüchteten Universal-Werkzeugmaschinen in selbsttätige Fertigungsketten dürfte oft eine zu große Kapitalbelastung darstellen.

Dagegen haben sich die in selbsttätigen Fließstraßen fest verketteten Maschinen, namentlich für schwere Teile, an denen eine sehr große Zahl von Bohr-, Gewindeschneid- und Senkarbeitsgängen auszuführen sind, mit Erfolg eingeführt. Doch ist bisweilen die Umstellung von einem Erzeugnis auf ein anderes schwierig und kann praktisch nur vom Hersteller durchgeführt werden.

Eine locker aufgebaute selbsttätige Fertigungskette sollte so gestaltet sein, daß die Einzelmaschinen leicht gegeneinander ausgetauscht werden können, damit auf diese Weise nach kurzer Umstellzeit eine andere Fertigung über eine solche Fließreihe laufen kann.

Alle Maschinen sollten für die gleiche Steuerspannung eingerichtet sein und auch Einrichtungen haben, die zurückmelden, daß ein Arbeitsgang vollendet ist. Zum Aufbau solcher Fertigungsketten gehören ferner Prüfstationen, die in Abschnitt 6 näher behandelt werden.

Hier liegt eine Fülle von Konstruktions- und Planungs-Aufgaben vor, die der Fertigungsingenieur in Zusammenarbeit mit dem Werkzeugmaschinen- und dem Vorrichtungs-Konstrukteur zu lösen hat. Aber auch der Erzeugniskonstrukteur sollte in diese Arbeit einbezogen werden, manchmal auch, wie oben angedeutet, der Verkäufer.

Nur in Gemeinschaftsarbeit werden die Probleme gelöst werden können, und wir werden die Kunst des Kompromisses lernen müssen, über die Baumgarten [6] so ausgezeichnete Ausführungen gemacht hat.

Der Erfolg der Verkettung besteht nicht nur in der Ersparnis von Löhnen, sondern auch in besserer Ausnutzung der Maschinen, geringerem Raumbedarf, besserer Übersicht über die in der Fertigung befindlichen Teile, geringerer Verwaltungsarbeit, weniger Ausschuß und schnellerem Durchlauf.

5. Der mechanische Fertigungsautomat und seine Grenzen

Die beiden Hauptnachteile mechanisch gesteuerter Fertigungsautomaten, wie sie heute noch das Feld beherrschen, bestehen darin, daß ihre Umstellung von einer Arbeit auf eine andere ziemlich zeitraubend ist und daß die innerhalb des Automaten zu bewegenden Massen oft groß sind, so daß für Anlaufen und Stillsetzen bei jeder Schaltung erhebliche Zeit und Kraft in Anspruch genommen werden müssen. Auch die mechanische Verkettung von selbsttätigen Maschinen verschiedener Art, wie beispielsweise einer Tubenpresse, einer Tubendruckmaschine, einer Tubenfüllmaschine und eines Verpackungsautomaten für gefüllte Tuben, stößt auf ähnliche Schwierigkeiten. Es wäre zu untersuchen, welche Schwierigkeiten es macht, die Energie dort heranzuführen, wo sie benötigt wird, und die Synchronisierung der Bewegungen elektrisch durchzuführen. Von einer bestimmten Größe der Automaten an ist die elektrische Synchronisierung unvermeidlich.

Das Schleifen von Zahnrädern im Wälzverfahren mit Schneckenprofilscheibe erzwang eine solche Lösung. Das Schleifrad läuft mit einer hohen Drehzahl um, die in genauem Verhältnis zur Drehzahl des Werkstücks stehen muß. Zahnräder zwischen den beiden Antriebswellen brachten die Gefahr der Rattermarken und anderer Ungenauigkeiten (Spiel). Die Firma Lindner löste die Aufgabe dadurch, daß sie einen elektrischen Synchron-Antrieb für beide Wellen vorsah. Die Steuerung der Arbeitsvorgänge durch den elektrischen Strom gibt aber noch eine andere Möglichkeit, nämlich die, Arbeitsaufgaben zu speichern. Als Beispiel diene der Fräsautomat der Firma Gebr. Heller, Nürtingen, der durch Druckknöpfe gesteuert wird; die Steuerung wurde aus dem Fernsprechsystem entnommen; hierbei werden alle Schaltvorgänge, nämlich Tischbewegungen und Spindelbewegungen, die der Arbeiter beim ersten Werkstück auszuführen hat, selbsttätig gespeichert. Das zweite Werkstück braucht dann nur eingesetzt zu werden, und der Vorgang kann sich wiederholen, ohne daß der Arbeiter dabei eine Handbewegung zu machen hat. Diese Technik läßt sich auf selbsttätige Fertigungsketten jeder Art übertragen. Außerdem ist es denkbar, solche Fertigungsketten von Lochkarten steuern zu lassen, so daß man verschiedene Arbeitsgänge durch verhältnismäßig einfache Maßnahmen einstellen kann und so vielleicht automatisierte Fertigungsketten für die Herstellung verschiedener ähnlicher Teile verwenden kann. Ob man bei solchen Fertigungsautomaten die Energie in Form von Starkstrom über Elektromotoren oder Magnete zuführt, ob man hydraulische oder pneumatische Energie einführt, ist von untergeordneter Bedeutung. Immer läßt es sich ermöglichen, die Energie in genügender Menge an genau der Stelle zuzuführen, wo sie benötigt wird, und die Synchronisierung und Steuerung dieser Energie über Schwachstromeinrichtungen und Relais durchzuführen.

Wichtig ist jedoch — und hier liegt wohl eine der größten Schwierigkeiten —, die verschiedenen Hersteller von Maschinen dazu zu bewegen, daß sie Normanschlüsse an den Nahtstellen anerkennen, damit Maschinen verschiedener Herkunft leicht miteinander verbunden und an ein gemeinsames Steuersystem angeschlossen werden können.

6. Qualitätskontrolle und Störungen

Die Fertigungskette muß an den Stellen, an denen Fehler am Werkstück auftreten können, durch Kontrollstationen überwacht werden. Man wird in den meisten Fällen die statistische Kontrolle vorsehen können, da ja die Kontrolle stets in der Reihenfolge der Herstellung der Stücke erfolgt und Fehler in den meisten Fällen durch Abnutzung der Werkzeuge entstehen und sich allmählich vergrößern. Dabei hat man noch den Vorteil, daß man für die Durchführung der Kontrolle selbst den n-fachen Teil der Taktzeit ansetzen kann, wenn man sich auf die Kontrolle jedes n^{ten} Stückes beschränkt.

Nähern sich die gemessenen Werte der Toleranz-Grenze, so ist technisch eine selbsttätige Nachstellung oder ein selbsttätiger Werkzeugwechsel natürlich das günstigste. Im ersteren Falle können wir von einem echten Regel-Kreis sprechen. Die Durchführung der technischen Maßnahmen für eine derartig arbeitende Kontrolle wird aber oft zu teuer werden, und man wird sich mit Warnsignalen oder Stillsetzen der Fertigungskette begnügen.

Wo die Standzeit der Werkzeuge zuverlässig vorausbestimmt werden kann, ist der Wechsel der Werkzeuge während der Betriebspausen empfehlenswert, wie das erfolgreich in verschiedenen Betrieben heute schon bei Maschinenfließstraßen angewandt wird.

Ein besonderes Kapitel sind solche Kontrollstellen, die ein Stillsetzen der Fertigungskette verursachen. Dazu gehören Einrichtungen, die entweder Warnsignale oder gar ein unmittelbares Stillsetzen der Fertigungskette auslösen. Störungen treten bei Werkzeugbruch und Werkzeugwechsel während des Betriebes auf, dazu gehören aber auch Störungen an den verschiedenen Schalt- und Antriebs-Elementen, die in einer solchen Fertigungskette eingebaut sind, und deren Störungen nicht nur Stillstandszeiten der ganzen Kette, sondern auch Werkzeugbruch und Maschinenschäden hervorrufen können die sich dann in noch längerer Stillstandszeit der Fertigungskette auswirken.

Man wird infolgedessen alle Elemente, wie Relais, Schaltkontakte, Steuerschieber, hydraulische und pneumatische Antriebs-Zylinder, Elektro-Magnete, Elektromotoren für große Schalthäufigkeiten, daraufhin überprüfen müssen, ob sie viele Millionen von Schaltungen ohne Störung aushalten. Störanfällige Elemente könnten leicht unerträgliche Stillstandszeiten der Fertigungskette verursachen, da sie in der Regel ja nicht gleichzeitig auftreten und die Stillstandszeiten sich daher addieren.

Die Entwicklung von Sonder-Kontakten zur Steuerung von elektrisch gesteuerten Maschinen-Fließreihen wurde in jüngster Zeit vorangetrieben, und die Kontakte erreichen heute 90 Millionen Schaltungen, so daß sie in den weitaus meisten Fällen die Fließreihen überleben.

7. Aufwand und Ertrag der Automatisierung

Der Aufwand für eine automatisierte Fertigungskette ist um so geringer, je höher ihr Restwert nach der Auflösung ist, d. h. je beweglicher eine solche Fertigungskette gestaltet wird und je geringer die Aufwendungen sind, die die einzelnen Glieder miteinander zu verbinden. Je mehr Normteile man anwenden kann, die auch bei Umstellung der Fertigungskette auf ein anderes Erzeugnisteil wieder verwendet werden können, desto günstiger liegt die Einrichtung einer selbsttätigen Fertigung von der Aufwandseite her.

Der Ertrag ist stark davon abhängig, wie lange gleiche Teile erzeugt werden. Denn zunächst müssen Ersparnisse gegenüber der üblichen Reihenfertigung ja dazu verwendet werden, den Aufwand für die neue Einrichtung zu tragen. Wenn man sich *Bild 1* für Aufwand A und Ertrag E ansieht, so erkennt man, daß für die Durchführung der Automatisierung jeder einzelnen Fertigungsstufe verschieden hohe Aufwendungen gemacht werden müssen und daß auch der Ertrag je Fertigungsstufe sehr stark schwankt. Maßgebend aber ist der Gesamtertrag für die Verkettung selbst. Man wird leicht geneigt sein, die gün-

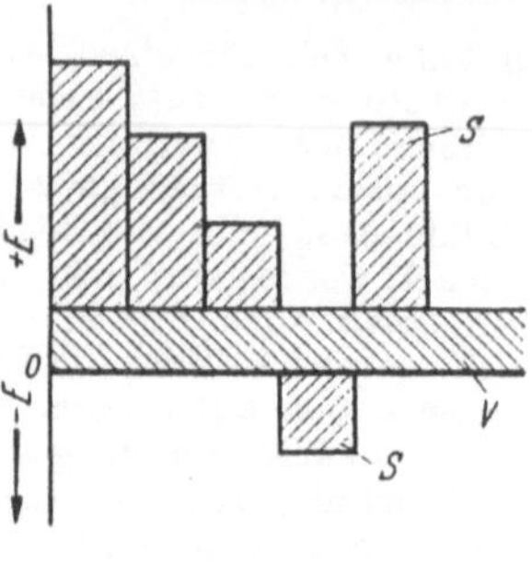

Bild 1. Aufwand und Ertrag bei Automatisierung.

$$A_S + A_V \quad E_S + E_V.$$
$$A \doteq I - R$$

E Ertrag; A Aufwand; E und A bezogen auf S Stufe der Fertigung; V Verkettung der Fertigung; I Investiertes Kapital; R Restwert nach Auflösung der Automatenkette.

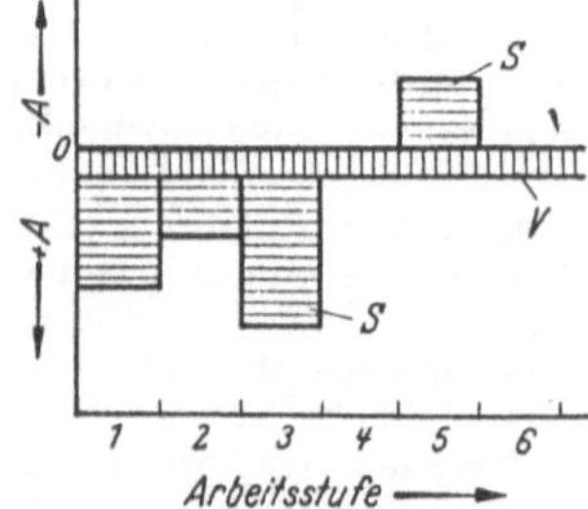

stigsten Fertigungsstufen zu automatisieren und sie dann von Hand miteinander zu verbinden; das entspricht praktisch der Entwicklung von Fertigungsautomaten in der Vergangenheit, wo der Drehautomat für häufig wiederkehrende Drehteile verwendet wurde, die Weiterbearbeitung der Drehteile aber in Handarbeitsgängen stattfand. Da die Verkettung jedoch große wirtschaftliche Erfolge mit sich bringt, sollte man u. U. auch Verluste an einzelnen Stellen mit in Kauf nehmen, wie sie als negativer Ertrag bei der Arbeitsstufe 4 angedeutet worden sind.

8. Maschinenkosten und Lohnkosten

Die Automatisierung schafft Verhältnisse, bei denen der Kapitalkosten-Anteil an den Herstellungskosten eines Teiles den Lohnkostenanteil wesentlich übersteigen wird. Bisher hat man in den Betrieben meistens die Richtung verfolgt, die Gemeinkostenzuschläge so klein wie möglich zu halten; die Automatisierung arbeitet in genau entgegengesetzter Richtung. Die unmittelbaren Lohnkosten, die bisher als Träger für die Gemeinkosten angesehen wurden, werden kleiner und die Kapitalkosten größer, so daß es notwendig wird, die Platzkostenrechnung anzuwenden. In der bisherigen Kostenermittlung glaube ich einen Grund zu sehen, warum man mit der Automatisierung nur sehr vorsichtig voranschreitet. Man kann eine Fertigung leichter auf die jeweiligen Erfordernisse einstellen, wenn man viele Menschen beschäftigt, die bei Rückgang der Nachfrage entlassen werden können. Die Einstellung von Zinszahlungen ist dagegen nicht so leicht möglich. Heute haben sich die Dinge von der Arbeitsseite so verschoben, daß auch die Entlassung von Menschen nicht mehr ohne weiteres möglich ist, und die Zinsrechnung verliert an Bedeutung, wenn Eigenkapital eingesetzt wurde. Mr. Cordiner, der Präsident der General-Electric hat 1955 vor dem Kongreß gesagt, daß seiner Meinung nach die weitergehende Automatisierung sich sehr stabilisierend auf die Wirtschaftsverhältnisse in den USA auswirken werde, da alle Betriebe an einer gleichmäßigen Beschäftigung interessiert sein würden. Ich glaube, daß diese Betrachtungsweise richtig ist und daß auch bei uns sich derartige Gedanken einbürgern werden.

Die hohen Maschinenkosten führen von selbst dazu, daß man sich Menschen heranzieht, die für eine möglichst weitgehende Ausnutzung der Maschinen sorgen, d. h. die in der Lage sind, Störungen an der Maschinenanlage vorzubeugen, und sie stets in erstklassigem Zustand zu erhalten. Da der Lohnanteil ohnehin keinen sehr großen Einfluß mehr auf die Fertigungskosten haben wird, wird sich von selbst ergeben, daß diese Menschen auch eine höhere Bezahlung erhalten, als das bisher möglich gewesen ist. Sie werden diese Bezahlung für eine bessere geistige Arbeit erhalten und nicht nur für reine Mengenleistung, und das augenblicklich bestehende Mißverhältnis, wo gelernte Fachkräfte, die im Zeitlohn beschäftigt werden, oft weniger verdienen als angelernte Leute, die im Akkord eingesetzt worden sind, kann sich dadurch allmählich wieder ausgleichen lassen, wie es im Interesse einer Weiterbildung unseres guten Facharbeiterstandes dringend erforderlich wäre.

9. Die Ausbildung des Maschineningenieurs an der Technischen Hochschule

In der Entwicklung der Ausbildung des Maschinen-Ingenieurs stand berechtigterweise zunächst die Kraftmaschine und ihr Wirkungsgrad im Mittelpunkt. Es galt, die Naturkräfte in möglichst wirtschaftlicher Form in Bewegungsenergie umzusetzen. Strömungslehre und Thermodynamik entstanden neben den Grundwissenschaften als besondere Hilfswissenschaften für diese Aufgabe. Die Leistungsgewichte der Kraftmaschinen wurden vermindert, um Antriebe von Fahrzeugen zu ermöglichen und außerdem billige Einheiten von Kraftmaschinen für kleinere Betriebe zu schaffen. Es folgten die Bemühungen, von der hin- und hergehenden auf die drehende Bewegung überzugehen, und es entstanden die Turbomaschinen. Bei allen diesen Entwicklungen lag der geistige Schwerpunkt auf der Berechnung und Durchführung der Konstruktion. Die Fertigung wurde früher dem Meister in der Werkstatt überlassen, der es sich zur Ehre anrechnete, alle konstruktiven Lösungen anfertigen zu können, auch wenn sie noch so schwierig waren. Man kann durchaus verstehen, wenn in der damaligen Zeit die Konstruktion auf dem Standpunkt stand, daß die Hauptsache sei, daß die Maschine funktioniere. Die Fertigung hatte sich mit den geforderten Abmessungen, Passungen und Fertigungsschwierigkeiten selbst auseinanderzusetzen und wurde wissenschaftlich vernachlässigt.

In den 80er Jahren nahm sich die Technische Hochschule erstmals auch der Werkzeugmaschine, und zwar zunächst beschreibend, an. Das erste Buch über Werkzeugmaschinen ist von H. FISCHER an der Technischen Hochschule in Hannover 1900 verfaßt worden. Die Berufung von SCHLESINGER nach Berlin im Jahre 1904 führte erstmalig an einer Technischen Hochschule zu einer wissenschaftlichen Behandlung der Fertigung mit gleichzeitiger Kostenrechnung. Es folgte 1906 die Berufung von WALLICHS nach Aachen, der sich vor allem mit dem TAYLOR-System auseinandersetzte.

Von nun an wurde die Bedeutung der fertigungstechnischen und Werkzeugmaschinen-Lehrstühle an den Hochschulen stetig mehr erkannt. Die für schnellaufende Maschinen erforderliche Genauigkeit, die Vorgänge bei der Zerspanung, die Bestgestaltung der Getriebe und vieles andere mehr machte eine wissenschaftliche Erforschung nötig. Es ist jedoch bemerkenswert, daß noch heute neue Erkenntnisse durch systematische wissenschaftliche Forschung auf Gebieten erzielt werden, die man für längst abgeschlossen halten sollte.

Die Steigerung der Stückzahlen, die beispiellose Vermehrung der Werkstoffe und Erzeugnisse und gleichzeitig die Steigerung von Löhnen und Lebensansprüchen breitester Schichten der Bevölkerung steigerte zwangsläufig die wirtschaftliche Bedeutung der Fertigungsverfahren, und man wird der durch den Wunsch nach Automatisierung entstandenen neuen Lage besonders Rechnung tragen müssen.

Sehr notwendig scheint mir zu sein, daß die Fertigungs-Ingenieure eine besondere Vorlesung auf dem Gebiete der Elektrotechnik erhalten, in der neben der Starkstromtechnik auch die Steuerungstechnik behandelt wird. Diese sollte sich nicht nur auf die Fernmeldetechnik mit Relaisschaltung, sondern auch auf die Röhrentechnik beziehen, die ja heute in selbsttätigen Anlagen schon weitgehend verwendet wird. Auch das Gebiet des elektrischen Messens mechanischer Größen, das in den letzten Jahren eine außergewöhnlich starke Entwicklung erfahren hat, sollte hier eingeschlossen werden; außerdem lassen sich die Meßergebnisse der elektrischen Verfahren leicht zu Steuerungszwecken ausnutzen. Der Fertigungsingenieur muß für seine Kraft- und Schwingungsmessungen mit Oszillographen umgehen können und wissen, wie er bei seinen maschinentechnischen

Untersuchungen von diesen Hilfsmitteln Gebrauch machen kann.

Am Rande seien hier die neuen Verfahren der Funkenerosion, des elektrostatischen Spritzens, des elektrolytischen Polierens und das große Gebiet der elektrischen Schweißtechnik vermerkt; in sie alle kann der Ingenieur nur mit guten elektrotechnischen Kenntnissen eindringen.

Besonders im Hinblick auf die Automatisierung scheint eine Behandlung dieser Fragen nach der Vorprüfung für den Maschineningenieur von großer Wichtigkeit zu sein. Auch die Hydraulik sollte entsprechend berücksichtigt werden.

Da alles technische Schaffen auf die Konstruktion zurückgeht, sollte auch genügend Zeit für konstruktive Übungen gelassen sein, und es sollten neben den Werkzeugmaschinen der Zerspanung und der Umformtechnik auch andere Arbeitsmaschinen, wie z. B. Verpackungsautomaten, in konstruktiver Hinsicht behandelt werden.

Ich halte es ferner für wichtig, daß den Maschineningenieuren klar wird, daß Fertigungsfragen nicht nur innerhalb des Maschinenbaus, sondern auch in dem großen Gebiet der übrigen industriellen Fertigung auftreten, von dem ja der Maschinenbau nur ein Zehntel ausmacht. Ich glaube, daß es für die Produktivität unserer Wirtschaft von großem Wert sein würde, wenn in den Vorständen von Fabriken, die über größere Fertigungseinheiten verfügen, gut ausgebildete Maschineningenieure säßen, die mit weitem Blick und mit dem notwendigen Verantwortungsbewußtsein die Probleme, die sich aus der Notwendigkeit der Steigerung der Produktivität in den betreffenden Unternehmen ergeben, behandeln. Solche Männer sind besser dazu geeignet die Entscheidung darüber zu treffen, ob man Geld für die Weiterentwicklung der Fertigung investieren sollte, als es ein Kaufmann auch mit noch so guten untergeordneten technischen Beratern tun könnte. Diese Aufgabe wird am besten erfüllt, wenn der Maschineningenieur auch mehr. als bisher in den Grundwissenschaften Physik und Chemie unterwiesen wird, denn es ergeben sich eben bei derartigen Unternehmungen stets Fragen, die auf physikalische und chemische Grundbegriffe zurückgeführt werden müssen, und ich glaube, daß man auch hier die Ausbildung etwas ausbauen sollte.

Für den in der Fertigung tätigen Ingenieur ist es ferner besonders notwendig, daß er auch über die praktische Betriebswirtschaft genügend Bescheid weis, damit er sich mit seinen kaufmännischen Kollegen über diese Fragen in ihrer Sprache unterhalten kann. Auch dieser Punkt sollte bei den Überlegungen, die über die Frage der Ausbildung von Maschineningenieuren an der Hochschule angestellt werden, nicht übersehen werden.

Ich glaube, daß diejenigen, die meinen, daß sie später einmal in die Fertigung hineingehen werden, ein Recht darauf haben, daß man ihnen eine Ausbildung ermöglicht. 'die ihnen für das große Gebiet der industriellen Fertigung ein gutes Rüstzeug mitgibt, das, wie wir gesehen haben, bei seiner Vielseitigkeit alles andere als eine Spezialisierung bedeutet. Da aber jeder Maschineningenieur mehr oder weniger mit der industriellen Produktion zu tun hat, sollte eine fertigungstechnische Grundlagen-Ausbildung für alle Maschineningenieure vorgesehen werden.

Für die Ausbildung des eigentlichen Fertigungs-Ingenieurs scheint mir besonders wichtig, daß er die Fertigungsprobleme als Ganzes sehen lernt. Ich glaube, daß aus diesem Grunde gewisse Fertigungsaufgaben, auch der Aufbau automatischer Fertigungsketten kleineren Ausmaßes, in Hochschulinstituten gezeigt werden sollte, damit der Fertigungs-Ingenieur ein Gefühl für die Möglichkeiten der Verkettung von Fertigungsverfahren bekommt.

In Aachen studieren 25% der Ingenieure des Maschinenbaus die Fachrichtung „Fertigungstechnik", obwohl 7 Fachrichtungen vorhanden sind; in Hannover sind es rund 30%. Man glaubt, daß ein Drittel aller Hochschul-Maschineningenieure in der Fertigungstechnik eingesetzt werden, so daß wohl eine Berechtigung zur ernsthaften

Prüfung dieser Fragen vorliegt. An den Maschinenbauschulen liegen die Verhältnisse ganz ähnlich.

Schluß

Ich hoffe, mit meinen Ausführungen aufgezeigt zu haben, daß der Automatisierungsgedanke eine zusammenfassende Wirkung auf den Stoff haben kann, der der Ausbildung einer bestimmten Kategorie von Maschineningenieuren zu Grunde liegt. In welcher Weise meine Gedanken in die Tat umgesetzt werden können, muß den Hochschulen selbst überlassen bleiben. Die Mittel und Wege, auf denen die angedeuteten Ziele verwirklicht werden können, werden an jeder Hochschule anders sein, da sie nicht nur von Tradition und Zusammensetzung des Lehrkörpers, sondern auch von den staatlichen Mitteln abhängen, die für diese Zwecke zur Verfügung gestellt werden.

Ich weiß, daß viele meiner Freunde aus der Industrie bezweifeln, daß die Ausbildung an einer Technischen Hochschule für die Lösung von Fertigungsaufgaben überhaupt notwendig ist. Ich kenne viele hervorragende Fachleute auf dem Fertigungsgebiet, die nie eine Hochschule besucht haben.

Die neuzeitliche Fertigungstechnik und insbesondere die automatisierte Fertigung ist jedoch auf wissenschaftlichen Erkenntnissen einer großen Zahl von Fachgebieten aufgebaut. Die wissenschaftlichen Grundlagen dieser verschiedenen Gebiete können am besten an der Technischen Hochschule übermittelt werden, weil dort auf allen diesen Gebieten Forschung und Lehre betrieben werden.

Der gut ausgebildete Fertigungsingenieur wird in der Lage sein, sich erfolgreich auf den verschiedensten Fertigungsgebieten zu betätigen, zwischen denen für das Auge des Laien kaum innere Zusammenhänge bestehen. Hier liegt daher eine wichtige volkswirtschaftliche Aufgabe für die Technischen Hochschulen vor, der sie sich nicht entziehen sollten.

Schrifttum

1. MÄCKBACH, F., und O. KIENZLE, Fließarbeit. Berlin: VDI-Verlag 1926. Herausgegeben vom AWF.

2. DOLEZALEK, C. M., Fließfertigung auf Maschinen-Straßen. Technik und Wirtschaft 1944, S. 29…34.

3. DRUCKER, P., Amerika in den nächsten 20 Jahren. Harpers Magazine März, April, Mai 1955. Herausgegeben vom US-Informationsdienst, Bad Godesberg I.

4. LINDNER, G., Rationalisierung — Ziel von Konstruktion und Fertigungsplanung. Werkstatttechnik und Maschinenbau 44 (1954), S. 262…265.

5. BURKHARDT, A., Beiträge zur spanlosen Formgebung von Metallen. Heft 1 der ,,Schriften der Deutschen Gesellschaft für Metallkunde e. V.''. Stuttgart: Dr. Riederer-Verlag 1949.

6. BAUMGARTEN, E., Von der Kunst des Kompromisses. Stuttgart, Leipzig: S. Hirzel Verlag 1949.

Die Schnittkräfte beim Flachschleifen

I. Einflüsse der Zerspanungsbedingungen

Von Dr.-Ing. H. KRUG VDI, Frankfurt/M.

DK 621.923-41.014.3

Gegenstand dieses Berichtes ist die Messung der Zerspankräfte beim Flachschleifen. Wie bei anderen Zerspanungsarten liegt der Sinn einer derartigen Schnittkraftmessung nicht nur in einer theoretisch-wissenschaftlichen Durchdringung des Schleifproblems, sondern vielmehr darin, Klarheit zu gewinnen, wie

die Schleifmaschine in ihren Bauteilen, z. B. Gestellen, Führungen, Arbeitsspindel, Lagerung, gestaltet und bemessen sein muß,

die Motorleistung für den Tischantrieb und die Schleifwelle ausgewählt werden muß, und

welches das bestgeeignete Schleifwerkzeug hinsichtlich seines Schleifvermögens (Schleifleistung) und seiner Standfestigkeit ist.

Nun ist beim Schleifen das Messen der Schnittkräfte wesentlich schwieriger als beispielsweise beim Drehen, Hobeln oder Fräsen; das liegt an der Vielzahl von unregelmäßigen Spitzen und Schneidkanten mit zumeist unbestimmtem negativen Spanwinkel. Die zur Überwindung der Trennfestigkeit des Werkstoffes notwendigen Kräfte sind von zwei Gruppen von Einflußgrößen abhängig, nämlich:

1. den Zerspanungsbedingungen, das sind Vorschubgeschwindigkeit und Schnittiefe, die schwankend, also veränderlich sein können,

2. Scheibenzustand, Kornart, Bindung und Kühlmittel; diese letzteren beherrscht man nicht in dem Maße wie die der ersten Gruppe.

Sehen wir uns zunächst im Schrifttum nach vorhandenem und verwertbarem Wissensgut um:

1. Frühere Versuche

Vor 50 Jahren hat G. SCHLESINGER [1] an der Technischen Hochschule, Charlottenburg, erstmalig systematische Zerspanungsversuche mit Schleifscheiben aus Korund und Siliziumkarbid beim Außen-Rund-Längsschleifen unternommen. Er untersuchte an einer für damalige Verhältnisse schweren Rundschleifmaschine mit einem Schleifradantrieb von 19 kW den Zusammenhang zwischen Umfangskraft und Spantiefe, Werkstückgeschwindigkeit sowie Schleifscheibengeschwindigkeit. Seine Meßmethodik war denkbar einfach, so wurde beispielsweise der für die Spanleistung erforderliche Energiebedarf des Schleifmotors mit einem Wattmeter gemessen, in Schaubildern über den verschiedenen Zustellungsbeträgen dargestellt und aus den so gewonnenen Kurven die Werte für die Umfangskräfte errechnet. Eine genaue Messung der Umfangskraft an der Wirkstelle von Schleifscheibe und Werkstück war damals noch nicht möglich. Immerhin waren SCHLESINGERS Versuche, da er hier völliges Neuland betreten hatte, für die Schleiftechnik jahrelang richtungweisend.

Diese Rundschleifversuche setzte KURREIN [2] 1927 fort; es gelang ihm mit Hilfe eines zwischen Werkstückantrieb und Werkstück geschalteten Blattfeder-Dynamometers, die tangentiale Schnittkraft unmittelbar zu messen und sie mit einem Linienschreiber in Abhängigkeit von dem Schleifweg oder der Zeit selbsttätig und laufend aufzuzeichnen. Während für die Berechnung der Antriebsleistung die tangentiale Schnittkraft (Hauptschnittkraft) und die größte verfügbare Schleifscheibengeschwindigkeit maßgebend sind, richtet sich die Konstruktion des Maschinengestelles, des Schleifspindelstockes und der Aufnahmevorrichtung für die Werkstücke nach der Größe der Zustellkraft. Gerade hierfür lieferte KURREIN die ersten Anhaltswerte. Er baute eine Meßeinrichtung in den Schleifspindelstock ein, an der er die durch die radiale Zustellkraft verursachte elastische Verformung eines Meßbalkens auf einer Meßuhr ablesen konnte. Das Verhältnis der hierbei gefundenen Zustellkräfte zu den Umfangskräften bei verschiedenen Spantiefen schwankte zwischen 1,5 und 2,18.

COENEN [3] maß 1932 an einer kleinen Flachschleifmaschine für Umfangsschliff die tangentiale Schleifkraft unmittelbar. Die Schnittkraft drückte beim Schleifen einen auf Rollen gelagerten längsverschieblichen Schlitten, der als Werkstückaufnahme diente, gegen einen Meßträger, dessen Verformung an einer Meßuhr abgelesen wurde. Die Arbeit selbst ist wenig aufschlußreich, zumal offensichtlich bei den Versuchen die Eingriffsbedingungen des Produktionsschleifens nicht berücksichtigt wurden.

GOEDECKE [4] hat bei seinen Rundschleifversuchen die tangentiale Schnittkraft und die Zustellkraft gemessen, und zwar ebenfalls an Hand der Durchbiegung einer Meßbrücke (mit Meßuhr, $^{1}/_{100}$ mm Ablesung), die schwenkbar zwischen Spitzen gelagert war. Aus seiner einzigen wiedergegebenen Darstellung der Kräfte in Abhängigkeit von der im Ein-

wt-Z. ind. Fertig.
59 (1969) Nr. 7

Schnittkraftberechnungen für das Abspanen von Metallen

Von H. VICTOR, Karlsruhe

DK 621.91.014.3/.4.001.24: 621.91.011.001.5

1. Einleitung

Die Bestimmung der Schnittkräfte und Schnittleistungen bei der Zerspanung ist seit F. W. TAYLOR immer ein wichtiges Teilgebiet der Fertigungsforschung gewesen. Wenn auch das Wissen auf diesem Gebiet seit jener Zeit ständig verbreitert und vertieft wurde, werden Schnittkraftberechnungen doch in der Praxis noch immer nicht ihrer Bedeutung entsprechend angewandt.

Kenntnisse über Schnittkräfte werden in verschiedenen Bereichen benötigt. Bei der Konstruktion spanender Arbeitsmaschinen sollten mit ihrer Hilfe die einzelnen Bauteile, ihre Verbindungselemente sowie die Antriebe beanspruchungsgerecht bemessen werden. Diesen Berechnungen muß zwangsläufig die Maximalleistung der Maschine, d. h. die größte zulässige Schnittkraft, Schnittleistung und das größte zulässige Schnittmoment in Verbindung mit den dafür gültigen Drehdurchmessern, Drehzahlen und Vorschüben zugrunde gelegt werden. Die richtige Festlegung dieses „Datenrahmens" entscheidet oft über den wirtschaftlichen Erfolg einer Neukonstruktion.

Im allgemeinen sind die in den Betrieben stehenden Werkzeugmaschinen für die auf ihnen auszuführenden Arbeitsaufgaben überdimensioniert. Einerseits vom Hersteller, der die wahren Anforderungen an seine Maschine im praktischen Einsatz nicht kennt und daher oftmals unnötige Sicherheiten einbauen muß und andererseits auch durch die Tatsache, daß die Besteller von Werkzeugmaschinen an die Leistungsfähigkeit der neuen Maschine viel zu hohe Anforderungen stellen.

Dies geschieht aus dem Gedanken heraus, daß große Werkstückabmessungen und hohe Leistungen „auch einmal" vorkommen können, man für diesen Fall gewappnet sein will und in den meisten Fällen auch gar keine Kenntnisse darüber vorhanden sind, welche kräfte- und leistungsmäßigen Anforderungen an die Maschine bei der Bearbeitung bestimmter Werkstücke überhaupt auftreten.

Diese Aufgabe, die Berechnung der Kräfte und Leistung bei vorliegenden Zerspanaufgaben, gehörte an sich zu den Routineaufgaben einer gut geführten Arbeitsvorbereitung. Die ermittelten Werte werden ja nicht nur für kraft- und leistungsmäßige Verteilung der anfallenden Arbeitsaufgaben auf die vorhandenen Werkzeugmaschinen des Betriebes benötigt, sondern auch in der Betriebsmittelkonstruktion zur Bemessung neuer Werkzeuge und Vorrichtungen.

Dies gilt nicht nur für die konventionellen Werkzeugmaschinen, sondern in noch viel höherem Maße für die automatisierten Einrichtungen (z. B. NC-Maschinen), die mit ihren hohen Stundensätzen nur bei optimaler Ausnutzung wirtschaftlich fertigen werden. Auch für die Anwendung des „adaptive control" sind Kenntnisse auf dem Gebiet der Zerspankräfte erforderlich, um die anzustrebenden Optima der Bearbeitung vorgeben zu können.

Zusammenfassend ist zu sagen, daß die Bedeutung der Kenntnisse der Kräfte und Leistungen bei der Zerspanung ständig zunimmt. Es ist nicht so, daß hierfür von Seiten der Versuchsfelder der Hochschulen und Universitäten oder aus der Praxis keine Werte zur Verfügung stünden. Die von verschiedenen Stellen unter unterschiedlichen Bedingungen ermittelten Werte müssen aber gesammelt und (falls sie gesichert erscheinen) entsprechend aufbereitet werden, damit sie in Konstruktion, Arbeitsvorbereitung und Betrieb mehr als bisher angewandt werden können.

Vor 12 Jahren erschien in dieser Zeitschrift eine Zusammenstellung [1], in der für 16 Werkstoffe Zerspankennwerte angegeben wurden, mit deren Hilfe Kraft- und Leistungsberechnungen beim Drehen, Bohren und Hobeln ausgeführt werden konnten. Die diesen Berechnungen zugrunde liegende Formel von KIENZLE [2] für die leistungsführende Schnittkraft F_s (vgl. DIN 6584)

$$F_s = b \cdot h^{(1 - c)} \cdot k_{s1 \cdot 1} \, [\text{kp}] \tag{1}$$

erwies sich als so tragfähig, daß sie inzwischen über den Bereich der Zerspanverfahren mit gleichbleibender Zerspanungsdicke (Drehen, Hobeln, Bohren, Räumen) hinaus auch in den Bereich der Zerspanverfahren mit kommaförmigem Span (Walzenfräsen, Sägen, Messerkopffräsen, Verzahnen [3]) vorgedrungen ist.

Im folgenden sollen die im Schrifttum der Jahre 1950 bis 1969 verstreut befindlichen Angaben über spezifische Schnittkräfte beim Drehen, Bohren, Hobeln, Räumen und Fräsen zusammengefaßt, miteinander verglichen und daraus Empfehlungen für ihre Anwendung in den genannten Bereichen gegeben werden. Darüber hinaus zeigt eine Schrifttumsübersicht[1] deutlich auch die noch vorhandenen Lücken, die es zur optimalen Anwendung der Ergebnisse zu füllen gilt.

Eine absolute Übereinstimmung der berechneten mit den gemessenen Schnittkraftwerten ist auf Grund der Streuungen in den Zerspanungseigenschaften der Werkzeuge und Werkstoffe selbstverständlich nicht zu erwarten. Jedoch sind Erfahrungen mit den Werten jederzeit willkommen und können gegebenenfalls in einer späteren Veröffentlichung verarbeitet und bekanntgegeben werden.

Bei der Fülle des Schrifttums über die Zerspanungsforschung im allgemeinen und über Zerspankräfte im besonderen können in der vorliegenden Arbeit nur Ausschnitte erfaßt und auch hieraus wieder nur Teile referiert werden. Für weitere Nachforschungen sei auf eine amerikanische Schrifttumszusammenstellung [4] verwiesen, die das Gesamtgebiet der Zerspanung einschließlich der europäischen Quellen behandelt.

2. Grundlagen

2.1. Einflüsse auf die Schnittkraft

2.1.0. Allgemeines

Die Zahl der Einflußgrößen auf die Schnittkraft ist groß; nachstehend sind die zu beachtenden Gebiete und Einzelpunkte angegeben.

Zerspanverfahren
  Gleichbleibende Spanungsdicke
  Kommaförmiger Span

Werkstoff
  Zusammensetzung
  Wärmebehandlung
  Kaltverfestigung

Zerspanbedingungen
  Vorschub bzw. Vorschub je Schneide
  Schnittiefe
  Einstellwinkel
  Schnittgeschwindigkeit
  Kühl- und Schmiermittel
  Normal- oder Warmzerspanung

Werkzeug
  Werkzeugbaustoff
  Werkzeugwinkel
  Hauptschneidenrundung
  Rauhigkeit der Schneidenflächen
  Zahl der gleichzeitig im Eingriff befindlichen Schneiden

Professor Dr.-Ing. HANS VICTOR ist Ordinarius für Werkzeugmaschinen und Fertigungstechnik der Universität Karlsruhe.

[1] Für die Sammlung des Materials danke ich Herrn Dipl.-Ing. HORST KIETHE.

Eine Schnittkraftformel (sei sie auch nur für ein einziges Zerspanverfahren aufgestellt) kann ohne Einbuße ihrer Übersichtlichkeit nicht alle Einflußgrößen berücksichtigen. Darüber hinaus ist die dadurch erreichte Genauigkeit auch nur scheinbar, denn viele der Einflußgrößen sind für den allgemeinen Zerspanfall gar nicht festzulegen, sondern können in weiten Bereichen schwanken.

Die hier ausschließlich behandelte Schnittkraftformel (1) war von vornherein auf die praktische, handliche Anwendbarkeit im Betriebsgebrauch abgestellt und berücksichtigt daher nur die wesentlichsten Einflußgrößen.

2.1.1. Zerspanverfahren

Ein Vergleich der in Abschnitt 3 angegebenen Zahlen für die Zerspankennwerte $k_{s1\cdot1}$ und $(1-c)$ für unterschiedliche Zerspanverfahren aber gleiche Werkstückstoffe zeigte oftmals sehr gute Übereinstimmung. Vorhandene Unterschiede sind sicher zum Teil durch einander nicht entsprechende Zerspandaten (Streuungen der Werkstoffkennwerte, Werkzeugwinkel, Schnittgeschwindigkeiten u. a.) bedingt. Eine Nachprüfung oder Korrektur kann oft nicht vorgenommen werden, weil wichtige Versuchseinzelheiten nicht mit veröffentlicht wurden.

Überlegungsmäßig besteht kein Grund, daß bei unterschiedlichen Zerspanverfahren (gleiche Zerspanbedingungen vorausgesetzt) unterschiedliche Schnittkräfte auftreten müssen. Vergleichsversuche wurden an zahlreichen Stellen durchgeführt und bestätigen diese Annahme [6, 7, 8, 9, 10, 11].

Fernziel ist der uneingeschränkte Verfahrensvergleich, bei dem die in einem Zerspanverfahren gewonnenen Kennwerte (vorzugsweise wohl aus dem „Modellfall Drehen") Schnittkraftberechnungen bei allen anderen Verfahren mit gleichbleibender und kommaförmiger Spanungsdicke ermöglichen.

2.1.2. Werkstoff

Die zerspanten Werkstoffe werden in der Schnittkraftformel (1) durch die folgenden werkstoffabhängigen Zerspankonstanten berücksichtigt:

Hauptwert der spezifischen Schnittkraft

$$k_{s1\cdot1} \qquad [\text{kp/mm}^2]$$

Anstiegswert $\qquad (1-c) \qquad [-]$

Diese Konstanten werden empirisch aus Schnittkraftversuchen und deren doppellogarithmischer Darstellung unter Berücksichtigung der Gesetze der Statistik gewonnen [11, 12]. Hierbei ist sichergestellt, daß die natürlichen Streuungen der Werkstoffeigenschaften berücksichtigt werden, ohne daß „Ausreißer" das Ergebnis verfälschen.

Der „Hauptwert der spezifischen Schnittkraft" $k_{s1\cdot1}$ [kp/mm²] kann gedeutet werden als die spezifische Schnittkraft für einen (gedachten) Spanungsquerschnitt $b \cdot h = 1 \cdot 1$ [mm²]. Hieraus sind auch die beiden zusätzlichen Indizes von $k_{s1\cdot1}$ zu erklären.

$k_{s1\cdot1}$ ist eine Zerspankonstante, nicht jedoch eine Werkstoffkonstante im üblichen Sinne. Folgende wichtige Abhängigkeiten müssen beachtet und bei einer Verwendung des Hauptwertes berücksichtigt werden:

$$k_{s1\cdot1} = f \text{ (Werkstoff)}$$
$$k_{s1\cdot1} = f (v) \text{ (vgl. Abschnitt 2.1.3)}$$
$$k_{s1\cdot1} = f (\gamma) \text{ (vgl. Abschnitt 2.1.4)}$$

Der Anstiegswert $(1-c)$ kennzeichnet das unterschiedliche Schnittkraftverhalten eines Werkstoffes bei kleinen und bei großen Spanungsdicken. Hierbei bedeutet ein großer Wert von $(1-c)$ große Unterschiede und umgekehrt.

Die Wärmebehandlung von Stahl-Werkstoffen ist in ihren Auswirkungen auf die auftretenden Schnittkräfte gegenüber der sonst auftretenden Streuung der Zerspankennwerte

Lfd. Nr.	Werkstoff Bezeichnung DIN	SAE bzw. Wkst. Nr.	σ_B [kp/mm²]	σ_S [kp/mm²]	H_B [kp/mm²]
1	St 34	SAE 1020	38,5	20,4	
2	St 42	SAE 1025	45	25,9	
3	St 50		52		
4	St 60		62		
5	St 70	SAE 1065	83,2		
6	C 22		50		
7	C 35 N		58	35,5	163
8	C 45				
9	C 60		73,3	34,4	
10	Ck 35	1181			
11	Ck 45		67		
12	Ck 45 N		66		
13	Ck 53 N				
14	Ck 60		77		
15	9 S 20 weichgegl.		43		HV 30 = 125
16	15 Cr Mo 5		59		
17	16 Mn Cr 5		53,2	34,8	170
18	18 Cr Ni 8 N		60		178
19	18 Cr Ni 6		63		
20	30 Cr Ni Mo 8		76,6	48,3	265
21	34 Cr 4	7033	70…80		
22	34 Cr Mo 4		80		
23	37 Mn Si 5		72,6	48,6	207
24	42 Cr Mo 4		108		309
25	45 W Cr V 7		71,1		
26	46 Mn Si 4 weichgegl.		65		187
27	50 Cr V 4		60		
28	55 Ni Cr 13		82,6		
29	55 Ni Cr Mo V 6		73,0	47,1	
30	55 Ni Cr Mo V 6 weich gegl.	2713	94		
31	55 Ni Cr Mo V 6 verg.				352
32	65 Si 7	SAE 9260	96,0		
33	100 Cr 6	SAE 52100	64	35,3	
34	100 Cr 6 weichgeg.		71		203
35	105 W Cr 6		74,4	45,2	
36	210 Cr 46 N	2090			
37*	X 6 Cr Ni Mo Nb 1810	4580	60		
38*	X 5 Ni Cr Ti 2615 ausgeh.	4980	98		
39*	X 8 Ni Co Cr Ti 552020 ausgeh.	4969	131		
40*	Ni Co 20 Cr 15 Mo Al Ti lösungsgegl.	4634			
41*	Ni Co 20 Cr 15 Mo Al Ti ausgehärtet	4634	127		
42	Nimonic NCK 20 TAU		110		240
43*	ATS 115	4967	105		
44	Messing DFB kaltgez.				
45	Rg A				
46	GGL 14				>200
47	GGL 18		12,4		
48	GG 22	9110			
49	GG 26				200
50	GG 30 Sondergußeisen				
51	Meehanite A		36		
52	Meehanite E		22		
53	Meehanite M				300

Zahlentafel 1. Zerspankennwerte $k_{s1.1}$ und $(1-c)$ sowie $k_s = f(h)$.

$k_{s1.1}$	$1-c$	Verfahren	Spezifische Schnittkräfte als Funktion der Spanungsdicke h														
			\multicolumn{15}{c}{h [mm]}													
			0,063	0,08	0,1	0,125	0,16	0,20	0,25	0,315	0,4	0,5	0,63	0,8	1,0	1,25	1,6
234	0,77	Bohren i. Volle [40]	442	418	397	378	357	339	322	305	289	274	260	246	234	222	210
177	0,75	Bohren i. Volle [40]	353	333	315	298	280	265	250	236	223	210	199	187	177	167	157
199	0,74	Drehen [1]	408	384	362	342	320	302	285	269	253	238	224	211	199	188	176
211	0,83	Drehen [1]	338	324	312	300	288	277	267	257	247	237	228	219	211	203	195
243	0,84	Bohren i. Volle [40]	378	364	351	339	326	314	303	292	281	272	262	252	243	234	225
180	0,84	Drehen [41]	280	270	260	251	241	233	225	217	208	201	194	187	180	174	167
165	0,83	Fräsen [10]	264	253	244	235	225	217	209	201	193	186	178	171	165	159	152
155	0,75	Einstechdr. Einzahnräum. [22] Außenräum.	309	291	276	261	245	232	219	207	195	184	174	164	155	147	138
150	0,84	Stirnfräsen [42]	233	225	217	209	201	194	187	180	174	168	162	155	150	145	139
138	0,66	Walzenfräsen [43]	353	326	302	280	257	239	221	204	188	175	161	149	138	128	118
222	0,86	Drehen [1]	327	316	306	297	287	278	270	261	252	245	237	229	222	215	208
200	0,80	Einzahn-Breit-Schlichtfräsen [44]	348	331	317	303	289	276	264	252	240	230	219	209	200	191	182
127	0,67	Drehen [45]	316	292	272	252	233	216	201	186	172	160	148	137	127	118	109
213	0,82	Drehen [1]	350	336	322	310	296	285	273	262	251	241	231	222	213	205	196
160	0,9	Feindrehen o. Nebenschn. [18]	211	206	201	197	192	188	184	180	175	171	168	164	160	156	153
229	0,83	Drehen [1]	366	352	339	326	313	301	290	279	268	258	248	238	229	220	211
160	0,81	Fräsen [10]	271	259	248	238	227	217	208	199	190	183	175	167	160	153	146
269	0,82	Bohren i. Volle [46]	442	424	407	391	374	359	345	331	317	305	292	280	269	258	247
226	0,70	Drehen [1]	518	482	451	422	392	366	343	320	298	278	260	242	226	211	196
230	0,81	Fräsen [10]	389	372	356	341	326	312	299	286	274	262	251	240	230	220	210
179	0,65	Walzenfräs. [43]	471	433	401	371	340	314	291	268	247	228	210	194	179	166	152
224	0,79	Drehen [1]	400	381	363	347	329	314	300	285	272	259	247	235	224	214	203
200	0,88	Fräsen [10]	279	271	264	257	249	243	236	230	223	217	211	205	200	195	189
272	0,86	Bohren i. Volle [46]	401	387	375	364	352	341	330	320	309	300	290	281	272	264	255
300	0,81	Bohren i. Volle [40]	507	485	465	445	425	407	390	374	357	342	328	313	300	288	274
239	0,85	Bohren i. Volle [46]	362	350	338	326	315	304	294	284	274	265	256	247	239	231	223
222	0,74	Drehen [1]	456	428	404	381	358	337	318	300	282	266	250	235	222	209	196
391	0,92	Bohren i. Volle [40]	488	479	470	462	453	445	437	429	421	413	406	398	391	384	377
326	0,87	Bohren i. Volle [40]	467	453	440	427	414	402	390	379	367	357	346	336	326	317	307
174	0,76	Drehen [1]	338	319	302	287	270	256	243	230	217	205	194	184	174	165	155
192	0,76	Drehen [1]	373	352	334	316	298	283	268	253	239	227	215	203	192	182	172
220	0,68	Bohren i. Volle [40]	533	494	460	428	395	368	343	318	295	275	255	236	220	205	189
313	0,77	Bohren i. Volle [40]	591	560	532	505	477	453	431	408	386	367	348	329	313	297	281
278	0,76	Bohren i. Volle [46]	540	510	483	458	432	409	388	367	346	328	311	293	278	264	248
288	0,76	Bohren i. Volle [40]	559	528	500	474	447	424	402	380	359	340	322	304	288	273	257
179	0,63	Walzenfr. [43]	498	456	420	386	353	325	299	274	251	231	212	194	179	165	150
127	0,73	Drehen [47]	268	251	236	223	208	196	185	173	163	153	144	135	127	120	112
160	0,71	Drehen [47]	357	333	312	292	272	255	239	224	209	196	183	171	160	150	140
240	0,79	Drehen [47]	429	408	389	371	353	337	321	306	291	278	264	252	240	229	217
200	0,71	Drehen [47]	446	416	390	366	340	319	299	280	261	245	229	213	200	187	175
195	0,71	Drehen [47]	435	406	380	356	332	311	291	273	254	238	223	208	195	183	170
171	0,71	Außenräumen [48]	381	356	333	313	291	273	256	239	223	209	196	182	171	160	149
238	0,78	Drehen [47]	437	415	395	376	356	339	323	307	291	277	263	250	238	227	215
43	0,62	Walzenfr. [43]	123	112	103	95	86	79	73	67	61	56	51	47	43	40	36
82	0,75	Fräsen u. Drehen [49]	164	154	146	138	130	123	116	109	103	98	92	87	82	78	73
95	0,79	Drehen [41]	170	161	154	147	140	133	127	121	115	110	105	100	95	91	86
75	0,87	Drehen [50]	107	104	101	98	95	92	90	87	84	82	80	77	75	73	71
103	0,75	Walzenfr. [43]	206	194	183	173	163	154	146	137	130	122	116	109	103	97	92
116	0,74	Drehen [1]	238	224	211	199	187	176	166	157	147	139	131	123	116	109	103
113	0,70	Walzenfr. [43]	259	241	225	211	196	183	171	160	149	139	130	121	113	106	98
127	0,74	Drehen [1]	261	245	231	218	205	193	182	171	161	152	143	135	127	120	112
132	0,74	Drehen [1]	271	255	240	227	213	201	189	178	168	158	149	140	132	125	117
132	0,74	Drehen [1]	271	255	240	227	213	201	189	178	168	158	149	140	132	125	117

von Charge zu Charge und sogar von Werkstoffstange zu Werkstoffstange vernachlässigbar klein [13, 14, 15, 16]. Hieraus ist die Konsequenz zu ziehen, daß die Werkstoffe die für ihre Bearbeitbarkeit oder spätere Verwendung gewünschte Wärmebehandlung erhalten können, ohne daß sich dieses auf die aufzuwendenden Schnittkräfte auswirkt.

Für 64 Werkstoffe sind die Werte für Hauptwert und Anstiegswert in Abschnitt 3 unter Angabe der ihnen zugrunde liegenden Zerspanbedingungen und -verfahren tabelliert.

2.1.3. Zerspanbedingungen

Es ist inzwischen zur Selbstverständlichkeit geworden, zur Ermittlung der Zerspankräfte nicht die Maschinengrößen Schnittiefe a [mm] und Vorschub s [mm/U] zu verwenden, sondern die Spanungsgrößen

Spanungsdicke h [mm] und

Spanungsbreite b [mm]

wobei $a \cdot s = b \cdot h = A$ [mm²].

Dies deswegen, weil hierdurch der (nicht zu den Werkzeugwinkeln gehörende) Einstellwinkel $\varkappa$ berücksichtigt wird:

$$h = s \cdot \sin \varkappa \text{ [mm]}$$

$$b = a/\sin \varkappa \text{ [mm]}$$

Leider gibt es aber noch neuere Veröffentlichungen [16], die Schnittkraftwerte in der veralteten Form

$$F_s = f(A)$$

angeben, wobei der Spanungsquerschnitt A nicht in die Maschinengrößen a und s, geschweige denn in die Spanungsgrößen b und h aufgelöst wird.

So ermittelte Schnittkraftwerte entsprechen nicht dem derzeitigen Kenntnisstand, geben zu erheblichen Fehlern Anlaß und lassen darüber hinaus leider keinerlei Vergleich mit Werten anderer Versuchsstellen zu.

Bei der Auftragung der Versuchsergebnisse $F_s = f(h)$ in doppellogarithmischer Darstellung zur Ermittlung der Zerspankonstanten $k_{s1.1}$ und $(1 - c)$ (vgl. Abschnitt 1.1.2.), wurde die Möglichkeit einer linearen Ausgleichung der Streuwerte der Versuchspunkte vorausgesetzt. Diese Tatsache ist im Bereich der üblichen Drehvorschübe ($s = 0,1$ bis 1,6 mm/U) unbestritten. Unsicherheit bestand aber seit jeher darin, ob diese Linearität bis in den Bereich kleinster Spanungsdicken im µm-Bereich zulässig sei.

Sowohl Wiebach [18] als auch Weinz [19] stellten übereinstimmend fest, daß bei sehr kleinen Spanungsdicken h ein Abweichen der Versuchswerte von der linearen Ausgleichsgeraden nach unten hin festzustellen ist.

Diese Tatsache hat jedoch hier keine Bedeutung, da die zur Bestimmung der Zerspankennwerte dienende Ausgleichsgerade oberhalb der Versuchswerte verläuft und daher die berechneten Schnittkräfte i. a. immer höher als die tatsächlich auftretenden sind. Dies gilt auch bei den größeren Spanungsdicken.

Der Einfluß der Schnittgeschwindigkeit auf die Hauptschnittkraft F_s ist für unterschiedliche Werkzeugbaustoffe und ihre Einsatzbereiche sehr verschieden zu bewerten.

Im allgemeinen kann beim Drehen mit Hartmetallwerkzeugen oberhalb von $v = 2$ m/s (120 m/min) der Schnittgeschwindigkeitseinfluß vernachlässigt werden. Dies gilt nach neueren Untersuchungen von Schiffer [20] bis hin zu Schnittgeschwindigkeiten, die zur Zeit bei Stahl noch keine praktische Bedeutung haben, nämlich bis zu 120 m/s (7200 m/min).

Um Aufbauschneidenbildung zu vermeiden, werden für Hartmetallwerkzeuge im allgemeinen keine Schnittgeschwindigkeiten unter $v = 0,5$ m/s (30 m/min) angewandt. Bei einer Verkleinerung der Schnittgeschwindigkeit von 2 m/s (120 m/min) auf 0,5 m/s (30 m/min) ist im Mittel ein Anstieg der Hauptschnittkraft F_s von 20 % zu erwarten.

Lfd. Nr.	Werkstoff Bezeichnung DIN	SAE bzw. Wkst. Nr.	σ_B [kp/mm²]	σ_s [kp/mm²]	H_B [kp/mm²]
54	GTW, GTS		>40		
55	GS 45		30…40		
56	GS 52		50…70		
57	Polyamid 6—6	Wassergehalt 0,1…0,5 Gew. %			
58*	Zh-S-6 K				
59*	1 KH 18 N 9 T				
60*	45 G 17 YU 3				
61	G-Al Si 10 Mg a		25	21,5	95
62	G-Al Si 6 Cu 4		17	15,0	93,5
63	G-Al Mg 5		16	12	71
64	G K-Mg Al 9 Zn 1		13	9	60

Zusätzliche Angaben zu:
Lfd. Nr.
37* Handelsbezeichnung: V 4 A — X — Extra (nicht aushärtb. aust. Stahl)

Der Einsatzbereich von Schnellarbeitsstahlwerkzeugen liegt betriebsmäßig meist unter 0,5 m/s (30 m/min), wenn auch Kronenberg [21] über Versuche (Schießversuche) berichtet, bei denen dieser Werkzeugbaustoff bei überhöhten Schnittgeschwindigkeiten bis zu 830 m/s (50 000 m/min) eingesetzt wurde.

Opitz [22] wie auch Zhitʼnitski [23] stellten übereinstimmend fest, daß bei den beim Räumen üblichen kleinen Schnittgeschwindigkeiten mit Schnellarbeitsstahlwerkzeugen im Bereich von etwa 0,0335 m/s (2 m/min) bis 0,5 m/s (30 m/min) keine Abhängigkeit der Hauptschnittkraft F_s von der Schnittgeschwindigkeit besteht.

Auch nach Untersuchungen von Schilling [24] im Schnittgeschwindigkeitsbereich von 0,07…1,6 m/s (4…100 m/min) verändern sich im Bereich niedriger Schnittgeschwindigkeiten die Schnittkräfte nur wenig. Erst oberhalb von etwa 0,5 m/s (30 m/min) steigen sie an und fallen nach Erreichen eines Maximums kontinuierlich bis zu den höchsten, bei Schnellarbeitsstahl möglichen Geschwindigkeiten ab.

Die Lage des (nicht stark ausgeprägten) Maximums ist vom Vorschub abhängig, wobei bei kleineren Vorschüben das Maximum weniger stark ausgebildet und zu größeren Schnittgeschwindigkeiten hin verschoben ist.

Ein Vergleich der absoluten Werte im SS-Schnittgeschwindigkeitsbereich unter 0,5 m/s mit Kräften, die bei Hartmetallwerkzeugen oberhalb von $v = 2$ m/s gemessen wurden, ergibt unter Berücksichtigung der verwandten unterschiedlichen Spanwinkel eine fast ideale Übereinstimmung der ermittelten Schnittkräfte.

Wenn auch derartige Ergebnisse auf Grund des zu geringen Versuchsumfanges noch nicht als völlig gesichert bezeichnet werden können, so erhalten sie doch eine starke Stütze durch Ergebnisse anderer Forschungsstellen und können daher als Arbeitsgrundlage in der Form gelten, daß bei Schnittkraftberechnungen für Zerspanverfahren im Anwendungsbereich von Schnellarbeitsstahl (z. B. Räumen) die Zerspankennwerte des Drehens verwandt werden können, die bei Schnittgeschwindigkeiten oberhalb 2 m/s (120 m/min) ermittelt wurden.

Durch ein Kühl-Schmiermittel werden bei kleinen Schnittgeschwindigkeiten die Schnittkräfte verringert. Nach Schilling [24] ist dies dadurch begründet, daß bei Scherspanbildung und Fließspanbildung mit Aufbauschneiden das Schmiermittel in die Kontaktzonen eindringt und die Reibung mindert. Bei höheren Schnittgeschwindigkeiten ist eine vollplastische Fließschicht vorhanden, bei

Fortsetzung *Zahlentafel 1.*

$k_{s\,1.1}$	$1-c$	Verfahren	Spezifische Schnittkräfte als Funktion der Spanungsdicke h														
			\ h [mm]														
			0,063	0,08	0,1	0,125	0,16	0,20	0,25	0,315	0,4	0,5	0,63	0,8	1,0	1,25	1,6
120	0,79	Drehen [41]	214	204	195	186	176	168	161	153	145	139	132	126	120	115	109
160	0,83	Drehen [41]	256	246	237	228	218	210	203	195	187	180	173	166	160	154	148
180	0,84	Drehen [41]	280	270	260	251	241	233	225	217	208	201	194	187	180	174	167
16	0,85	Drehen [51]	24,2	23,4	22,6	21,9	21,1	20,4	19,7	19,0	18,4	17,8	17,1	16,5	16,0	15,5	14,9
290	0,8	Drehen [52]	504	481	460	440	418	400	383	365	348	333	318	303	290	277	264
231	0,76	Drehen [53]	449	424	401	380	359	340	322	305	288	273	258	244	231	219	206
294	0,80	Drehen [53]	511	487	466	446	424	406	388	370	353	338	322	307	294	281	268
44	0,73	Drehen [54]	93	87	82	77	72	68	64	60	56	53	50	47	44	41	39
46	0,73	Drehen [54]	97	91	86	81	75	71	67	63	59	55	52	49	46	43	41
45	0,84	Drehen [54]	70	67	65	63	60	58	56	54	52	50	48	47	45	43	42
24	0,66	Drehen [54]	61	57	53	49	45	41	38	36	33	30	28	26	24	22	20

38* Handelsbezeichnung: Vaccutherm 7—20 (aushärtb. aust. Stahl)
39* Handelsbezeichnung: RGT 12
40* Handelsbezeichnung: Nimonic 105 (lösungsgeglühte Nickelleg.)
41* Ausgehärtete Nickellegierung

43* Kobaltlegierung
58* Hochwarmfestes Material ⎫
59* Austen. Stahl ⎬ Russische Werkstoffe
60* Austen. Stahl ⎭

der das nicht der Fall sein kann. Hier wirkt das Mittel kühlend und erhöht (jedenfalls bei den vorliegenden Versuchen) die Festigkeit des Werkstoffes gegenüber dem Trockenschnitt, was zu einer Vergrößerung der Schnittkräfte führt. Zu ähnlichen Erkenntnissen kommt DAWIHL [25].

Im allgemeinen werden die praktischen Zerspanarbeiten, für die unsere Berechnungen gelten, bei Raumtemperatur durchgeführt. Hochwarmfeste, schwer zerspanbare Stähle können aber leichter bearbeitet werden nach örtlicher Aufheizung der abzuspanenden Schicht auf Temperaturen bis 800 °C. Hierbei sinken die aufzuwendenden Zerspankräfte erheblich.

KRONENBERG [26] berichtet über Versuche an einem härtbaren Stahl mit 0,37...0,45 % C und einem Mn-Gehalt von 1,35...1,65 % bei dem die aufzuwendende Schnittkraft F_s bei einer örtlichen Stichflammenheizung auf 760 °C (1400 °F) um 51 % gegenüber Bearbeitung bei Raumtemperatur geringer war. Der Vorteil dieses Verfahrens liegt nicht so sehr in der Schnittkraftminderung, als in der Möglichkeit die Größe des abgespanten Volumens je Zeiteinheit und kW Antriebsleistung zu erhöhen [27].

2.1.4. Werkzeug

Im Abschnitt 2.1.3. ist über die beiden Werkzeugbaustoffe Schnellarbeitsstahl und Hartmetall bereits berichtet worden. Hier bleibt nur noch der Unterschied zwischen Hartmetall- und Aluminiumoxyd-Werkzeugen in bezug auf die auftretenden Schnittkräfte zu klären und zwar insbesondere im Bereich hoher Schnittgeschwindigkeiten.

Nach Versuchen von ALTMEYER [28] und DAWIHL [25] an CK 45 und ferritischem Schleuderguß (GGL) benötigen Schneidplatten aus Al_2O_3 gegenüber Hartmetallplatten der Anwendungsgruppe K 10 (etwa 94 % WC, 6 % Co) durchweg etwa um 10 % geringere Schnittkräfte. Dieses Verhalten kann mit dem kleineren Reibwert und damit kleinerer Spanstauchung erklärt werden. Dieser Schnittkraftunterschied muß also bei Berechnungen berücksichtigt werden; er kann jedoch nachträglich als Korrektur eingeführt werden und kommt z. Z. wohl nur beim Drehen und Messerkopffräsen in Frage.

Der Freiwinkel α hat bei Schnittkraftberechnungen für die üblichen Bearbeitungsverfahren wegen seiner geringen Veränderungsbreite keinen großen Einfluß. Dort, wo er aus technologischen Gründen jedoch größere Werte annehmen muß, wie z. B. beim Mehrkantdrehen, sollten die berechneten Schnittkraftwerte in der Form korrigiert werden,

daß je Grad Vergrößerung des Freiwinkels α eine Schnittkraftminderung von 1 % angenommen wird [29].

Der Spanwinkel γ hat einen großen Einfluß auf die Hauptschnittkraft F_s. Eine Durchsicht zahlreicher Versuchsergebnisse, u. a. [10, 21, 22, 30, 31, 32, 33] hat im Grundsatz die bekannte Angabe bestätigt, daß die Änderung des Spanwinkels um 1° eine Schnittkraftänderung um 1...2 % zur Folge hat.

Besser noch sollte die Korrektur aber wie folgt geschehen:

a) Umrechnungen dürfen nur um $\pm$ 10° um den Ausgangswert erfolgen.

b) Bei kleiner werdendem Spanwinkel gegenüber dem Versuchswert beträgt die Schnittkrafterhöhung je Grad Spanwinkeländerung 2 %.

c) Bei größer werdendem Spanwinkel gegenüber dem Versuchswert beträgt die Schnittkrafterhöhung 1,5 % je Grad Spanwinkeländerung.

Diese Regel gilt auch für Spanwinkeländerungen in beiden Richtungen über $\gamma = 0°$ hinaus.

Die Frage der Schnittkräfte in Abhängigkeit vom Verschleiß der Werkzeuge ist leider noch nicht ausführlich in den Versuchsfeldern behandelt worden. Hier besteht eine Lücke der Zerspanungsforschung, die es baldmöglichst zu schließen gilt.

BECH [34] berichtet über Drehversuche an Leichtmetall-Gußlegierungen. Zerspanversuche mit Schnittkraftmessungen beim Gegenlauffräsen, bei denen die Rundung der Hauptschneide verändert wurde, führte STREMPEL [35] durch. STOKINGER [36] und W. OPITZ [31] berichten über ähnliche Versuche beim Drehen. SCHÜTTE [37] untersuchte den Einfluß des Freiflächenverschleißes auf die Schnittkräfte beim Räumen. WEINZ [18] führte Glanzdrehversuche mit Diamantwerkzeugen durch und stellte eine starke Abhängigkeit der an sich kleinen Zerspankräfte vom Ausgangszustand der Schneiden fest (vgl. [38]).

Insgesamt ist damit aber nur ein kleiner Teil des Werkzeugverschleißes bei der Zerspanung und seines Einflusses auf die Schnittkräfte berührt. Darüber hinaus genügen die mitgeteilten Ergebnisse in keiner Weise für eine abschließende Beurteilung.

So kann nur immer wieder darauf hingewiesen werden, daß Zerspanversuche vorwiegend mit „arbeitsscharfem" Werkzeug [1, 11] ausgeführt und die Zerspankonstanten hieraus berechnet werden. Bei stumpfem Werkzeug muß daher mit einer um 50...100 % größeren Schnittkraft gerechnet werden.

3. Spezifische Schnittkräfte

In der *Zahlentafel 1* sind für 64 Werkstoffe die Zerspankennwerte

$$k_{s1.1} \text{ und } (1-c)$$

sowie die Verfahren und Versuchseinzelheiten angegeben, bei denen sie ermittelt wurden.

Damit kann entsprechend der Formel

$$F_s = b \cdot h^{(1-c)} \cdot k_{s1.1} \text{ [kp]}$$

und unter Berücksichtigung der Umrechnungen

Spanungsbreite $b = a/\sin \varkappa$ [mm]

Spanungsdicke $h = s \cdot \sin \varkappa$ [mm]

die Netto-Schnittkraft ermittelt werden.

Entsprechend der Formel

$$k_s = \frac{k_{s1.1}}{h^{(1-c)}} \text{ [kp/mm}^2\text{]}$$

sind neben $k_{s1.1}$ und $(1-c)$ auch die spezifischen Schnittkräfte als Funktion der Spanungsdicke h angegeben. Mit diesen Werten kann die Netto-Schnittkraft auch nach der Formel

$$F_s = b \cdot h \cdot k_s \text{ [kp]} \tag{2}$$

berechnet werden (vgl. Abschnitt 4).

Für die einzelnen Werkstoffe lagen meist mittels unterschiedlicher Zerspanverfahren ermittelte Zerspankennwerte vor. Hiervon wurden die Werte in die *Zahlentafel 1* aufgenommen, für die die meisten Informationen über die Versuchsdurchführung zur Verfügung standen *(Zahlentafel 2)*. Die Kennwerte wurden überwiegend unmittelbar aus Angaben der Versuchsstellen übernommen. Wo dies nicht möglich war, wurden sie aus den Versuchsergebnissen berechnet, wie in [11] dargestellt.

4. Verfahrensvergleich

Die angegebenen Zerspankennwerte kann man unter Berücksichtigung der Korrektur für Schnittgeschwindigkeit, Spanwinkel γ sowie einiger Besonderheiten auch auf andere Verfahren anwenden, als sie den Versuchen zugrunde lagen.

Hierbei gilt beim Drehen, Hobeln und Stoßen sowie Bohren

Schnittiefe	a	[mm]
Vorschub	s	[mm/U]
Vorschub je Schneide	s_z	[mm/U, Schneide]
Einstellwinkel	$\varkappa$	[°]
Spanungsdicke	$h = s \cdot \sin \varkappa$	[mm]
Spanungsbreite	$b = a/\sin \varkappa$	[mm]

Einzelheiten sind den bildlichen Darstellungen und den zusätzlichen Erläuterungen zu den Zerspanverfahren zu entnehmen.

4.1. Drehen (*Bild 1a*)

4.2. Hobeln und Stoßen (*Bild 1b*)

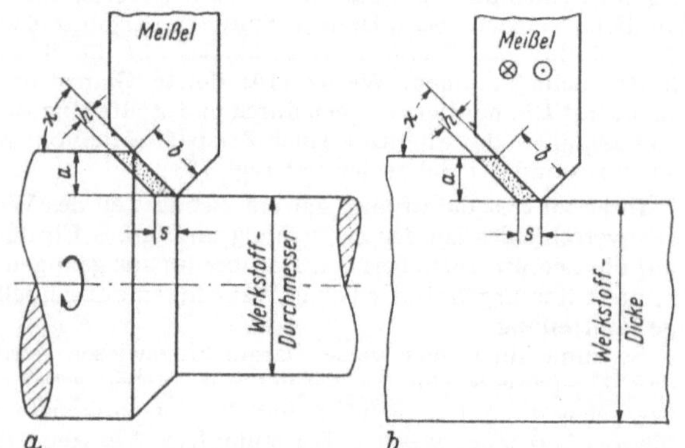

Bild 1. Eingriffsverhältnisse beim Drehen (*a*) Hobeln und Stoßen (*b*) [11].

Lfd. Nr.	Werkstoff Bezeichnung DIN	Werkzeugart und Werkzeug-Abmessung
1	St 34	Wendelbohrer $D = 25$ mm, $D = 42,5$ mm
2	St 42	Wendelbohrer $D = 25$ mm, $D = 42,5$ mm
3	St 50	Drehmeißel
4	St 60	Drehmeißel
5	St 70	Wendelbohrer $D = 25$ mm, $D = 42,5$ mm
6	C 22	Drehmeißel
7	C 35 N	Messerkopf
8	C 45	Drehmeißel Räumwerkzeug
9	C 60	Messerkopf $D = 300$ mm
10	Ck 35	Einzahnfräser $D = 82...195$ mm $\varnothing$
11	Ck 45	Drehmeißel
12	Ck 45 N	Einzahnmesserkopf $210 \varnothing$
13	Ck 53 N	Drehmeißel
14	Ck 60	Drehmeißel
15	9 S 20 weichgeglüht	Drehmeißel
16	15 Cr Mo 5	Drehmeißel
17	16 Mn Cr 5	Messerkopf
18	18 Cr Ni 8 N	Wendelbohrer $D = 10...20$ mm
19	18 Cr Ni 6	Drehmeißel
20	30 Cr Ni Mo 8	Messerkopf
21	34 Cr 4	Einzahnfräser $D = 82...195$ mm $\varnothing$
22	34 Cr Mo 4	Drehmeißel
23	37 Mn Si 5	Messerkopf
24	42 Cr Mo 4	Wendelbohrer $D = 10..:20$ mm
25	45 W Cr V 7	Wendelbohrer $D = 25$ mm, $D = 42,5$ mm
26	46 Mn Si 4 weichgeglüht	Wendelbohrer $D = 10...20$ mm
27	50 Cr V 4	Drehmeißel
28	55 Ni Cr 13	Wendelbohrer $D = 25$ mm, $D = 42,5$ mm
29	55 Ni Cr Mo V 6	Wendelbohrer $D = 25$ mm, $D = 42,5$ mm
30	55 Ni Cr Mo V 6 weichgeglüht	Drehmeißel
31	55 Ni Cr Mo V 6 vergütet	Drehmeißel
32	65 Si 7	Wendelbohrer $D = 25$ mm, $D = 42,5$ mm
33	100 Cr 6	Wendelbohrer $D = 25$ mm, $D = 42,5$ mm
34	100 Cr 6 weichgeglüht	Wendelbohrer $D = 10...20$ mm
35	105 W Cr 6	Wendelbohrer $D = 25$ mm, $D = 42,5$ mm
36	210 Cr 46 N	Einzahnfräser $D = 82...195$ mm $\varnothing$
37	X 6 Cr Ni Mo Nb 18 10	Drehmeißel
38	X 5 Ni Cr Ti 26 15 ausgehärtet	Drehmeißel

Zahlentafel 2. Versuchseinzelheiten

Werkzeug-Baustoff	Vorschubbereich bzw. h [mm]	Schnittiefenbereich bzw. Spanungsbreitenbereich	Schnittgeschwindigkeit v [m/min]	Wkzg ∢ α - γ - λ - ε - $\varkappa$ - r	Bemerkungen
SS	$s = 0{,}06\ldots0{,}242$ mm/U		15	Spitzen ∢ σ = 118° Drall ∢ γ_2 = 30°	Bohrölemulsion 1:40
SS	$s = 0{,}06\ldots0{,}242$ mm/U		15	Spitzen ∢ σ = 118° Drall ∢ γ_2 = 30°	Bohrölemulsion 1:40
HM S 2	$h = 0{,}085\ldots0{,}80$	$b = 2\ldots8$ mm	100	5 - 6 - (- 4) - 90 - 60 - 1	
HM S 2	$h = 0{,}085\ldots0{,}80$	$b = 2\ldots8$ mm	100	5 - 6 - (- 4) - 90 - 60 - 1	
SS	$s = 0{,}06\ldots0{,}242$ mm/U		15	Spitzen ∢ σ = 118° Drall ∢ γ_2 = 30°	Bohrölemulsion 1:40
HM	$h = 0{,}08\ldots0{,}5$		40—350	6 - neg. - 0 - ε - $\varkappa$ - r	
SS (EV 4 Co)	$h = 0{,}015\ldots0{,}15$		6	2 - 15 - λ - ε - $\varkappa$ - r	Trockenschnitt
HM	$s_z = 0{,}1\ldots0{,}39$ mm	$a = b = 1\ldots7$ mm	90	α - 0 - λ - 90 - ε - r	
HSS X 140 W Co V 12 5	$s_z = 0{,}08\ldots0{,}60$ mm	$a = 8\ldots9$ mm $b = 4\ldots12$ mm	17…29	6 - 0 - 0 - ε - $\varkappa$ - r	Bohrölemulsion
HM S 2	$h = 0{,}085\ldots0{,}80$	$b = 2\ldots8$ mm	100	5 - 6 - (- 4) - 90 - 60 - 1	
HM P 10	$s_z = 2$ mm		200	6 - 0 - λ - ε - $\varkappa$ - r	
HM P 30	$s = 0{,}08\ldots0{,}335$ mm/U	$a = 3$ mm	100	8 - 10 - 0 - 85 - 90 - 0,5	
HM S 2	$h = 0{,}085\ldots0{,}80$	$b = 2\ldots8$ mm	100	5 - 6 - (- 4) - 90 - 60 - 1	
HM P 05	$h = 0{,}005\ldots0{,}15$	$b = 0{,}30\ldots2{,}34$ mm	90	5 - 0 - 0 - 90 - 60 - 0,1	
HM S 2	$h = 0{,}085\ldots0{,}80$	$b = 2\ldots8$ mm	100	5 - 6 - (- 4) - 90 - 60 - 1	
HM P 20	$h = 0{,}08\ldots0{,}4$		40—320	6 - neg. - 0 - ε - $\varkappa$ - r	
SS	$h = 0{,}03\ldots0{,}11$		12,6…20	Spitzen ∢ σ = 120…130° Drall ∢ γ_2 = 30°	Bohrölemulsion 1:40
HM S 2	$h = 0{,}085\ldots0{,}80$	$b = 2\ldots8$ mm	100	5 - 6 - (- 4) - 90 - 60 - 1	
HM P 20	$h = 0{,}1\ldots0{,}4$			6 - neg. - 0 - ε - $\varkappa$ - r	
H SS X 140 W Co V 12 5	$s_z = 0{,}08\ldots0{,}60$	$a = 8\ldots9$ mm $b = 4\ldots12$ mm	17…29	6 - 0 - 0 - ε - $\varkappa$ - r	Bohrölemulsion
HM S 2	$h = 0{,}085\ldots0{,}80$	$b = 2\ldots8$ mm	100	5 - 6 - (- 4) - 90 - 60 - 1	
HM P 20	$h = 0{,}08\ldots0{,}4$		50…320	6 - neg. - 0 ε - $\varkappa$ - r	
SS	$h = 0{,}03\ldots0{,}11$		12,6…20	Spitzen ∢ σ = 120…130° Drall ∢ γ_2 = 30°	Bohrölemulsion 1:40
SS	$s = 0{,}06\ldots0{,}242$ mm/U		15	Spitzen ∢ σ = 118° Drall ∢ γ_2 = 30°	Bohrölemulsion 1:40
SS	$h = 0{,}03\ldots0{,}11$		12,6…20	Spitzen ∢ σ = 118° Drall ∢ γ_2 = 30°	Bohrölemulsion 1:40
HM S 2	$h = 0{,}085\ldots0{,}80$	$b = 2\ldots8$ mm	100	5 - 6 - (- 4) - 90 - 60 - 1	
SS	$s = 0{,}06\ldots0{,}242$ mm/U		15	Spitzen ∢ σ = 118° Drall ∢ γ_2 = 30°	Bohrölemulsion 1:40
SS	$s = 0{,}06\ldots0{,}242$ mm/U		15	Spitzen ∢ σ = 118° Drall ∢ γ_2 = 30°	Bohrölemulsion 1:40
HM S 2	$h = 0{,}085\ldots0{,}80$	$b = 2\ldots8$ mm	100	5 - 6 - (- 4) - 90 - 60 - 1	
HM S 2	$h = 0{,}085\ldots0{,}80$	$b = 2\ldots8$ mm	100	5 - 6 - (- 4) - 90 - 60 - 1	
SS	$s = 0{,}06\ldots0{,}242$ mm/U		15	Spitzen ∢ σ = 118° Drall ∢ γ_2 = 30°	Bohrölemulsion 1:40
SS	$s = 0{,}06\ldots0{,}242$ mm/U		15	Spitzen ∢ σ = 118° Drall ∢ γ_3 = 30°	Bohrölemulsion 1:40
SS	$h = 0{,}03\ldots0{,}11$		12,6…20	Spitzen ∢ σ = 120…130° Drall ∢ γ_2 = 30°	Bohrölemulsion 1:40
SS	$s = 0{,}06\ldots0{,}242$ mm/U		15	Spitzen ∢ σ = 118° Drall ∢ γ_2 = 30°	Bohrölemulsion 1:40
H SS X 140 W Co V 12 5	$s_z = 0{,}08\ldots0{,}60$ mm	$a = 8\ldots9$ mm $b = 4\ldots12$ mm	17…29	6 - 0 - 0 - ε - $\varkappa$ - r	Bohrölemulsion
HM	$s < 0{,}25$ mm/U		80	8 - 15 - 0 - 90 - 70 - 0,5	Hochaktives Schneidöl
HM	$s < 0{,}25$ mm/U		40	8 - 15 - 0 - 90 - 70 - 0,5	Hochaktives Schneidöl

4.3. Aufbohren mit dem Bohrmeißel (*Bild 2a*)
4.4. Aufbohren mit dem Wendel-(Spiral-)Bohrer (*Bild 2b*)

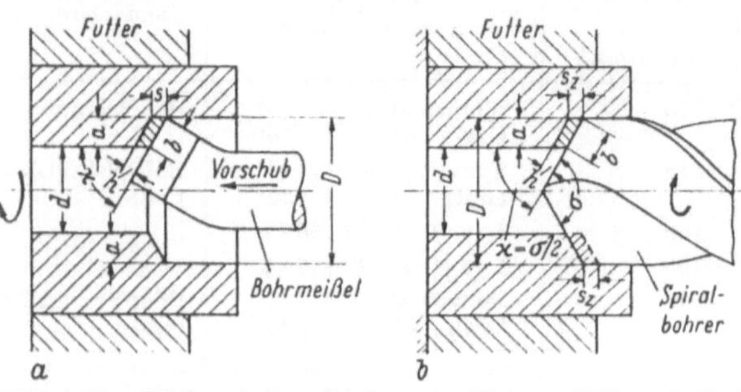

Bild 2. Vergleich zwischen Drehen und Bohren [11]. *a* Aufbohren mit Bohrmeißel, *b* Aufbohren mit Spiralbohrer.

4.5. Bohren ins Volle (*Bild 3*)

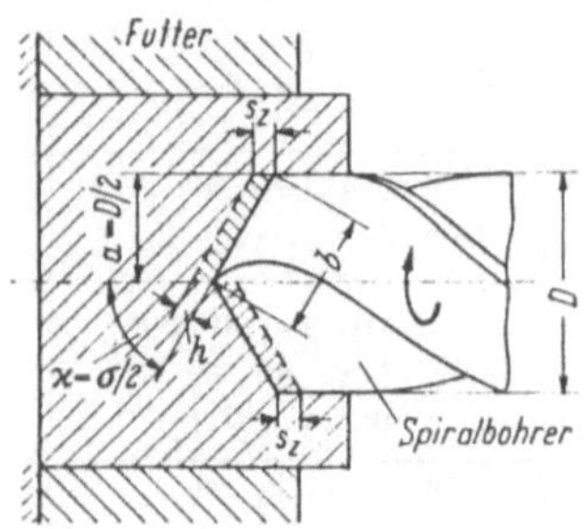

Bild 3. Bohren ins Volle [11].

Das Bohrmoment wird aus der Netto-Schnittkraft je Schneide des Wendel-(Spiral-)Bohrers ermittelt [9]:

$$Md = F_s \cdot 0{,}34 \cdot \frac{D}{10^3} \; [\text{mkp}] \quad \text{Bohren ins Volle}$$

$$Md = F_s \cdot 0{,}54 \cdot \frac{D}{10^3} \; [\text{mkp}] \quad \begin{array}{l}\text{Aufbohren}\\ \text{Querschneidendurch-}\\ \text{messer vorgebohrt}\end{array}$$

Für den Wendelbohrer gilt:

D Bohrerdurchmesser [mm]

$s_z = s_{ges}/2 =$ Vorschub je Schneide [mm/U, Schneide]

$\sigma =$ Spitzenwinkel des Bohrers

$\sigma/2 = \varkappa$ Einstellwinkel

Entsprechend [9] und [11] gelten die mit den Zerspankennwerten vom Drehen ermittelten Schnittkraftwerte mit ausreichender Genauigkeit auch beim Bohren und umgekehrt.

4.6. Außenräumen (*Bild 4*)

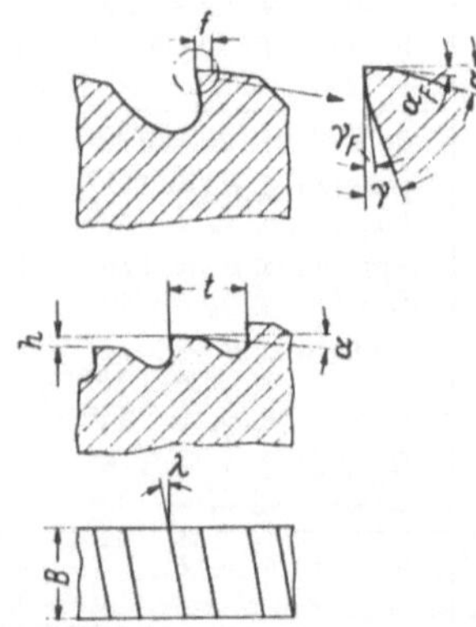

Bild 4. Außenräumwerkzeug [37]. *B* Werkstückbreite, *b* Spanungsbreite, *f* Fasenbreite, *h* Spanungsdicke, *l* Räumlänge, *t* Teilung, α Freiwinkel, α_F Fasenfreiwinkel, γ Spanwinkel, γ_F Fasenspanwinkel, λ Neigungswinkel.

Lfd. Nr.	Werkstoff Bezeichnung DIN	Werkzeugart und Werkzeug-Abmessung
39	X 8 Ni Co Cr Ti 55 20 20 ausgehärtet	Drehmeißel
40	Ni Co 20 Cr 15 Mo Al Ti lösungsgeglüht	Drehmeißel
41	Ni Co 20 Cr 15 Mo Al Ti ausgehärtet	Drehmeißel
42	Nimonic NCK 20 TAU	Außenräumwerkzeuge $Z = 4$
43	ATS 115	Drehmeißel
44	Messing DFB kaltgezogen	Einzahnfräser $D = 82\ldots195$ mm $\varnothing$
45	Rg A	Drehmeißel
46	GGL 14	
47	GGL 18	
48	GG 22	Einzahnfräser $D = 82\ldots195$ mm $\varnothing$
49	GG 26	Drehmeißel
50	GG 30 Sondergußeisen	Einzahnfräser $D = 82\ldots195$ mm $\varnothing$
51	Meehanite A	Drehmeißel
52	Meehanite E	Drehmeißel
53	Meehanite M	Drehmeißel
54	GTW, GTS	
55	GS 45	
56	GS 52	
57	Polyamid 6-6	Drehmeißel
58	Zh-S-6 K	
59	1 KH 18 N 9 T	
60	45 G 17 Y U 3	
61	G-Al Si 10 Mg a	Werkzeug scharf Drehmeißel
62	G-Al Si 6 Cu 4	Werkzeug scharf Drehmeißel
63	G-Al Mg 5	Werkzeug scharf Drehmeißel
64	GK-Mg Al 9 Zn 1	Werkzeug scharf Drehmeißel

Bei der Schnittkraftberechnung ist die Zahl der im Eingriff befindlichen Schneiden Z_{iE} in der Räumlänge l zu berücksichtigen:

$$\lambda = 0 \quad Z_{iE} = \frac{l}{t}$$

$$\lambda \neq 0 \quad Z_{iE} = \frac{l + B \cdot \mathrm{tg}\,\lambda}{t}$$

Spanungsbreite $b = B/\cos\lambda$ [mm]

4.7. Innenräumen

Die Spanungsbreite b [mm] entspricht hier der Abwicklung der Schneidenlänge.

Zahl der im Eingriff befindlichen Schneiden Z_{iE}:

$$Z_{iE} = \frac{l}{t}$$

Beim Räumen ist nach Parallelversuchen zwischen Räumen und Drehen [22] eine Korrektur der Zerspankennwerte auf Grund der unterschiedlichen Schnittgeschwindigkeiten nicht erforderlich. (Vgl. 2.1.3.)

Fortsetzung *Zahlentafel 2.*

Werkzeug-Baustoff	Vorschubbereich bzw. h [mm]	Schnittiefenbereich bzw. Spanungsbreitenbereich	Schnittgeschwindigkeit v [m/min]	Wkzg $\sphericalangle$ α - γ - λ - ε - $\varkappa$ - r	Bemerkungen
HM	$s < 0,25$ mm/U		30	8 - 15 - 0 - 90 - 70 - 0,5	Trockenschnitt
HM	$s < 0,25$ mm/U		30	8 - 15 - 0 - 90 - 70 - 0,5	Trockenschnitt
HM	$s < 25$ mm/U		20	8 - 15 - 0 - 90 - 70 - 0,5	Trockenschnitt
H SS	Zahnsteigung $h = 0,02...0,1$	$b = 19,1...24,7$ mm	1...4	2 - 15 - λ - $\varkappa$ - ε - r	2 Zähne im Eingriff
HM	$s < 0,25$ mm/U		30	8 - 15 - 0 - 90 - 70 - 0,5	Hochaktives Schneidöl
H SS X 140 W Co V 12 5	$s_z = 0,08...0,60$ mm	$a = 8...9$ mm $b = 4...12$ mm	17...29	6 - 0 - 0 - ε - $\varkappa$ - r	Trockenschnitt
SS	$s = 0,06...0,2$ mm/U	$b = 8,2$ und $4,6$ mm	40	5 - 10 - 0 - 90 - 90 - r	
H SS	$s = 0,026...0,66$ mm/U		15	3 - 13 - 0 - $\varkappa$ - ε - r $\varkappa = 3...40°$	Trockenschnitt
HSS X 140 W Co V 12 5	$s_z = 0,08...0,242$ mm	$a = 8...9$ mm $b = 4...12$ mm	17...29	6 - 0 - 0 - ε - $\varkappa$ - r	Trockenschnitt
HM	$h = 0,085...0,80$		100	5 - 2 - (- 4) - 60 - 90 - 1	
H SS X 140 W Co V 12 5	$s_z = 0,08...0,242$ mm	$a = 8...9$ mm $b = 4...12$ mm	17...29	6 - 0 - 0 - ε - $\varkappa$ - r	Trockenschnitt
HM	$h = 0,085...0,80$		100	5 - 2 - (- 4) - 60 - 90 - 1	
HM	$h = 0,085...0,80$		100	5 - 2 - (- 4) - 60 - 90 - 1	
HM	$h = 0,085...0,80$		100	5 - 2 - (- 4) - 60 - 90 - 1	
SS (X 86 W V 123)	$s = 0,05...0,32$		400	10 - 0 - 0 - 90 - 60 - 1 $\varkappa = 90°$ angenommen	
HM V 8 k			...20,8	$\gamma = 20°$, $\varkappa = 90°$ angen.	
			...20,8	$\gamma = 20°$, $\varkappa = 90°$ angen.	
HM K 20	$h = 0,1...0,4$		450...900	6 - 15 - 0 - ε - 90 - 1	
HM K 20	$h = 0,1...0,4$		450...900	6 - 15 - 0 - ε - 90 - 1	
HM K 20	$h = 0,1...0,4$		450...900	6 - 15 - 0 - ε - 90 - 1	
HM K 20	$h = 0,1...0,4$		450...900	6 - 15 - 0 - ε - 90 - 1	

4.8. Walzenfräsen (*Bild 5*)

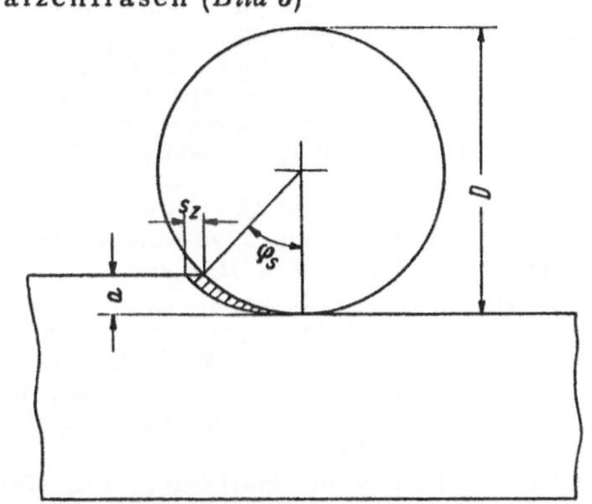

Bild 5. Eingriffsverhältnisse beim Walzenfräsen.

Bei einer Schnittbreite B ist die Spanungsbreite b bei

$$\lambda = 0;\ b = B \text{ [mm]}$$
$$\lambda \neq 0;\ b = B/\cos\lambda \text{ [mm]}$$

Zur Ermittlung einer mittleren Schnittkraft je Schneide kann nach SCHLESINGER [55] in einem begrenzten Bereich die Mittenspandicke h_M herangezogen werden:

$$h_M = s_z \cdot \sqrt{\frac{a}{D}} \text{ [mm] gültig etwa für } \frac{a}{D} \leqq 0,2$$

Vorschub je Schneide $s_z = \dfrac{s'}{n \cdot Z}$ [mm/U, Schneide]

Vorschubgeschwindigkeit s' [mm/min]

Fräserdrehzahl n [U/min]

Zahl der Schneiden Z [$-$]

Zahl der im Eingriff befindlichen Schneiden $Z_{i\,E}$

$$Z_{i\,E} = \frac{Z \cdot \varphi_s}{360°} \text{ [}-\text{]}$$

Schnittwinkel φ_s

$$\cos \varphi_s = 1 - \frac{2\,a}{D}$$

$$F_{sm} = b \cdot h_M \cdot k_{SM} \ [\text{kp}]$$

Hierbei ist $k_{SM} = f\,(h_M)$.

4.9. Stirnfräsen (Messerkopffräsen) (*Bild 6*)

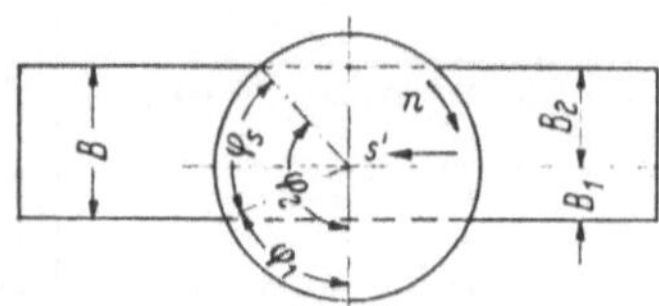

Bild 6. Eingriffsverhältnisse beim Messerkopffräsen [56].

Ermittelt wird die je Schneide wirksame mittlere Schnittkraft F_{sm} [56] bei einer mittleren Spanungsdicke h_m im Bereich des Schnittwinkels φ_s

$$\varphi_s = \varphi_2 - \varphi_1 \ [°]$$

$$\cos \varphi_1 = \frac{2 \cdot B_1}{D} \ ; \ \cos \varphi_2 = \frac{2 \cdot B_2}{D}$$

$$Z_{iE} = \frac{Z \cdot \varphi_s}{360°} \ ; \ s_z = \frac{s'}{n \cdot Z} \ [\text{mm/U, Schneide}]$$

$$F_{sm} = b \cdot h_m \cdot k_{sm} \ [\text{kp}]$$

Hierbei ist $k_{sm} = f\,(h_m)$.

Wird der Schnittwinkel φ_s in Grad eingesetzt, so ergibt sich für die mittlere Spanungsdicke

$$h_m = \frac{57,3}{\varphi_s} \cdot s_z \cdot \sin \varkappa \, (\cos \varphi_1 - \cos \varphi_2) \ [\text{mm}]$$

und damit

$$F_{sm} = b \cdot \frac{57,3}{\varphi_s} \cdot s_z \cdot \sin \varkappa \, (\cos \varphi_1 - \cos \varphi_2) \cdot k_s \ [\text{kp}]$$

Die in praktischen Versuchen ermittelten Schnittkraftwerte F_{sm} zeigten gute Übereinstimmung mit den berechneten. Schnittgeschwindigkeits- und Spanwinkelkorrekturen sind erforderlich. Der gleiche Ansatz ist auch für Walzenstirnfräser gültig. Hier — und grundsätzlich bei allen Werkzeugen mit geometrisch zusammengesetzten Schneiden — sind die Kräfte je Schneidenteil zu ermitteln und zu addieren.

Schrifttum

1. Kienzle, O., u. H. Victor, Spezifische Schnittkräfte bei der Metallbearbeitung. Werkstatttechnik 47 (1957) S. 224...225.
2. Kienzle, O., Die Bestimmung von Kräften und Leistungen an spanenden Werkzeugen und Werkzeugmaschinen. Z. VDI 94 (1952) S. 299...305.
3. Opitz, H., u. Mitarb., Über die Ermittlung von Schnittkräften und das statische und dynamische Verhalten von Verzahnmaschinen. Forschungsbericht des Landes Nordrhein-Westfalen Nr. 1751 (1966).
4. Metal-cutting bibliography 1943...1956. Detroit (USA): American Society of Tool and Manufacturing Engineers (ASTME), 1960.
5. Klein, W., Versuch einer einheitlichen Darstellung der Kraftverhältnisse bei verschiedenen Zerspanarten. Dissertation TH Berlin 1938.
6. Hirschfeld, M., Beitrag zur Entwicklung eines werkstoffbezogenen Grundgesetzes sowie verfahrensabhängiger Gleichungen zur Bestimmung der Hauptschnittkraft bei spanenden Bearbeitungsvorgängen. Dissertation TH Berlin 1953.
7. Hirschfeld, M., Spezifische Schnittkraft-Richtwerte und verfahrensabhängige Schnittkraft-Gleichungen. Werkstatt und Betrieb 94 (1961) H. 8, Seite 537...540.
8. Keil, G., Vergleich der spezifischen Schnittkräfte zwischen Bohren und Drehen. Dissertation TU Dresden 1965.
9. Spur, G., Ergebnisse von Schnittkraftmessungen beim Bohren mit Spiralbohrern. Maschinenmarkt 69 (1963) Nr. 36, Seite 23...31.
10. Opitz, H., u. Mitarb., Richtwerte für das Fräsen von unlegierten und legierten Baustählen mit Hartmetall, Teil III. Forschungsbericht des Landes Nordrhein-Westfalen Nr. 929 (1961).
11. Victor, H., Beitrag zur Kenntnis der Schnittkräfte beim Drehen, Hobeln und Bohren. Dissertation TH Hannover 1956.
12. Sadowy, M., Zur statistisch-graphischen Bestimmung der Schnittkraftkennwerte im Zerspanungsversuch. ZwF 63 (1968) H. 10, S. 541...548.
13. Kienzle, O., u. H. Victor, Einfluß der Wärmebehandlung von Stählen auf die Hauptschnittkraft beim Drehen. Stahl u. Eisen 74 (1954) S. 530...539.
14. Opitz, H., u. G. Weber, Einfluß der Wärmebehandlung von Baustählen auf Spanentstehung, Schnittkraft und Standzeitverhalten. Forschungsbericht des Landes Nordrhein-Westfalen Nr. 215 (1956).
15. Kegg, R. L., and M. E. Merchant, Forces and mechanics of cutting Report F/Cincinnati/7 (3-1968). Unveröffentlichte Untersuchung im Rahmen von CIRP-OECD, Group C.
16. Bodart, E., J. Simonet u. L. Czaplicki, Efforts et mechanique de coupe Report F (Liège) 4 (5. 1968). Unveröffentlichte Untersuchung im Rahmen von CIRP-OECD, Groupe C.
17. Sadowy, M., Vergleichende Untersuchung der Schnittkräfte und Leistungen des Orthogonalschnitts. Maschinenmarkt 71 (1965) Nr. 89 S. 220...231.
18. Wiebach, H. G., Schnittkraft und Spanbildung bei kleinen Spanungsdicken. Metall 22 (1968) S. 322...326.
19. Weinz, E. A., Winkel und Schnittbedingungen an spanenden Edelstein- und Sinterwerkzeugen, um bei verschiedenen Werkstoffen polierte Oberflächen zu erreichen (Glanzdrehen). Dissertation TH Hannover 1967.
20. Schiffer, S., Verhalten der Schnittkraft bei sehr hohen Schnittgeschwindigkeiten. Fertigungstechnik u. Betrieb 16 (1966), H. 4, S. 219...224.
21. Kronenberg, M., Bericht über die Vervielfachung heute üblicher Schnittgeschwindigkeiten. Werkstattstechnik 51 (1961) H. 3, S. 133...141.
22. Opitz, H., Untersuchung des Räumvorganges. Forschungsberichte des Landes Nordrhein Westfalen Nr. 928, 1961.
23. Zhitnitskii, S. J., Cutting forces on a broach in surface broaching cast iron. Maschines and Tooling 34 (1963) Nr. 11, S. 32...34. Übersetzung aus: Stanki i instrument November 1963, S. 29.
24. Schilling, W., Der Verschleiß an Drehwerkzeugen aus Schnellarbeitsstahl und seine Ursachen. Dissertation TH Aachen 1966.
25. Dawihl, W., G. Altmeyer u. H. Sutter, Über Schnitttemperatur- und Schnittkraftmessungen beim Drehen mit Hartmetall- und Aluminiumoxidwerkzeugen. Werkstatt und Betrieb 98 (1965) H. 9, S. 691...697.
26. Kronenberg, M., Probleme der Heißzerspanung. Microtecnic 20 (1966) Nr. 1, S. 73...77.
27. Peutland, W., J. L. Wennberg u. C. L. Mehl, High temperature machining solves space-age metal-cutting problems. Tool and Manufacturing Eng. 45 (1960) Nr. 5 S. 92...98. Referiert in: Werkstatttechnik 52 (1962) H. 1, S. 45.
28. Altmeyer, G. u. H. Krapf, Über Schnittkraftmessungen beim Drehen mit Aluminium-Oxyd-Schneidplatten. Werkstattstechnik 51 (1961) H. 9, S. 459...467.
29. Harasymowicz, J. u. J. Kaczmarek, Untersuchung der Schneidenstandzeit und der Schnittkräfte beim Mehrkantdrehen. CIRP-Annalen 12 (1963/64) Nr. 4, S. 184...190.
30. Schallbroch, H. u. M. Eistert, Schnittkräfte beim Drehen mit positivem und negativem Spanwinkel. ZwF 58 (1963) H. 3, S. 110...114.
31. Opitz, W., Die Hauptschnittkraft beim Einstichdrehen mit Formwerkzeugen. Industrie-Anz. 83 (1961) Nr. 35, S. 599 bis 602.
32. Röhlke, G., Zur Mechanik des Zerspanvorganges. Werkstatt u. Betrieb 91 (1958) H. 8, S. 473...483.
33. Bickel, E., Beitrag zur Frage der am Drehmeißel wirkenden Kräfte. Microtechnic 15 (1961) Nr. 2, S. 54...58.

34. BECH, H. G., Untersuchung der Zerspanbarkeit von Leicht-metall-Gußlegierungen. Dissertation TH Aachen 1963.

35. STREMPEL, H., Einfluß der Schneidenrundung auf Schnitt- und Drangkraft beim Gegenlauffräsen. Fertigungstechnik u. Betrieb 15 (1965) S. 145...149.

36. STOKINGER, P., Mindestspandicke in der spanabhebenden Fertigung. Techn. Rundschau Nr. 40/1968, S. 25...27.

37. SCHÜTTE, M., Räumen mit erhöhter Schnittgeschwindigkeit. Dissertation TH Aachen 1965.

38. HEISS, A., Schartigkeit von Werkzeugschneiden. Werkstatt-technik 41 (1951) S. 233...238.

39. ZELLMER, H., Standweguntersuchungen beim Bohren von Stahl und Gußeisen mit Spiralbohrern sowie Untersuchungen über Radialkräfte an Bohrbuchsen, Dissertation TU Braun-schweig 1969.

40. DAAR, H. L. A., Drehmoment- und Vorschubkraft beim Auf-bohren und beim Bohren mit Stufenbohrern. ZwF 63 (1968) H. 6, S. 271...276.

41. BREUNINGER, F., Rechnen an spanenden Werkzeugmaschi-nen. Techn. Rundschau Nr. 45/1967, S. 17...21 u. 29.

42. MAYER, K., Die Schnittkraftformel für das Stirnfräsen. Maschinenmarkt 74 (1968) Nr. 71, S. 1382...1389.

43. PHILIPP, H., Über Messungen der spezifischen Schnittkräfte beim Walzenfräsen. Werkstatt u. Betrieb 92 (1959) S. 179...187.

44. NEUMANN, D., Untersuchungen über das Feinfräsen von Grauguß und Stahl bei Verwendung von Breitschlicht-schneiden in Messerköpfen. Dissertation TH Aachen 1966.

45. MEYER, K. F., Beitrag zur Ermittlung der beim spanab-hebenden Bearbeiten auftretender Schnittkräfte. Industrie-Anzeiger 87 (1965) Nr. 9, S. 131...136.

46. SPUR, G., Schnittkraftmessung beim Bohren mit Spiral-bohrern. Kurzberichte der Hochschulgruppe Fertigungs-technik 69/30 (1969) Verlag Girardet.

47. MÜTZE, H., Beitrag zur Zerspanbarkeit hochwarmfester Werkstoffe. Dissertation TH Aachen 1967.

48. KÖNIG, W., Untersuchungen beim Räumen von Nimonic. Industrie-Anzeiger 80 (1958) Nr. 89, S. 1348...1350.

49. KÖNIG, U., Ein Beitrag zur einheitlichen Darstellung der Schnittkräfte beim Walzenfräsen und Drehen. Dissertation TH Dresden 1958.

50. SCHUMANN, K., Das Verhalten der Schnittkräfte in Ab-hängigkeit von Form und Größe des Spannungsquerschnit-tes beim Drehen mit kleinen Einstellwinkeln im Scherspan-bereich, Diplomarbeit TU Dresden 1964.
Zitiert in: JACOBS, H. J., Die Bestimmung der Schnitt-kräfte beim Gewindebohren. Dissertation TU Dresden 1966.

51. SPUR, G. u. H. G. MOSLÉ, Oberflächengüte und Schnitt-kräfte beim Drehen von Polyamiden. Kunststoffe 57 (1967) H. 8, S. 604...606.

52. DUBINSKI, SH. M., u. V. D. KHOROSHKOV, Cutting tempera-ture and force when machining heat restisting alloys. The Russian Eng. Journal 46 (1966) H. 10, S. 78 ff. Ref. in TZ f. prakt. Metallbearbeitung 61 (1967) H. 12, S. 702.

53. KONDRATEVA, N. M., Machining austenitic steels. Maschines and Tooling 37 (1966) H. 1, S. 30...32. (Ref. in TZ für prakt. Metallbearbeitung 61 [1967] H. 6, S. 332).

54. BECH, H. G., Untersuchung der Zerspanbarkeit von Leicht-metall-Gußlegierungen. Dissertation TH Aachen 1963.

55. SCHLESINGER, G., Rechnungsgrundlagen zur Ermittlung des Leistungsbedarfes an Walzenfräsern. Werkstatttechnik 25 (1931) S. 409...413.

56. WEILENMANN, R., Beitrag zur Berechnung des Leistungs-bedarfs beim Fräsen. Werkstatt u. Betrieb 90 (1957) H. 5, S. 296...298.

57. SALOMON, C., Die Fräsarbeit. Werkstatttechnik 20 (1926) S. 469...474.

58. PIEKENBRINK, R., Wechselkräfte und Schwingungen beim Fräsvorgang. Industrie-Anzeiger 77 (1955) Nr. 62, S. 901 bis 907.

59. RICHTER, A., Die Übertragbarkeit der beim Drehen ermit-telten Schnittkräfte auf das Walzenfräsen. Sonderheft der Zeitschr. „Der Maschinenmarkt" zum 4. Fo Ko Ma 6./7. 10. 1959.

60. OPITZ, H., Richtwerte für das Fräsen von unlegierten und legierten Baustählen mit Hartmetall (Teil 11). Forschungs-bericht des Wirtschafts- und Verkehrsministerium NRW, Nr. 413 (1957) S. 28...33.

61. WOLF, A., u. H. STREMPEL, Schnittkraft- und Leistungs-berechnung bei Walzfräsen und Sonder-Schneidenprofil. Fertigungstechnik u. Betrieb 19 (1969) H. 2, S. 87...93.

62. ONGAR, N., u. R. FLECK, Schnittkräfte und -leistungen beim Fräsen. Industrie-Anzeiger 77 (1955) Nr. 62, S. 888...890.

wt – Z. ind. Fertig. 74 (1984) 475–478

wt Zeitschrift
für industrielle Fertigung

© Springer-Verlag 1984

Optische Sensoren zur Automatisierung der Qualitätsprüfung

K.W. Melchior und G. Pavel, Stuttgart

Eine flexible Fertigung mit hohem Automatisierungsgrad bringt neue Anforderungen an die Qualitätssicherung in Methode, Organisation und Gerätetechnik. Neuere Entwicklungen wie optoelektronische Sensoren und die Bildverarbeitung sind auf dem Weg, wirtschaftliche Lösungen bei der Qualitätsprüfung in der flexibel automatisierten Fertigung zu liefern. Hierüber wird berichtet.

0 Einleitung

Flexible Einrichtungen bestimmen heute in starkem Maße die Technik der Produktionssysteme. Die zunehmende Forderung des Marktes, kleine und mittlere Stückzahlen bei großer Variantenzahl zu fertigen, kann nur durch flexible Fertigungseinrichtungen erfüllt werden. Bei Werkzeugmaschinen setzen sich zunehmend numerisch gesteuerte Bearbeitungsmaschinen durch, in der Montage werden mehr und mehr Industrieroboter verwendet. Nach einer japanischen Studie[1] verdoppelt sich die Jahresproduktion von Industrierobotern zwischen 1985 und 1990.

Für die Qualitätsprüfung ist die geforderte Flexibilität bislang nur durch Verzicht auf einen hohen Automatisierungsgrad erreichbar. In vielen Fällen muß auf visuelles Prüfen ausgewichen werden. So läßt sich hier der Automatisierungsgrad nur dann weiter erhöhen, wenn Sensoren zur Verfügung stehen, die rasch umrüstbar und für wechselnde Aufgaben geeignet sind. Zum Beispiel werden für das Messen in der Maschine, die Teileprüfung im Materialfluß, die automatisierte Sichtprüfung und die Vollständigkeitskontrolle bei automatischen Montagevorgängen in naher Zukunft bildverarbeitende Sensoren eine sehr gute Lösung darstellen [1].

1 Eigenschaften und Anwendungsbereiche optischer Prüfsysteme

Visuelle Prüfvorgänge belasten die physische und psychische Leistungsfähigkeit des Prüfers in hohem Maße. Infolgedessen erscheinen die Prüfergebnisse in starker Abhängigkeit von subjektiven Faktoren. Dem menschlichen Auge gelingt es alleine nicht, ein Prüfmerkmal in seiner Ausprägung quantitativ zu erfassen. Für dieses zahlenmäßige Erfassen sind zusätzliche Einrichtungen wie im Blickfeld des Prüfers befindliche Skalen, Fadenkreuze oder sonstige Kalibriernormale nötig. Sehr häufig findet man jedoch nur eine Eingrenzung des Entscheidungsintervalles in Form vorgegebener Grenzmuster, wobei ein breiter, individuell nutzbarer Freiraum verbleibt [2].

Eine andere Art von Prüfaufgaben sind positive und negative Attributivprüfungen. Bei positiver Attributivprü-

fung muß das Merkmal vorhanden sein (Vollständigkeitskontrolle), bei negativer darf das Merkmal (der Fehler) nicht auftauchen. Letzteres bedeutet, daß der Fehler vom eingesetzten Prüfmittel (dem menschlichen Auge) nicht erkannt werden darf (*Bild 1*). Bei einer Erhöhung der Auflösung durch ein Hilfsmittel, z.B. durch ein Meßmikroskop darf sich die Fehlerausprägung durchaus zeigen.

Optische Sensoren in Form einfacher Abtastgeräte bis hin zu vollständig ausgebauten Bildverarbeitungssystemen mit teilweise komplexen Prüfeinrichtungen eröffnen heute neue Möglichkeiten zur wirtschaftlichen Durchführung von Prüfaufgaben. Dabei weisen mit optische Sensoren ausgestattete Prüfeinrichtungen gegenüber dem visuellen Prüfen einige Vorteile auf. So wird im optischen Sensorsystem zwangsläufig eine Zuordnung der Bestandteile des Bildmusters auf ein vorgegebenes, geometrisch definiertes Raster abgebildet. Je nach Sensor ist dieses Raster linienförmig oder flächenhaft. Bei vielen Systemen wird noch zusätzlich der Grauwert der einzelnen Bildpunkte mitbetrachtet. Dieser Vorgang ist beliebig wiederholbar und von subjektiven Einflüssen unabhängig.

Bei der Automatisierung optischer Längenmeßvorgänge wie Messen von Profilen, Formlehren, Gewinden und Bohrungen auf Meßmikroskopen oder Profilprojektoren wurden schon erhebliche Fortschritte erzielt. So wurde das bislang visuell durchgeführte Kanteneinfangen durch einen optischen Sensor ersetzt (*Bild 2*), der die Werkstückkanten automatisch ermittelt.

Optoelektronische Sensoren eignen sich in besonderem Maße zur Automatisierung von Meßvorgängen [3]. Ihre Vorteile sind:

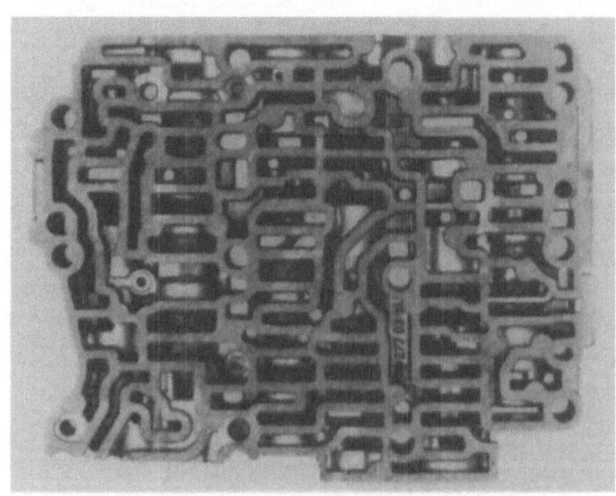

Bild 1. Sichtprüfaufgaben an einem Gußteil für ein automatisches Getriebe: Prüfung auf Verschmutzung, Grate und Vollständigkeit

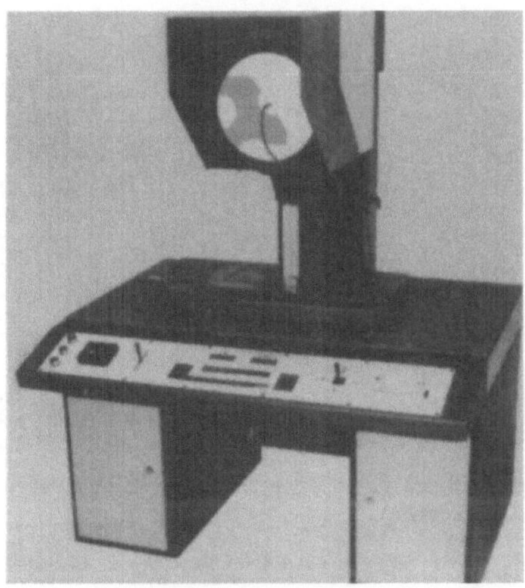

Bild 2. Mikroprozessorgesteuerter Profilprojektor mit optoelektronischem Tastauge zum automatischen Antasten von Profilkanten (Werkbild: Werth, Gießen)

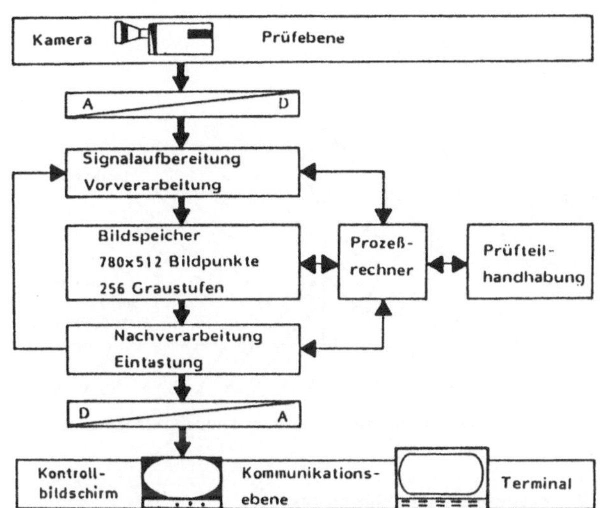

Bild 3. Informationsfluß bei einem Bildverarbeitungssystem. A/D Analog-/Digital-Umsetzung

- berührungslose Wirkungsweise und damit meßkraftfreies und verschleißfreies Antasten,
- hohe Meß- und Prüfgeschwindigkeit durch sehr hohe Abtastraten,
- unmittelbare Verfügbarkeit einer Qualitätsaussage durch kurze Prüfzeit,
- Prüfmöglichkeit an durchlaufendem Prüfgut,
- Messung enthält bei bestimmten Sensoren (z.B. bei einer Kamera) eine sehr hohe Informationsdichte, aus der gleichzeitig mehrere Prüfaussagen entnommen werden können, z.B. Maß, Form, Lage, Vollständigkeit und Oberflächenbeschaffenheit.

Große Anwendungsbereiche erschließt die sogenannte CCD-Technik, die sich zur Zeit sehr rasch entwickelt. Die einzelnen lichtempfindlichen Elemente sind heute mit einem kleinsten Abstand von 15 µm auf einem Halbleiterelement integrierbar.

Verschiedene geometrische Ausführungsformen wie lineare Zeilen bis zu 4096 Dioden, Matrixanordnungen bis zu 380 × 488 Punkten sowie kreisförmige Anordnungen sind auf dem Markt erhältlich.

Das Auslesen der gewandelten optischen Information geschieht bei den üblichen selbstabtastenden Diodenzeilen wie folgt: Licht, das auf den lichtempfindlichen Teil des CCD-Sensors fällt, erzeugt proportional zur eingestrahlten Intensität Ladungsträgerpaare, deren Anzahl während der Integrationszeit aufsummiert wird. Ein im festen Zeittakt an die einzelnen Dioden angelegter Spannungspegel überträgt die gesammelten Ladungsmengen in das Schieberegister, wo eine serielle Weiterverarbeitung, zum Beispiel in Form eines Video-Signals, vonstatten geht [4]. Es werden heute Taktfrequenzen je Diode bis zu 20 MHz erreicht.

Sowohl Zeilen- als auch Matrixanordnungen werden als vollständige Kamera-Einheit wegen ihrer großen Vorteile zunehmend als Sensoren verwendet. Als besondere Vorteile sind zu nennen:
- geringe Geometriefehler,
- hohe Abtastfrequenzen,
- geringe Drift,
- geringe mechanische Empfindlichkeit,
- hohe Lebensdauer,
- geringe Abmessungen,
- niedriges Gewicht.

Aus diesen Gründen wird die Halbleiterkamera als op-

tischer Aufnehmer die herkömmliche Fernsehkamera in absehbarer Zeit verdrängen.

Für das Verarbeiten der Informationen optischer Systeme stehen heute schon Prozessoren zur Verfügung, die mit Hilfe logischer Verknüpfungen innerhalb von Bildspeichern ein schnelles Verarbeiten der Daten übernehmen können. Ein Mikrorechner steuert lediglich die Folge dieser Abläufe, kann jedoch bei Bedarf auch einzelne Verarbeitungsaufgaben selbst übernehmen. Solche Verarbeitungsalgorithmen stehen im Bereich der Bildverarbeitung für unterschiedliche Aufgaben in sehr großer Zahl zur Verfügung [5]. Zum Gewinnen der im jeweiligen Fall erwünschten Informationen können zum Beispiel Aussagen über Spektraleigenschaften von Objekten mit Hilfe der orthogonalen Transformation (FFT) oder der schnellen Walsh-Transformation (FWT) gemacht werden.

Zur Überprüfung der Ergebnisse wird die bearbeitete Bildinformation anschließend über eine digitale/analoge Wandlung dem Benutzer wieder als Bild ausgegeben. Ein typischer Systemaufbau ist im Bild 3 dargestellt.

2 Prüfgeräte mit optischen Sensoren

2.1 Gratmessung an Stanzteilen

Für die Prüfaufgabe „Automatisches Messen der Grathöhe an Disketten" wurde ein Meßgerät entwickelt und gebaut (Bild 4). Der Stanzgrat, der an jeder Stelle der Schnittkanten des Prüfteils in einer Größenordnung von 5...50 µm auftreten kann und in seiner Größe zu erfassen ist, wird unter 45° von einer Halogenlichtquelle beleuchtet und wirft damit einen Schatten auf die Werkstückoberfläche. Die Länge des Schattens ist ein Maß für die Höhe des Grates. Die in der anderen Richtung zur Oberflächennormalen unter 45° geneigte Diodenzeilenkamera erfaßt somit das direkt reflektierte Licht. Die Schattenzone bewirkt auf dem Diodenfeld dunkle Dioden, die beleuchteten Flächen helle Dioden. Im Übergangsbereich von dunkel zu hell ist der Zustand der Dioden jedoch stetig ansteigend von Dunkelstrom bis zur Sättigung. Um hier eine eindeutige Zuordnung zu erhalten, wird mit einem Längen-Normal die Triggerschwelle festgelegt, die das Videosignal binarisiert, so daß einer bestimmten Zahl dunkler Dioden eine eindeutige Länge zugeordnet werden kann.

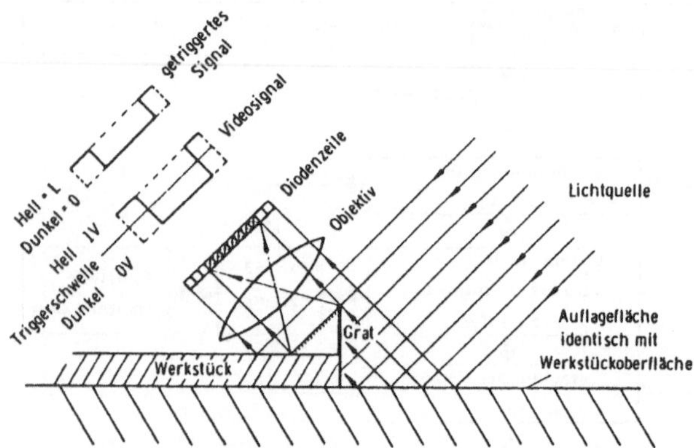

Bild 4. Prinzip der Gratmessung mit einer Diodenzeilenkamera

Bild 5. Koordinatenmeßgerät zum Vermessen von Schlitzmasken (Werkbild: Zeiss, Oberkochen)

2.2 Vermessen von Schlitzmasken

Viele Prüfaufgaben sind Zwei-Koordinatenmeßaufgaben, die mit herkömmlichen antastenden Koordinatenmeßgeräten nicht gelöst werden können, sei es, daß das Material zu nachgiebig, oder die Struktur zu klein und damit für einen Taster nicht mehr zugänglich ist. Für diese Aufgabe sind schon einzelne Prüfgeräte entwickelt worden. Grundsätzlich stehen hier zwei Lösungsalternativen zur Verfügung:

— Bei kleinen Meßstrecken im Bereich von wenigen Millimetern kann bei einer Auflösung von 1000 × 1000 Bildpunkten eine Meßunsicherheit von wenigen µm erreicht werden, wenn direkt im Bild gemessen wird (Bilderzeugung durch Fernseh- oder Matrixkamera) [5]. Mit dieser Methode kann sehr schnell gemessen werden, allerdings steigt die erzielbare Meßunsicherheit mit zunehmender Meßstrecke ebenfalls sehr schnell an.

— Bei Meßstrecken über 50 mm wird sinnvollerweise die zweite Lösungsalternative angewendet. Hierbei werden die Werkstückkanten mit einer Fernsehkamera erfaßt, oder es können auch sonstige optoelektronische Systeme als Kantenfinder verwendet werden. Das Bestimmen der Meßstrecke übernimmt das Meßsystem eines Koordinatentisches.

Nach dem ersten Prinzip wurde ein Koordinatenmeßgerät (*Bild 5*) zum Vermessen von Schlitzmasken für Farbfernsehröhren entwickelt. Das Meßgerät erreicht bei Meßstrecken bis zu 1 mm eine Meßunsicherheit von 0,5...2 µm. Das hierbei benutzte Bildanalysesystem hat die Aufgabe, Helligkeitsänderungen auszugleichen, Bildstörungen zu unterdrücken und schließlich sehr schnell die geforderten Längenmaße zu ermitteln. Der Abtasttisch dient dem schnellen Verfahren des Prüfteils in die gewünschte Meßposition, er hat keine Meßfunktion [7].

2.3 Antasten dreidimensionaler Prüfobjekte

Für räumliche Meßaufgaben eignen sich unter anderem optische Sensoren, die nach dem Triangulationsprinzip (*Bild 6*) arbeiten, da die Wirkrichtung des Sensors senkrecht zur Oberfläche ist. Hierbei wird ein Laserstrahl senkrecht auf die Werkstückoberfläche gerichtet und die Empfängeroptik unter 45° dazu angeordnet, die das diffus reflektierte Licht empfängt. Verschiebt sich die Werkstückoberfläche in Richtung des Beleuchtungsstrahls, so wird der reflektierende Strahl abgelenkt. Diese Ablenkung kann mit einem Empfängersensor gemessen werden. *Bild 7* zeigt einen solchen Meßkopf im Greifer eines Industrieroboters bei der Messung von Formabweichungen an einer Fahrzeugtür.

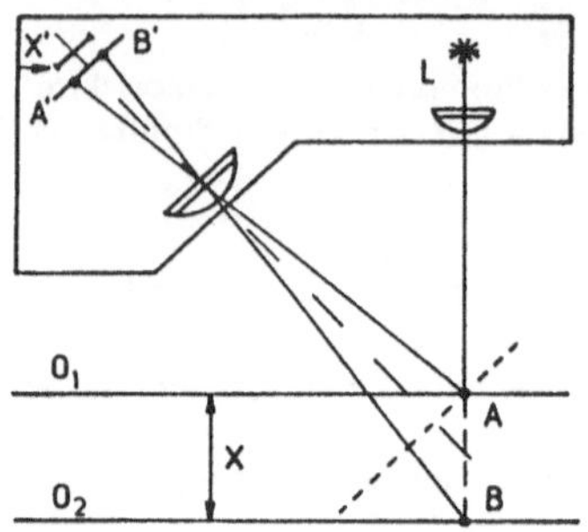

Bild 6. Sensor nach dem Triangulationsprinzip

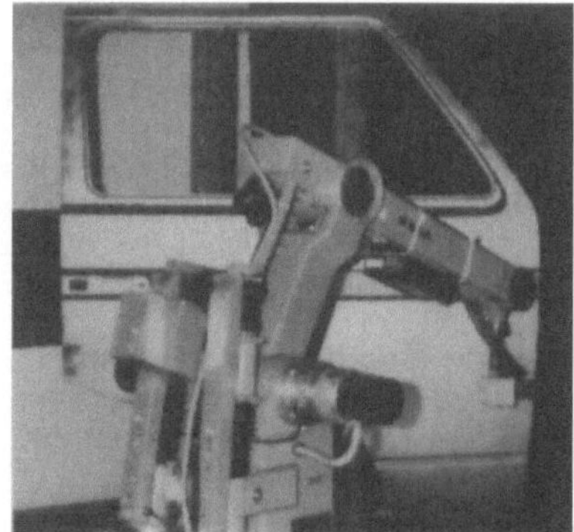

Bild 7. Messen von räumlichen Strukturen mit einem Industrieroboter mit optischem Sensor

Ausblick

Unter dem Zeichen der Personalkostenentwicklung und der internationalen Marktsituation müssen Rationalisierungslücken erkannt und konsequent geschlossen werden. Das Sicherstellen der Qualität eines Fertigprodukts in Funktion und Lebensdauer führt bei dieser Suche zu einem oft schlecht bewertbaren Kostenanteil. Systeme mit optischen Sensoren, befähigt zur Interpretation komplexer Szeneninhalte, schaffen neue Lösungen für flexible Prüfgeräte mit künstlicher Intelligenz. Die maßliche Qualitätsprüfung wird in naher Zukunft ergänzt durch Verfahren zur Bewertung von strukturierten Oberflächen. Die Bildverarbeitung für die industrielle Praxis hat die ersten Hürden überwunden, automatische Entscheidungssysteme zur Beurteilung vielschichtiger Qualitätsmerkmale erscheinen denkbar.

Schrifttum

1. Schief, A.; Mangelsdorf, D.: Mustererkennung bei der Automatisierung visueller Prüf- und Arbeitsvorgänge in der Fertigung. In: „Automatisierungstechnik im Wandel durch Mikroprozessoren", Kongreß zur Interkama 1977. Berlin, Heidelberg, New York: Springer 1977
2. Melchior, K.W.: Rationalization in Visual Inspection: The Task of the Eighties. Sensor Review (1982) Nr. 4, S. 64–67
3. Pryor, R.: Applications for Electro-Optical Measurement in the Automation and Related Industries. 9. IMEKO World Congress am 24./28. Mai 1982 in Berlin (West)
4. Bretschi, J.: Intelligente Meßsysteme zur Automatisierung technischer Prozesse. München: Oldenbourg 1979
5. Kazmirzak, H.: Erfahrung und maschinelle Verarbeitung von Bilddaten. Wien, New York: Springer 1980
6. Keferstein, C.: Praxisorientierter Einsatz der TV-Kamera zur automatisierten Längenmeßtechnik. QZ 26 (1981) Nr. 2, S. 38–41
7. Löffler, H.; Jäger, H.: Meßverfahren der Bildanalyse zur Fertigungskontrolle feinmechanischer Präzisionsteile oder elektronischer Bauelemente. Messen und Prüfen (1979) Nr. 10, S. 755–758

Fußnoten

[1] Studie über die Industrieroboterindustrie in Japan, durchgeführt vom Jano Economic Research Institute Co. Ltd., Tokio 1981

wt − Z. ind. Fertig. 74 (1984) 721–724

wt Zeitschrift für industrielle Fertigung

© Springer-Verlag 1984

Sensorgeführte Industrierobotersysteme

R. Strauch, Friedberg/Hessen

Der Grundstein für die Flexibilität eines Industrieroboters liegt in seiner Steuerung. Mit dem Einsatz von Sensoren kann das Anpassungsvermögen dieser Geräte an nicht genau vorhersehbare Ereignisse erheblich gesteigert werden.

Der Verfasser beschreibt ein Steuerungssystem, dessen Funktionen den Anschluß unterschiedlicher Sensoren ermöglicht. Darüber hinaus werden ein Schweißnahtsuchsensor und ein Bildverarbeitungssystem vorgestellt, beide räumlich und funktionsmäßig in die Robotersteuerung eingebunden.

0 Einleitung

Allein in der Bundesrepublik Deutschland waren Ende 1983 nach einer Untersuchung [1] bereits über 3300 Industrieroboter zum Schweißen, Beschichten und zur Maschinenbedienung in Betrieb. Bei diesen Anwendungen wird stets vorausgesetzt, daß der Aufwand für eine robotergerechte Peripherie die Rentabilität einer Installation nicht in Frage stellt. Bringt die Robotersteuerung die entsprechenden Voraussetzungen mit [2], so können mit Hilfe von Sensoren sowohl die Kosten für die benötigte Peripherie erheblich gesenkt als auch die Anwendungsmöglichkeiten für Industrieroboter weiter verbreitert werden. Basierend auf einer langjährigen und weltweiten Erfahrung hat der Roboterhersteller, dem der Verfasser angehört, eine Steuerung entwikkelt, die trotz hoher Leistungsfähigkeit und modularer Bauweise sehr leicht bedienbar ist. Die Erklärung hierfür liegt in dem neuartigen Konzept, an Stelle von Verfahrtastern einen Steuerknüppel für das manuell gesteuerte Verfahren des Industrieroboters zu verwenden. Außerdem ermöglicht die dialogorientierte Klartextprogrammierung mit Hilfe der Auswahlbildtechnik (Menütechnik) ein bedienergeführtes Programmieren in der Muttersprache des Bedieners.

Bild 1 zeigt die Robotersteuerung, die mit einer universellen Sensorschnittstelle oder mit einem integrierten Sensorsystem ausgerüstet werden kann. Für Anwendungen stehen drei verschiedene Roboterausführungen (*Bild 2*) für Traglasten von 6, 60 und 90 kg und unterschiedliche Arbeitsbereiche zur Verfügung.

1 Adaptives System mit Sensorschnittstelle

Grundsätzlich ist zwischen der geräteseitigen Sensorschnittstelle und den für die Signalverarbeitung benötigten Programme zu unterscheiden. *Bild 3* zeigt den Informationsfluß in einem sensorgeführten Industrierobotersystem.

1.1 Gerätetechnische Ausführung der Sensorschnittstelle

Um den vielfältigen Anforderungen an den Signalaustausch der Robotersteuerung mit Sensoren und auch allgemein mit

peripheren Einrichtungen sowohl in technischer als auch in preislicher Hinsicht gerecht zu werden, steht für die Robotersteuerung nach *Bild 1* eine ganze Palette universell verwendbarer Ein-/Ausgabe-Module zur Verfügung. Jedes dieser Module besteht aus einer Steckkarte in Doppeleuropaformat und einer zugehörigen Klemmleiste mit Verbindungskabel, es ist leicht in eine vorhandene Steuerung nach-

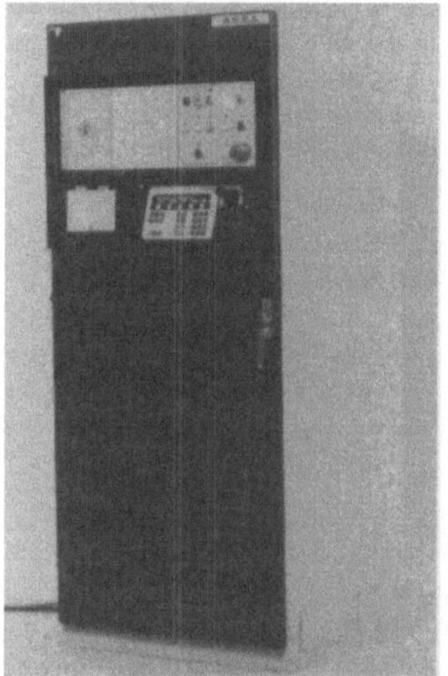

Bild 1. Steuerung, Typ S2, für Industrieroboter

Bild 2. Industrieroboter, Typ IRB 60 (*links*) und IRB 6 (*rechts*)

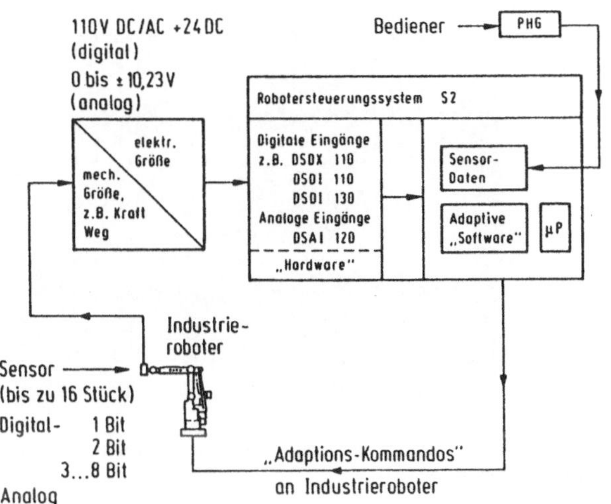

Bild 3. Informationsfluß in einem sensorgeführten Robotersystem. PHG Programmierhandgerät µP Mikroprozessor

rüstbar. Im Rechnerteil des Steuerungsschrankes sind hierfür vier Steckplätze fest reserviert.

Für den Austausch von digitalen Signalen stehen fünf Steckkartentypen zur Auswahl. Ist der Bedarf an Eingängen und Ausgängen ungefähr gleich groß, so bietet sich der Kartentyp mit 16 Eingängen (24 V−) und 16 Ausgängen (24 V−, 150 mA) an. An reinen Eingangssteckkarten stehen eine Ausführung mit 32 Eingängen (24 V−) und eine mit 16 Eingängen (110 V−/∼) zur Verfügung. Entsprechend werden auch für Ausgänge 32 Kanäle (24–48 V−) oder 16 Kanäle (24–240 V−/∼) auf einer Doppeleuropakarte angeboten. Diese Steckkarten können in beliebigen Kombinationen in die Robotersteuerung eingesetzt werden.

Zum Anschluß analoger Sensoren gibt es ein Modul, das über 32 analoge Eingangskanäle (0 bis +/−10 V) verfügt. Ein weiterer Steckkartentyp enthält vier analoge Ausgangskanäle, die jeweils entweder stromabhängig (0 bis +/−20 mA) oder spannungsabhängig (0 bis +/−10 V) gesteuert werden können.

1.2 Betriebssystem mit adaptiver Regelung

Das Robotersteuerungssystem nach *Bild 1* kann durch Erweitern des Betriebsprogramms so ausgebaut werden, daß analoge und digitale Signale verarbeitet werden können, um damit direkt den Bahnverlauf oder die Bahngeschwindigkeit des Industrieroboters zu beeinflussen. Dabei können die digitalen Signalgeber bis zu acht parallele Ein- bis Acht-Bit-Kanäle haben. Mit dem Robotersteuerungssystem sind folgende Funktionen ausführbar:
— Suchen (Abstands- und Richtungssuchen),
— Geschwindigkeitssteuerung,
— Konturverfolgung.
Um bei der Erstellung des Roboterprogramms noch nicht genau bekannte Positionen oder innerhalb von gewissen Toleranzen variierende Werkstücke beim Programmablauf später automatisch suchen zu können, stehen zwei *Suchfunktionen* zur Verfügung. Soll ein zwischen zwei programmierten Punkten liegendes Objekt gesucht werden, so verwendet man das *Abstandssuchen*. Hierbei können bis zu drei Sensoren gleichzeitig aktiviert werden. Alle anschließbaren Sensortypen sind zulässig. Bei Eintreffen des Suchereignisses kann ein sofortiger oder ein verzögerter Stopp gewählt werden, verbunden mit einer Meldung an die Peripherie. Ein Merker kann vom Programmierer in Verbindung mit

einem Sprungbefehl dazu verwendet werden, um abhängig vom Erfolg oder Mißerfolg eines Suchvorgangs im Programmablauf zu verzweigen. Über die Funktion *Richtungssuchen* können auch komplexere Suchvorgänge zum Beispiel das dreidimensionale Suchen einer Ecke programmiert werden. Hierzu können ebenfalls drei Sensoren aktiviert werden, wobei Ein-Bit-Sensoren ausgeschlossen sind, da für jeden dieser Suchsensoren ein Korrekturvektor, der die dem Sensor zugeordnete Suchrichtung festlegt, beliebig im Arbeitsraum des Industrieroboters definiert werden kann. Auch bei diesem Suchvorgang werden die Meldung an die Peripherie und der Merker wie beim Abstandssuchen bearbeitet.

Die *Geschwindigkeitssteuerung*, die zum Beispiel bei Entgrataufgaben sehr hilfreich ist, erlaubt nur das Aktivieren eines Sensors und ermöglicht eine sensorgesteuerte Verminderung der Bahngeschwindigkeit. Der Programmierer legt im Anwenderprogramm einen Schwellwert und einen Stoppwert für das Sensorsignal fest. Wird im automatischen Programmablauf der Schwellwert überschritten, so beginnt die Robotersteuerung, die Bahngeschwindigkeit zu verringern. Die Kennlinie zwischen dem Maß der Geschwindigkeitsreduzierung und dem Sensorsignal wird durch den Schwellwert und den Stoppwert (den Sensorsignalwert, bei dem der Industrieroboter stehen bleiben soll) eindeutig festgelegt.

Mit Hilfe der Funktion *Konturverfolgen* können sowohl Teiletoleranzen als auch Positioniertoleranzen der Werkstücke ausgeglichen werden. Ein zusätzlicher Vorteil besteht in der vereinfachten Programmierung, da Ungenauigkeiten bei den programmierten Positionen durch die Sensorik ebenfalls ausgeglichen werden. Beim Konturverfolgen können wie beim Richtungssuchen bis zu drei Sensoren aktiviert werden, wobei auch hier Ein-Bit-Sensoren ausgeschlossen sind. Je Sensor wird vom Programmierer ein Korrekturvektor durch Stützpunkteanfahren (teach-in) und ein Schwellwert über Tastatur festgelegt. Im automatischen Programmablauf werden nun der programmierten Bahn Bewegungen überlagert, und zwar in Richtung der Korrekturvektoren der Sensoren, deren Signalwert vom programmierten Schwellwert abweicht. Das jeweilige Vorzeichen der Korrekturbewegung entspricht dabei dem Vorzeichen der Abweichung vom Schwellwert.

2 Nahtsuchsensor für Lichtbogenschweißroboter

Ein Beispiel für die Anwendung des Betriebssystems mit adaptiver Regelung ist der in die Robotersteuerung einbezogene Nahtsuchsensor, mit dem Toleranzen in der Maßhaltigkeit und Positionierung zu schweißender Werkstücke ausgeglichen werden können. Der Hauptanwendungsbereich dieses Systems liegt im Schweißen von Blechen mit relativ kurzen Schweißnähten. In diesem Fall genügt das Suchen des Nahtanfangs, um trotz vorhandener Toleranzen eine einwandfreie Schweißverbindung zu erhalten.

2.1 Aufbau des Nahtsuchsensors

Der Sensor selbst ist eine Sonderausführung eines optischen Distanzmeßsystems. Als Lichtquelle dient eine geregelte Laser-Leuchtdiode. Die Meßsignale werden direkt hinter dem Sensorausgang verstärkt (PPU) und dann an den in die Robotersteuerung eingebundenen Sensorrechner übergeben. Diesem obliegt das Ansteuern des Sensors und die Kommunikation mit dem „adaptiven Betriebssystem" der Robotersteuerung. *Bild 4* zeigt den Systemaufbau.

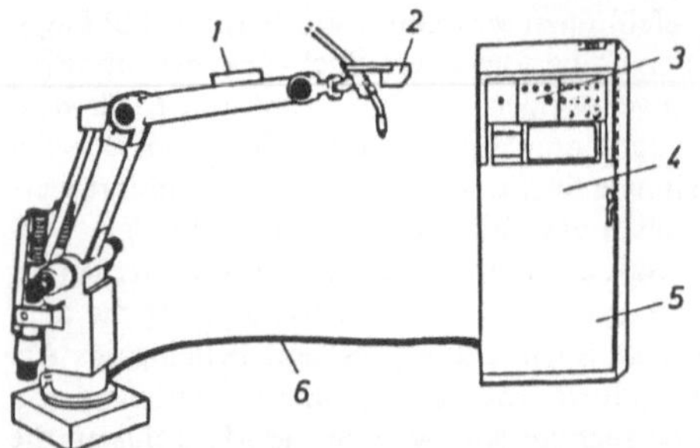

Bild 4. Industrieroboter, Typ IRB 6, mit Nahtsuchsensor. *1* Prozessoreinheit, *2* Sensor, *3* Bedienungsfeld, *4* Klemmeneinheit im Schrank, *5* Sensorrechner im Schrank, *6* Verbindungskabel

2.2 Arbeitsweise des Nahtsuchsensors

Durch die Montage am Roboterarm wird das eindimensionale Abstandsmeßgerät zu einem speicherprogrammierbaren Sensorsystem. In Verbindung mit den Suchfunktionen des „adaptiven" Systems können ein-, zwei- und dreidimensionale Suchvorgänge ausgeführt werden [3, 4]. Die gefundenen Positionen werden entweder in einem Positionsregister der Steuerung abgespeichert und später beim Schweißvorgang zum Beispiel als Nahtanfang verwendet oder direkt zu einer Programmverschiebung herangezogen.

So lassen sich innerhalb eines programmierbaren Bereichs beliebige Oberflächen und Kanten eines Werkstücks genau und schnell finden. Dadurch sind die Toleranzprobleme bei Überlappnähten oder Kehlnähten mit dem Schweißrobotersystem lösbar.

3 Bildverarbeitungssystem

Sollen in einer flexiblen Produktion Handhabungs- oder Montageaufgaben automatisiert werden, so entfällt ein nicht unerheblicher Anteil der Gesamtinvestitionen auf die benötigte teilespezifische Peripherie. Das vollständig in die Robotersteuerung eingebundenere Bildverarbeitungssystem (*Bild 6*) bietet in bezug auf Flexibilität und Kosten eine vorteilhafte Alternative zu anderen Bildverarbeitungssystemen.

3.1 Systemkonzeption

Zielvorgabe bei der Entwicklung war, ein unter industriellen Fertigungsbedingungen sicher arbeitendes leicht bedien- und programmierbares Bildverarbeitungssystem zu erarbeiten, das in Verbindung mit einem Robotersystem ohne Schnittstellenprobleme und Anpassungsarbeiten verwendet werden kann. Das Ergebnis ist ein Grauwertsystem, das aufgrund der Verarbeitungsmöglichkeit von 64 Graustufen mit sehr geringen Kontrasten auskommt, so daß die in Fertigungshallen üblichen Beleuchtungsverhältnisse in der Regel ausreichen und aufwendige bei Binärsystemen notwendige Zusatzbeleuchtungen nicht nötig sind. Selbst gewisse Beleuchtungsschwankungen beeinträchtigen die Ergebnisse nicht.

Durch die vollständige Einarbeitung in die Robotersteuerung entfallen für den Anwender sämtliche Schnittstellenprobleme. Die beiden Systeme arbeiten parallel. Für eine mittlere Bildverarbeitung werden etwa 300 ms benötigt.

Das Bildverarbeitungssystem wird mit Hilfe der Programmiereinheit des Robotersystems nach der gleichen dialogorientierten Auswahlbildtechnik (Menütechnik) programmiert. Das Erlernen einer besonderen Programmiersprache ist nicht nötig, da die Kommunikation des Bedie-

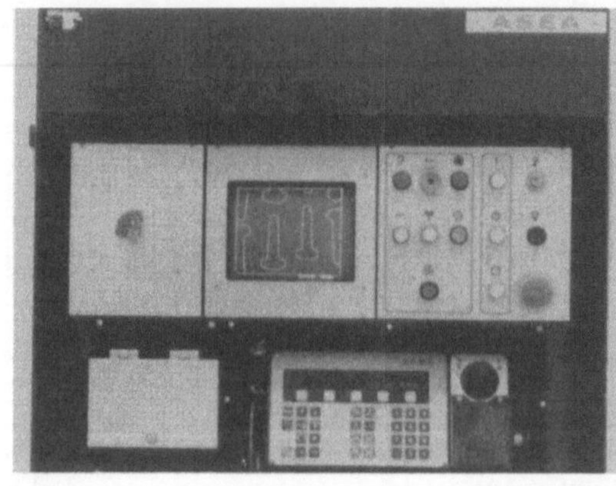

Bild 5. Robotersteuerung nach *Bild 1* mit Bildverarbeitungssystem „Vision Systems"

ners mit Steuerung und Bildverarbeitungssystem in Deutsch durch Parameteranwahl vor sich geht. Andere Sprachen sind wählbar.

Das System ermöglicht die Adressierung von 99 verschiedenen Objekten, wobei für jedes Objekt bis zu 6 verschiedene Ansichten programmierbar sind. Bis zu 200 solcher Ansichten beliebiger Objekte können gleichzeitig im Systemspeicher hinterlegt werden.

3.2 Aufbau

Die Hauptkomponenten des Bildverarbeitungssystems sind:
— der Rechnerteil mit einem Bildprozessor und einem Mikroprozessor,
— ein Bildschirm und
— ein bis vier Kameras.

Die Kameras werden über der jeweiligen Szene angebracht, alle anderen Komponenten befinden sich im Steuerungsschrank. Neben dem in der Tür des Schrankes eingesetzten 9-Zoll-Bildschirm (*Bild 5*) ist ein weiterer externer Bildschirm anschließbar. Durch die funktionelle Integration des Systems in die Steuerung kann die für das Robotersystem als Archivspeicher dienende Disketteneinheit auch zur Archivierung der Bildverarbeitungsdaten verwendet werden. Es ist kein zusätzliches Archivierungsgerät notwendig, und Roboterprogramme können zusammen mit den zugehörigen Daten für das Bildverarbeitungssystem auf derselben Diskette gespeichert werden.

3.3 Anwendungsmöglichkeiten

Die Information, die das Robotersystem vom Bildverarbeitungssystem über ein in der Szene befindliches Teil erhält, besteht aus der Nummer des erkannten Objektes und aus dessen Position und Orientierung (Drehlage). Die Robotersteuerung errechnet sich hieraus die Greifposition, so daß das Objekt aufgenommen und palettiert, direkt bearbeitet oder an eine Bearbeitungsmaschine übergeben werden kann. Somit sind die Hauptanwendungsbereiche für dieses System die Materialhandhabung, die Maschinenbedienung und die Montage.

Da an das Bildverarbeitungssystem eines Industrieroboters bis zu vier Kameras angeschlossen werden können, ist es auch sehr einfach möglich, mit dem gleichen System nach der Bearbeitung des Werkstücks oder nach der Beendigung des Montagevorgangs mit einer zusätzlichen Kamera eine Kontrolle auf Genauigkeit und Vollständigkeit durchzuführen. Dies geschieht, indem das aktuelle Werkstück mit dem

Bild 6. Entgratstation für Kunststoffteile mit Industrieroboter und Bildverarbeitung

gespeicherten Bild eines für gut befundenen Teiles verglichen wird.

Das mögliche Teilespektrum für das Bildverarbeitungssystem ist breit gefächert. Bei den zur Zeit in Angriff genommenen Anwendungen reicht es von kleinen Stanzteilen bis hin zu Pkw-Achsen. In allen Fällen kann der erhebliche Aufwand für das Konstruieren und das Fertigen von teilespezifischen Einrichtungen für die Teilezuführung und die Teilepositionierung eingespart werden. Dabei wird verschleißbehaftete Mechanik durch flexible Elektronik ersetzt. Den bei Serienwechsel üblichen Umrüstzeiten für teilespezifische Einrichtungen in Höhe von zum Beispiel 30 min steht eine „Umrüstzeit" des Bildverarbeitungssystems von weniger als einer Sekunde gegenüber. Wird wie in der nachfolgend beschriebenen Installation auch ein automatisches Greiferwechselsystem für den Industrieroboter verwendet, so kann ohne jeden manuellen Eingriff und ohne Anhalten der Produktion umgerüstet werden. Ein gutes Beispiel für die besonders im Bereich mittlerer und kleiner Serien geforderte Flexibilität ist die Entgratstation für Kunststoffge-

häuse nach *Bild 6.* Bei dieser Anwendung sind um einen Industrieroboter herum je eine Bohr-, Polier-, Feil- und Reinigungssation sowie ein Greifermagazin für den automatischen Greiferwechsel aufgebaut. Durch die Verwendung des Bildverarbeitungssystems kann für die Zuführung der gesamten Teilevielfalt ein handelsübliches Förderband benutzt werden. Bei entsprechender Dimensionierung dient es dann gleichzeitig noch als Teilepuffer für die Anlage.

4 Ausblick

Ein Robotersteuerungssystem mit adaptiver Regelung sowie eine zuverlässige und leistungsfähige Sensorik sind Voraussetzung für die technische Realisierbarkeit und für die Rentabilität vieler Automatisierungsvorhaben. Auch die Erhöhung der Produktqualität ist hier ein wichtiges Anwendungskriterium. Dabei bedingen die vielfältigen Anforderungen auch unterschiedliche Sensoren. Um sensorgeführte Robotersysteme noch bedienbar und wartungsfreundlich zu halten, wurde die Steuerung der komplexen Sensorik vollständig in die neuentwickelte Robotersteuerung eingebunden. Für den Anwender bedeutet dies nicht zuletzt, daß sowohl die Installation als auch Wartung in einer Hand liegen.

Mit den in diesem Beitrag beschriebenen Systemen können heute viele der bisher unlösbaren Probleme gelöst werden.

Schrifttum

1. Schraft, R.D.: Stand der Robotertechnik und absehbare Entwicklungen. Vortrag auf dem Kongreß „Robocon '84" am 22./23. März 1984 in Böblingen
2. Schmid, D.; Nowak, H.: Selbsttätiges Anpassen der Robotertätigkeit mit Hilfe geeigneter Sensoren. MM 90 (1984) Nr. 22, S. 501–504
3. Nahtsuchsystem mit Lasersensor. Asea Beschreibung CK 09-1207T
4. Strauch, R.: Integrierte Sensorik für Industrieroboter. Vortrag auf dem Kongreß „Robocon '84" am 22./23. März 1984 in Böblingen

(Alle Abbildungen sind Werkbilder der Asea GmbH, Friedberg)

wt — Z. ind. Fertig. 75 (1985) 175–178

wt Zeitschrift für industrielle Fertigung

© Springer-Verlag 1985

Bedienerloses Fertigen mit einer Werkzeugstandzeitüberwachung

K. Brankamp und **B. Bongartz**, Düsseldorf

Prozeßdaten ermöglichen eine laufende Überwachung der Fertigung. Die Verfasser zeigen, wie Schwachstellen der Prozeßführung beseitigt und wie dadurch Leistungsreserven erschlossen werden können, deren Nutzung sich in der Regel in einer erheblichen Steigerung des Nutzungsgrades einer Fertigungsanlage niederschlägt.

0 Einleitung

Werkzeugbruch und unkontrollierter Verschleiß sind die Hauptursachen für mangelhafte Qualität und teure Folgekosten in unterschiedlichen Bereichen der Produktionstechnik. Das Überwachen der Formgebungskräfte mit einer fortschrittlichen Sensortechnik und schnellen mikroprozessorgesteuerten Geräten sichert das unmittelbare Erkennen solcher Störungsursachen und damit einen kontrollierten Betrieb mit gleichbleibend hoher Qualität [1]. Verminderter Ausschuß, verbesserte Maschinennutzung sowie hohe Einsatzsicherheit von Werkzeug und Maschine sind Vorteile, die die Wirtschaftlichkeit der Fertigung direkt verbessern.

1 Grundlagen und Anforderungen

Bild 1 zeigt am Beispiel einer Scheibe des Produktionsschreibers einen Ausschnitt aus dem typischen Geschehen an einer Maschine einer Presserei in der Drahtverarbeitung. Dargestellt ist der Ablauf einer 8-h-Schicht im 12-h-Kreisdiagramm. Deutlich sind die Produktionsphasen der Maschine und die Stillstandszeiten zu unterscheiden. Bei den Stillstandszeiten fällt vor allem die Pause auf. Insgesamt wird aber auch deutlich, daß an der Maschine größere Phasen völlig ungestörter Produktion über mehrere Stunden hinweg vorliegen, die im wesentlichen nur durch die Pause und das Schichtende unterbrochen werden. Damit wird die Stoßrichtung deutlicher: Entkoppelt man die Produktionsphasen von der Anwesenheitspflicht des Bedieners, indem die Prozeßüberwachung automatisiert wird, so kann die Nutzung der Maschinen erheblich ausgedehnt werden [2].

Die Zusammenhänge sollen am Beispiel eines Betriebes der Drahtverarbeitung (*Bild 2*) verdeutlicht werden. In die reguläre Schichtzeit von 8 h sind zwei Pausen eingegliedert. Während der Pausen werden die Maschinen abgeschaltet. Weitere Maschinenstillstände ergeben sich bei Prozeßstörungen, Umrüstarbeiten und bei Ausschußproduktion. Als Phase ungestörter „Gut"-Produktion addieren sich im Durchschnitt je Schicht 6,8 h für die tatsächliche Teileproduktion. Setzt man die reguläre Schichtzeit gleich 100%, so ergibt sich für diesen Betrieb ein vergleichsweise hoher Nutzungsgrad von etwa 85%. Da Stillstandszeiten aus den verschiedenen Gründen nicht zu vermeiden sind, kann unter den üblichen Produktionsweisen ein Nutzungsgrad von 100% zwar angestrebt, aber nie erreicht werden. Diese Gesetzmäßigkeit kann erst dann durchbrochen werden, wenn mit Hilfe der Prozeßüberwachung die übliche Kopplung der Produktionsphasen an die Anwesenheit des Bedieners aufgehoben wird. Die Grenzen für die Nutzung der Maschinen im Rahmen ihrer Verfügbarkeit werden dann nicht mehr durch die Schichtzeit vorgeschrieben, sondern verlagern sich auf technische und organisatorische Bedingungen und Gegebenheiten. Für die Produktionsmöglichkeiten zum Beispiel in Pausen und nach Schichtende ist nunmehr maßgebend, welche durchschnittliche störungsfreie Laufzeiten aufgrund der Fertigungsvorgänge erreicht werden. Daraus wird deutlich, daß ein Nutzungsgrad von 100% bei Anwendung der Prozeßüberwachung keine unerreichbare Grenze mehr darstellt (*Bild 2*).

Aufgabe der Prozeßüberwachung ist es [3…5], die „Güte" des Produktionsprozesses zu sichern, indem Störungen am Werkzeug und an der Maschine sowie Qualitätsabweichungen am Produkt automatisch erkannt werden. Aus

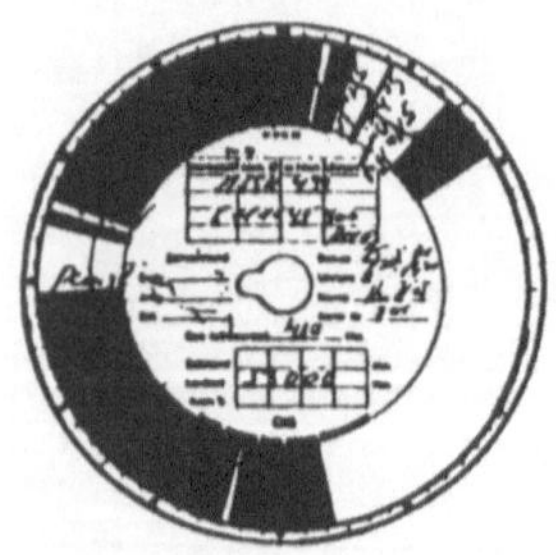

Bild 1. Ausgangssituation einer Presserei

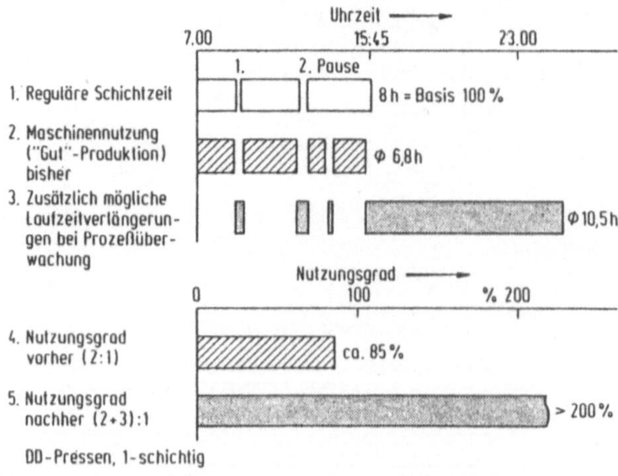

Bild 2. Kennzeichnung des Nutzungsgrades (Beispiel)

ausgedehnten meßtechnischen Untersuchungen an unterschiedlichen Fertigungsvorgängen geht hervor, daß die Formgebungskräfte als universelle Überwachungsgröße zu betrachten sind, die einen sehr bedeutsamen Informationsinhalt über die Einflußgrößen bei der Formgebung bieten. Von dieser Grundlage ausgehend war es möglich, einen Baukasten von Systemmodulen für die Prozeßüberwachung zu entwickeln, aus dem je nach Anwendung flexibel geeignete Überwachungssysteme zusammengestellt werden können. Analog zur Handhabungsweise des Bedieners müssen solche Überwachungssysteme:

— mit Sensoren Ablaufstörungen erfassen,
— durch eine Logikverarbeitung der Prozeßinformationen Störungen erkennen,
— durch eine Reaktorik selbsttätig in den Fertigungsvorgang eingreifen.

2 Überwachung der Werkzeugstandzeit

Funktions- und Arbeitsweise eines in Stanzbetrieben verbreiteten Systems der In-Prozeß-Überwachung werden im folgenden anhand eines typischen Beispiels für das Erkennen von Störungen aufgezeigt (*Bild 3*) [6]. Hier handelt es sich um das Herstellen eines filigranartigen Teiles in einem Folgeschnittwerkzeug. In diesem Werkzeug ist die Station des räumlichen Konturschnittes besonders störungskritisch, da die Werkzeuge häufig segmentartig ausbrechen. Bei einem Hub von rd. $13\,\mathrm{s}^{-1}$ und fünffach fallenden Teilen werden in wenigen Sekunden so viele Fehlteile produziert, daß durch die Vermischung mit den Gut-Teilen die gesamte Produktion unbrauchbar wird. Daher wird die Station gesondert überwacht. Als geeignete Größe für die Beurteilung des Vorgangs hat sich die Schneidkraft bewährt.

Das Beispiel zeigt, daß ein segmentartiger Werkzeugausbruch im Kraftauslauf bereits deutlich in Erscheinung tritt, noch bevor in der Krafthöhe größere Änderungen auftreten. Wird der Normalkraftverlauf mit dem jeweils aktuellen Kraftverlauf verglichen, so wird eine Abweichung von diesem Normalverlauf sofort erkannt und führt zum Abschalten der Maschine.

Diese Überwachungsaufgabe wird durch mikroprozessorbetriebene Steuereinheiten ausgeführt (*Bild 4*). Sie sind in der Lage, auch bei Mehrsensorsystemen aufgrund der individuellen Prozeßsignale über den Fertigungsverlauf eine Echtzeit-Störungsdiagnose durchzuführen, so daß bei einer Prozeßstörung unvermittelt eingegriffen werden kann.

Die angewendete Überwachungsmethode basiert auf langjährigen Erfahrungen mit der Prozeßüberwachung an automatischen Produktionsmaschinen [7, 8]. Dabei ist die geforderte Umrüstflexibilität ohne werkzeugspezifische Programmierung dadurch gesichert, daß ein spezifisches Selbstlernverfahren (Teach-in-Programmierung) angewendet wird, wonach der Normalkraftverlauf für jeden Überwachungsbereich zu Beginn der Produktion unter Aufsicht des Maschinenbedieners automatisch erfaßt und „gelernt" wird. Je nach Schwankungsbreite des Normalkraftverlaufs wird dabei dieses „Lernen" über mehrere Vorgänge durchgeführt, und über eine geeignete Mittelwertbildung wird der für den weiteren Ablauf zugrundegelegte Bezugsverlauf ermittelt. Je nach den spezifischen Fertigungsbedingungen ist auch eine laufende automatische Anpassung des Normalkraftverlaufs möglich. Abweichungen von diesem Verlauf werden durch die laufende Prozeßdiagnose sofort erkannt, so daß unverzüglich die geeigneten Reaktionen eingeleitet werden können.

Bereits mit Hilfe eines anschließbaren Bildschirms

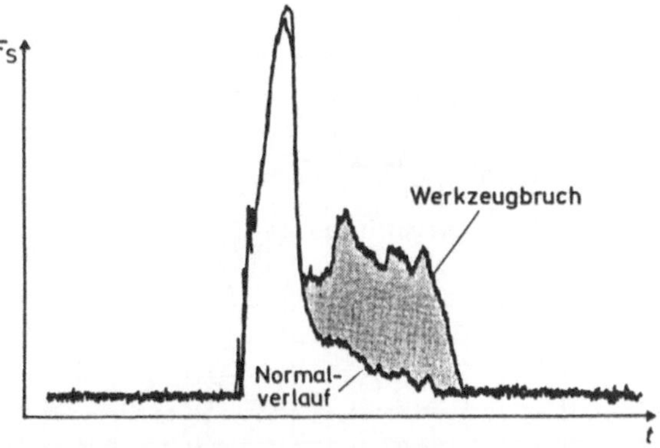

Bild 3. Verlauf der Schneidkraft F_s einer Schneidstation. Standzeitende beim Stanzen. Beispiel: Werkzeugausbruch beim Schneiden

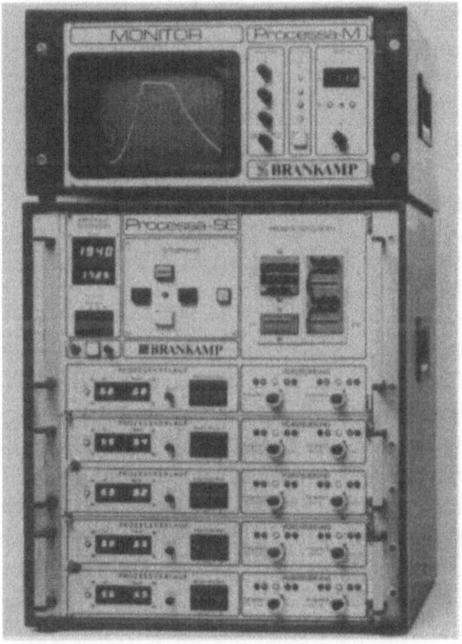

Bild 4. Steuereinheit und Bildschirm zur Überwachung mehrstufiger Prozesse

(*Bild 4 oben*) kann der Maschinenbediener die „Güte" des Fertigungsverlaufs in jeder Werkzeugstation Stück für Stück wie durch eine Lupe beobachten und beurteilen. So hat er beim Konturschneiden festgestellt, daß sich Werkzeugausbrüche etwa 0,5...1 h vor dem Erliegen durch einen zunehmenden Kraftanstieg im Kraftauslauf bemerkbar machen. Damit ist eine vorbeugende Schadenserkennung und ein vorbeugender Werkzeugwechsel möglich. Wird diese Überprüfung zum Beispiel vor Schichtende durchgeführt, ist eine volle Werkzeugstandzeit für die bedienerfreie Schicht erreichbar.

3 Bedienerfreies Zerspanen

Nachdem bedienerfreies Fertigen durch Nachrüsten von Produktionsmaschinen wie Kalt- und Warmpressen, Gewindewalzen, Stanzen, Kunststoffspritzmaschinen und Pressen mit Prozeßüberwachungssystemen seit vielen Jahren in breiter Anwendung steht, wird die Prozeßüberwachung seit einiger Zeit auch bei zerspanenden Fertigungsverfahren mit bemerkenswertem Erfolg angewendet.

Kennzeichnend für die Vorgänge während des Zerspanvorgangs ist der Schnittkraftverlauf während des Werkzeugeingriffs. Störungen treten auch hier unvorhersehbar auf,

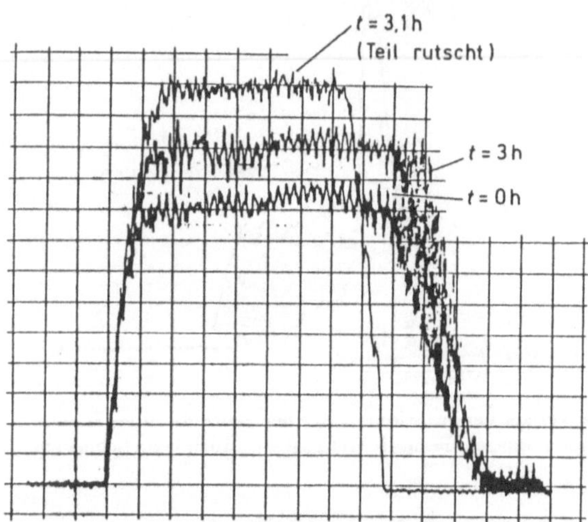

Bild 5. Werkzeugzustand beim Zerspanen, durch die Schnittkräfte gekennzeichnet

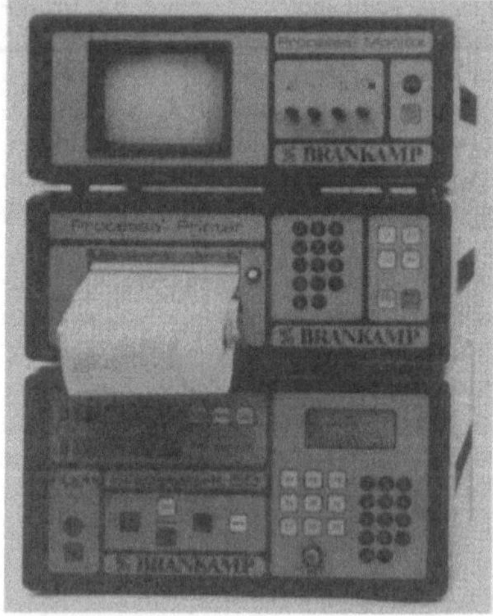

Bild 6. Überwachungssystem zum Erfassen, Verarbeiten und Ausgeben von Prozeßdaten

z.B. bei Werkzeugbruch, oder aber in Form allmählicher Prozeßveränderungen, z.B. durch Werkzeugverschleiß. Entscheidend für die Güte der Überwachung ist ein verfahrensnahes Erfassen der Überwachungsgrößen. Voraussetzung dazu ist die Miniaturisierung der Sensoren.

Welchen Informationswert die Schnittkräfte für die Güte des Zerspanvorgangs haben, wird im folgenden an einem Beispiel erläutert. *Bild 5* zeigt in der unteren Meßkurve den Normalkraftverlauf der Schnittkraft eines neuen Drehwerkzeugs im Eingriff. Im Auslauf des Kraftverlaufs zeigt sich die schwankende Schnittiefe beim Nachformdrehen eines Kegels bei unrunder Ausgangskontur des Werkstücks (Sechskant), wobei zum Schluß ein unterbrochener Schnitt vorliegt. Überlagert dargestellt sind die Kraftverläufe gegen Ende der Standzeit des Werkzeugs. Deutlich ist das Ansteigen der Kräfte mit zunehmendem Verschleiß zu erkennen. Zum Schluß wird das Werkstück durch die Schnittkräfte in die Spannzange hineingeschoben, so daß sich die Eingriffszeit des Werkzeugs verkürzt. Das Bild verdeutlicht im Hinblick auf plötzliche Prozeßstörungen, daß unter anderem auch eine Überwachung der Werkstückspannung sowie der Relativbewegung von Werkstück zu Werkzeug ermöglicht wird. Gleichzeitig können aber auch allmähliche Prozeßveränderungen, wie das Beispiel für den Werkzeugverschleiß zeigt, in die Überwachung einbezogen werden.

Wenn Betriebsleute bei Prozeßproblemen gelegentlich verzweifeln, ist die Ursache in einem mangelhaften Einblick in den Fertigungsvorgang und seinen Einflußgrößen zu sehen. In dieser Situation stellt eine Prozeßüberwachungseinrichtung ein vorzügliches Meß- und Anzeigesystem dar, das mit Hilfe von Sensoren aus nächster Nähe wichtige Informationen erfaßt und diese nach geeigneter Aufbereitung darbietet. Dies sei am Beispiel eines Überwachungssystems für Drehautomaten erläutert. Alle Anzeigen und Bedienungsteile befinden sich auf dem Bedienungsfeld der unteren Steuerungseinheit (*Bild 6*). Das Bedienungsfeld konnte durch Mikroprozessoranwendung übersichtlich und benutzerfreundlich gestaltet werden. Über die Funktionstastatur kann der Bediener jederzeit nach Bedarf auf die aufbereiteten Prozeßinformationen zurückgreifen und sich aktuelle Vorgangs- und Trendwerte für die Beurteilung des Fertigungsvorgangs und dessen Veränderungen anzeigen lassen. Angeschlossen an die Steuerungseinheit ist ein Drukker, der ein Protokoll über das Prozeßverhalten sowie die

Produktionsergebnisse ausgibt. Darüber hinaus wird auf dem Bildschirm der Prozeßverlauf angezeigt.

4 Überwachung der Geometrie

Zur Qualitätssicherung sind unmittelbare Aussagen über die Geometrie der Fertigteile notwendig, soweit einzelne geometrische Merkmale in den Überwachungsgrößen des Fertigungsverfahrens nicht zum Ausdruck kommen können, oder weil gefordert ist, die geometrischen Abmessungen eines Teiles unmittelbar zu messen und zu dokumentieren [1, 9, 10].

Um diese Forderungen erfüllen zu können, muß zum Beispiel eine prozeßbegleitende Geometrieüberwachung auf der Basis statistischer Kontrollen der Maßhaltigkeit mit gleichzeitiger Dokumentation der erreichten Produktqualität durchgeführt werden. Insbesondere bei Sicherheitsteilen und bei Nachweis der Qualität eines Loses über ein Einzelstück wird daher die Prozeßüberwachung mit einer Geometrieüberwachung gekoppelt.

In Stichproben werden dem Produktionsfluß Teile entnommen und auf die Einhaltung der vorgegebenen Geometrie überprüft. Neben herkömmlichen Meßgeräten können dabei auch automatisch arbeitende Meßstationen benutzt werden (*Bild 7*). In der Steuerungseinheit des Qualitätster-

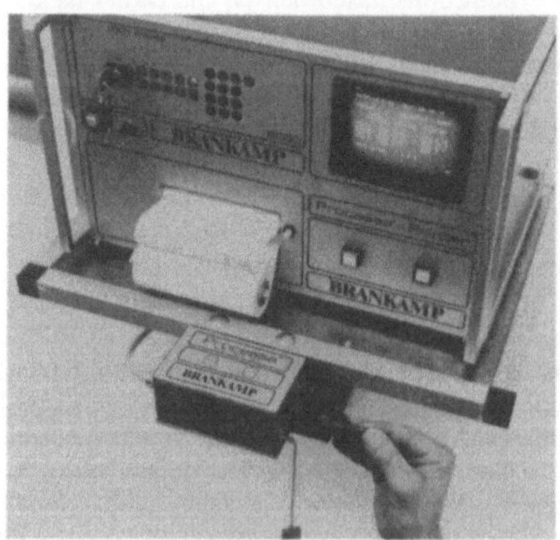

Bild 7. Steuerungseinheit des Qualitätsterminals mit Meßstation zur automatisierten Geometriedatenerfassung

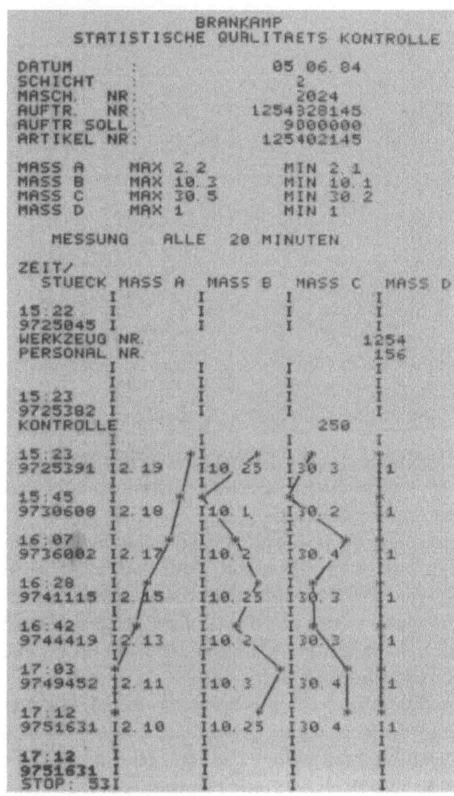

Bild 8. Qualitätsprotokoll

minals werden die produktabhängig wählbaren Maße erfaßt und im vorgegebenen Toleranzbereich laufend überprüft. Eine Produktionsfreigabe geschieht nur bei Einhaltung der anpaßbaren Meßzyklen, sonst wird die Maschine automatisch gestoppt. An das Qualitätsterminal im *Bild 7* ist als Beispiel eine automatische Meßstation für die Überwachung der Kreuzschlitztiefe nach DIN 7962 angeschlossen. Die Qualitätsdaten sind auf dem Bildschirm jederzeit abrufbar und werden vom Drucker als Grafikprotokoll ausgegeben (*Bild 8*). Über die Bedienerführung werden die Messungen selbsttätig angefordert und ihre Ausführung sichergestellt. Dabei werden die Meßzyklen entsprechend der Dynamik der Geometrieentwicklung und mit Hilfe einer Trendüberwachung automatisch angepaßt. Damit wird auch eine Werkzeugstandzeitüberwachung mit Bezug zur Maßhaltigkeit ermöglicht, noch bevor das Werkzeug erliegt [11].

5 Zusammenfassung

Noch in den 70er Jahren wurde die Zielrichtung „Produktion in Geisterschicht" mit und ohne Personal bisweilen als eher langfristig anzustrebende Wunschvorstellung betrachtet. Eindeutige Markt- und Wettbewerbsvorteile haben heute demgegenüber diejenigen Betriebe, die frühzeitig die damaligen Möglichkeiten als kurzfristige Zielsetzung aufgefaßt und verwirklicht haben und heute bereits auf mehrjährige Erfahrungen zurückgreifen können.

Schrifttum

1. Brankamp, K.; Bongartz, B.: Anforderungen der Montage an die Qualität der Fertigung. Betriebstechnik 18 (1977) Nr. 5, S. 53–54
2. Dicke, R.; Amann, W.: Rationellere Produktion beim Kaltumformen durch Prozeßüberwachung. Düsseldorf: VDI-Verlag 1980
3. Brankamp, K.: Produktion in Geisterschicht — Prozeßüberwachung an Maschinen der Massenfertigung (Girardet-Tb. 31). Essen: Girardet 1980
4. Thornton, J.: U.S. Fasteners Manufacturers have New Import Vorries. American Metal Market News vom 2.10.1978
5. Werner, G.: Technological Fundamentals for Increased Productivity in Standard Fasteners Manufacturing Research Proposel.
6. Brankamp, K.; Bongartz, B.: Analyse der Einflußgrößen bei der stanztechnischen Bearbeitung mittels Sensoren. (VDI-Ber. 522). Düsseldorf: VDI-Verlag 1984
7. Brankamp, K.; Bongartz, B.: Automatisierungsfortschritte in der Schraubenindustrie. Drahtwelt 69 (1983) Nr. 8, S. 201–204
8. Brankamp, K.; Bongartz, B.: Prozeßüberwachung in der Kleinteile-Massenfertigung. Schweizer Maschinenmarkt 83 (1983) Nr. 26, S. 29–32
9. Brankamp, K.; Bongartz, B.: Umformtechnik auf dem Weg zur Geisterschicht. Maschinenmarkt 90 (1984) Nr. 36, S. 894–897
10. Brankamp, K.; Bongartz, B.: Entwicklungstrends in der Prozeß- und Produktautomation. Die Umschau 84 (1984) Nr. 24, S. 722–726
11. Brankamp, K.; Bongartz, B.: Training für die Geisterschicht. VDI-Nachr. vom 12.8.1983

(Alle Abbildungen sind Werkbilder des Instituts für Produktionsplanung und Produktionstechnik IPP GmbH, Düsseldorf)

wt – Z. ind. Fertig. 75 (1985) 251–256

wt Zeitschrift
für industrielle Fertigung

© Springer-Verlag 1985

Verschleißschutz durch CVD[1]-Behandlung

A. Inzenhofer, Schwarzenbruck

Das chemische Aufdampfen von Hartstoffen nach dem CVD-Verfahren hat im Verlauf der letzten Jahre stark an Bedeutung gewonnen. Der Verschleißschutz von Hartmetallwerkzeugen durch Hartstoffüberzüge aus Titankarbid, Titannitrid oder Aluminiumoxid ist ein bekanntes Beispiel. In diesem Beitrag werden die Verfahrenstechnik, die geeigneten Grundwerkstoffe und die Eigenschaften der Hartstoffschichten vorgestellt. Abschließend weist der Verfasser auf Anwendungen im Bereich Fertigungstechnik hin.

0 Einleitung

Die Oberflächenbehandlung von metallischen Bauteilen zum Zwecke der Verschleißminderung hat für Präzisionswerkzeuge der Fertigungstechnik große Bedeutung erlangt. Das CVD-Verfahren, bei dem Hartstoffe auf einen Grundwerkstoff chemisch aufgedampft bzw. aus der Gasphase abgeschieden werden, wird erfolgreich angewendet. Die Vielfalt der nach dieser Technik erzeugten Oberflächenschichten ist groß. Herausragendes Beispiel ist die CVD-Beschichtung von Hartmetallwendeschneidplatten. Im Jahre 1983 sollen bereits mehr als 60% der beim Drehen verwendeten Wendeschneidplatten beschichtet gewesen sein [1].

1 Verfahrenstechnik

Unter chemischer Gasphasenabscheidung versteht man chemische Reaktionen, die in der Gasphase bei einem bestimmten Druck unter Energiezufuhr ablaufen, wobei neben flüchtigen Produkten technisch nutzbare Feststoffe, z.B. Hartstoffe, entstehen [2]. Als Reaktionsbeispiel sei das Abscheiden von Titankarbid (TiC) genannt:

$$TiCl_4 + CH_4 + n\,H_2 \xrightarrow{\;1000\,°C\;} TiC + HCL + n\,H_2 \qquad (1)$$

Das Gasgemisch besteht hier aus Titantetrachlorid ($TiCl_4$), Methan (CH_4) und dem Reduktionsmittel Wasserstoff (H_2) im Überschuß. Die Werkstücke werden auf 1000 °C erhitzt. Als flüchtiges Reaktionsprodukt entsteht Chlorwasserstoff. Dieses muß aus dem Reaktor geleitet und einer Neutralisationseinheit zugeführt werden. Der prinzipielle Verfahrensablauf ist im *Bild 1* dargestellt.

Folgende Einzelheiten haben Bedeutung:
– die Reaktionsgase müssen chemisch sehr rein sein (höchstens 1×10^{-6} Volumenanteil Sauerstoff und Wasserdampf [3], dazu ist ein besonderes Gasreinigungs- und Überwachungssystem auf der Eingangsseite des Reaktors notwendig;
– die Ware liegt auf Grafit- oder Molybdängestellen und wird unter Vakuum oder reduzierenden Gasen aufgeheizt;

– bei Beschichtungstemperatur wird die Gasmischung mit entsprechend eingestellten Partialdrücken in die Beschichtungskammer geleitet.

Ist eine gleichmäßige Verteilung der Reaktionsgase in der Beschichtungskammer gewährleistet, dann werden alle Werkstücke auf gleicher Reaktionstemperatur auch an geometrisch ungünstigen Stellen (Bohrungen, Einschnitten) gleichmäßig dick beschichtet. Der Prozeß weist also eine hervorragende Streufähigkeit auf.

Die Abscheidungsraten betragen in der Regel nur wenige μm/h. Daher muß mit einer Gesamtdauer von 8...13 h je Beschichtungszyklus gerechnet werden. Hierin sind die Zeiten für Aufheizen und Abkühlen enthalten. Um trotz dieser langen Zeiten kostengünstig fertigen zu können, werden Anlagen gebaut, die mit 240 kg Ware je Charge beschickt werden können. Der Reaktor einer solchen Anlage hat einen Durchmesser von 610 mm und eine Höhe von 710 mm [4]. Anlagen anderer Hersteller sind in Modulbauweise aufgebaut. Deren Grundeinheit besteht aus einem Haubenofen und einer Beschichtungskammer (*Bild 2*), die Nutzraumabmessungen betragen 390 mm im Durchmesser und 900 mm in der Höhe. Im allgemeinen wird eine gute Anpassungsfähigkeit der Anlagen verlangt, z.B. muß beim Beschichten von Bauteilen aus Vergütungsstählen die Möglichkeit des zusätzlichen Härtens vorhanden sein.

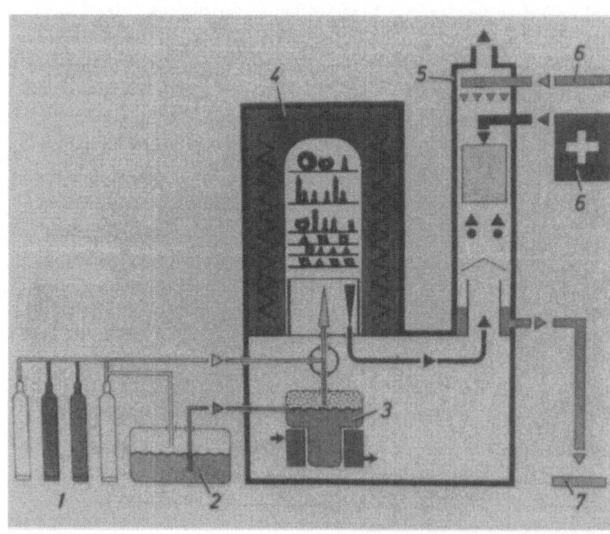

Bild 1. Verfahrensablauf beim CVD-Beschichten. *1* Reingase, *2* Metallhalogenid im Vorratsbehälter, *3* Verdampfer, *4* Beschichtungsofen (Reaktor), *5* Gasreiniger, *6* Filter (Neutralisation), *7* Abwasser (Werkbild: Metallwerk Plansee GmbH, Reutte)

Bild 2. CVD-Beschichtungsanlage. *1* Gasmischer, *2* Beschichtungsofen (Reaktor), *3* Gasreiniger (Werkbild: Metallwerk Plansee
GmbH, Reutte)

2 Grundwerkstoffe

Bedingt durch die hohen Reaktionstemperaturen ist die Anzahl der Grundwerkstoffe begrenzt, die zum CVD-Beschichten gut geeignet sind. In erster Linie haben Stähle
und Hartmetalle technische Bedeutung.

2.1 Stähle

Neben legierten sind auch unlegierte Stähle für das CVD-
Beschichten geeignet. Der Kohlenstoffgehalt sollte mindestens 0,5% betragen, da dieser insbesondere beim Beschichten mit Titankarbid eine katalytische Wirkung hat [5]. Gute
Erfolge werden bei der CVD-Behandlung von ledeburitischen Chromstählen (12% Chrom) erzielt. Diese lufthär-
tenden Stähle können unmittelbar von der Reaktionstemperatur ausgehärtet werden. Die entsprechenden Bauteile sollten bereits fertigbearbeitet, engtoleriert und mit dem Gefü-
gezustand zum CVD-Beschichten kommen, in dem sie später gebraucht werden. Die dafür notwendigen Wärmebe-
handlungen (Härten, Anlassen) sollten unter Schutzgas oder
im Vakuum durchgeführt werden. Der eigentliche CVD-
Beschichtungszyklus sollte möglichst ebenso eingestellt sein
wie der Vergütungszyklus. Dabei werden die Hartstoffe
während der Austenitisierungsphase bei rd. 1000 °C abgeschieden. Es schließen sich das Abschrecken und zweimali-
ges Anlassen an. Dies kann bei den 12%igen, ledeburitischen Chromstählen direkt in der CVD-Anlage geschehen,
z.B. mit Hilfe von Schutzgasen, die in die Anlage eingeleitet
werden.

2.2 Hartmetalle

Diese Werkstoffgruppe kann als besonders gut geeignet für
das CVD-Beschichten bezeichnet werden. Gegenüber Stählen weisen Hartmetalle folgende Vorteile auf [6]:
– angenähert gleiche thermische Ausdehnungskoeffizienten von Schicht- und Grundwerkstoff,
– keine Phasenänderungen beim Abkühlen von den hohen
  Beschichtungstemperaturen, damit auch keine sprung-
  haften Volumenänderungen,

– gute Beständigkeit der Hartmetalle gegen die chloridhal-
  tige Beschichtungsatmosphäre,
– gute Stützwirkung der dünnen Schicht durch die hohe
  Druckfestigkeit und Warmhärte des Hartmetalls,
– keine Beeinflussung der Härte durch die relativ hohen
  Reaktionstemperaturen von rd. 1000 °C.
Obwohl es beim Beschichten der Hartmetalle üblicherweise
keine Probleme gibt, haben sich im Hinblick auf die praktische Anwendung bestimmte Sorten besonders bewährt.
Eine Rolle spielt dabei eine Unterkohlungsphase (Eta-
Phase), die sich zu Beginn des Beschichtungsverfahrens zwischen der Hartstoffschicht und dem Grundwerkstoff bildet.
Um bestmögliche Zerspanleistungen zu erreichen, müssen
die Hartmetallsorten bereits beim Sintern auf das nachfolgende Beschichten abgestimmt werden.

3 Eigenschaften von CVD-Hartstoffschichten

CVD-Schichten sind reiner als vergleichbare kompakte
Werkstoffe. Sie können jedoch durch Diffusion von Elementen aus dem Grundwerkstoff verändert sein. Dies beeinflußt die Eigenschaften der Schichten sehr stark. Grundsätzlich muß der Verbund Grundwerkstoff/Schicht als Gesamtsystem gesehen werden. Viele für die Anwendung wichtigen Eigenschaften hängen davon ab, die wichtigsten sind:
– Schichtaufbau und Oberflächenstruktur,
– Härte, Duktilität, Sprödigkeit, Elastizitätsmodul, Haftfestigkeit und Eigenspannungszustand,
– tribologische Eigenschaften,
– Korrosionsverhalten.
Große Bedeutung hat die Hartstoffduktilität. Sie besagt,
daß dünne CVD-Oberflächenschichten trotz hoher Härte
gewissen elastischen Formänderungen des Grundwerkstoffs
folgen können. Obwohl mit einem Härteanstieg üblicherweise ein Zähigkeitsabfall zu erwarten ist, kann sich ein
härterer Stoff durchaus duktiler verhalten als ein vergleich-
bar anderer Werkstoff.

3.1 Härte

Titankarbid (TiC) ist der am häufigsten aus der Gasphase
abgeschiedene Hartstoff. Die im Schrifttum vorgelegten Ei-
genschaftswerte schwanken oft in weiten Grenzen. Insbesondere die Härte zeigt eine ausgeprägte Abhängigkeit vom
Kohlenstoffgehalt [7]. Bei der stöchiometrischen Zusammensetzung wird eine Härte von 3200 HV erreicht. Andere
Autoren nennen noch höhere Werte (3300...4500 HV).
Damit ist TiC der härteste Stoff, der z.Zt. nach dem CVD-
Verfahren kommerziell abgeschieden wird. Als Folge der
sehr hohen Härte können TiC-Schichten nur sehr begrenzt
elastisch gedehnt werden. Bereits bei einer Verformung von
rd. 2% bricht die Schicht. Die Warmhärte von TiC fällt
mit der Temperatur steil ab (*Bild 3*). Verursacht wird dies
durch die bereits ab rd. 400 °C zunehmende Oxidation
durch den Luftsauerstoff. Die Härtewerte anderer CVD-
Beschichtungen sind in *Tabelle 1* im Vergleich mit anderen
Beschichtungen und kompakten Werkstoffen aufgeführt.

Titannitrid-(TiN)-Schichten weisen mit 1900...2400 HV
eine deutlich geringere Härte auf. Durch „Einbau" von
Kohlenstoff, d.h. durch Bildung von Titankarbonitrid,
kann die Härte deutlich gesteigert werden. Durch gezielte
Steuerung der Prozeßparameter kann innerhalb einer
Schicht ein kontinuierlicher Übergang von TiC über Ti(C,
N) zu TiN erzeugt werden. Diese Mehrlagenbeschichtung
spielt für die Anwendung in der Zerspantechnik eine wichtige Rolle.

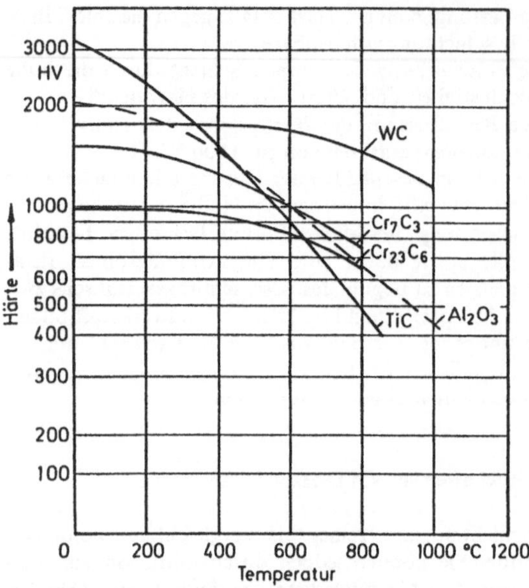

Bild 3. Härte verschiedener Karbide und Oxide in Abhängigkeit von der Temperatur. Al_2O_3 Aluminiumoxid, Cr_7C_3 und $Cr_{23}C_6$ Chromkarbide, TiC Titankarbid, WC Wolframkarbid (nach [8, 9, 10, 11]

Tabelle 1 Härtewerte verschiedener Werkstoffe und Beschichtungen

Werkstoffe	Vickershärte HV
Aluminium 99,5 F 13	35
Kupfer, weich F 20	50
Stahl St50, normal geglüht	160
Grauguß GG20	210
Stahl, vergütet	400
Kaltarbeitsstahl	800
(X210CrW12, 64HRC)	
Hartmetalle (TiC/WC)	1 200…1 800
Rubin, Saphir	2 000…2 200
Siliziumkarbid	4 000
Borkarbid	5 000
Diamant	10 000
Beschichtungen	
Hartchrom, galvanisiert	800…1 200
Nitrierschichten	
– auf unlegierten Stählen	700
– auf chromlegierten Stählen	1 200
Eisenborid	1 900…2 200
CVD-Aluminiumoxid (Al_2O_3)	2 100…2 500
CVD-Wolframkarbid (W_2C)	2 000…2 300
CVD-Chromkarbid	1 900…2 200
CVD-Titannitrid	1 900…2 400
CVD-Titankarbonitrid	1 900…2 900
CVD-Titankarbid	3 300…4 000

3.2 Wärmeausdehnung

Der thermische Ausdehnungskoeffizient spielt eine entscheidende Rolle bei der Beurteilung des Spannungszustandes, der zwischen Schicht und Grundwerkstoff herrscht. Er liegt bei *Titankarbid* (TiC) mit rd. $8 \times 10^{-6}/°C$ höher als der von Hartmetall ($5\ldots7 \times 10^{-6}/°C$). Folglich schrumpft die TiC-Schicht beim Abkühlen von der Reaktionstemperatur von rd. 1 000 °C auf Raumtemperatur mehr als der Grundwerkstoff. So entsteht eine gefährliche Zugspannung, die zum Reißen der Schicht führen kann. Als Folge davon kann nur mit relativ dünnen Schichten gearbeitet werden. Diese zeigen wie zuvor erläutert eine gewisse Hartstoffduktitität und ermöglichen so eine Anwendung von TiC-Schichten in der Verschleißschutztechnik.

Titannitrid (TiN) zeigt mit $9,3 \times 10^{-6}/°C$ einen noch größeren thermischen Ausdehnungskoeffizienten als TiC. Der Unterschied zum Hartmetall, d.h. die Zugspannung in der Schicht während des Abkühlens aus der Beschichtungswärme wird dadurch noch größer. Auch aus diesem Grund ist es ratsam, zunächst Titankarbid und *Titankarbonitride* und dann erst Titannitrid auf Hartmetallen abzuscheiden. Anders sind die Verhältnisse bei Stahl-Grundwerkstoffen. So haben Schnellarbeitsstähle mit $12\ldots14 \times 10^{-6}/°C$ nur noch einen geringfügig größeren Ausdehnungskoeffizienten als TiN. Man kann daher TiN direkt auf diese Stahl-Grundwerkstoffe abscheiden.

3.3 Elastizitätsmodul

Der Elastizitätsmodul (E-Modul) spielt für die Funktionstauglichkeit von Hartstoffschichten eine wichtige Rolle. Mit 450000 N/mm² liegt der E-Modul von *Titankarbid* (TiC) immer noch unterhalb des E-Moduls von Hartmetallen (440000…650000 N/mm²), jedoch mehr als doppelt so hoch als der von Stählen (200000 N/mm²). Als Folge davon stellen Hartmetalle einen guten Stützwerkstoff für TiC-Schichten dar. Auch die bei gegebener mechanischer Belastung in der Schutzschicht erzeugte Spannung ist bei Hartmetall wie Grundwerkstoff geringer. Dieser Wert kann noch weiter verringert werden, wenn das Verhältnis der E-Moduln von Beschichtung und Grundwerkstoff verkleinert wird [12]. In dieser Hinsicht lassen *Titannitrid*-Schichten mit $E = 250000$ N/mm² ein günstiges Verhalten erwarten.

3.4 Haftfestigkeit

Durch die bei den hohen Reaktionstemperaturen (1 000 °C) erzielbare gute Verankerung der CVD-Schichten ist eine hervorragende Haftfestigkeit zu erwarten. Dies ist auch in grundlegenden Untersuchungen bestätigt worden [12], in denen gezeigt wurde, daß *Titankarbid* auf hochlegiertem Kaltarbeitsstahl Flächenpressungen bis 1 800 N/mm² ertragen kann. Dies entspricht den hohen Werkstoffbeanspruchungen beim Kaltfließpressen von Stahl. *Titannitrid*-Schichten zeigten eine gleich gute Haftfestigkeit.

3.5 Schichtaufbau, Oberfläche, Zusammensetzung

Auf rasterelektronenmikroskopischen Aufnahmen von Bruchflächen ist die Struktur von CVD-Schichten gut erkennbar [6, 13]. *Bild 4* zeigt eine *Titankarbonitrid*-Schicht auf einem Hartmetall-Grundwerkstoff.

Bei der Untersuchung der Zusammensetzung von *Titankarbid*-Schichten auf Stahl-Grundwerkstoffen [5] wurde ein auffälliger, mit Eisen angereicherter Saum (bis zu einer Tiefe von 3 µm) an der Grenzfläche zum Grundwerkstoff gefunden. Auch mit allen anderen Legierungselementen der Stahl-Grundwerkstoffe waren die TiC-Schichten angereichert. Dabei erreichte der Chromgehalt Werte bis 1,5 Gewichtsprozent. Die Konzentration fiel von innen nach außen steil ab und war damit typisch für ein Konzentrationsprofil, wie es durch Diffusion entsteht.

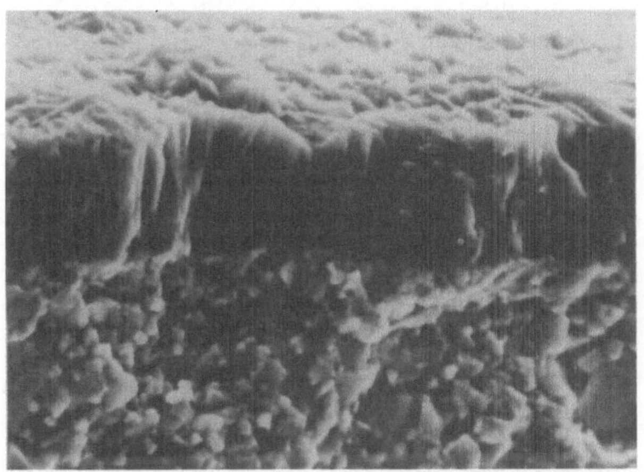

Bild 4. Rasterelektronenmikroskopische Aufnahme der Bruchfläche einer Titankarbonitrid-Schicht auf einem Hartmetall-Grundwerkstoff (Vergrößerung 2000:1) (Werkbild: Berna AG, Olten)

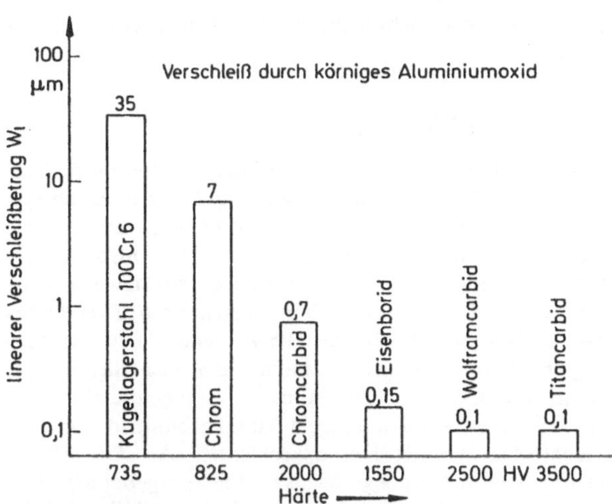

Bild 5. Furchungsverschleißverhalten verschiedener Oberflächenschutzschichten (nach *Habig*, BAM, Berlin)

3.6 Mechanische Eigenschaften von Bauteilen mit Titankarbid-Schichten

CVD-*Titankarbid*-Schichten haben auf die Dauerfestigkeit der Grundwerkstoffe praktisch keinen Einfluß, obwohl bei Rund- und Flachproben im Bereich der Randschicht bei Biegewechselbeanspruchungen zahlreiche Risse entstehen können. Diese laufen nicht bis zum Grundmaterial weiter und haben daher keinen negativen Einfluß [14].

3.7 Farbe

Nach dem CVD-Verfahren abgeschiedenes *Titankarbid* weist eine graumatte Farbe auf [4]. Diese Farbe ändert sich mit zunehmenden „Einbau" von Stickstoff, d.h. bei der Bildung von *Titankarbonitriden* TiC_xN_{1-x} ($0,2 \leqq x \leqq 0,5$) von blaugrau über violett und rot nach gelb. Reines *Titannitrid* zeigt eine goldgelbe Farbe.

3.8 Verschleißverhalten

Für das *Gleitverschleißverhalten* einer Werkstoffpaarung haben unter den jeweiligen Randbedingungen die sich einstellenden Reibungszahlen große Bedeutung. In dieser Beziehung zeigt CVD-*Titankarbid* günstige Eigenschaften. Sowohl gegeneinander als auch gegen Eisenwerkstoffe ergeben sich niedrigere Reibungskoeffizienten und als Folge davon stark verminderter Verschleiß im Vergleich zu unbeschichteten Paarungen.

Hintermann [15] hat dies für CVD-Titankarbid im Stift-Scheibe-Reibeversuch untersucht. Danach ergibt sich z.B. im ungeschmierten Zustand bei 50% relativer Luftfeuchte zwischen einer TiC-beschichteten Stahlscheibe und einem gehärteten Stahlstift eine Reibungszahl von 0,2…0,3. Ist die Stahlscheibe nicht beschichtet, dann steigt unter den gleichen Randbedingungen die Reibungszahl auf 0,4···0,7 an. Der Stahlstift nützt sich bis zu 2000mal rascher ab als beim Lauf gegen die TiC-geschichtete Stahlscheibe.

Bei *Furchungsverschleißuntersuchungen* wurde das Verhalten unter der abrasiven Beanspruchung durch ritzende mineralische Körner ermittelt [16]. CVD-Schichten aus *Titankarbid* und auch aus *Wolframkarbid* zeigten ein hervorragendes Verhalten. *Bild 5* zeigt, welche Verschleißminderung bei besonders aggressiver Beanspruchung durch körniges Aluminiumoxid durch das Aufbringen von Titankarbid

bzw. Wolframkarbid erzielt werden kann: Danach vermindern diese Schichten den Verschleiß auf 1/350.

Auch bei *Adhäsivverschleiß*, wie er in der Umformtechnik vorkommt, sind CVD-Schichten wirkungsvoll. *Woska* [17] hat den Einfluß oberflächenbehandelter Werkzeuge auf das Reib- und Verschleißverhalten beim Tiefziehen von Feinblech ermittelt. Mit Hilfe eines Streifenziehgerätes wurden die Bedingungen beim Tiefziehen von Feinblechen simuliert. Ein wichtiges Ergebnis der Modellversuche war: die deutlich geringste Zunahme der Oberflächenrauhigkeit (gemittelte Rauhtiefe R_z) des Umformwerkstoffes (infolge Adhäsivverschleißvorgänge) wurde an Ziehkanten erzielt, die mit den nach dem CVD-Verfahren abgeschiedenen Hartstoffen *Titankarbid* oder *Titannitrid* beschichtet waren.

3.9 Korrosionsverhalten von CVD-Hartstoffschichten auf Titanbasis

Titankarbid, Titankarbonitrid und *Titannitrid* zählen zu der Gruppe der keramischen Werkstoffe. Es kann daher bei Bauteilen, die mit diesen Stoffen beschichtet sind, ein gutes Korrosionsverhalten erwartet werden. Bei Angriff von korrosiven wäßrigen Lösungen ist dies auch beobachtet worden. Die Schichten sind besser beständig als rostfreie Stähle. Mit TiC-Beschichtungen wurde auch eine gute Seewasserbeständigkeit erzielt. Es muß jedoch sichergestellt werden, daß die Schichten dicht sind und keine Poren oder sonstige Fehlstellen (Risse) enthalten, die bis zum Grundwerkstoff reichen, sonst kommt es zu Rostbildung. TiN-Schichten haben sich in der Kunststoffverarbeitung gut bewährt [7]. Dort tritt neben abrasivem Verschleiß auch Korrosion durch freiwerdende Chlor- und Fluorverbindungen auf.

Aus dem Anwendungsgebiet, wo es auf die verschleißschützende und dekorative Wirkung der goldgelben TiN-Schichten ankommt, z.B. als Überzug auf Uhrengehäusen und Feuerzeugen, liegen Angaben über eine gute Beständigkeit gegenüber menschlichem Schweiß vor: Das Verhalten der TiN-Schichten wurde besser als das von nichtrostendem Stahl eingestuft.

4 Anwendungen

Aus der Reihe von erfolgreichen Anwendungen von CVD-Hartstoffschichten auf metallischen Bauteilen und Werkzeugen ragen die nachfolgend beschriebenen Anwendungsgebiete heraus.

4.1 Spanende Werkzeuge

Den beim Drehen, Fräsen und Bohren auftretenden Verschleißarten kann durch Anwendung CVD-beschichteter Werkzeuge wirkungsvoll begegnet werden. In erster Linie sind hier beschichtete Hartmetallwerkzeuge, insbesondere Wendeschneidplatten zum Drehen und ansatzweise auch zum Fräsen, Reiben und Vollbohren zu nennen. Zuerst wurden TiC-beschichtete Hartmetalle verwendet. Die Entwicklung ging über Mehrlagenbeschichtungen, zusätzlich mit Titannitrid und Aluminiumoxid bis zu Viellagenbeschichtungen, bei denen auf Titankarbid Titankarbonitrid und eine Schichtfolge aus vier Keramikschichten (Al−O−N) mit entsprechend dünnen Zwischenschichten aufgebaut ist. Die gesamte Schichtdicke beträgt 8 µm, davon entfallen auf die TiC- und Ti(C,N)-Schicht rd. 4 µm. Die Keramikschichtfolge mit den Zwischenschichten umfaßt gleichfalls 4 µm.

Die verschleißmindernde Wirkung der Hartstoffschichten erklärt sich folgendermaßen [18]: Zu Beginn des Abspanens wird ein direkter Kontakt des Spans mit dem Bindemittel (Kobalt) des Hartmetallsubstrats vermindert. Dadurch werden Diffusionsvorgänge zwischen Schneidstoff und Werkstück verringert und damit der Kolkverschleiß vermindert. Auch wenn die Oberflächenschicht durchbrochen ist, hemmt sie dennoch den weiteren Verschleißfortschritt. Der Span und das Werkstück können an der noch verbliebenen Hartstoffschicht abgestützt werden. Wichtig ist die Senkung der Reibungszahl zwischen Span und Schneidstoff. Es wird dadurch weniger Wärme und damit weniger Verschleiß erzeugt. Die geringere Wärmeleitfähigkeit der Hartstoffschichten im Vergleich zum Hartmetall-Grundwerkstoff bewirkt, daß mehr Wärme im Span und im Werkstück bleibt.

Die Summe der geschilderten verschleißsenkenden Effekte bewirkt Standzeiterhöhungen von rd. 150% [19]. Damit kann eine beträchtliche Kostensenkung erzielt werden. Bei der Drehbearbeitung von Gußeisen-Werkstoffen wurden die besten Ergebnisse erzielt.

In den letzten Jahren wurden beschichtete Hartmetallwerkzeuge zum Fräsen entwickelt. Auch hier mußte eine gezielte Abstimmung der Schichtdicke und -zusammensetzung auf die zu zerspanenden Werkstoffe durchgeführt werden. Dies hat zu einer weiteren Zunahme der Zahl von marktüblichen Schichten und Schichtkombinationen geführt. Es ist schwer geworden sich einen Überblick zu verschaffen. Hilfreich sind Lageberichte [20].

4.2 Umformende Werkzeuge

Beim Kaltumformen von metallischen Werkstoffen treten hohe mechanische und physikalische Beanspruchungen auf. CVD-Schichten aus *Titankarbid* und *Titannitrid* können als schützende Oberflächenschicht den auftretenden Verschleiß beträchtlich mindern, da sie folgende Eigenschaften besitzen [21]:
- gute Haftung auf dem Grundwerkstoff, so daß die beim Umformen auftretenden hohen Reib-Schubbeanspruchungen übertragen werden können,
- ausreichende elastische Nachgiebigkeit, mit der geringen elastischen Formänderungen des Werkzeugs ohne Rißbildung und Abblätterungen gefolgt wird,
- verminderte Adhäsionsneigung zum Umformwerkstoff, daher wird die Gefahr des adhäsiv bedingten „Fressens" vermieden,
- gute Gleiteigenschaften, die die Werkzeugabnutzung vermindern und die Oberfläche der umgeformten Werkstücke verbessern,
- hohe Härte, die den abrasiven Verschleiß verringert.

Über Anwendungsbeispiele wurde vielfach berichtet [4, 7, 15], so über Matrizen, Stempel, Ziehringe, Aufweitdorne, Bördelrollen, Tiefziehwerkzeuge. Teilweise wurde eine bis zu 200fache Standmenge gegenüber unbeschichteten, nur vergüteten, Werkzeugen erreicht.

Die Beispiele zeigen, daß unter dem Zwang zu immer höheren Leistungen ein vergleichsweise aufwendiges Verfahren wie die CVD-Technik stark an Bedeutung gewinnt. Die Wirtschaftlichkeitsgrenze wird insbesondere dort, wo höhere Stückzahlen hergestellt werden, bei einer Standzeiterhöhung auf das 10fache ohne Problem erreicht.

Bei der Beurteilung der Beschichtungskosten muß nämlich auch die Einsparung von Stillstandszeiten durch häufigen Werkzeugwechsel mit einkalkuliert werden.

Schrifttum

1. Reiter, N.; König, U.; van den Berg, H.: Fortschritte erst in jüngster Zeit — beschichtete Wendeschneidplatten zum Fräsen. Ind. Anz. 105 (1983) Nr. 84, S. 26–28
2. König, U.; Dreyer, K.; Reiter, N.; Kolaska, J.; Grewe, H.: Stand und Perspektive bei der chemischen und physikalischen Abscheidung von Hartstoffen auf Hartmetallen. Techn. Mitt. Krupp 39 (1981) Nr. 1, S. 1–12
3. Hintermann, H.E.: Commercial aspects on CVD overlay and diffusion coatings. Oberfläche-Surface 24 (1983) Nr. 4, S. 115–121
4. Hegi, R.: Höhere Standzeiten mit CVD-beschichteten Werkzeugen und Verschleißteilen. Metalloberfläche 37 (1983) Nr. 4, S. 166–168
5. Demny, J.; Wahl, G.: Eigenschaften von Werkstoffen mit Verschleißschutzschichten. III. Zusammensetzung von Verschleißschutzschichten. Härtereitechn. Mitt. 37 (1982) Nr. 4, S. 166–173
6. Bonetti, R.: Verschleißfeste CVD-Schichten. Schweizer Maschinenmarkt 82 (1982) Nr. 52, S. 26–29
7. Oldewurtel, A.: CVD-Beschichtung zum Zwecke des Verschleißschutzes. S. 109–134 in: Verschleiß metallischer Werkstoffe und seine Verminderung durch Oberflächenschichten (Hrsg.: H. Kunst). Grafenau: Expert-Verlag 1982
8. Tath, L.E.: Transition metal carbides and nitrides. New York, London: Academic Press 1971
9. Westbrook, J.H.; Stover, E.R.: High Temperature Materials and Technology. New York: Wiley 1967
10. Koester, R.d.; Moak, D.P.: Hot hardness of selected borides, oxides and carbides to 1900 °C. J. Amer. Ceram. 50 (1967) S. 290–296
11. Westbrook, J.H.: Temperature dependence of hardness of some common oxides. Rev. Hautes Temp. Refractoaires 3 (1966) Nr. 1, S. 45–47
12. Woska, R.: Verbundverhalten von Diffusions- und Aufwachsschichten auf hochlegierten Kaltarbeitsstählen. Werkst. u. Betr. 114 (1981) Nr. 10, S. 719–721
13. Liedtke, D.: Eigenschaften von Werkstoffen mit Verschleiß-Schutzschichten. II. Ergebnisse metallographischer Untersuchungen an Verschleiß-Schutzschichten. Härtereitechn. Mitt. 37 (1982) Nr. 4, S. 160–165
14. Kehrer, M.P.; Ziese, J.; Hoffmann, F.: Eigenschaften von Werkstoffen mit Verschleiß-Schutzschichten. IV. Mechanische Eigenschaften von Werkstoffen und Verschleiß-Schutzschichten. Härtereitechn. Mitt. 37 (1982) Nr. 4, S. 174–179
15. Hintermann, H.E.: Verschleiß- und Korrosionsschutz durch CVD- und PVD-Überzüge. VDI-Bericht Nr. 333 (1979), S. 53–67
16. Habig, K.-H.; Yan, L.: Eigenschaften von Werkstoffen mit Verschleiß-Schutzschichten. Ergebnisse von Rauheits- und Verschleißprüfungen. Härtereitechn. Mitt. 37 (1982) Nr. 4, S. 180–192

17. Woska, R.: Einfluß unterschiedlicher Oberflächenbehandlungen von Ziehwerkzeugen auf deren Verschleiß und die Standmenge. Stahl und Eisen 102 (1982) Nr. 20, S. 1013–1017
18. Reiter, N.: Hartmetall-Schneidstoffe. Stand der Technik und Ausblicke. VDI-Z 122 (1980) Nr. 13, S. 155–159
19. Kübert, M.; Woska, R.: Verschleißschutz bei Werkzeugen zum Kaltumformen und Trennen. Werkst. u. Betr. 116 (1983) Nr. 3, 117–126
20. Hintermann, H.E.: Exploitation of wear- and corrosion resistant CVD-coatings. Tribology international 13 (1980) Nr. 6, S. 267–277
21. Kübert, M.; Woska, R.: Verschleißschutzschichten für Werkzeuge zum Kaltumformen. Werkst. u. Betr. 116 (1983) Nr. 2, S. 91–95

Fußnote

[1] CVD chemisches Aufdampfen (chemical vapor deposition)

wt — Z. ind. Fertig. 75 (1985) Nr. 9
© Springer-Verlag 1985

R. Fumagalli

Laserschneiden dreidimensionaler Teile mit Industrierobotern

Die Anwendung eines fokussierten Laserstrahlbündels zum Schneiden von ebenen Teilen ist seit 1978 Stand der Technik. Besondere Beachtung haben bei Blechverarbeitern kombinierte Laserschneid- und Stanz-/Nibbelmaschinen gefunden. Bei diesen Maschinen werden Schneidvorgänge, die durch mechanisches Zerteilen hauptsächlich wegen zu geringer Stückzahlen oder wegen einer komplizierten Teileform unrentabel wären, durch den Laserschneidteil der Maschine durchgeführt. Für diesen Zweck werden CO_2-Lasergeneratoren von mittlerer (200 ... 800 W) bis hoher (800 W ... 3 kW) Leistung benutzt. Dabei handelt es sich meistens um Niederdruck-Laser mit Längs- und Querschwingungen, bei denen der Druck des N_2-CO_2-He-Gasgemisches etwa 40 mbar beträgt.

Der erste CO_2-Lasergenerator wurde im Jahre 1966 gebaut. Die Lichtemission eines CO_2-Lasers hat eine Wellenlänge von $\lambda = 10,6\ \mu m$, sie liegt also im Infrarotbereich. Durch Spiegel wird der Laserstrahl, der bei 1000 W einen Durchmesser von rd. 14 mm hat, in die Nutzrichtung umgelenkt und schließlich durch eine Sammellinse fokussiert (*Bild 1*).

Die Strahlenergie, die von der Materialoberfläche nicht reflektiert wird, wird absorbiert und in Wärmeenergie des Werkstoffs umgewandelt. Im Brennpunktbereich der Linse werden somit Leistungsdichten bis zu $10^{10}\ W/cm^2$ [1] erreicht und hier können Temperaturen von 6000 bis über 9000 K entstehen.

Die Leistungsdichte und damit die Temperatur wird gesteuert, um das fokussierte Laserstrahlbündel technisch zu nutzen: zum Schneiden, Schweißen und Oberflächenbehandeln verschiedener Werkstoffe [2].

Einige Vorteile des Laserschneidens sind:
— hohe Schnittgeschwindigkeit (*Bild 2*),
— gute Qualität der Schnittkanten bis 6 mm Blechdicke, ausreichende Qualität bis 9 mm,
— kleinste Schnittfugenbreiten (0,13 ... 0,30 mm),
— geringe Ausmaße des Gebiets der thermischen Einwirkung im geschnittenen Werkstoff,
— keine aufwendige Befestigung des zu bearbeitenden Werkstücks dank berührungsloser Einwirkung,
— Unabhängigkeit von Schnittqualität und Geschwindigkeit von der Materialhärte,
— kein Nachstellen oder Nachspannen bzw. kein Ersetzen von beschädigten Werkzeugen, keine Arbeitsunterbrechungen wegen Späneentfernung; somit Möglichkeit eines unterbrechungsfreien Arbeitsablaufs.

Grundlagen des Laserschneidens

Das Laserschneiden von Werkstoffen beruht auf dem Erwärmen, Schmelzen, Abdampfen

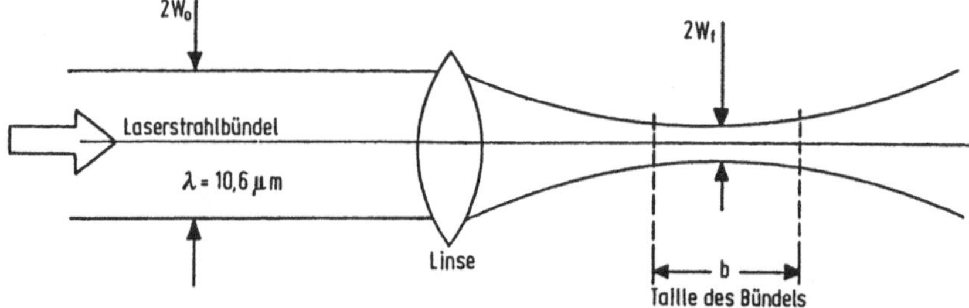

Bild 1. Geometrie des Laserbündels. $2 \cdot W_0$ Strahldurchmesser am Resonatoraustritt, $2 \cdot W_f$ Bündeldurchmesser im Brennpunkt der Linse, b Fokustiefe (Werkbild: Imperial Trima)

und der Beseitigung des Werkstoffs vom Bearbeitungsort. Der physikalische Prozeß, der dabei abläuft, ist ziemlich komplex und hängt unter anderem vom Reflexionskoeffizient der absorbierenden Oberfläche sowie von der Temperatur- und Wärmeleitfähigkeit des Werkstoffs ab.

Das Schneiden von Stahlblech verlangt eine höhere Leistungsdichte als das Schneiden von Kunststoffen. Es muß also dafür gesorgt werden, daß das Laserstrahlbündel optimal fokussiert wird.

Erste Bedingung dafür ist, daß der CO_2-Laser mit *gauß*förmiger Verteilung der Energie (im sogenannten TEM_{00}-Mode) über dem Bündelquerschnitt arbeitet.

Die wichtigsten Faktoren, die die Betriebsbedingungen eines Laser-Systems bestimmen, sind (*Bild 1*):
— Durchmesser ($2 \cdot W_f$) des fokussierten Laserstrahls im Brennpunkt der Linse,
— Abstand der Punkte (b) in der Bündelachse, bei der sich die Intensität des Laserstrahls auf die Hälfte des Höchstwertes im Brennpunkt verringert hat.

Zur Bestimmung des Durchmessers des fokussierten Laserstrahls benutzt man in der Praxis die Gleichung [3]:

$$2 \cdot W_f = \frac{4 \cdot f \cdot \lambda}{\pi W_0}.$$

Die Fokustiefe b folgt aus:

$$b = \frac{2 \cdot \lambda \cdot f^2}{\pi \cdot W_0^2}$$

mit f Brennweite der Fokussierlinse, $2 \cdot W_0$ Laserstrahldurchmesser am Austritt des Resonators.

Ausgehend von einem Laserstrahldurchmesser am Resonatoraustritt von 10 mm ergibt sich für einen 750-W-Laser mit longitudinaler Anregung und einer Linse mit fünf Zoll Brennweite:
— $2 \cdot W_f = 0,34$ mm,
— $b = 4,3$ mm.

Bei der automatischen Bearbeitung von tiefgezogenen Blechteilen wird man oft vor das Problem gestellt, daß die zu bearbeitenden Werkstücke gegenüber den Sollwerten Maßänderungen aufweisen, z.B. durch Ziehfalten, Schwunderscheinungen und Deformationen infolge der Einlagerung. Diese Unregelmäßigkeiten werden durch ein Folgesystem überbrückt, das das Werkstück mit Hilfe eines kapazitiven Sensors abtastet und die Fokussierlinse axial in einem Bereich von ± 7 mm so führt, daß der Abstand zum Werkstück konstant bleibt. Es handelt sich dabei um eine sechste geometrische Achse. Ein weiterer wichtiger Parameter für die Optimierung der Schnittqualität ist — beim Blechschneiden noch mehr als beim Kunststoffschneiden — das Verhältnis zwischen

Laseraustrittsleistung und Schnittgeschwindigkeit. Wenn der Industrieroboter beim Folgen einer Schneidbahn aus dynamischen Gründen seine Geschwindigkeit örtlich vermindern muß, wird der Entladungsstrom im Resonator durch ein analoges Spannungssignal so verändert, daß das Verhältnis zwischen Verfahrgeschwindigkeit und Austrittsleistung konstant bleibt. In Echtzeit wird der Betrag der Summe der Geschwindigkeitsvektoren der einzelnen Roboterachsen berechnet, und die Steuerung des Laser-Generators wird von dieser Größe abhängig gemacht. Der Proportionalitätskoeffizient sowie die oberen und unteren Geschwindigkeits- bzw. Leistungsgrenzen werden beim Programmieren in Abhängigkeit von der jeweiligen Bahnstrecke und der Art des Werkstoffs, der Materialdicke, usw. eingegeben.

Die Stabilität des mechanischen Systemaufbaus sorgt für eine weitgehende Vibrationsfreiheit. Schon die kleinste Schwingung würde sich nämlich unmittelbar in einer Verschlechterung der Schnittqualität bemerkbar machen. Mit dieser Anlage, die heute serienmäßig gebaut wird, werden zum Beispiel Blechteile von 0,8 mm Dicke mit einer Schnittgeschwindigkeit von 6 m/min geschnitten. Unter Berücksichtigung der Geschwindigkeitsminderungen bei komplexen Bahnen, z.B. beim Schneiden von Türinnenblechen, kann man als Richtlinie eine Durchschnittsgeschwindigkeit für das Konturen- und Formlöcherschneiden von 3 m/min zugrunde legen.

Das Laserschneiden von 3D-Teilen in der Automobilindustrie

Ein erheblicher Fortschritt stellte im Jahre 1979 der erste Fünf-Achsen-Laserroboter dar. Die Anregung hierzu kam von der Automobilindustrie, die fast ausschließlich dreidimensionale Teile verwendet. Das Augenmerk galt zuerst dem Laserschneiden von Kunststoffteilen. Eine erste Gruppe von Teilen besteht aus *einschichtigen* Werkstoffen wie Polypropylen (Radhausverkleidung), Polyurethan (Innen- und Außenverkleidung) und Acrylglas (Windabweiser), die nach verschiedenen Techniken geformt (Thermoformen, Spritzgießen oder Schäumen) und danach genau besäumt werden.

Wichtige Vertreter der *mehrschichtigen* Stoffe sind Unterlagen aus Polypropylen und Polyvinylchlorid mit Fliesbelag sowie Teppichböden in allen Variationen als Innenverkleidung von Automobilen und Epoxidharz mit Textilverstärkung zur Herstellung von Karosserieteilen hochwertiger Sportwagen.

All diese Werkstoffe können durch einen fokussierten Laserstrahl von 1000 W mit einer werkstoffabhängigen Schnittgeschwindigkeit bis zu 500 mm/s (30 m/min) geschnitten werden. Um eine optimale Schnittqualität bei räumlichen Teilen zu erreichen, muß der Laserstrahl ständig senkrecht zur zu bearbeitenden Fläche geführt werden. Darüber hinaus muß die Austrittsleistung des Lasergenerators entsprechend der jeweiligen Geschwindigkeit verändert werden. Diesen hohen Anforderungen konnte nur eine hochqualitative Mikroprozessor-Steuerung (*Bild 3*) gerecht werden. Diese Bahnsteuerung mit Linear-

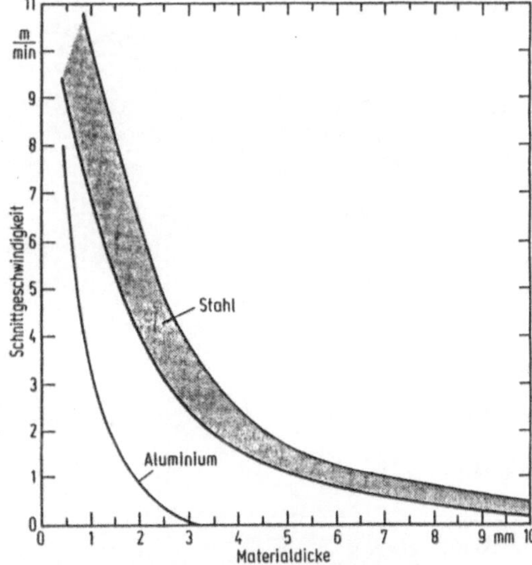

Bild 2. Abhängigkeit der Schnittgeschwindigkeit von der Materialdicke bei einem 750-W-CO_2-Laser (Werkbild: Laser Optronic)

und Kreisinterpolation im gesamten Arbeitsvolumen mit den Funktionen Kantenabrundung (Verschleifen) und Werkzeugzentrierung (Tool Center Point – abgekürzt TCP) gewährleistet eine bestmögliche Führung der Schneiddüse sowie eine einfache Programmierung. Dies geschieht meistens im Lernverfahren bei Benutzung eines tragbaren Steuerpultes.

Während des Programmierens wird der Bediener durch einen Helium-Neon-Laser unterstützt. Dieser zum Leistungslaser koaxiale Hilfslaser wirft auf das Werkstück einen Pilotstrahl, um die Lage des späteren Schnittes sichtbar zu machen. Die Programmiereinheit enthält einen Bildschirm mit alphanumerischer Tastatur und ein Kassetten-Doppellaufwerk (Speicherkapazität: 500 KByte).

Die Programmierung kann auch in gemischter Technik vorgenommen werden, was oftmals von Vorteil ist. Bei Verwendung des tragbaren Steuerpultes „lernt" der Industrieroboter direkt auf dem Werkstück die zu beschreibende Bahn, indem man ihn bei optimaler Achsorientierung auf die verschiedenen Punkte steuert. Anschließend werden am externen Programmierplatz die technischen Parameter hinzugefügt und das Programm wird fallweise geändert bzw. ergänzt. Das fertige Programm wird auf eine Kassette gespeichert. Bei späterem Abruf vom Steuerpult des Schrankes wird das Programm in einen CMOS[1]-Speicher umgespeichert (Speicherkapazität: 128 KByte, ausreichend für mehrere Werkstücke).

Der CMOS-Speicher ist batteriegepuffert, so daß die Nichtflüchtigkeit der Daten bei Ausfall der Betriebsspannung für mindestens 30 Tage sichergestellt ist. Bei diesem System, das bereits in zahlreichen Exemplaren unter schweren Produktionsbedingungen betrieben wird, liegen die X-Achse (3200 mm) und die Y-Achse (1800 mm) in Form eines Kreuztisches auf dem Werkstück. Die Pinole als Z-Achse (950 mm) besitzt ein hohles Vierkantenprofil, seiner Achse entlang läuft der Laserstrahl. Am Ende der Pinole ist der Fokussierkopf befestigt (*Bild 4*). Er verfügt über zwei Rotationsbewegungen: die erste Bewegung wird mit der senkrechten Achse A (360° durchdrehend), die zweite mit der waagrechten Achse B (±90° zur senkrechten Achse) durchgeführt.

Bild 3. Robotersteuerung Roboprima mit tragbarem Bedienungspult für die Lernprogrammierung und CAD/CAM-Anschluß (Werkbild: Prima Progetti)

Nach der Fokussierlinse befindet sich die kegelstumpfförmige Austrittsdüse. Ihre Funktion ist einerseits ein Schutz für die Linse, andererseits leitet sie das Schutzgas, das den Schneidvorgang unterstützt, zum Arbeitspunkt zu.

Das Schutzgas ist verschieden je nach Anwendung. So ist zum Kunststoffschneiden normale, getrocknete Druckluft vorgesehen. Die Wirkung der Druckluft ist nicht lediglich die eines Katalysators des fertigungstechnischen Verfahrens. Erwünschte Nebenwirkungen sind:

- die Bildung eines bestimmten Überdrucks im Raum vor der Linse, der während der Arbeit sich bildende Rauch- oder Dampfniederschläge auf der Linse und damit ihre Beschädigung verhindert,
- eine Abkühlung der unteren Oberfläche der Linse.

Auch die obere Oberfläche der Linse wird durch Druckluft gekühlt. Diese Druckluft, die in den Hohlräumen im Kopf und innerhalb der Pinole bis zum ersten Spiegel ebenfalls einen gewissen Überdruck verursacht, hat weitere positive Nebenwirkungen:

- Die drei Spiegel werden abgekühlt.
- Das Eindringen und der Niederschlag auf dem Spiegel von schadhaften Staubteilchen wird vermieden.
- Es wird verhindert, daß sich die sonst stagnierende Luft im Kopf und im Hohlraum innerhalb der Pinole durch die Einwirkung des Laserstrahls erwärmt. Eine dadurch bedingte unkontrollierte Änderung des Brechungsindex würde eine ebenfalls unkontrollierte Verzerrung des Laserstrahls bedeuten.

Zum dritten Spiegel und zur Linse wird die Druckluft durch einen Schlauch zugeführt. Da die Drehung der A-Achse, um jegliche räumliche Bahnen zu ermöglichen, stetig über 360° vorgenommen werden kann, sind abwärts dieser Achse für den Servomotor der B-Achse ein elektrischer und ein Druckluft-Ringkollektor vorgesehen. Ein Schiebetisch-

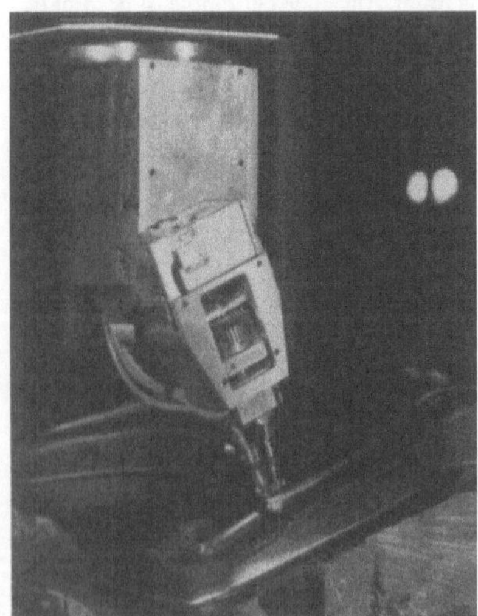

Bild 4. Schneidkopf mit zwei Drehachsen; der Laserstrahl wird ständig senkrecht zur Schneidfläche gerichtet, um einen gratfreien Schnitt zu erhalten (Werkbild: Prima Progetti)

Bild 5. Seitengerippe nach dem Umformen (*oben*) und nach dem Schneiden (*unten*) (Werkbild: Sallig)

system verringert drastisch die Lade- und Entladezeit und erlaubt zum Beispiel das alternative Schneiden von zwei verschiedenen Teillosen.

Die meistgeschätzte Eigenschaft dieser Anlage ist ihre Flexibilität. Maßänderungen am Werkstück oder eine Umstellung der Produktion sind ohne Zeitverlust möglich. Die Qualität des Produkts verlangt keine Nachbearbeitung durch Entgraten oder Entfernen von Fransen. Bei Teppichböden entsteht während des Schneidens eine Verschweißung bzw. Materialverdichtung, so daß sich eine zusätzliche Saumleiste erübrigt.

Die Verfügbarkeit des Laserschneidsystems ist hoch, sie liegt bei der ersten Anlage, die 1979 in Betrieb gesetzt wurde und bis heute im Drei-Schicht-Betrieb arbeitet, bei 89%.

Alternatives Fertigungsverfahren zum Laserschneiden bleibt bei Großserien das *Zerteilen* (Stanzen). Die Kostenauswirkung von Werkzeugwechsel (Werkzeugkosten und Maschinenstillstandzeit), Werkzeugüberholung und Nachbearbeitung der Teile (z.B. wegen Verfransung bei Teppichböden) beeinflußt jedoch sehr schnell die Wirtschaftlichkeitsrechnung zu Gunsten des Laserroboters.

Eine zweite Alternative zum Laserschneiden stellt das *Wasserstrahlschneiden* dar, besonders zum Schneiden von Schaumstoffen von über 10 mm Dicke, die sich mit anderen Methoden nicht „sauber" schneiden lassen. Bei diesen Anlagen kann eine Hochdruckpumpe mehrere Schneidköpfe speisen. Dieses Fertigungsverfahren hat jedoch einige Nachteile:

- Die Feuchtigkeit kann das Schneidgut beschädigen (immerhin werden 2...8 l/min Wasser benötigt).
- Der Schallpegel, der beim Wasserstrahlschneiden Werte von 110...135 dB(A) ge-

nüber 61...68 dB(A) beim Laserschneiden erreicht, zwingt zu einer Schallisolierung des Arbeitsraumes.

- Dünne „Schwimmhäute" von Spritzgußteilen und Teppichen aus „Schlingenware" lassen sich infolge eines „Federeffekts" schlecht schneiden.
- Die Schneidgeschwindigkeit beim Wasserstrahlschneiden ist beim gleichen Werkstoff erheblich niedriger als bei einem 1000-W-Laser.
- Die Schnittkantenoberfläche ist meistens rauher als beim Laserschneiden.

Eine dritte, lohnintensive Alternative ist das *Handbeschneiden* mit Messer und Handfräser. Wo diese Methode angewendet wird, handelt es sich meistens entweder um sehr kleine Stückzahlen oder um eine Notlösung in der Orientierungsphase vor der Entscheidung zur Mechanisierung.

Laserschneiden von tiefgezogenen Karosserieteilen

Das Beschneiden von 3D-Blechteilen in kleinen bis mittleren Stückzahlen, wenn sich also werkstückspezifische Schneidwerkzeuge nicht in einer vernünftigen Zeit amortisieren, stellt in verschiedenen Bereichen des Automobilbaus ein Problem dar, und zwar unter zeitlichem und wirtschaftlichem Gesichtspunkt. Nachfolgend werden einige typische Anwendungsfälle erwähnt.

Prototypen- und Vorserienfertigung

Von jedem neuen Automodell werden bis zu 150 Prototypen hergestellt. Da viele Teile handgefertigt werden müssen, betragen die Herstellungskosten zwischen 150000... 500000 DM/Stück. Ein nicht unerheblicher Bruchteil davon betrifft die Karosserieteile, für die der Aufwand bei 30% für das Umfor-

wt — Z. ind. Fertig. 75 (1985) Nr. 9
© Springer-Verlag 1985

men und bei 70% für das Schneiden liegt. So kostet beispielsweise das Handbeschneiden eines Seitengerippes (alle Werkstücke müssen vorher angerissen werden) bei einem bestimmten Automodell (*Bild 5*) 2000 DM und verlangt 30 Arbeitsstunden. Dagegen kostet dieser Arbeitsvorgang Schneiden der Kontur und der Formlöcher durch Laserschneiden nur 25 min Prozeßzeit und damit 108,75 DM, wenn beim Zwei-Schicht-Betrieb von einem Maschinenstundensatz von 261 DM/h ausgegangen wird. Hinzu kommen noch 27,25 DM für das Programmieren (anteilig rd. 12 min) und das Laden/Entladen (35 s). Somit kostet das Fertigteil insgesamt 136 DM. Angerissen wird nur das erste Stück, das zum Programmieren dient.

Fertigen kleinerer Serien

Bei Industriefahrzeugen mit Sonderaufbauten wie Geländefahrzeuge, Omnibusse und Sportwagen erlaubt die Flexibilität des Laserroboters, auf die Schneidwerkzeuge zu verzichten, die sehr kostspielig und nach der Verwendung nicht umrüstbar sind. Auch bei Großserien entstehen immer häufiger Sonderausführungen, z.B. mit Dachfenster oder mit Rechtslenker.

Beschnittermittlung

Vor der endgültigen Fertigstellung werden Zieh- und Schneidwerkzeuge aufeinander abgestimmt. Der Laserroboter verringert dabei die Schnittzeit stark und stellt somit eine wertvolle Unterstützung dar. Darüber hinaus bietet sich die Möglichkeit, die Produktion zu starten, bevor die Schneidwerkzeuge endgültig zur Verfügung stehen.

Ersatzteilfertigung

Für Modelle, die nicht mehr in der Produktion stehen, werden öfters in begrenzten Losen Ersatzteile hergestellt. Hierfür werden die Umformwerkzeuge aus Kunststoffverbindungen bzw. aus preiswerten Metallegierungen angefertigt. Für das Schneiden müssen aber herkömmliche Schneidwerkzeuge mit sehr großem Aufwand angefertigt werden. Auch hierfür eignet sich das Laserschneiden in besonderem Maße.

Schrifttum

1. Nowicki, M.: Laser in Elektroniktechnologie und Materialbearbeitung. Leipzig: Akademische Verlagsgesellschaft 1982
2. La Rocca, A.V.: Il laser nelle lavorazioni industriali. Secondo Convegno sul tema: „Tecnologie laser nelle lavorazioni meccaniche" Fondazione Aurelio Beltrami 1983
3. Lasers, Operation, Equipment, Application, and Design. Firmenschrift von The Engineering Staff of Coherent, Inc., New York: McGraw-Hill 1980

Fußnote

[1] CMOS Integrierter Metalloxid-Halbleiter (complementary metal oxide semiconductor)

wt

wt – Z. ind. Fertig. 75 (1985) 607–610

wt Zeitschrift für industrielle Fertigung

© Springer-Verlag 1985

Kaltfließpressen
Neue Möglichkeiten und Anwendungen

H. Leykamm, Nürnberg

Bisher übliche Schmiede- und Abspanarbeit wird heute oftmals durch Kaltfließpressen ersetzt. Das umformtechnische Fertigungsverfahren bietet neben wirtschaftlichen auch technische Vorteile. Im Zusammenhang mit dem Entwicklungstrend hin zu einer noch arbeitsteiliger gestalteten Wirtschaft mit hoher Spezialisierung sieht der Verfasser für Kaltfließpreßbetriebe gute Chancen. Dies wird begründet und mit Werkstück-Beispielen verdeutlicht.

1 Entwicklungstrend

Die Wirtschaftsentwicklung in Deutschland ist seit Jahren gekennzeichnet durch ein Abnehmen der Beschäftigung im Produktionsbereich und eine Zunahme im Dienstleistungsbereich. So sind die Beschäftigtenzahlen der gesamten Wirtschaft von 1960 bis 1974 jährlich um 1,2% und seit 1975 um nur 0,1% gestiegen, dagegen im Dienstleistungsbereich jährlich um 2,8% und ab 1985 um 1,1% (Quelle: PROGNOS). Ferner wird im produzierenden Bereich die Arbeitszeit weiter abgesenkt werden. Hieraus ergeben sich einige Anforderungen und Folgen:

– Es sind neue Wachstumsmärkte und Innovationen zu finden, womit nicht bahnbrechende, heute unbekannte Erfindungen gemeint sind (ohne diese kann eine Wirtschaft langfristig allerdings auch nicht „blühen"). Wichtiger aber scheint es zu sein, bekannte Fertigungsverfahren für neue Anwendungen zu nutzen. Auch dies wirkt innovativ. Ein gutes Beispiel hierfür ist Japan. Der Nachkriegsaufschwung dieses Landes ist weniger durch großartige Entdeckungen zustandegekommen, als vielmehr durch konsequentes, kompromißloses Anwenden westlicher Erfindungen und deren Ausfeilen bis in letzte Einzelheiten. Mit dieser innovativen Nutzung beweisen die Japaner ihre wahre Meisterschaft.

– Der produzierende Zweig des Wirtschaftslebens wird noch rationaler, d.h. noch arbeitsteiliger gestaltet werden.

Das Investitions- und Konsumverhalten ist vermutlich auf absehbare Zeit von lediglich vorsichtigem Optimismus geprägt. Deshalb kann an der Preisfront, auch durch verstärkte internationale Konkurrenz bedingt, nicht jeder in traditionellen Arbeitsstrukturen errechenbare Kostenschub in den Preisen weitergegeben werden.

In dem Unternehmen, in dem der Verfasser arbeitet, wurde bei Marktbeobachtungen im In- und Ausland festgestellt, daß es beschleunigt zu einer arbeitsteiligen und ablaufstraffenden Spezialisierung auf den einzelnen Ebenen der Fertigungstiefe kommt. Dabei werden teilweise traditionelle Arbeitsvorgänge wie das Spanen und das Schmieden verstärkt durch das Kaltfließpressen ersetzt. Muß aber an einem umgeformten Werkstück gespant werden, so wird versucht, mit einer Werkstückaufspannung auszukommen,

um einen Vorteil gegenüber dem Schmieden zu erreichen. Das „Neugeschäft" in diesem Unternehmen besteht zu etwa 50% aus Werkstücken, die vom Schmieden herstammen oder Fügegruppen waren, und zu 50% aus Werkstücken, die von vornherein gleich für das Fließpressen gestaltet wurden.

Aus den Kontakten mit Kunden sind weitere Trends zu erkennen:

– Das Bemühen, im eigenen Hause die Fertigungstiefe zu vermindern und verstärkt zu montieren. Dies führt vorzugsweise zu Lösungen, durch die umformtechnisch fast eine Fertigform erzeugt wird. Nach leichter Abspanarbeit entsteht eine genügend genaue Einbauform. Bei manchen Kunden ist dieser Weg offenbar aus internen Gründen noch nicht begehbar oder er ist noch kein von den Fertigungskosten diktiertes Muß.

– Es ist eine Tatsache, daß international der Weg zu konsequenter Arbeitsteilung eingeschlagen wird. Auch die auf den Export angewiesenen Fertigungsbetriebe in der Bundesrepublik Deutschland werden sich auf diesen Weg begeben müssen, zur Abwehr eines leistungsstärkeren Wettbewerbs und letztlich auch, weil sich längerfristig die Arbeitsteilung als eine rationale wirtschaftliche Lösung erweisen wird.

Im Verlaufe dieser Entwicklung wird dem Kaltfließpressen eine überragende Rolle zukommen. Es ist anzunehmen, daß den unabhängigen Spezialbetrieben der größere Teil des wirtschaftlich interessanten Produktionsvolumens vorbehalten bleiben wird, da hausinterne Umformbetriebe wegen der Beschränkung auf das eigene Werkstückspektrum eine weniger umfangreiche Fertigungs- und Qualitätssicherungserfahrung sammeln können. Dies zeigt auch die Entwicklung, die in der Vergangenheit von spezialisierten Schmiedebetrieben und Gießereien vollzogen wurde. Der Weg hin zum umformtechnischen Spezialbetrieb wird verstärkt von den Kunden gegangen, die ihre Produktentwicklungsstärken in ihrem ureigenen Fachgebiet erkannt haben. Auch von der begrenzten Investitionskraft der Unternehmen her ist dieser Trend sinnvoll, da es ja z.B. nicht richtig sein kann, daß Unternehmen für das Fließpressen teure Abwasserbehandlungseinrichtungen, Oberflächenbehandlungsanlagen und Glühofen anschaffen, deren Stärke auf einem ganz anderen Gebiet liegt. Darüber sollten auch noch so spektakuläre Sonderentwicklungen wie die „Monoherstellmethoden" für Zündkerzenkörper nicht hinwegtäuschen. Kennzeichnend für solche Einteilentwicklungen ist, daß sie stark von den Investitionsgüterherstellern mitentwickelt werden. Dadurch werden es Lösungen von der „Stange", die schließlich mit kurzer zeitlicher Verzögerung fast überall eingeführt werden können. Damit ist aber auch jeglicher Wettbewerbsvorsprung dahin, und alle Hersteller fertigen

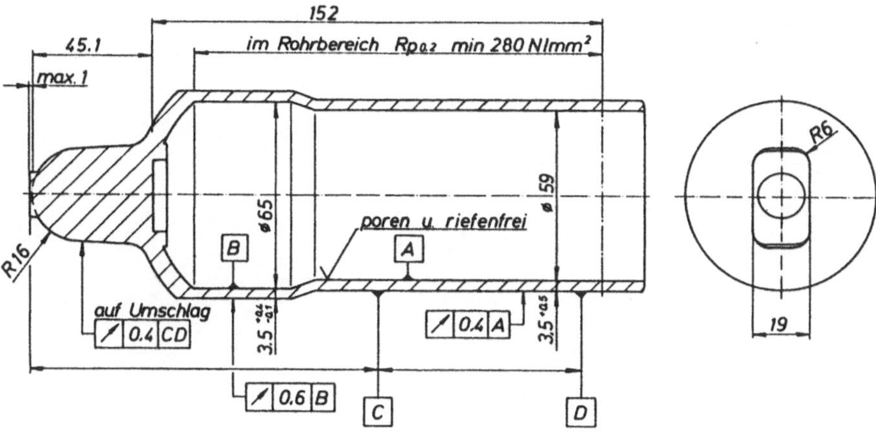

Bild 1. Stoßdämpferrohr, Werkstoff AlMg5

auf gleichem Produktivitätsniveau. So bestehen dann kaum noch Chancen, einen technischen oder qualitativen Vorsprung gegenüber dem allgemeinen Stand der Technik zu halten. Oft sind auch, zumindestens in der Einführungsphase, die Stückzahlen für eine Einteilfertigung zu gering, oder es fehlt das Wissen um die Möglichkeiten der Kaltumformung.

Dazu im Gegensatz steht die Entwicklungsrichtung, die von spezialisierten Kaltumformbetrieben verfolgt wird. Sie erarbeiten umformtechnische Entwicklungen für viele Werkstückformen und Werkstoffe bei tagtäglichem Bezug zu konstruktiven und fertigungstechnischen Trends bei den Abnehmern der Teile.

Zu bedenken ist auch folgendes: Die Jahresproduktionszahlen selbst nahmhafter Fahrzeughersteller reichen häufig nicht aus, um mit anspruchsvollen Formteilen die mögliche Mengenkapazität der Kaltumformeinrichtungen auszulasten. Dementsprechend werden von vielen Selbstverbrauchern oder Investitionsgüterherstellern keine Anstrengungen zur Entwicklung solcher Formteile unternommen. Vor diesem Hintergrund ist verständlich, daß die eigentliche Weiterentwicklung der Kaltumformtechnik von den unabhängigen Fließpreßbetrieben getragen wird, auch weil sie die Möglichkeit der Stückzahlzusammenfassung haben.

2 Werkstückbeispiele

Um den beschriebenen Entwicklungstrend anhand praktischer Werkstückbeispiele zu verdeutlichen, wird nachfolgend eine Auswahl aus etwa 50 Neuentwicklungen der letzten Monate gezeigt.

Stoßdämpferrohr

Das Stoßdämpferrohr (*Bild 1*) war zunächst eine Stahlkonstruktion. Um ein Leichtbauteil zu erhalten, sollte diese Konstruktion geändert und dabei nach den Wünschen eines Gestalters ausgebildet werden. Technisch gelöst wurde diese Aufgabe durch Wahl einer hochfesten Aluminium-Magnesium-Legierung, die kaltumgeformt die Festigkeit eines einfachen Baustahls erreicht. Nur so kann ein Gewichtsvorteil erzielt werden. Die weitverbreitete Kaltumformlegierung für Teile mit Festigkeitsansprüchen wird für diesen Zweck nicht ausreichend fest, um einen Gewichtsvorteil zu erzielen. Andererseits kommen hochfeste aushärtbare Legierungen aus Kostengründen nicht in Betracht, weil eine teure Warmbe-

handlung zum Erreichen der benötigten Festigkeit notwendig wäre. Dabei entstünde aber auch ein Qualitätsverlust in bezug auf die Bauteilgenauigkeit und die Rauhtiefe der Oberfläche, so daß zusätzliche spanende Arbeitsvorgänge „nachgeschaltet" werden müßten. Damit aber wäre der vorgegebene Kostenrahmen gesprengt. Eine umformtechnische Lösung ohne Nachbearbeitung an den Funktionsflächen des Rohres war die einzige Möglichkeit, das Teil wirtschaftlich zu fertigen.

Bei hochfesten Aluminiumwerkstoffen reicht für die Kaltumformung das sonst übliche Einfetten mit Stearat ohne Schmiermittelträgerschicht nicht aus. Nach eigenen Erfahrungen bringt andererseits eine handelsübliche Aluminiumphosphatbehandlung Badstandzeitprobleme mit sich, da Aluminium in den Bädern offenbar als Gift wirkt und den Beschichtungsvorgang stört. Deshalb wurde mit einem zwischenzeitlich geschützten Verfahren ein Schmiermittel für das Fließpressen von hochfesten Aluminium-Legierungen entwickelt. Dieses Schmiermittel bewirkt, daß auf Aluminium nach dem Umformen die gleichguten Rauhtiefen entstehen, wie man sie vom Fließpressen von Stahl mit den Phosphatierverfahren gewöhnt ist.

Getriebewelle

Als zweites Beispiel soll eine besonders lange Getriebewelle gezeigt werden (*Bild 2*). Teile dieser Art, jedoch nicht von dieser Länge, werden seit mehreren Jahren vereinzelt in Firmenprospekten gezeigt. Fraglich ist, ob damit die den technischen und wirtschaftlichen Vorstellungen der Kunden entsprechende Lösung angeboten wird. Die Teile waren bisher Schmiedeteile, sie wurden über die gesamte Länge nach dem Vergüten bearbeitet. An besonderen Konturen war dann noch das Einsatz- oder Oberflächenhärten nötig.

Nun werden oberflächenhärtbare Stähle mit einem C-Gehalt von rd. 0,5% verwendet. Die Teile werden fließgepreßt und dabei auf eine Festigkeit von 900...1100 N/mm² kaltverfestigt. Damit erübrigt sich das Vergüten. Auch ein Abspanen ist nicht nötig, da es keinen Wärmebehandlungsverzug gibt. Somit kann, von Lagersitzen und Kerbverzahnungen abgesehen, das Teil ohne zusätzliche Spanarbeit umformtechnisch gefertigt werden. Die nötige Geradheit wird durch Richten erreicht, das aber nur dann gelingt, wenn eine lediglich geringfügige Verbiegung in Form einer Halbwelle vorliegt. Diese Aufgabe wurde dadurch gelöst, daß die Welle nicht — wie sonst üblich — aus dem Werkzeug gestoßen, sondern herausgezogen wird.

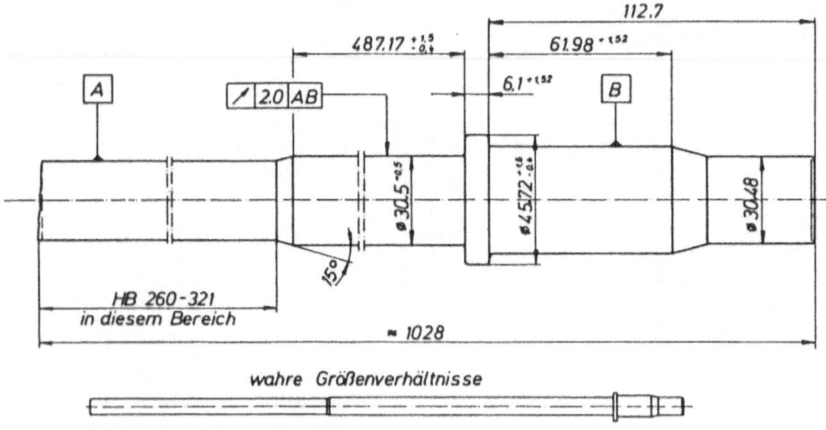

Bild 2. Getriebewelle, Werkstoff SAE 1052

Stoßfänger

Ein weiteres Beispiel für den Leichtbau ist ein Stoßdruckaufnehmer (Stoßfänger) aus hochvergütbarem Stahl (*Bild 3*). Bei diesem Werkstück ist das Verhältnis Festigkeit zu Gewicht noch besser als bei hochfesten Leichtmetallegierungen. Das Werkstück besteht aus einem verzugsarmen Stahl, der sich nicht phosphatieren läßt, somit einer besonderen Oberflächenbehandlung bedarf. Der Werkstoff wird nach dem Umformen auf 2000 N/mm² vergütet. Die ge

samte Innenkontur ist für das nachfolgende Feinbearbeiten durch Honen fertig. Eine spanende Innenbearbeitung durch Drehen wäre bei dieser Festigkeit unwirtschaftlich. Wie die Prototypenbearbeitung von der Stange gezeigt hat, bleibt das Vordrehmaß eines Stababschnittes außerdem nur unzureichend maßhaltig, wenn nachfolgend vergütet werden muß.

Hier wird der zusätzliche Vorzug des Fließpressens genutzt, durch die wiederholte Folge von Umformung und Rekristallisation ein Gefüge zu schaffen, das bei der Vergütung relativ maßstabil bleibt. Diese Eigenschaft ist auch von der umformtechnischen Zahnradfertigung her bekannt.

Zahnschaft

Mit einem sogenannten Zahnschaft wird ein weiteres Beispiel im *Bild 4* gezeigt. Auch hier wird durch die Umformung eine ausreichend hohe Festigkeit erreicht, so daß ein Vergüten umgangen wird. Die umformtechnisch erzeugte Verzahnung ist verzugsarm und ohne Nachbearbeitung einbaufertig. Schließlich können Teile dieser Art deshalb für das Kaltfließpressen gewonnen werden, weil kein umfassendes Abspanen mehr nötig ist. Lediglich an einigen Bezugsflächen ist geringfügiges Abspanen verlangt (in *Bild 4* strich-

Bild 3. Stoßfänger aus hochvergütbarem Stahl

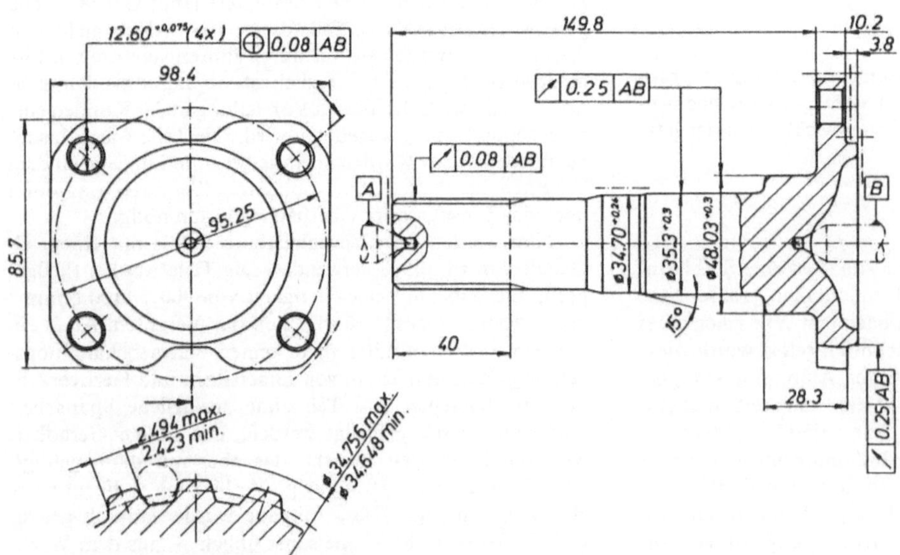

Bild 4. Zahnschaft, Werkstoff SAE 1038

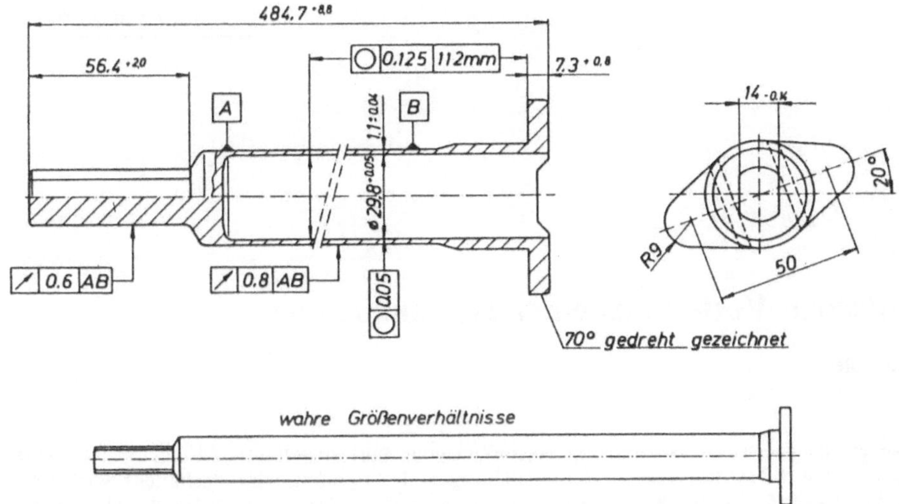

Bild 5. Hohlspindel, Werkstoff QSt 38-3

punktiert angedeutet). Hier aufgenommen wird das Teil nachfolgend durch Schleifen der Lagersitze in den einbaufertigen Zustand gebracht.

Hohlspindel

Das letzte Beispiel (*Bild 5*) schließlich zeigt ein hohlspindelförmiges Teil, wie es als Teil der Lenkung von Kraftfahrzeugen bekannt ist. Bereits vor etwa zehn Jahren wurden solche Werkstücke in Stahl gefertigt. Zwischenzeitlich — und dies war zunächst das Ende dieser Entwicklung — hat man aus Sicherheitsgründen zwei- und mehrteiligen Fügekonstruktionen den Vorzug gegeben. Neuerdings steigt jedoch das Interesse wieder für einteilige Ausführungen an, weil diese Konstruktionen aufprallsicherer gemacht werden konnten. Die Aufprallsicherheit wird durch die Flexibilität des später zu wellenden Rohrteiles erreicht. Neueste Untersuchungen gelten einer Aluminiumkonstruktion ähnlicher Gestalt.

3 Ausblick

Die zukünftigen Chancen, die das Fließpressen im Markt hat, hängen von der Weiterentwicklung des Verfahrens ab. Im einzelnen läßt sich folgende Entwicklung absehen:
— Das Fließpressen wird durch verbesserte Anlagen noch produktiver werden,

— es werden vermehrt schwierig formbare Stoffe umgeformt werden,
— die umgeformten Werkstücke werden noch näher der Fertigform entsprechen,
— die Genauigkeit der Teile und ihre Oberflächenfeingestalt werden weiter verbessert werden,
— Großteile, hochfeste Stoffe und schwierige Formen werden durch das Halbwarmumformen erschlossen werden.

Trotz einer bereits fünfzigjährigen Geschichte ist das Fließpressen von Stahl ein modernes Verfahren der Fertigungstechnik geblieben. Ohne seine „stürmische" Entwicklung in der Nachkriegszeit wären viele Güter des industriellen und privaten Bedarfs zu den gewohnten Kosten nicht herstellbar. Die Entwicklungsanstrengungen in den Fließpreßbetrieben bieten Gewähr dafür, daß das Kaltfließpressen auch in Zukunft wirtschaftliche Problemlösungen bieten kann.

Fußnote

[1] Nach einem Vortrag auf dem Seminar „Neuere Entwicklungen in der Massivumformung" am 4./5. Juni 1985 in Stuttgart

(Alle Bilder sind Werkbilder der Neumeyer Fließpressen GmbH, Nürnberg)

wt – Z. ind. Fertig. 76 (1986) 97–99

wt Zeitschrift für industrielle Fertigung

© Springer-Verlag 1986

Simulation des dynamischen Verhaltens einer Drehmaschine

J. Koch und **M. Michalak**, Breslau/Polen

Es wird eine Simulationsmethode vorgestellt, mit der sich die dynamischen Eigenschaften von Werkzeugmaschinen rechnerisch beurteilen lassen. Das Verfahren, das zu zuverlässigeren Ergebnissen führt als sie mit praktischen Prüfläufen erreichbar sind, wird am Beispiel Drehen erklärt.

1 Ausgangssituation

Die Stabilität des Schwingungssystems Maschine-Werkzeug hat einen entscheidenen Einfluß auf die Abspanleistung, die Oberflächenqualität des Werkstücks, die Standzeit der Werkzeugschneide und den Verschleiß der Werkzeugmaschinenelemente und -baugruppen. Als Hauptursache der selbsterregten Schwingungen werden im allgemeinen der „regenerative Effekt" und die Lagekopplung genannt [1, 2, 3].

Ein Schema des Abspanvorgangs unter dem Einfluß selbsterregter Schwingungen zeigt *Bild 1*. Analog zu den Grundsätzen der Regelungstechnik kann das dynamische System einer Werkzeugmaschine bei selbsterregten Schwingungen in Form eines Blockschemas dargestellt werden (*Bild 2*). Eine theoretische Analyse, die als Ziel die Beurteilung des Stabilitätszustandes eines solchen Systems hat, ist praktisch wenig brauchbar, da die hierzu ausgearbeiteten mathematischen Modelle des Abspanvorgangs den dynamischen Steifigkeitskoeffizienten k_d des Systems nicht eindeutig beschreiben. Bei der Ermittlung dieses Koeffizienten werden viele vereinfachende Annahmen getroffen und Theorien angewendet, die experimentell sehr schwer nachgewiesen werden können. Deshalb wird die mathematische Analyse der dynamischen Stabilität von Werkzeugmaschinen mehr bei experimentellen Untersuchungen bestimmter Abspanvarianten als für eine komplexe und eindeutige Beurteilung der dynamischen Eigenschaften dieser Maschinen benutzt.

Mehrere in Europa bekannte Bearbeitungsprüfverfahren, die zur Beurteilung der Stabilität von Werkzeugmaschinen ausgearbeitet wurden (z.B. BAS-Test), bieten trotz vieler Vorteile eine nur geringe Reproduzierbarkeit der Ergebnisse. Nach *Weck* [4] beträgt der Beurteilungsfehler rd. 50%, andere Verfasser geben noch höhere Unsicherheiten an (100 ... 200%). Als Ursachen dafür werden Gründe genannt wie: Temperatur in der Abspanzone, Verschleiß des Werkzeugs, Aufbauschneide, versteifende Wirkung des Abspanvorgangs. Trotz vieler Vorteile eines Versuchs bzw. experimenteller Methoden überwiegt heute die Auffassung, daß nur die umfassende theoretische Analyse, die alle vorkommenden Erscheinungen in Betracht zieht, eine eindeutige Beurteilung der Instabilitätsursachen ermöglicht.

Simulationssprachen, die das Programmieren eines Digitalrechners aufgrund von Analogmodellierungen verwirklichen, haben neue und vorteilhafte Möglichkeiten für die Untersuchungen des dynamischen Verhaltens von Werkzeugmaschinen eröffnet. Das Verknüpfen der Digital- und Analogtechnik eignet sich zum Lösen von Aufgaben, die mit Differentialgleichungen oder mit Strukturschemen beschrieben werden können. Theoretisch ist für solche Fälle die Anzahl der Variablen beliebig, und auch der Bereich ihrer Veränderlichkeit kann beliebig groß sein. Das Programm ermöglicht logische Vorgänge wie auch Iterationsvorgänge bei praktisch unbegrenztem Wertebereich der eingeführten Größen, was gegenüber der üblichen Analogtechnik vorteilhaft ist. Gleichzeitig liegen die Rechenergebnisse in grafischer und digitaler Form vor und können für weitere Berechnungen genutzt werden.

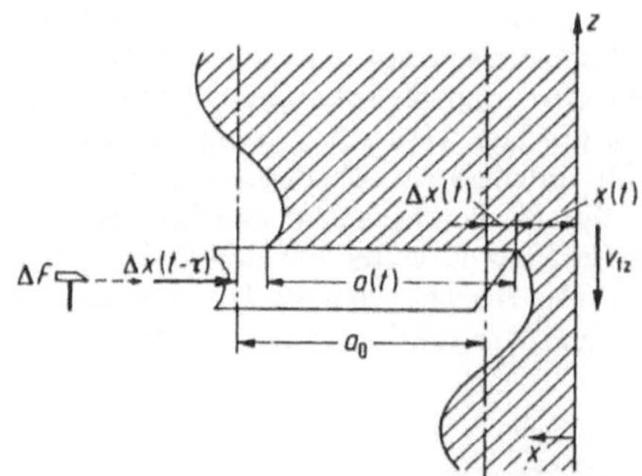

Bild 1. Schema des Abspanvorgangs während der selbsterregten Schwingungen. a_0 nominale Spandicke, $a(t)$ momentane Spandicke, $x(t)$ momentane Auslenkung des Werkzeugs, $\Delta x(t)$ Zuwachs der Auslenkung des Werkzeugs, $\Delta x(t-\tau)$ Zuwachs der Auslenkung des Werkzeugs nach einer Spindelumdrehung (wobei τ die Zeit für eine Spindelumdrehung ist), v_{fz} Vorschubgeschwindigkeit, ΔF Kraftimpuls

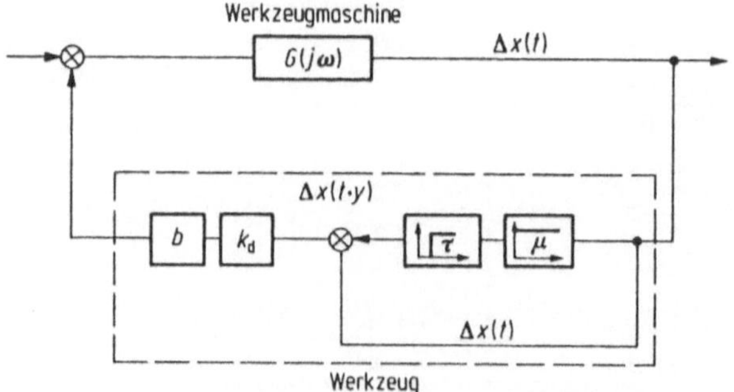

Bild 2. Blockschema des Schwingungssystems Maschine — Werkzeug. b Spanungsbreite (aktive Meißelkantenlänge), k_d dynamischer Steifigkeitskoeffizient des Abspanvorgangs, $G(j\omega)$ Nachgiebigkeitsfrequenzgang der Maschine, μ Überdeckungsfaktor

2 Simulationsmethode

Für das Überprüfen der digitalen Simulationsmethode beim Lösen konkreter Probleme aus dem Bereich der Stabilität des Abspanvorgangs wurde die Simulationssprache CEMMA benutzt. Es wurden zwei Versuchszyklen durchgeführt. Im ersten wurde der Einfluß des Schnittkraftkoeffizienten k_d auf die Stabilitätsgrenze untersucht. Es wurde ein physikalisches Modell (*Bild 3*) angenommen, wobei die Parameter des Schwingungssystems einer Drehmaschine mittlerer Größe denen von *Hanna* und *Tobias* [5] entsprachen. Die Gleichgewichtsbedingung für das Modell ergibt:

$$m \cdot \ddot{x} + h \cdot \dot{x} + c \cdot x = -k_d \cdot a(t) \tag{1}$$

mit m reduzierte Masse des Schwingungssystems, h Dämpfungskoeffizient des Schwingungssystems, c Steifigkeit des Schwingungssystems.

Die Berechnungen wurden für drei k_d Werte durchgeführt, indem das Verhältnis k_d/c folgende Werte hatte: Fall 1: $-0,2$; Fall 2: $-0,05$; Fall 3: $-0,01$.

Stützt man sich auf das bekannte Kriterium von *Tlusty* [2], mit dem die Stabilität des Abspanvorgangs durch Vergleichen der Schwingungsamplituden des Werkzeugs in aufeinander folgende Spindelumdrehungen beurteilt wird, so ergibt sich, daß der Abspanvorgang im Fall 1 (*Bild 4*) instabil, im Fall 3 stabil und im Fall 2 ein Grenzvorgang ist. Diese Ergebnisse stimmen gut überein mit den Ergebnissen von *Hanna* und *Tobias* [5]. Im *Bild 4* sind der Kraftverlauf $F(t)$, die aktuellen Werkzeugschwingungen $\Delta x(t)$ und die Oberflächenwellen des Werkstücks infolge der Werkzeugschwingungen in der vorhergehenden Umdrehung (also $\Delta x/t-\tau$) gezeigt. Die Schwingungen wurden ab Beginn der zweiten Spindelumdrehung aufgezeichnet, es wurde mit stabilen Bearbeitungsparametern angefangen. Um das Schwingungssystem aus einer Gleichgewichtslage zu bringen, wurde ein Kraftimpuls ΔF in senkrechter Richtung zur Bearbeitungsoberfläche eingeleitet. So ein Kraftstoß kann zum Beispiel beim Bearbeiten eines inhomogenen Stoffes oder beim Abbrechen der Aufbauschneide auftreten. Nach diesem Kraftstoß treten in der zweiten Umdrehung Schwin-

gungen des Werkzeugs auf, wobei ihre Amplitude schon während dieser Umdrehung abnimmt. Am Anfang der dritten Umdrehung beginnt jedoch die Bearbeitung der soeben erzeugten welligen Oberfläche, es kann aber auch der Regenerativeffekt beginnen. Abhängig vom k_d-Wert kommt es zum Anstieg der Schwingungsamplitude (*Bild 4*), ihrem Abfall (Fall 3), oder man hat es mit einem Grenzfall zu tun (Fall 2), bei dem die Schwingungsamplitude konstant bleibt.

Im zweiten Versuchszyklus wurde das Schwingungssystem einer Drehmaschine beim Längsdrehen simuliert, auf der Stabilitätsversuche mit periodischer Änderung der Spindeldrehzahl $n(t)$ durchgeführt wurden. Die Parameter des Schwingungssystems entsprachen dem untersuchten Objekt, obwohl das physikalische Modell nach *Bild 3* angenommen wurde. Zu bemerken ist, daß für Versuchszwecke die Nachgiebigkeit der Drehmaschine in Richtung x-Achse mehr als zehnmal größer war als in Y- und Z-Richtung. Der Koeffizient k_d wurde nach *Recklies* [6] beschrieben, wobei dieser als Abspanmodell das Modell von *Kienzle* angenommen hat:

$$k_d = k_s \cdot b \cdot (1-z) \frac{\cos \beta}{\sin \beta} \tag{2}$$

Die Gleichung (1) nimmt also eine andere Form an:

$$m \cdot \ddot{x} + h \cdot \dot{x} + c \cdot x = -\left[k_s \cdot b \cdot (1-z) \cdot \frac{\cos \beta}{\sin \beta} \right] a(t) \tag{3}$$

Bemerkenswert ist, daß der Ausdruck für den Koeffizienten k_d die Spanbreite b (aktive Meißelkantenlänge) enthält, die im *Bild 2* einen eigenen Block bildet. Die Werte der Koeffizienten k_s und $1-z$ aus den Gln. (2) und (3) sind vom Werkzeug- und Werkstückstoff, von der Schneidengeometrie des Werkzeugs sowie der Vorschub- und Schnittgeschwindigkeit abhängig und in einem von *König* [7] zusammengestellten Katalog enthalten. Als Grundlage für die Zusammenstellung des Simulationsprogrammes für die Untersuchungen des Einflusses der periodischen Änderungen der Spindeldrehzahlen (Frequenz und Amplitude) auf die Abspanstabilität wurde die Gl. (3) benutzt. Ein Rechenergebnis dieser Untersuchungen ist in grafischer Form im *Bild 5 oben* zu sehen. Das *Bild* zeigt eine Hüllkurve der wachsenden Schwingungsamplitude beim Drehen. Die Abspanparameter wurden so angenommen, daß die Schnittbreite b den Grenzwert zweimal überschritt. Die Drehzahl war dabei konstant. Über das Simulationsprogramm wurde eine periodische Drehzahländerung $n(t)$ eingegeben. Sie ist als obere Kurve im *Bild 5 unten* zu sehen. Die untere Kurve zeigt jeweils die Hüllkurve der Schwingungsamplitude des Werkzeugs $\Delta x(t)$ nach mehr als zehn Spindelumdrehungen. Man sieht, daß bei wachsender Amplitude der Spindeldrehzahländerung die Stabilität des Abspanvorgangs zunimmt.

Die Rechenergebnisse für verschiedene Parameter der Spindeldrehzahländerungen wurden mit den Ergebnissen der experimentellen Untersuchungen verglichen. Es ergab

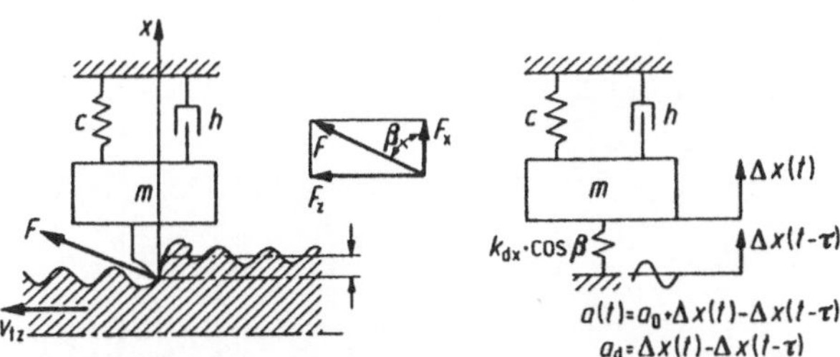

Bild 3. Physikalisches Modell des Schwingungssystems Maschine – Werkzeug. $a(t)$ momentane Spandicke, a_d Zuwachsdifferenz der Werkzeugauslenkung, c Steifigkeit des Schwingungssystems, h Dämpfungskonstante des Schwingungssystems, m reduzierte Masse des Schwingungssystems, k_{dx} dynamischer Steifigkeitskoeffizient in X-Richtung, v_{fz} Vorschubgeschwindigkeit, F Schnittkraft

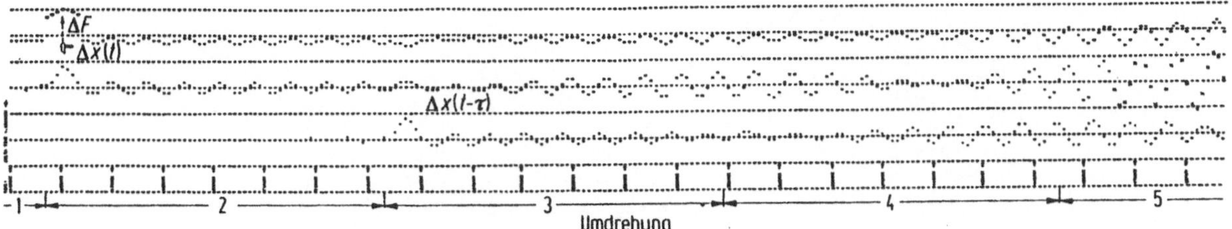

Bild 4. Einfluß des Koeffizientenwertes k_d auf die Stabilität des Abspanvorgangs für das Verhältnis $k_d/c = 0,2$

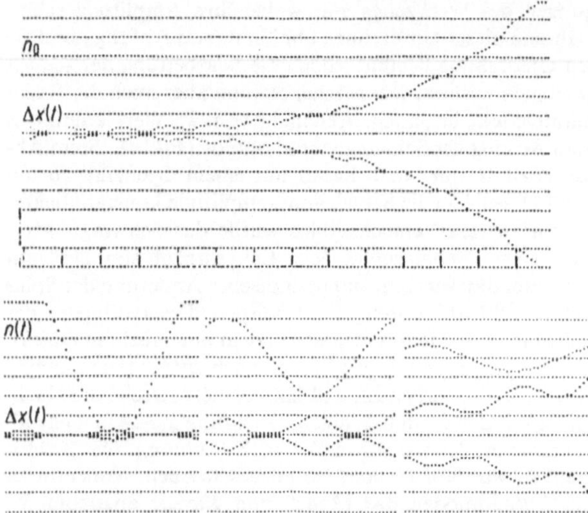

Bild 5. Einfluß der periodischen Änderung der Spindeldrehzahlen auf die Abspanstabilität. *Oben* Hüllkurve, *Unten* Stabilitätszunahme des Abspanvorgangs; n_0 Nenndrehzahl, $n(t)$ momentane Drehzahl, $\Delta x(t)$ Zuwachs der Auslenkung des Werkzeugs (Schwingungsamplitude)

sich eine ziemlich gute Übereinstimmung der auf verschiedenen Wegen erhaltenen Ergebnisse. Nur bei höheren Änderungsfrequenzen der Spindeldrehzahlen wurden Unterschiede festgestellt, die aber auf eine unzureichende Speicherkapazität des Rechners zurückzuführen waren.

3 Schlußbetrachtung

Mit der vorgestellten Simulationsmethode ist eine Beurteilung der dynamischen Eigenschaften von Werkzeugmaschinen möglich. Es können auch alle Parameter, die auf die Bearbeitungsstabilität einen Einfluß haben, analysiert werden, ohne daß umfangreiche, kostspielige und zeitraubende experimentelle Untersuchungen vorgenommen werden müssen. Störungen, die auf die Ergebnisse experimenteller Untersuchungen Einfluß haben, können dabei ausgeschaltet werden. Die Genauigkeit der Berechnung hängt von der Identifizierung der Parameter des Schwingungssystem ab, wie auch von einer vollständigen Beschreibung des Abspanvorgangs.

Schrifttum

1. Klumpers, K.: Analyse der dynamischen Schnittsteifigkeit für einen Drehprozeß. Ind. Anz. 100 (1978) Nr. 41
2. Koenigsberger, F.; Tlusty, J.: Machine tool structures. New York: Pergamon Press 1970
3. Weck, M.; Teipel, K.: Dynamisches Verhalten spanender Werkzeugmaschinen. Berlin, Heidelberg, New York: Springer 1977
4. Weck, M.: Dynamisches Verhalten spanender Werkzeugmaschinen. Aachen: Techn. Hochschule, Habilitation 1971
5. Hanna, N.H.; Tobias, S.A.: A theory of nonlinear Regenerative chatter. Trans. ASME (1974) Nr. 2
6. Recklies, S.: Ursachen zur Entstehung selbsterregter Schwingungen bei der spanenden Bearbeitung. Maschinenbautechnik 26 (1977) Nr. 9
7. König, W.; Essel, K.: Spezifische Schnittkraftwerte für die Zerspanung metallischer Werkstoffe. Düsseldorf: Stahleisen 1973

wt Werkstattstechnik
© Springer-Verlag 1987

Geometrie- und technologieorientierte Verbindung von CAD-Systemen mit NC-Programmiersystemen

Joachim Milberg und **Stefan Peiker**, München

Für zukunftsorientierte Produktionssysteme ist ein geeigneter Informationsfluß mit Hilfe rechnerunterstützter Methoden aufzubauen, die eine Datenübertragung zwischen und eine wirksame Datenverarbeitung in den einzelnen Abteilungen erlauben. Einen wichtigen Schwerpunkt bildet dabei die Verbindung der Konstruktion (CAD) mit der NC-Programmierung (CAP). In diesem Beitrag werden die Ansätze für die Lösung der Schnittstellenproblematik bei der Verbindung von CAD-Systemen mit NC-Programmiersystemen dargelegt.

1 Ausgangssituation

Das Ausschöpfen von Wettbewerbsvorteilen verlangt von Produktionssystemen eine immer höhere Anpassungsfähigkeit an unterschiedliche Fertigungsaufgaben und eine immer schnellere Reaktionsfähigkeit auf neue Bedürfnisse. Analysiert man die herkömmliche Auftragsabwicklung, so erkennt man eine Reihe von Schwachstellen, die lange Durchlaufzeiten nach sich ziehen. So führt die hohe Arbeitsteiligkeit zu mangelnder Synchronisation der Vorgänge, zur Stapelverarbeitung und zur wiederholten Grunddatenerzeugung mit erheblichen Effektivitäts- und Zeitverlusten. Die in der Konstruktion erstellten Geometriedaten werden beispielsweise in der Arbeitsplanung zur Arbeitsplanerstellung übernommen, müssen aber jeweils von neuem manuell eingetragen oder eingegeben werden [1].

Zur Datenverarbeitung in den einzelnen Bereichen stehen CAD-, CAP-, PPS- und CAM-Systeme zur Verfügung, die miteinander zu verbinden sind [1]. Einen wichtigen Schwerpunkt bildet dabei die Verbindung der Konstruktion (CAD) mit der NC-Programmierung (CAP). Wie *Bild 1* zeigt, hat die Arbeitsplanung und hier insbesondere die NC-Programmierung eine Schlüsselstellung bei der Umsetzung von Geometrie- und Technologiedaten in Fertigungsdaten.

2 Datenübertragung zwischen Konstruktion und NC-Programmierung

2.1 Systeme zum Erstellen von NC-Programmen

Zum Erstellen von NC-Programmen stehen verschiedene NC-Programmiersysteme in unterschiedlichen Ausbaustufen zur Verfügung. Unterschieden werden können NC-Programmiersysteme, die in CAD-Systeme einbezogen sind, und eigenständige NC-Programmiersysteme. Bei der ersten Art enthält das CAD-System ein NC-Modul, mit dem in grafisch interaktiver Arbeitsweise die NC-maßgebliche Geometrie aus der Datenbasis heraussortiert und die notwendigen Werkzeugwege programmiert werden können.

Technologische Angaben müssen vom Programmersteller zusätzlich eingegeben werden. Bei eigenständigen Programmiersystemen wird in einer problemorientierten Sprache ein Teileprogramm erstellt, das dann mit Hilfe eines Prozessors und Postprozessors in Steuerinformationen für die jeweilige Werkzeugmaschine umgesetzt wird. In zunehmendem Maße setzt sich bei diesen Systemen auch die grafisch interaktive Arbeitsweise durch. Unter den eigenständigen NC-Programmiersystemen sind solche zu finden, die neben der Geometrieunterstützung auch eine Technologieunterstützung bieten. Dadurch können Werkzeuge, Schnittaufteilungen, Schnittwerte und Arbeitsabläufe rechnerunterstützt ermittelt werden.

Wird nicht das NC-Programmieren mit Hilfe des NC-Moduls im CAD-System angewendet, dann müssen die Daten vom CAD-System an das nachfolgende NC-Programmiersystem über eine Schnittstelle übertragen werden. Eine Schnittstelle ist ein System von Bedingungen, Regeln und Vereinbarungen, das den Informationsaustausch zweier miteinander kommunizierender Systeme oder Systemkomponenten festlegt [2]. Wird ein CAD-System mit Hilfe einer Schnittstelle mit einem NC-Programmiersystem verbunden, so spricht man von einer CAD/NC-Kopplung. Zur Datenübertragung in diesem Bereich werden hauptsächlich zwei Schnittstellenarten verwendet: die Sprachschnittstelle und die Datenschnittstelle. *Sprachschnittstellen* findet man dann, wenn im NC-Programmiersystem auf Sprachbasis programmiert wird. Die notwendigen Informationen werden im Format der Programmiersprache übertragen. Bei der Verwendung grafisch interaktiver Programmiersysteme werden *Datenschnittstellen* verwendet. Hierbei werden die Werkstückdaten von der Datenstruktur des CAD-Systems in die Datenstruktur des NC-Programmiersystems umgewandelt.

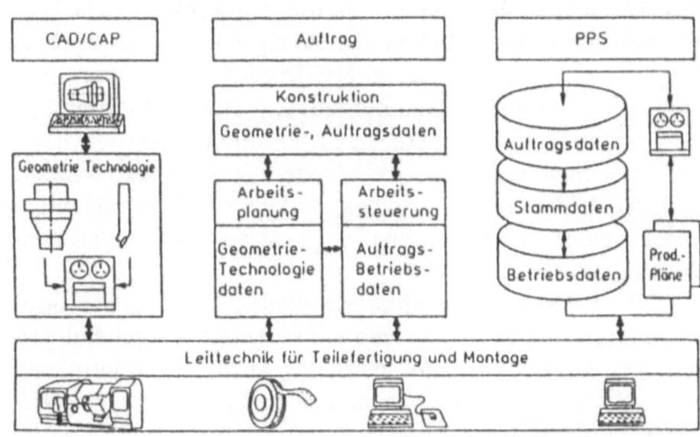

Bild 1. Automatisierung des Fertigungsvorfeldes durch CAD- und PPS-Systeme

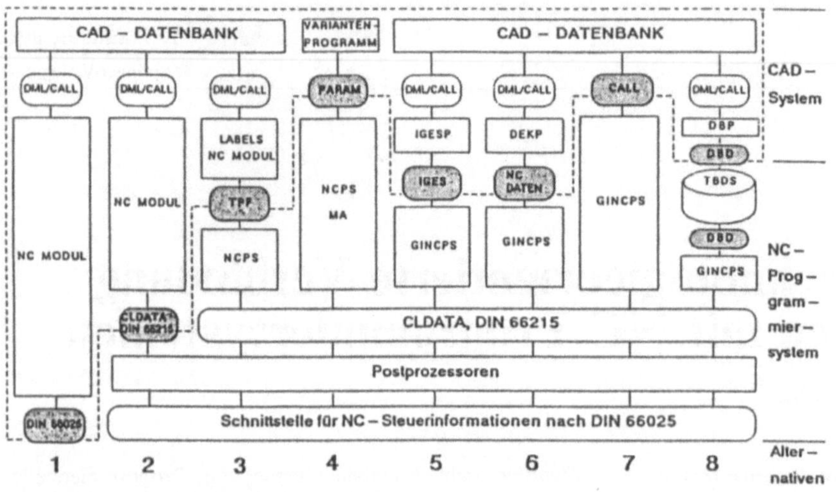

Bild 2. Datentechnische Verbindungsmöglichkeiten von CAD- und NC-Programmiersystemen. DML Data Manipulation Language, CALL Call-Schnittstelle, PARAM Parameter, TPF Teileprogrammformat, NCPS NC-Programmiersystem, GINCPS graphisch interaktives NC-Programmiersystem,, MA Macros, IGESP IGES-Prozessor, DEKP Dekodierprozessor, DBP Datenbankprozessor, DBD Datenbankdaten, TBDS Technisches Datenbanksystem

2.2 Alternative Verbindungsmöglichkeiten von CAD- und NC-Systemen

Die Datenübertragungsmöglichkeiten von einem CAD-System in ein NC-Programmiersystem sind im *Bild 2* dargestellt. Im folgenden seien die Alternativ-Modelle kurz vorgestellt. Die ersten beiden Möglichkeiten (Alternative 1 und 2) sind eine sogenannte integrierte Lösung. Dabei befindet sich im CAD-System ein Programm-Modul, das auf die Datenstruktur des CAD-Systems zugreift und durch zusätzliche Eingaben des Bedieners ein Teileprogramm erzeugt.

Beim *Alternativ-Modell 1* werden Steuerinformationen nach DIN 66025 direkt für eine bestimmte Maschinen-Steuerungskombination festgelegt. Dies hat zur Folge, daß die Postprozessoren für die jeweiligen Werkzeugmaschinen ebenfalls im CAD-System implementiert sein müssen.

Im *Alternativ-Modell 2* werden die Steuerinformationen für die Werkzeugmaschine im neutralen Zwischenformat CLDATA (cutter location data) nach DIN 66215 erstellt. Postprozessoren übernehmen dann die Anpassung an die jeweilige Maschinensteuerung.

Diese beiden Modelle werden hauptsächlich dort angewendet, wo geometrisch komplexe Werkstücke mit Freiformflächen auf Werkzeugmaschinen mit drei und mehr NC-Achsen bearbeitet werden sollen. Bei dieser Aufgabe liegt das Hauptaugenmerk auf einer hohen geometrischen Leistungsfähigkeit des NC-Programmiersystems. Technische Gesichtspunkte wie Werkzeugauswahl, Schnittwerte und Arbeitsabläufe treten hier in den Hintergrund. Die Datenstrukturen von CAD-Systemen eignen sich in Verbindung mit einem einbezogenen NC-Modul zur Programmierung solch komplexer Geometrien. Ein Nachteil dieser Lösung ist, daß nur Werkstücke programmiert werden können, die auch mit dem CAD-System konstruiert worden sind. Außerdem ist anzumerken, daß ein CAD-Arbeitsplatz wegen seiner hohen Anschaffungskosten als NC-Arbeitsplatz relativ teuer ist.

Die weiteren Möglichkeiten stellen CAD/NC-Kopplungen dar. Der NC-Programmierer erzeugt, ausgehend von den vom CAD-System in geeigneter Form übernommenen Daten, das Teileprogramm in einem eigenständigen NC-Programmiersystem.

Bei der *dritten Alternative* wird innerhalb des CAD-Systems die Werkstückgeometrie in der entsprechenden No-

menklatur des jeweiligen NC-Programmiersystems erzeugt. Diese Konturdaten können ungeordnet übergeben werden. In diesem Fall muß der NC-Programmierer die geometrischen Elemente ihrer Reihenfolge nach ordnen und die Fertigteilkontur im NC-Programmiersystem in der Sprachsyntax beschreiben. Ist im CAD-System ein Algorithmus vorhanden, der die Konturelemente entsprechend ihrer Reihenfolge ordnet, so erhält der NC-Programmierer eine vollständige Beschreibung der Fertigteilkontur in der Syntax der jeweiligen Programmiersprache und das Ordnen entfällt. Im NC-Programmiersystem wird dann durch das Programmieren der Werkzeugwege und durch Hinzufügen fertigungstechnischer Angaben ein Teileprogramm erzeugt.

Diese Lösung bietet sich an, wenn ein NC-Programmiersystem, das keine grafisch interaktive Arbeitsweise ermöglicht, bereits genutzt wird und eine Einführung der grafisch interaktiven Programmierung nicht in Erwägung gezogen wird. Werden sehr viele Teilefamilien programmiert, so hat ein NC-Programmiersystem, das auf Sprachbasis programmiert wird, Vorteile gegenüber grafisch interaktiven Systemen. Bei Programmänderungen und Teilefamilienanpassungen kann das alte Teileprogramm direkt weiterverarbeitet werden. Des weiteren kann der volle Leistungsumfang des eigenständigen NC-Programmiersystems genutzt werden. Für die NC-Programmierung muß allerdings ein CAD-Arbeitsplatz zur Verfügung stehen. Ein weiterer Nachteil ist, daß für jede Kombination eines CAD- und NC-Programmiersystems ein spezifischer Verbindungsbaustein anzufertigen ist, der die Datenübertragung ermöglicht.

Bei der *vierten Möglichkeit* erfolgt kein Datenbankzugriff im CAD-System. Im CAD-System stehen Variantenprogramme für den Aufbau von Formelementen zur Verfügung. Durch Eingabe von Parametern in diese Variantenprogramme werden Werkstücke aus einzelnen Formelementen aufgebaut. Die eingegebenen Parameter werden an das NC-Programmiersystem übertragen, das mit Hilfe von Unterprogrammen die Werkstückkontur aufbaut. Der NC-Programmierer vervollständigt das NC-Programm analog zum dritten Alternativ-Modell im NC-Programmiersystem. Der Vorteil dieser Lösung ist, daß durch die Variantenprogramme schnell und wirkungsvoll Werkstücke aufgebaut werden können. Außerdem werden die notwendigen Informationen für das NC-Programmiersystem während des Werkstückaufbaus erzeugt. Die Unterprogramme müssen dem entsprechenden firmenspezifischen Teilespektrum angepaßt sein. Eine weitere Voraussetzung ist, daß nach dem Aufbau der Werkstücke mit Variantenprogrammen keine grafisch interaktiven Änderungen mehr vorgenommen werden, da dann die Parameter nicht mehr das aktuelle Werkstück beschreiben und die Änderungen im CAD-System analog auch im NC-Programmiersystem durchgeführt werden müßten.

Die Alternativen 5 bis 8 stellen eine Lösung der Datenübertragung bei der Anwendung grafisch interaktiver NC-Programmiersysteme dar.

Im *fünften Alternativ-Modell* werden die Daten mit Hilfe der normierten Schnittstelle IGES (initial graphics exchange specification) übertragen. Die Werkstückgeometrie wird von der CAD-Datenstruktur in die Datenstruktur des NC-Programmiersystems umgewandelt. Mit grafisch interaktiven Methoden muß aus der übertragenen Geometrie im NC-Programmiersystem eine NC-gerechte Kontur gebildet werden. Nachdem der NC-Programmierer die Rohteilkontur und die Spannsituation bestimmt hat, erstellt er grafisch interaktiv das Teileprogramm. Hierzu wählt er die geeigneten Werkzeuge aus und bestimmt die entsprechenden Abspanbereiche. Auf dem grafischen Bildschirm werden ihm die programmierten Werkzeugwege sichtbar gemacht. Diese Möglichkeit kann angewendet werden, wenn sowohl das CAD-System, als auch das NC-Programmiersystem über einen geeigneten IGES-Prozessor verfügen, die beide die Datenübertragung zwischen beiden Systemen ermöglichen.

Von Vorteil ist, daß hierbei keine Eigenentwicklung betrieben werden muß und die CAD/NC-Kopplung nach Installation der Systeme sofort nutzbar ist. Nachteilig ist, daß in der IGES-Definition gerade die Elemente fehlen, die für die NC-Programmierung wichtig sind. Ein weiterer Nachteil ist die unterschiedliche Qualität der IGES-Prozessoren. Es ergeben sich hauptsächlich Probleme durch.

— einen eingeschränkten Elementumfang,
— einen unterschiedlichen Elementumfang der beiden IGES-Prozessorpartner,
— eine fehlerhafte Datenübertragung [2].

Somit ist es notwendig, die IGES-Prozessoren der jeweiligen Systeme genau zu überprüfen. Dies kann mit Matrizen geschehen, in denen die einzelnen grafischen Elemente dargestellt sind. Im *Bild 3* ist beispielhaft eine derartige Überprüfung zwischen dem CAD-System Bravo! und dem grafisch interaktiven NC-Programmiersystem CADCPL dargelegt. Während im *Bild 3 oben* die Prüfmatrix im CAD-System zu sehen ist, zeigt *Bild 3 unten* die gleiche Prüfmatrix nach der Übertragung im NC-Programmiersystem. Wie aus dem Ergebnis ersichtlich, werden bis auf Kegelschnitte (1. Zeile, 3. Spalte) alle geometrischen Elemente übertragen. Die Bemaßung wird ebenfalls *nicht* übergeben. Ein weiterer Nachteil dieser Lösung ist, daß die Werkstückdaten noch nicht ihrer Reihenfolge nach geordnet übertragen werden und somit noch ein Aufbereitungsaufwand im NC-Programmiersystem notwendig ist.

Die *sechste Möglichkeit* unterscheidet sich von der fünften nur insofern, als eine direkte Umformung in das jeweils andere Datenformat mit einer für die jeweiligen Systeme entwickelten Schnittstelle vorgenommen wird. Als Vorteil erweist sich, daß bei diesen spezifisch entwickelten Schnittstellen besonders auf die Belange der NC-Programmierung eingegangen werden kann. Auch kann der Aufbereitungsaufwand für den NC-Programmierer verringert werden, wenn man in die Schnittstelle einen Aufbereitungsalgorithmus einbezieht, der automatisch die NC-maßgebliche Werkstückkontur erstellt.

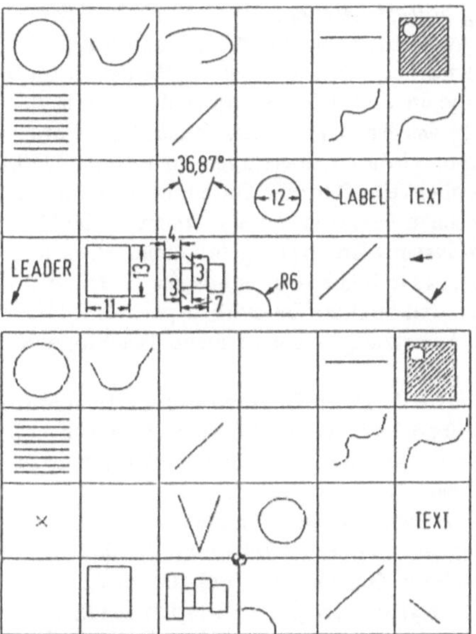

Bild 3. IGES-Prüfmatrix, *Oben* im CAD-System, *unten* im NC-Programmiersystem

Im *siebenten Alternativ-Modell* werden die vom NC-Programmiersystem benötigten Daten direkt durch „CALL"-Befehle aus der CAD-Datenbank gelesen. Dies ist die schnellste und wirkungsvollste Möglichkeit, um gezielt auf NC-maßgebliche Daten zuzugreifen und aus dem CAD-System herauszuziehen. Als Schwierigkeit bei einer derartigen Lösung erweist sich, daß nur sehr wenige CAD-Systemanbieter über derartige Schnittstellen verfügen und somit ein „offenes" System bereitstellen. Des weiteren muß auch das NC-Programmiersystem vom Benutzer derartig erweiterbar sein, daß Datenbankaufrufe aus dem Programmiersystem abgesetzt werden können. Auch hier muß, wie im sechsten Modell, für jede CAD-NC-Kombination eine eigene Lösung entwickelt werden.

Das *achte Modell* setzt eine neutrale externe Datenbank voraus, auf der produktdefinierende Daten gespeichert werden können. Das CAD-System sowie das NC-Programmiersystem besitzen geeignete Schnittstellen, um Daten in der Datenbank abzulegen bzw. aus der Datenbank zu holen. An der Struktur derartiger Datenbanken wird heute an verschiedenen Stellen gearbeitet. Ein fertiges System ist aber bislang auf dem Markt nicht verfügbar. Diese Lösung wäre hinsichtlich einer verknüpften Datenverarbeitung optimal, da alle an der Produktgestaltung beteiligten rechnerunterstützten Systeme auf die gleiche CAD-Datenstruktur zugreifen könnten.

3 Spezifische Schnittstelle zur Datenübertragung zwischen einem CAD-System und einem grafisch interaktiven NC-Programmiersystem

3.1 Anforderungen

Am Beispiel der Verbindung des CAD-Systems Bravo! und des grafisch interaktiven Programmiersystems CADCPL soll die Entwicklung einer spezifischen Schnittstelle zur Datenübertragung zwischen einem CAD-System und einem grafisch interaktiven NC-Programmiersystem dargestellt werden. Direkte Datenbankaufrufe von außen läßt der Aufbau des CAD-Systems Bravo! nicht zu. Folglich standen die IGES-Lösung und die Lösung mit einer spezifischen Schnittstelle zur Auswahl. Die IGES-Prüfung zeigte, daß die IGES-Lösung zufriedenstellend ist, wenn nur Geometriedaten übertragen werden sollen und die Komplexität der Bauteile nicht zu hoch ist. Bei komplexen Bauteilen muß ein hoher Aufwand in die NC-gerechte Aufbereitung der Geometrie gesteckt werden. Diese Tatsache und die Forderung, auch Technologiedaten übertragen zu können, läßt nur noch eine Möglichkeit offen: die Datenübertragung mit Hilfe einer spezifischen Schnittstelle. Mit einem in die Umgebung des CAD-Systems Bravo! eingebundenen Programmierpaket (APP) ist es möglich, Daten aus der Datenstruktur herauszufiltern und in einer Datei abzuspeichern. Hierdurch war die Voraussetzung zu einer Eigenentwicklung gegeben.

Über die Schnittstelle sollen Geometrie- und Technologieinformationen übertragen werden können. Weiterhin soll der Aufbereitungsaufwand im NC-Programmiersystem gering gehalten werden. Die fertigungstechnischen Informationen lassen sich in zwei Gruppen einteilen:

— *geometrieerhaltende* technische Information ohne Bauteilveränderung (z.B. Oberflächengüte), die direkt in das NC-Programmiersystem übertragen werden kann,
— *geometrieverändernde* technische Information mit Bauteilveränderung (z.B. Passungen), bei der zunächst die Geometrie des Bauteils nach dieser Information verändert werden muß.

Beispielsweise muß bei Vorliegen einer Passung das geometrische Element, das vom Konstrukteur auf Nennmaß festgelegt wird, unter gleichzeitiger Anpassung der Nebenformelemente im Toleranzfeld ausgemittelt werden. Nach dem Anpassen der Geometrie können die den technischen Informationen zugeordneten Arbeitsfolgen durchgeführt werden. Somit muß die zu entwickelnde Schnittstelle folgende Funktionen erfüllen:

— NC-programmiersystemgerechte und den technischen Informationen entsprechende Aufbereitung des Werkstücks,
— Übertragung von Geometrie- und Technologiedaten.

3.2 Lösungsansatz einer geometrieorientierten Schnittstelle für rotationssymmetrische Werkstücke

In einem ersten Realisierungsschritt wurde die Übertragung von Geometrieinformationen und die Verringerung des NC-Aufbereitungsaufwandes angestrebt. Um dies zu erreichen, wurde zunächst im CAD-System ein Algorithmus geschaffen, der automatisch die NC-Kontur aufbaut.

Mit Hilfe von Programmen, die in der CAD-eigenen Programmiersprache erstellt wurden, werden Mittellinien, Sichtkanten usw. gelöscht. Danach werden die verbleibenden Konturdaten, die fertigungstechnisch bedeutsam sind, im Uhrzeigersinn geordnet. Das Ergebnis dieses Aufbereitungsalgorithmus ist eine NC-gerechte Kontur (*Bild 4*). Die Daten dieser Kontur werden in einer Datei gespeichert, die in einem weiteren Schritt zunächst in ein auf die Belange der NC-Programmierung abgestimmtes neutrales Format umgeformt wird. Dadurch besteht die Möglichkeit, mit dem CAD-System verschiedene grafisch interaktive NC-Programmiersysteme zu verbinden. Erst ein weiterer Prozessor übernimmt das Anpassen an das jeweilige Programmiersystem. Nachdem die Daten im NC-Programmiersystem eingelesen sind, kann der NC-Programmierer mit der Teileprogrammierung beginnen, ohne noch langwierige Aufbereitungen vornehmen zu müssen. Es sind lediglich noch das Rohteil und die Spannsituation zu bestimmen. Daran anschließend ermittelt der Programmierer den Arbeitsablauf, indem er das jeweilige Werkzeug und die Abspanabschnitte festlegt.

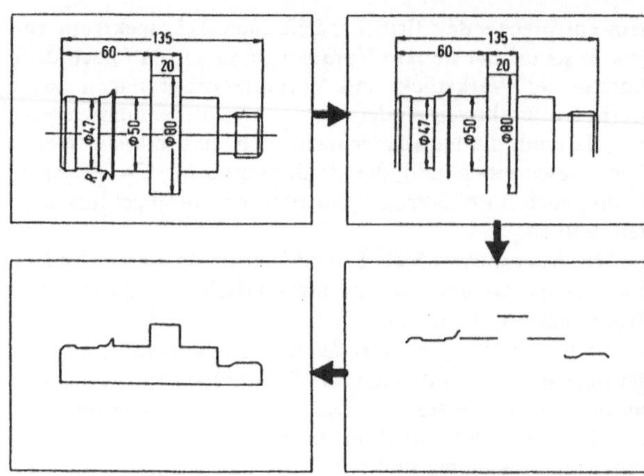

Bild 4. Aufbereitungsalgorithmus im CAD-System

3.3 Erweiterung zur technologieorientierten Schnittstelle für rotationssymmetrische Werkstücke

Das CAD-System Bravo! läßt es zu, Informationen wie Oberflächengüten, Toleranzen und Passungen geometrischen Elementen direkt zuzuordnen. Diese Informationen sind nicht nur optisch auf der CAD-Darstellung zu erkennen, sondern sie sind auch in der Datenstruktur dem jeweiligen Geometrieelement zugeordnet. Stellt man dem Konstrukteur Automatismen zur Verfügung, die derartige fertigungstechnische Angaben in der Datenstruktur ablegen, so ist in der Datenstruktur die vollständige Beschreibung des Bauteils sowohl in geometrischer als auch in technologischer Hinsicht vorhanden. Mit geeigneten Algorithmen kann innerhalb des CAD-Systems oder innerhalb der Schnittstelle aus dieser Datenstruktur automatisch ein fertigungstechnisch orientiertes Werkstückmodell gebildet werden. Diese Algorithmen bereiten, ausgehend von den technologischen Informationen und der Konturbeschreibungsvorgabe des NC-Programmiersystems, das Bauteil programmier- und fertigungsgerecht auf. Hiermit wird die erste Funktion der Schnittstelle erfüllt.

Nach der entsprechenden Aufbereitung wird die vollständig fertigungs- und programmiergerechte Bauteilbeschreibung übertragen. Bei einer Übertragung über eine IGES-Schnittstelle würden die Technologieinformationen verloren gehen. Durch die Verwendung der spezifischen Schnittstelle werden die Technologieinformationen aber ebenfalls übertragen und in der Datenstruktur des grafisch interaktiven NC-Programmiersystems dem entsprechenden Element zugeordnet. Der NC-Programmierer erhält so die fertigungsgerechte Beschreibung des Bauteils, wie sie aus der CAD-Datenstruktur ermittelt wurde. Er muß lediglich noch die entsprechenden Werkzeuge auswählen, den Abspanbereich festlegen und somit das vollständige Teileprogramm erstellen.

Schrifttum

1. Milberg, Joachim; Bürstner, H.: Stand und Entwicklungstendenzen von CIM-Konzepten. In: VDI-Ber. Nr. 611. Düsseldorf: VDI-Verlag, 1986
2. Grabowski, H.; Anderl, R.; Glatz, R.: CAD/CAM-Schnittstellenproblematik für den Anwender. In: wt — Z. ind. Fertig. 76 (1986) Nr. 4, S. 212–218

Originalaufsätze

wt Werkstattstechnik
© Springer-Verlag 1988

Senkung der Produktionskosten beim Einsatz von CNC-Werkzeugschleifmaschinen

G. Petuelli, Tübingen

Inhalt. Anhand ausgewählter Beispiele aus der Praxis wird gezeigt, wie mit dem Einsatz CNC-gesteuerter Werkzeugschleifmaschinen die Kapazitäten und Fähigkeiten der spanenden Fertigungseinrichtungen besser genutzt und damit die Produktionskosten gesenkt werden.

1 Einleitung

Maßnahmen zur Erhöhung der Produktivität in der metallbearbeitenden Industrie zielen in erster Linie auf eine Verkürzung der Entwicklungs- und Auftragsdurchlaufzeiten durch den EDV-Einsatz. Wenig Beachtung findet dagegen in der Werkzeuginstandhaltung die nach wie vor aktuelle Aussage: „Die Dividende des Unternehmens hängt an der Werkzeugschneide."

Zur Kostenreduzierung und Produktivitätssteigerung in der spanabhebenden Fertigung wird derzeit der Schwerpunkt der Aktivitäten auf die Einführung der sogenannten CA-Techniken, wie CAD, CAM und andere gelegt: Techniken, die den durchgehenden Datenfluß im Hinblick auf die mannarme Fertigung anstreben. Diese setzt jedoch auch voraus, daß die Werkzeuge, die zum Einsatz kommen, von hoher Qualität sind, wobei hier im wesentlichen die Qualität der nachschleifbaren HSS- und HM-Werkzeuge gemeint ist. Ungenügende und schwankende Schneidenqualität, z. B. in Form von Teilungs-, Winkel- und Maßfehlern von Schaftfräsern, Reibahlen, Stufenbohrern usw. verusacht Standzeitschwankungen und damit Unsicherheiten im Zerspanungsprozeß und in der Maßhaltigkeit des gefertigten Produkts.

Die Qualitätsschwankungen resultieren daraus, daß heute noch die Mehrzahl der Werkzeuge mit manuellen, konventionellen Maschinen nachgeschliffen werden: der Werkzeugschleifer bestimmt letztendlich durch seine Qualifikation und Tagesform die Eigenschaften der Werkzeugschneide. Wegen der unendlichen Bandbreite der menschlichen Gestaltungsmöglichkeiten ist das Ergebnis im Hinblick auf die gesteigerten Leistungsanforderungen an die zunehmend komplexer werdenden Werkzeuge unbefriedigend.

Demgegenüber können durch den Einsatz CNC-gesteuerter Werkzeugschleifmaschinen
- konstante Schneidengeometrie,
- hohe Rundlaufgenauigkeit,
- hohe Schneidenqualität durch gleichmäßigen Abtrag im Tiefschliff und
- Reduktion der Werkzeug- und Schleifkosten

erzielt werden. Die Qualitätssteigerungen wirken direkt auf die Herstellungskosten eines Werkstücks.

2 Reduktion der Fertigungskosten durch CNC-geschliffene Werkzeuge

Bei Betrachtung der typischen Verteilung der Produktionskosten in einem metallverarbeitenden Betrieb (Bild 1) ist zunächst festzustellen, daß nur 2,5 % der Produktionskosten durch die Schneidwerkzeuge direkt beeinflußt werden, hingegen die Maschinen einen 20 %igen, die Fertigungslöhne einen 38 %igen Anteil am Gesamtvolumen haben [1]. In diesen Maschinen- und Fertigungskosten sind die indirekten Kosten, die durch Werkzeuge mangelhafter Qualität entstehen, nicht explizit aufgeführt, aber in Form von Werkzeugwechselzeiten, Stillstandzeiten infolge Werkzeugbruchs, Nacharbeitskosten und längeren Bearbeitungszeiten enthalten. Zurückzuführen sind diese Einflüsse darauf, daß die in der Regel eingesetzten, nachschleifbaren Werkzeuge auf manuellen Maschinen geschärft werden: die Schneidenqualität und damit die Standzeit sind mehr oder weniger großen Schwankungen unterworfen. Dies hat zur Folge, daß Werkzeuge aus Sicherheitsgründen vor dem Standzeitende ausgewechselt werden und Werkzeugwechselzeiten und Werkzeugkosten steigen. Zudem ist die Fertigungsgenauigkeit bei Einsatz der manuell geschärften Werkzeuge geringer. Die Fertigungszeiten sind länger, da mit im Vergleich zu CNC-geschliffenen Werkzeugen geringeren Vorschüben und Schnittgeschwindigkeit bearbeitet werden muß.

Die mittels des Einsatzes von CNC-geschliffenen Werkzeugen ermöglichten Einsparungen bei den Fertigungskosten je Werkstück sind im Bild 2 beispielhaft dargestellt.

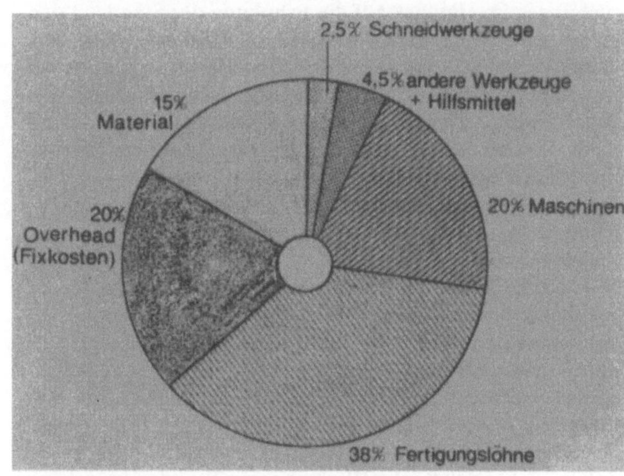

Bild 1. Typische Verteilung der Produktionskosten

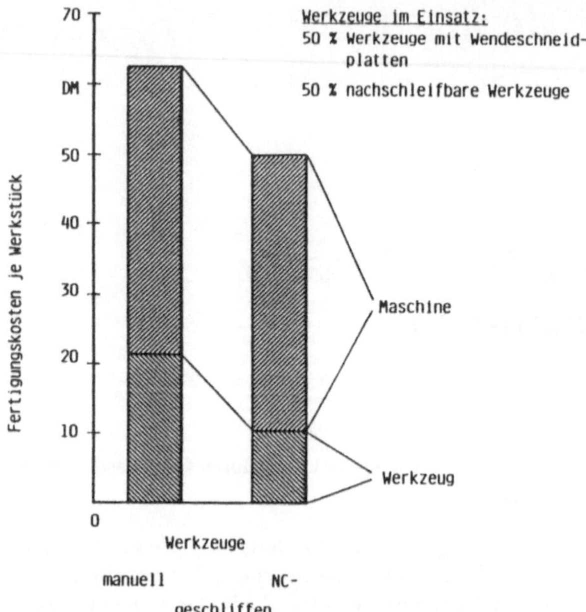

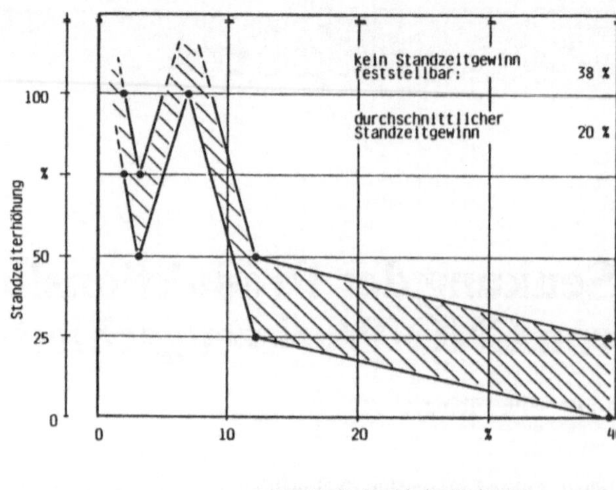

Bild 3. Prozentuale Standzeiterhöhung der CNC-geschliffenen Werkzeuge als Funktion der Gesamtheit der Werkzeuge

Bild 2. Fertigungskosten je Werkstück beim Einsatz manuell- bzw. CNC-geschliffener Werkzeuge

Die Untersuchung basiert auf einer konkreten Fertigungsaufgabe auf einem Bearbeitungszentrum, bei der etwa 50 % der eingesetzten Werkzeuge nachschleifbare Werkzeuge sind. Zum einen wurden sie mit manuellen Maschinen, zum anderen mit CNC-gesteuerten Werkzeugschleifmaschinen geschärft. Bei gleichen Beschaffungskosten ist beim Einsatz der CNC-geschliffenen Werkzeuge aufgrund der größeren Standzeit, der geringeren Schärfkosten und der größeren Anzahl von Nachschliffen die Einsparung etwa 45 %. Mit Berücksichtigung der niedrigen Maschinenkosten infolge der gesunkenen Neben- (Werkzeugwechselzeiten) und Hauptzeiten (höhere Schnitt- und Vorschubgeschwindigkeiten) betragen die Einsparungen etwa 20 % (bezogen auf den Einsatz des CNC-geschliffenen Werkzeugs).

3 Höhere Standzeit durch CNC-Schleifen der Werkzeuge

Mit der Einführung von CNC-gesteuerten Werkzeugschleifmaschinen zur Werkzeuginstandhaltung in einem metallverarbeitenden Betrieb wurden umfangreiche Untersuchungen im Hinblick auf die Erhöhung der Standzeit der eingesetzten Werkzeuge durchgeführt. Erfassen ließen sich etwa 90 % der im Umlauf befindlichen Werkzeuge, wobei es sich hier meist um sogenannte Standardwerkzeuge wie Schaftfräser mit und ohne Kantenbruch und Radius handelte. Deshalb war für den Schärfdienst in diesem Betrieb der Einsatz einer CNC-Werkzeugschleifmaschine mit drei NC-gesteuerten Achsen ausreichend. Die Untersuchungsergebnisse sind im Bild 3 zusammengefaßt. Dargestellt ist die Standzeiterhöhung (in Prozent) der CNC-geschliffenen Werkzeuge gegenüber den mit manuell geschliffenen Werkzeugen erzielten Standzeiten. Die Zahl der für einen bestimmten Standzeitgewinn ermittelten Werkzeuge wurde auf die Gesamtheit der erfaßten Werkzeuge bezogen. Beispielsweise ist bei 2 % der Werkzeuge eine Standzeiterhöhung um 75 % bis 100 % feststellbar, bei etwa 12 % eine Zunahme von 100 % und mehr. Es ergab sich aber auch, daß bei nahezu 40 % aller Werkzeuge die Standzeitzunahme mit 0 % bis 25 % vergleichsweise gering ist, bei 38 % aller

erfaßten Werkzeuge war kein Einfluß der CNC-Technik auf die Standzeit meßbar. Insgesamt betrug im Durchschnitt aller Werkzeuge die Standzeiterhöhung etwa 20 %.

Bei der Wertung dieser Ergebnisse ist zu beachten, daß die Einhaltung exakt vergleichbarer Versuchsbedingungen bei einer derartigen Zahl von Werkzeugen äußerst schwierig ist. Insbesondere ist es nahezu unmöglich, die Geometrie des manuell und die des CNC-geschliffenen Werkzeugs gleich zu gestalten und die Werkzeuge unter gleichen Zerspanungsbedingungen einzusetzen.

Als ein weiteres, wesentliches Ergebnis der Untersuchungen war festzustellen, daß bei etwa 60 % der Werkzeuge die Schleifzeit auf 20 % der Zeit reduziert wurde, die das Schärfen mit konventionellen Maschinen benötigt. Grund dieser Einsparung war die im Durchschnitt mit VB = 0,7 mm vergleichsweise hohe Verschleißmarkenbreite der Werkzeuge. Der gesamte erforderliche Schleifabtrag geschah im Tiefschliff mit Kühlung des Schleifprozesses in einem Schleifzyklus, so daß die Einsparungen gegenüber dem manuellen Pendelschleifen besonders deutlich hervortraten. Der Einsatz des Kühlschmiermittels schafft die Voraussetzung, größere Schleifabträge mit entsprechend verminderten Vorschubgeschwindigkeiten in einem Durchlauf abzutragen, und damit die Bearbeitungszeit zu reduzieren.

3.1 Zylindrische Schaftfräser mit Stirnschneiden

Mit dem Ziel, die oben beschriebenen Ergebnisse weiter abzusichern, wurden parallel zur Gesamtbetrachtung Zerspanungsversuche mit manuell und CNC-geschliffenen zylindrischen HSS-Schaftfräsen mit Kantenbruch und Stirnschneiden durchgeführt. Zur statistischen Absicherung wurden je drei Werkzeuge eingesetzt. Die Geometrie der Werkzeuge wie auch das zerspante Material und die Schnittbedingungen wurden konstant gehalten. Die Versuchsbedingungen und die Ergebnisse, die mit Fräsern des Durchmessers d = 37,5 mm gewonnen wurden, sind im Bild 4 zusammengefaßt. Dargestellt ist die Verschleißmarkenbreite der Umfangschneiden als Standzeitkriterium in Abhängigkeit vom Fräsweg. Erwartungsgemäß ist mit zunehmendem Fräsweg ein Anstieg der Verschleißmarkenbreite festzustellen. Darüber hinaus ist augenfällig, daß zum einen die Schwankungsbreite der Meßwerte bei den manu-

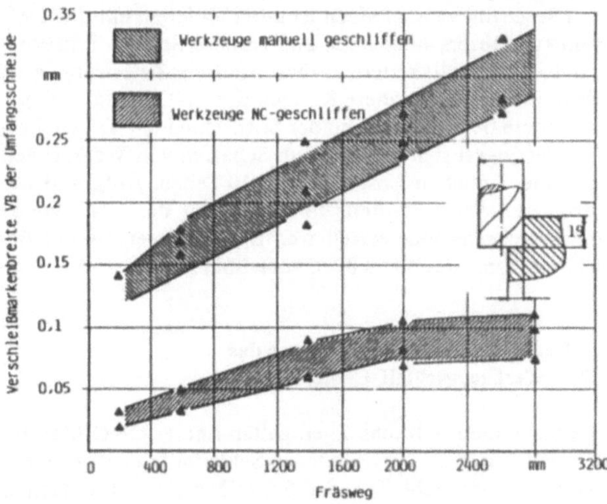

Bild 4. Verschleißverhalten manuell- und CNC-geschliffener Werkzeuge

Bild 5. Markierungsfreie Spanfläche am Radiusfräser

ell geschliffenen Fräsern ein Vielfaches der vergleichbaren Werte der CNC-geschliffenen Werkzeuge beträgt, und daß zum anderen bei gleichem Fräsweg die Verschleißwerte der manuell geschliffenen Fräser höher sind. Dies bedeutet, daß die manuell geschliffenen Werkzeuge wesentlich schneller erliegen, aber auch, daß aufgrund der Standzeitschwankungen keine gesicherte Aussage über die tatsächlich mögliche Einsatzzeit gemacht werden kann.

Letzteres hat wiederum zur Konsequenz, daß die Arbeitsvorbereitung mit unsicheren Daten arbeiten muß und demzufolge aus Sicherheitsgründen kürzere als die üblichen möglichen Standzeiten annimmt. Die daraus resultierenden Folgen für das Werkzeugwesen und die Fertigung wurden bereits diskutiert.

Die bisher beschriebenen Versuchsergebnisse sind zurückzuführen auf die bessere Teilungsgenauigkeit des CNC-geschliffenen Fräsers, d. h., die Belastung der einzelnen Schneiden im Zerspanungsprozeß ist bei gleichzeitig hoher Rundlaufgenauigkeit und konstanter Schneidengeometrie gleich. Weiterhin ist zu beachten, daß die Werkzeuge im Tiefschliffverfahren mit Kühlung geschliffen wurden, demzufolge negative Beeinträchtigungen des Randzonengefüges der Schneide durch Erwärmen ausgeschlossen werden können. Um den Einfluß des wiederholten Schleifens auf das Verschleißverhalten zu ermitteln, wurden die Werkzeuge mehrmals geschärft und eingesetzt. Dabei ergab sich, daß die CNC-geschliffenen Werkzeuge nahezu konstantes Verschleißverhalten haben, bei den konventionell geschärften Werkzeugen sich die Eigenschaften dagegen von Nachschliff zu Nachschliff verschlechtern: Die einmal im manuellen Schliff erzeugten Fehler am Werkzeug werden beim erneuten Schärfen nicht egalisiert, sondern vielmehr verstärkt.

3.2 Zylindrische Gesenkfräser

Eine weitere Versuchsreihe diente dem Ermitteln des Verschleißverhaltens von zylindrischen HSS-Gesenkfräsern mit runder Stirn (Vollradius). Dabei war unter anderem der Einfluß der Spanflächengeometrie auf die Verschleißeigenschaften zu erfassen, da ein neuartiges Verfahren die Möglichkeit bot, markierungsfreie Spanflächen an Radiuswerkzeugen zu schleifen [2].

Das heißt, mit der sogenannten WALTER-Technik wird die Spanfläche im zylindrischen Teil und im Bereich des

Fräserradius in einem kontinuierlichen Ablauf CNC-geschliffen, und es entsteht eine glatte Spanfläche mit definiertem positiven Spanwinkel entlang der gesamten Schneide (Bild 5). Demgegenüber werden mit der konventionellen, manuellen Schleiftechnik die Spanflächen im zylindrischen Teil und im Radius in mehreren Schritten erzeugt, so daß insbesondere im Bereich des Übergangs der Spanfläche vom zylindrischen Teil in den Radiusbereich des Fräsers eine Durchdringung zweier Flächen mit Unstetigkeiten im Verlauf der Schneidkante auftreten. Das beeinflußt zum einen die Radiusformgenauigkeit negativ, zum zweiten belastet der Schnittprozeß diesen „hohen" Punkt der Schneide: er neigt damit zu stärkerem Verschleiß.

Die Versuchsergebnisse sind im Bild 6 zusammengefaßt. Zur statistischen Absicherung kamen je drei handelsübliche, konventionell geschliffene und drei CNC-geschliffene Gesenkfräser zum Einsatz. Dargestellt ist die Verschleißmarkenbreite als Standzeitkriterium in Abhängigkeit vom Fräsweg. Dabei sind das Verschleißverhalten der Umfangsschneiden und das Verhalten der Schneiden im Radius unterschieden. Diese Untersuchungen beweisen, daß die Qualitätsschwankungen der CNC-geschliffenen Werkzeuge im Vergleich zu den konventionell geschliffenen um ein Vielfaches geringer sind, und zudem die Standzeit um den Faktor zwei bis drei höher ist. Wie Detailuntersuchungen der Werkzeugschneiden zudem zeigen, neigen die konventionell geschliffenen Werkzeuge im bereits beschriebenen Übergangsbereich der Spanfläche vom zylindrischen Teil in den Radiusbereich zu Ausbrüchen.

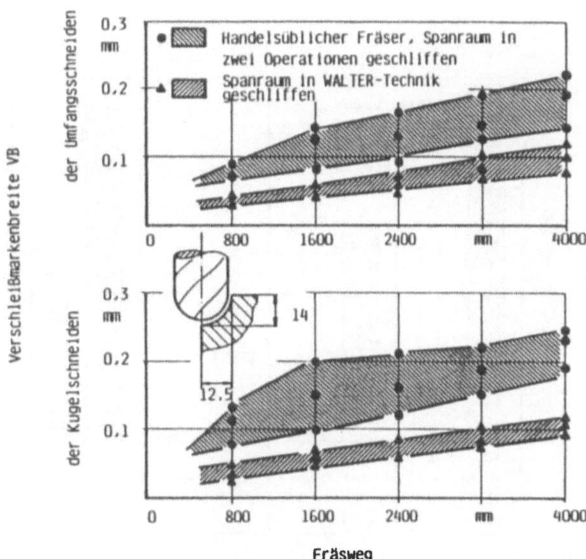

Bild 6. Verschleißverhalten manuell- und CNC-geschliffener Gesenkfräser

Auch an diesem Beispiel ist erkennbar, daß der Einsatz der CNC-geschliffenen Werkzeuge den Arbeitsvorbereiter in die Lage versetzt, bei der Standzeitvorgabe mit gesicherten, reproduzierbaren Werten zu arbeiten. Das Werkzeug ist längere Zeit bis nahe an sein theoretisches Standzeitende einsetzbar. Folgerichtig reduzieren sich die Werkzeugwechsel- und Maschinenstillstandszeiten, die Stückkosten sinken (Bild 2).

4 Schleifzeitreduktion durch die CNC-Technik

Unter dem Gesichtspunkt der Modernisierung der Werkzeuginstandhaltung wurde im Werkzeug- und Betriebsmittelbau einer Maschinenfabrik die Wirtschaftlichkeit von CNC-gesteuerten Werkzeugschleifmaschinen durch den Vergleich der Rüst- und Schleifzeiten, die beim manuell oder CNC-gesteuerten Werkzeugschleifen entstehen, untersucht. Das zu schärfende Werkzeugspektrum machte eine Werkzeugschleifmaschine mit vier CNC-gesteuerten Achsen notwendig. Sie war Ausgangsmaschine der Analysen. Eine derartige Maschine ersetzt mehrere manuelle/konventionelle Werkzeugschleifmaschinen, da auf ihr verschiedene Schleifarbeiten mit unterschiedlichen Werkzeugaufspannungen möglich waren.

Die Angaben zu den Rüst- und Schleifzeiten der manuellen Maschinen fanden sich in den langjährigen, betriebsinternen Aufzeichnungen. Die entsprechenden Werte beim Einsatz der CNC-Maschine basieren zum einen auf den Erfahrungen der Maschinenhersteller selbst, zum anderen auf Angaben von Anwendern der CNC-Maschinen.

Aus der Menge der zu schärfenden Werkzeuge wurden beispielhaft vier Teile für den Vergleich gewählt (Bild 7). Hier war mit dem Einsatz der CNC-Technik bereits in der Einzelfertigung ein Vermindern der Boden-zu-Boden-Zeiten (Summe aus Rüst- und Schleifzeit) in Abhängigkeit von der Komplexität der Schleifaufgabe um bis zu 60 % festzustellen. Eine Ursache hierfür mag der ersatzlose Wegfall der Operation „Rundschleifen" bei Walzenstirn-, Schaft- und Keilnutenfräsern sein, da die CNC-Technik bereits die geforderten Rundlaufgenauigkeiten ergibt. Lediglich bei Werkzeugen mit aus fertigungstechnischen Gesichtspunkten versehener Rundschliffase ist dieser Arbeitsschritt auf einer Rundschleifmaschine einzufügen.

Die geringere Schleifzeit ist unter anderem auf das Tiefschliffverfahren, aber auch auf größere Schleif- und Vorschubgeschwindigkeiten, zurückzuführen. Zu erwähnen ist die in Einzelfällen höhere Rüstzeit der CNC-Maschine, insbesondere beim Bearbeiten der Stirnschneiden. Dieser Einfluß verringert sich jedoch beim Schärfen von Werkzeugen mit einer üblichen Losgröße von 10 Teilen. Aufgrund des geringeren Rüstzeitanteils fallen die mit der CNC-Werkzeugschleifmaschine erzielbaren Einsparungen bei der Bearbeitungszeit um bis zu 80 % noch höher aus.

5 Reduzierte Schärfkosten durch das CNC-Werkzeugschleif-Center

Die bisherigen Betrachtungen galten immer CNC-Maschinen, mit denen die verschiedenen Schleifaufgaben an einem Werkzeug wie Schleifen der Spanfläche, der Freiflächen usw. in verschiedenen Schritten nacheinander durchgeführt und zwischen den einzelnen Operationen jeweils manuelle Umrüstarbeiten vorzunehmen waren.

Mit der Entwicklung des WALTER HELI CENTER GC 6 mit sechs CNC-gesteuerten Achsen ist erstmals die Möglichkeit der Komplettbearbeitung von Werkzeugen in einer Aufspannung geschaffen (Bild 8).

Wesentliche Voraussetzung hierzu war die Entwicklung des sogenannten Revolverschleifkopfes. Mit diesem Schleifkopf, der zwei Spindelantriebe und drei freie Spindelenden zur Aufnahme der Schleifscheibenadapter besitzt, können automatisch und in Abhängigkeit von den durchzuführenden Schleifarbeiten unterschiedlichste, kostengünstige Standardschleifscheiben in Eingriff gebracht werden. In Verbindung mit den stufenlos regelbaren Schleifspindelantrieben besteht weiterhin die Möglichkeit, die jeweils technologisch optimalen Schleifbedingungen einzustellen. Dieses Maschinenkonzept ermöglicht die vollautomatische Komplettbearbeitung von Werkzeugen, aber auch Produktionsteilen, wobei in Abhängigkeit von der Komplexität der Bearbeitungsaufgabe vier- und mehrachsige Bahnbewegungen ausführbar sind.

Im Rahmen des Kaufs einer derartigen Maschine zur Werkzeugaufbereitung führte ein namhaftes Unternehmen Wirtschaftlichkeitsberechnungen durch. Die Ergebnisse der Untersuchungen am Beispiel von vier Werkzeugtypen sind als Schärfkosten je Werkzeug im Bild 9 dargestellt. Verglichen sind die Kosten, die beim Schleifen mit konventionel-

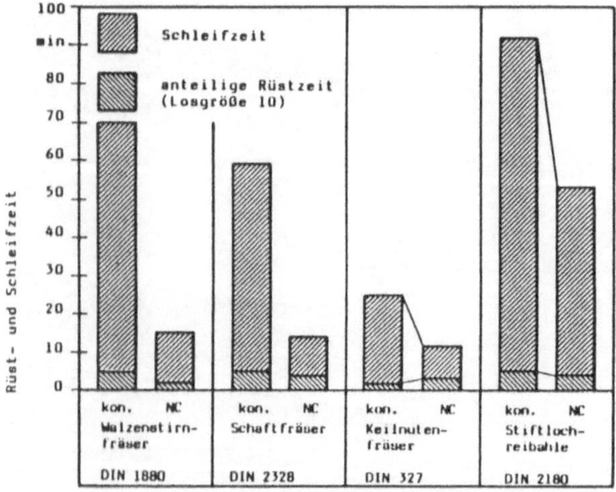

Bild 7. Schleif- und anteilige Rüstzeiten beim Einsatz konventioneller und CNC-gesteuerter Werkzeugschleifmaschinen, Losgröße 10

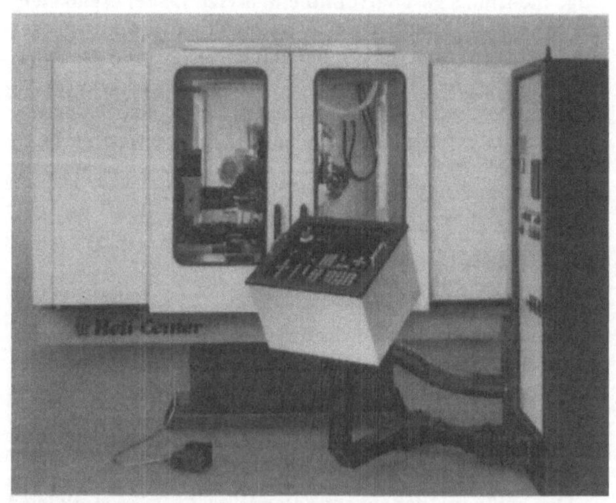

Bild 8. CNC-Werkzeugschleifmaschine Heli Center GC 6

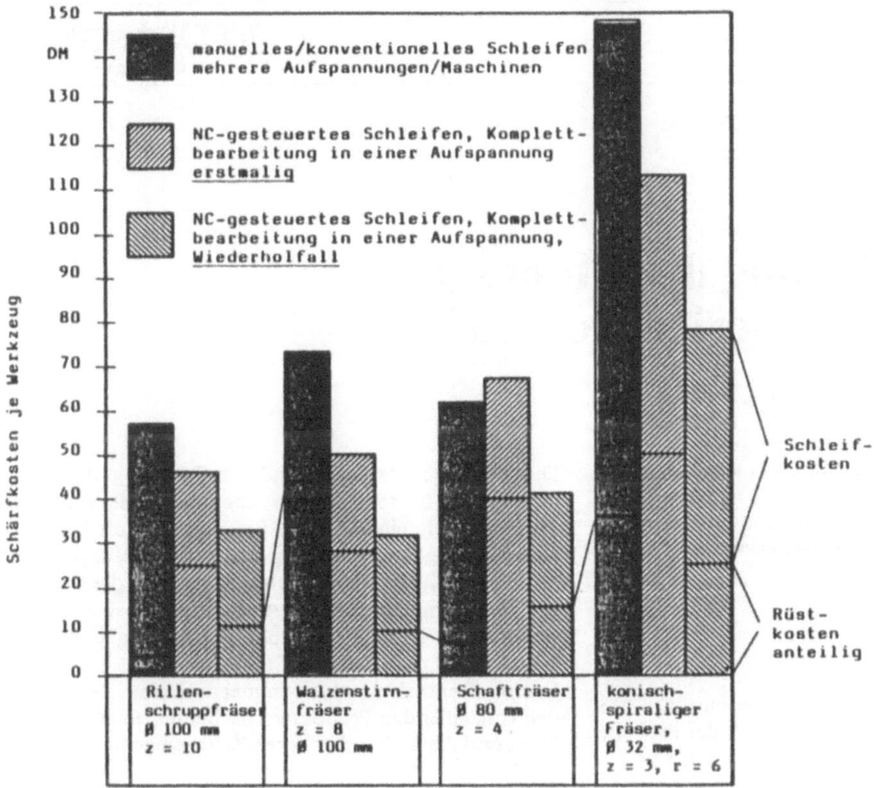

Bild 9. Schärfkosten beim Einsatz von konventionellen/manuellen Werkzeugschleifmaschinen von CNC-gesteuerten Werkzeugschleifmaschinen, Losgröße 10

len Maschinen entstehen, mit den Beträgen, die beim erstmaligen und beim wiederholten Schleifen mit dem Heli Center GC 6 anfallen. Die Ergebnisse basieren auf der Annahme einer Losgröße von 10 Stück der zu schärfenden Werkzeuge. Anzumerken ist, daß beim konventionellen/manuellen Schleifen für die verschiedenen Arbeitsgänge jeweils unterschiedliche Maschinen eingesetzt werden. Weiterhin ist beim erstmaligen Schleifen mit der CNC-Maschine ein erhöhter Rüstaufwand zu betreiben, der jedoch durch das Identnummer-Verwaltungssystem und die sogenannten Nullpunkt-Programme [3] beim wiederholten Schleifen des Werkzeugs verringert ist.

Im einzelnen ist festzustellen, daß die Werkzeuge bereits beim erstmaligen Schleifen mit der CNC-Maschine kostengünstiger zu schärfen sind; eine Ausnahme bildet hier der Schaftfräser. Im Wiederholfall ergeben sich in jedem Fall Einsparungen von bis zu 55 %. Dabei sind insbesondere beim erstmaligen Rüsten die Rüstkosten auf der CNC-Maschine höher, da hier unter anderem der Maschinensteuerung zunächst umfangreichere Informationen zur Verfügung zu stellen sind und weiterhin bei vergleichbarem zeitlichem Aufwand aufgrund des höheren Maschinenstundensatzes höhere Kosten anfallen. Der höhere Rüstkostenanteil wird jedoch mehr als kompensiert durch den automatisierten und schnelleren Schleifzyklus, wobei die gesteigerte Qualität der Werkzeuge hier nicht erfaßt ist.

6 Zusammenfassung

Produktivitätssteigerungen in der spanenden Fertigung sind nicht nur durch die Einführung integrierter Datenverarbeitungssysteme zur Verminderung der Durchlaufzeiten, sondern auch mit dem Einsatz optimal an den Schnittprozeß angepaßter Werkzeuge zu erreichen. Die Voraussetzung zur Erfüllung der letztgenannten Forderung wurde durch die Entwicklung CNC-gesteuerter Werkzeugschleifmaschinen für die Werkzeugproduktion und -instandhaltung geschaffen. Die Untersuchungen ergaben, daß diese Maschinen Werkzeuge höherer Qualität produzieren und die Fertigungskosten in der spanenden Metallbearbeitung in nicht unerheblichem Maße zu reduzieren sind. Aufgabe der für das Werkzeugwesen Verantwortlichen muß es sein, die jeweiligen betriebsspezifischen Analysen durchzuführen mit dem Ziel der Einführung derartiger CNC-Maschinen. Hier ist noch viel Überzeugungsarbeit zu leisten, da die Werkzeugschleiferei häufig als unproduktiver Nebenbetrieb gilt, in den zu investieren nicht lohnt.

Literatur

1. Bräuning, H.: CNC-Werkzeugschleifen für die Herstellung und das Nachschleifen von Werkzeugen. Jahrbuch Schleifen, Honen, Läppen und Polieren, 52. Ausgabe 1985
2. Petuelli, G.: Versatile Radius Grinding. A New Technique For the Future – Now? Precicion Toolmaker, June 1986, Vol. 5, No. 2
3. Link B.; Petuelli, G.: Nullpunkt-Programme, Produktivitätssprung in der Werkzeugherstellung und -instandsetzung. tz für Metallbearbeitung, 87 (1987) H. 1

(Alle Bilder sind Eigentum der Montanwerke Walter GmbH, Tübingen)

wt Werkstattstechnik
© Springer-Verlag 1988

Systematische Planung der Montage bei Einzel- und Kleinserienproduktion*

W. Eversheim, I. Kosmas und K.-H. Sossenheimer, Aachen

Inhalt. Komplexe Abläufe in der Montage verhindern häufig eine systematische Montagevorbereitung. Wie diese für die Einzel- und Kleinserienproduktion durchzuführen ist, wird anhand der einzelnen Planungsfunktionen der Montagevorbereitung sowie der Montageablaufplanung gezeigt.

1 Einleitung

Die Rationalisierung der Einzel- und Kleinserienmontage gewinnt zunehmend an Bedeutung, da im Bereich der mechanischen Fertigung eine weitere Kostenersparnis mit hohen Investitionen verbunden ist [1, 2]. Der Schwerpunkt der Rationalisierung in der Montage muß bei den organisatorischen Maßnahmen liegen, weil eine Automatisierung sowohl unter technischen als auch unter wirtschaftlichen Gesichtspunkten nur schwer möglich ist. Dies bestätigt eine Befragung von 91 Unternehmen mit Einzel- und Kleinserienproduktion (Bild 1). Möglichkeiten zur Mechanisierung bzw. zum Einsatz von Vorrichtungen in der Montage wurden nur von wenigen Unternehmen als relevant erachtet. Über die Hälfte der Unternehmen nannte eine Gesamtoptimierung der Montage, ohne dies weiter konkretisieren zu können. Daraus läßt sich schließen, daß die Ursachen des Rationalisierungsdefizits größtenteils nicht bekannt oder zumindest nicht genau untersucht sind: Es werden somit weiterhin Investitionen mit dem Schwerpunkt in den klassischen Bereichen getätigt, wobei sich die Montage zunehmend zum betrieblichen Engpaß entwickelt.

Auch die rasante Entwicklung in der Informationsverarbeitung [2] hat die Belange der Einzel- und Kleinserienmontage bisher nur zum Teil berührt. Zwar werden heute eine Reihe von Produktionsplanungs- und -steuerungssystemen angeboten, es fehlen allerdings fundierte Konzepte für deren Anpassung an die speziellen Problemstellungen der Montage. Darüber hinaus mangelt es an den Voraussetzungen für ihren Einsatz in der Montage, so beispielsweise an der Bereitstellung der Grunddaten.

2 Konzept einer Montagevorbereitung

Die Notwendigkeit, eine Montagevorbereitung für die Einzel- und Kleinserienproduktion einzurichten, ergibt sich im wesentlichen aus folgenden Sachverhalten:

– Die Montageunterlagen sind häufig wenig detailliert und lassen Entscheidungen über die Gestaltung der Montage weitgehend offen. Sie enthalten oft lediglich eine nachträgliche Fixierung des in der Montage beobachteten Ist-Zustands. In vielen Fällen sind die Unterlagen infolge ungenügender Aktualisierung sowohl hinsichtlich des Produkts als auch der Montagebedingungen nicht auf dem neuesten Stand.

– Entsprechend den sich in immer kürzeren Zeitabständen vollziehenden Produktwechseln müssen auch Strukturen und Abläufe in kleineren Zeiträumen neu gestaltet werden.

– Das Datenvolumen sowohl aus den der Montage vorgelagerten Bereichen als auch aus der Montage selbst, das für eine rationelle Gestaltung und Durchführung der Montage verarbeitet werden muß, ist wesentlich gestie-

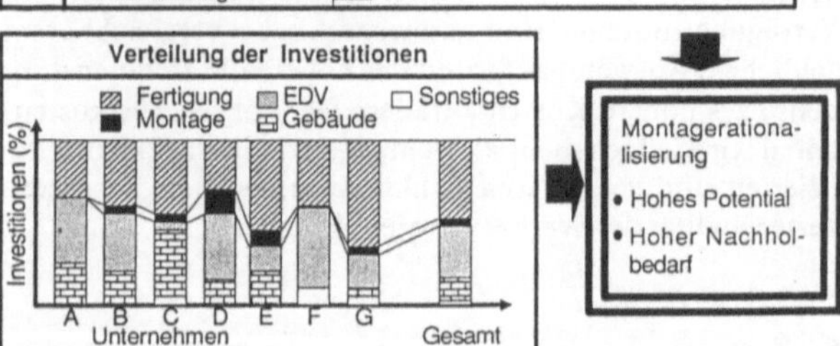

Bild 1. Handlungsbedarf bei der Montagerationalisierung. Umfrage bei 91 Unternehmen, Mehrfachnennungen möglich, Angaben in Prozent

---

* Die der Veröffentlichung zugrunde liegenden Arbeiten werden mit Mitteln der Deutschen Forschungsgemeinschaft (DFG) gefördert.

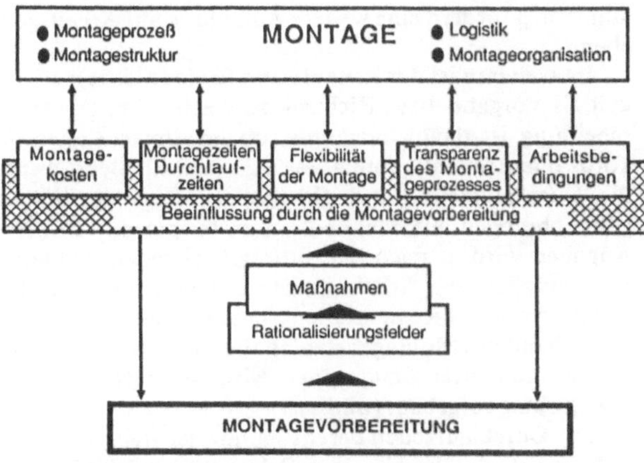

Bild 2. Bedeutung der Montagevorbereitung

gen. Dieses Datenvolumen kann nur gezielt ausgewertet und gepflegt werden, wenn dafür eine verantwortliche Stelle vorgesehen ist.

Die Zweckmäßigkeit erhöhter Aufwendungen im Vorfeld der Montage ist damit zu begründen, daß ein erhöhter Aufwand in der Vorbereitung von einer aufwandsreduzierten Montage zumindest ausgeglichen wird [3].

Mit der Einrichtung einer Montagevorbereitung verbinden sich für die Praxis folgende Zielsetzungen (Bild 2):

- Reduzieren des Warte- und Störzeitanteils,
- Vermeiden von Kapazitätsengpässen,
- Bereitstellen zuverlässiger Eckdaten für die Produktionsplanung und -steuerung,
- Erhöhen der Transparenz und Übersichtlichkeit,
- Reduzieren der Durchlaufzeiten sowie
- Schaffen von Grundlagen, um die Montage in eine zukünftige computerintegrierte Produktion mit einzubeziehen.

Ausgehend von dieser Zielsetzung ist es notwendig, eine Institution „Montagevorbereitung" einzurichten, die die Montage betreffende Planungsfunktionen wahrnimmt. In Bild 3 ist das Modell einer Montagevorbereitung dargestellt. Dieses Modell gliedert die hierzu gehörenden Planungsaufgaben auftragsabhängig in

- Planungsvorphase und
- montagebegleitende Planungsphase,

und auftragsneutral in

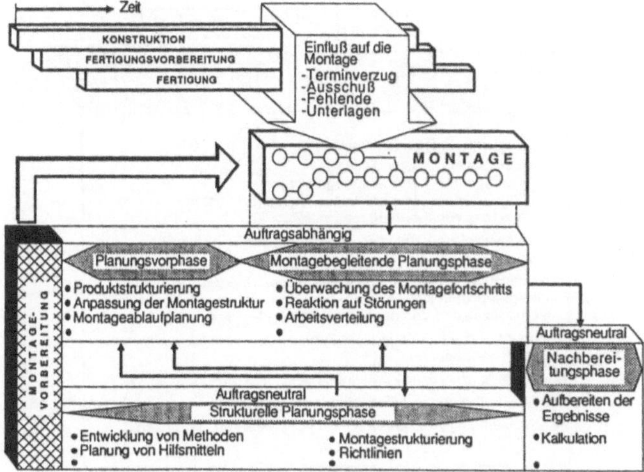

Bild 3. Modell einer Montagevorbereitung für die Einzel- und Kleinserienmontage

- Nachbereitungsphase und
- langfristig angelegte strukturelle Planungsphase.

In der Planungsvorphase wird parallel zur Konstruktion, Fertigungsvorbereitung und Fertigung auf der Basis der Auftragsdaten und der aktuellen Montagesituation der Montageprozeß in den wesentlichen Zügen festgelegt. Unter anderem erfolgt hier die Produktstrukturierung, die Anpassung der Montagestruktur sowie die Montageablaufplanung für den betreffenden Auftrag. Eine Erhöhung der Gesamtdurchlaufzeit wird mit der zu anderen Bereichen parallelen Vorbereitung der Montage ausgeschlossen.

Während der montagebegleitenden Planungsphase werden Aufgaben mit kurzfristigem Charakter wahrgenommen, z. B. Überwachung des Montagefortschritts, Reaktion auf Störungen oder Arbeitsverteilung.

Die bei der Montage eines Auftrags gesammelten Erfahrungen lassen sich für nachfolgende Aufträge nutzen, um damit die Planungssicherheit in der Planungsvorphase zu erhöhen sowie den Planungsaufwand zu reduzieren, wenn in der Nachbereitungsphase die auftragsbezogenen Daten ausgewertet und verdichtet werden. Mit einem solchen Vorgehen wird zumindest auf Baugruppenebene eine Änderungsplanung möglich.

Planungstätigkeiten, deren Ergebnisse die Systemeigenschaften der Montage längerfristig festlegen, werden der strukturellen Planungsphase zugeordnet. Die Planungsphase wird in größeren Zeitabständen, in der Praxis z. B. jährlich, durchgeführt. Hierunter fällt die Montagestrukturierung, die Materialflußgestaltung oder die Einführung neuer EDV-Hilfsmittel für die Montagevorbereitung.

Neben den die Montage vorbereitenden Aufgaben ist die Aktualisierung bzw. Anpassung der Daten von Bedeutung, weil

- zu Beginn der Montagevorbereitung nur begrenzte Informationen zur Verfügung stehen und
- die Planungsergebnisse während der Auftragsabwicklung aufgrund beliebiger Änderungen korrigiert werden müssen.

Am Beispiel der Planungsaufgabe „Gestaltung des Montageablaufs" wird im folgenden die Montagevorbereitung vorgestellt.

3 Vorbereitung des Montageablaufs

Die Einlastung eines neuen Auftrags in die Montage muß unter Berücksichtigung der Termine und der Kapazitäten erfolgen. Zur Abwicklung des Montageauftrags (mit geringen Kosten und kurzen Durchlaufzeiten) ist es erforderlich, diesen in der Montagevorbereitung durch eine systematische Planung anforderungsgerecht zu gestalten. In Bild 4 ist dazu das methodische Vorgehen gezeigt. Es beruht auf

- auftragsspezifischen Produkt- und Produktionsdaten,
- auftragsneutralen Vergangenheitsdaten und
- prognostizierten Zukunftsdaten.

Aktuelle auftragsbezogene Daten können nur innerhalb der Montagewerkstattsteuerung, also montagebegleitend, berücksichtigt und verarbeitet werden. Sie dienen später als Grundlage für die Montageablaufplanung neuer Aufträge und werden in der Nachbereitungsphase analysiert. Die Genauigkeit der Vergangenheitsdaten nimmt mit höherem Überdeckungsgrad des zu planenden Auftrags mit abgeschlossenen Aufträgen zu. In der Einzel- und Kleinserienmontage sind dazu mehrere Aufträge zugrundezulegen und statistisch auszuwerten.

Bei der erstmaligen Anwendung der Methode zur Gestaltung des Montageablaufs sind Informationen über be-

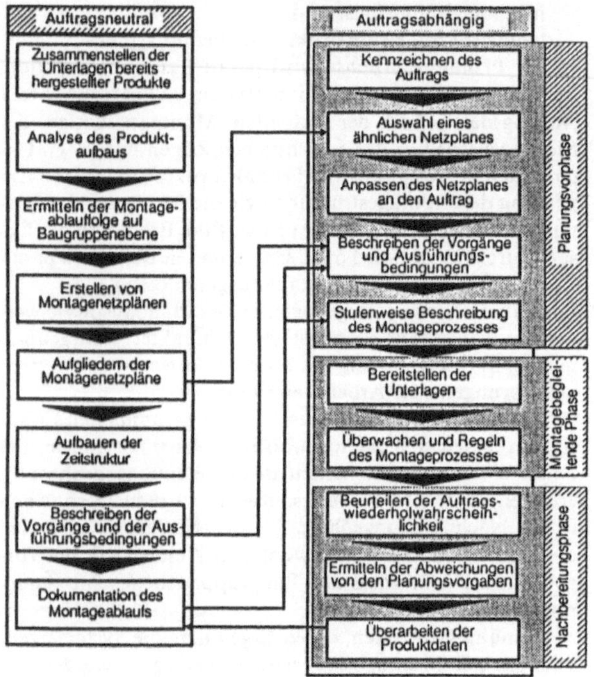

Bild 4. Methode zur Gestaltung des Montageablaufs

reits montierte Produkte heranzuziehen und zu analysieren. Der Aufwand für diesen Vorgang reduziert sich auf die Aktualisierung mit den aus der Nachbereitungsphase gewonnenen Daten.

Aufbauend auf der Analyse des Produkts [1] werden die Montageablauffolge auf Baugruppenebene ermittelt und die Montagenetzpläne erstellt. Diese sind näher zu untersuchen und anforderungsgerecht zu gestalten. Im Bild 5 sind dazu Regeln aufgestellt. Anhand solcher Regeln werden stufenweise der Montageablauf des Gesamtprodukts und anschließend die Abläufe der einzelnen Baugruppen gestaltet.

Beim Erstellen und Gliedern der Montagenetzpläne ist wie folgt vorzugehen: Für die Endmontagevorgänge, für jede bereitzustellende Baueinheit und für jede vormontierbare Baugruppe sind ein Arbeitsplan vorzusehen und ein Identbegriff zu bestimmen [4]. Montagepläne sind ebenfalls für diejenigen Vorgänge aufzustellen, bei denen kein Material benötigt wird, wie bei der Justage, der Qualitätsprüfung und der Abnahme. Für den Detaillierungsgrund der einzelnen Vorgänge empfiehlt sich ein Zeitraster von etwa zwei Stunden, damit der Planungsaufwand nicht den zu erreichenden Nutzen in der Montage überschreitet.

Der Endmontagearbeitsplan und die Montagepläne, die die Verkettung der Baueinheiten zeigen, werden an den Stellen, an denen Baueinheiten bzw. vormontierte Baugruppen einfließen, in Arbeitsgänge unterteilt. Damit wird erreicht, daß bei der Terminierung die Endtermine der bereitzustellenden Einheiten mit den Startterminen der Folgearbeitsgänge übereinstimmen. In der Tätigkeitsbeschreibung dieser Folgearbeitsgänge soll die bereitzustellende Einheit direkt aufgeführt sein, um Verwechslungen zu vermeiden. Mit dem direkten Nennen der Einheit ist eine eindeutige Kostenzuweisung der Arbeitsgänge zu Kostenträgern bzw. Baugruppen möglich.

Die so ermittelten Arbeitsgänge werden nun genauer untersucht. Kostenstellenübergänge, Belegung stationärer Prüfstände bzw. spezieller Montageflächen und Zwischen-

abnahmen fordern eine weitere Aufteilung auf Arbeitsgangebene.

Im weiteren ist der Zeitaufwand für jede einzelne Tätigkeit als Vorgabe- bzw. Richtzeit zu bestimmen. Die Unterscheidung ist davon abhängig, ob im Unternehmen Akkord- oder Zeitentlohnung vorliegt. Anschließend werden die Durchlaufzeiten und die zeitliche Lage der Arbeitsgänge, bezogen auf den Endtermin, festgelegt. Mit diesen Angaben wird es nach der auftragsbezogenen Aktualisierung möglich, die Arbeitsgänge zu steuern und die Belastungsprofile der Kostenstellen zu bestimmen.

Anhand des Montagenetzplans und der Durchlaufzeiten bereits montierter Baugruppen wird die auftragsneutrale Zeitstruktur aufgebaut (Bild 6).

Die Durchlaufzeiten bereits montierter Baugruppen unterliegen in der Praxis einer Schwankung. Werden diese Durchlaufzeitschwankungen in Abhängigkeit von der Zahl der Baugruppen aufgetragen, ergibt sich das Durchlaufzeit-Steuerungsdiagramm (Bild 7).

Die auftragsneutrale Zeitstruktur wird so aufgebaut, daß zunächst die jeweils maximale Durchlaufzeit Grundlage ist. Durchlaufzeiten, die von üblichen Werten extrem abweichen, sind dabei nicht zu berücksichtigen. Sie sind meist auf außergewöhnliche Störungen zurückzuführen und daher für eine Wiederholplanung ungeeignet.

Bezogen auf jede Baugruppe kann nur der früheste und späteste Beginntermin sowie der früheste und späteste Endtermin berechnet werden. Da diese Planung auftragsneutral ist, ist von normierten Durchlaufzeitwerten auszugehen. Für die Zeitstruktur eines gesamten Produkts sind die normierten Termine auf den spätesten Endtermin zu beziehen.

Wird beim Ermitteln (vgl. Bild 6) der Gesamtdurchlaufzeit von maximalen Durchlaufzeiten der Baugruppen aus-

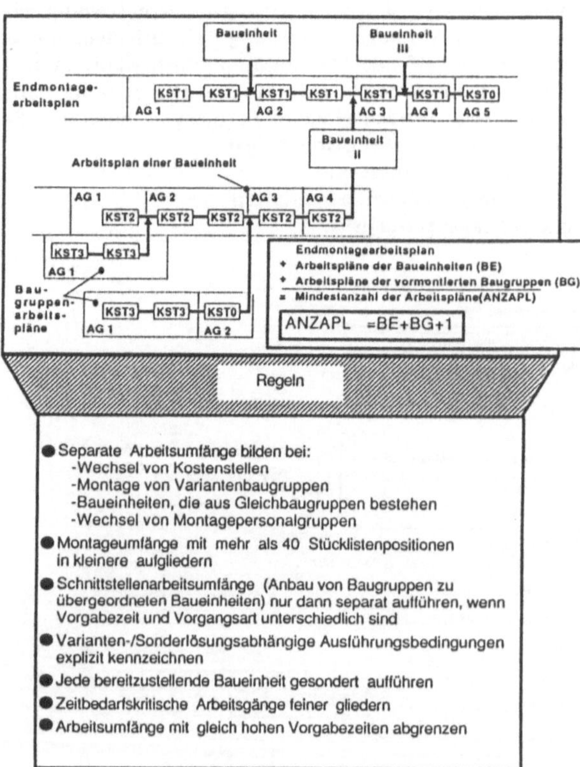

Bild 5. Gliederung des Montagenetzplans (AG Arbeitsgang; KST Kostenstelle)

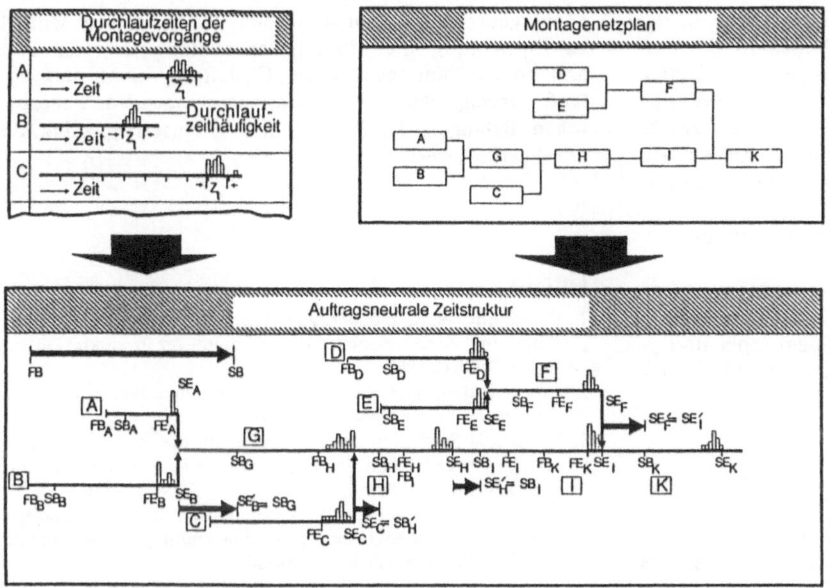

Bild 6. Aufbau der auftragsneutralen Zeitstruktur (Z_t Durchlauf-Zeitspanne; FB frühester Beginntermin; SB spätester Beginntermin; FE frühester Endtermin; SE spätester Endtermin)

gegangen, so ergibt sich bei einem Montageendtermin SE_K als Montagestarttermin FB_B. Der Endmontagevorgang K beginnt somit zum Zeitpunkt SE_F, der mit SE_I zusammenfällt. Die Durchlaufzeitstreuungen des kritischen Pfades gehen voll in die Gesamtdurchlaufzeit ein. Für den Fall, daß die jeweiligen Vorgänge früher als zu den SE_I-Terminen erledigt werden, dient die Zeitdifferenz als Puffer. Bei dieser Vorgehensweise treten somit unter Umständen beträchtliche Wartezeiten auf.

Eine weitere Möglichkeit ist, Termine zum Anbau von Baugruppen in der Endmontage als Ecktermine zu betrachten. Diese sind im Beispiel die Zeitpunkte SE_I, SE_H, SE_G und SE_B. Innerhalb des Endmontage- und des Baugruppenmontage-Pfads können die Durchlaufzeit-Streuungen variiert und Zwischentermine berechnet werden.

Die kürzeste Gesamt-Durchlaufzeit wird berechnet, indem die minimalen Vorgangszeiten zugrunde gelegt und die Bereitstelltermine für die Baugruppen entsprechend angepaßt werden. So ändert sich beispielsweise der Bereitstellungstermin für die Baueinheit F von SE_F auf SE_F, der mit dem Endtermin SE_I und dem Beginntermin SB_K zusammenfällt. Werden diese Plandaten für einen Auftrag übernommen, besteht die Gefahr, daß der Termin SE_K nicht eingehalten wird, da die Werte nur auf ähnlichen Vorgängen beruhen und die geringste Störung sich auf alle nachfolgenden Vorgänge auswirkt.

Um das Risiko einer Terminüberschreitung zu verringern, besteht die Möglichkeit, die Durchlaufzeit-Steuerung nur in der Vormontage in vollem Umfang zu berücksichtigen und in der Endmontage eine angemessene Pufferzeit vorzusehen.

Diese Berechnungen, die EDV-gestützt mit Netzplanprogrammen durchgeführt werden können, sind für die Planung in der Vorphase von hoher Bedeutung. Sie geben Aufschluß über die Variationsmöglichkeiten von Terminen, wenn es darum geht,

- Materialengpässe zu vermeiden,
- Kapazitäten auszugleichen,
- eine bessere Personaleinsatzplanung durchzuführen oder
- absehbare Störungen zu vermeiden.

Für den Normalfall, also bei der Einlastung eines Auftrags in die Montage, stellt sich die Frage, welche Werte für die Durchlaufzeit zugrundezulegen sind. Dazu werden die erstellten Durchlauf-Streuungsdiagramme der Baugruppen bzw. Vorgänge statistisch ausgewertet (Bild 7).

Die auftragsabhängige Gestaltung des Montageablaufs erfolgt in der Art, daß für die einzelnen Baugruppen ein möglichst passender Montagenetzplan gewählt wird. Auswahlkriterien dazu sind die Benennung, das Gewicht, die Zahl der Einzelteile und die Baugröße. Die gewählten Baugruppennetzpläne werden entsprechend ihrem Verwendungsnachweis zum Auftragsnetzplan zusammengestellt und auftragsbezogen angepaßt.

In der montagebegleitenden Planungsphase werden die Daten aktualisiert und detailliert und die Montageunterlagen in der Montage stufenweise bereitgestellt.

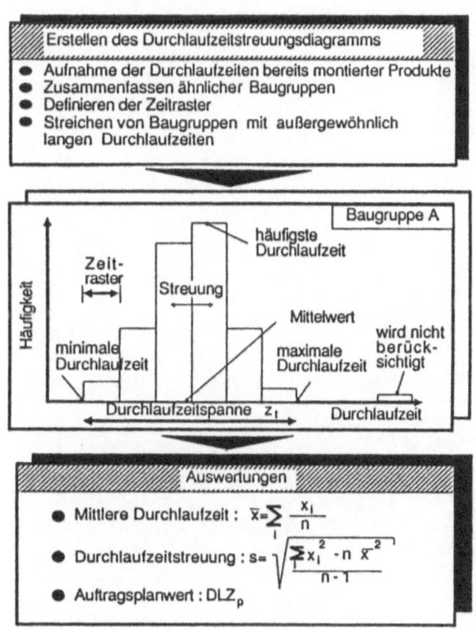

$$\text{Mittlere Durchlaufzeit}: \bar{x} = \sum_i \frac{x_i}{n}$$

$$\text{Durchlaufzeitstreuung}: s = \sqrt{\frac{\sum_i x_i^2 - n\,\bar{x}^2}{n-1}}$$

$$\text{Auftragsplanwert}: DLZ_p$$

Bild 7. Durchlaufzeit-Streuungsdiagramm

Nach beendeter Montage werden die Ist-Daten in der Nachbereitungsphase verdichtet und fließen in die auftragsneutrale Montageablaufdatei ein. Mit jedem zusätzlich aufbereiteten Auftrag steigt die Genauigkeit der auftragsneutralen Plandaten: Es sind somit gesicherte auftragsabhängige Planungen möglich. Darüber hinaus ergeben sich bei einer systematischen Nachbereitung der Daten Vorteile wie

- gleiche Planungsgrundlage für ähnliche Baugruppen,
- geringer Planungsaufwand,
- Erkennen von Rationalisierungsschwerpunkten,
- höherer Seriencharakter in den Vormontagebereichen,
- fördern der Wiederverwendung von Baugruppen und
- Rationalisierung der Auftagsabwicklung bei Wiederverwendung vorhandener Unterlagen.

4 Zusammenfassung

Rationalisierungsreserven in der Einzel- und Kleinserienmontage können bei einer systematischen Planung des Montageprozesses genutzt werden. Es wurde ein Modell zur Einrichtung einer Montagevorbereitung vorgestellt und anhand der Planungsfunktion „Gestaltung des Montageablaufs" gezeigt, wie die Planung entsprechend den spezifischen Belangen der Einzel- und Kleinserienproduktion durchgeführt werden kann.

Literatur

1. Eversheim, W.: Strategien zur Rationalisierung der Montage: Einzel- und Kleinserienproduktion komplexer Produkte. Düsseldorf: VDI-Verl. 1987
2. Autorenkollektiv: Produktionstechnik auf dem Weg zu integrierten Systemen. Düsseldorf: VDI-Verl. 1987
3. Kosmas, I.: Strategien und Hilfsmittel für die Montagevorbereitung in Unternehmen der Einzel- und Kleinserienproduktion. Diss. TH Aachen 1988
4. Heymanns, L.; Kosmas, I.; Sossenheimer, K. H.: Montagegerechte Produktstrukturierung – Anwendung in der Praxis. Ind.-Anz. 108 (1986) H. 84, S. 35—37

wt Werkstattstechnik
© Springer-Verlag 1989

Prüfhäufigkeit aus der Werkzeugstandzeit

Ein fertigungstechnischer Ansatz für die Qualitätsregelung

U. Haußmann, Aschaffenburg

Inhalt. Die Ausfallwahrscheinlichkeit der Werkzeuge beschreibt die sogenannte „Badewannenkurve" der Zuverlässigkeitstechnik. Die Schnittwertermittlung liefert die Standmenge. Die daraus abzuleitende Prüfhäufigkeit zeigt die vorgeschlagene Tabelle. Ein qualitatives Modell erläutert den Zusammenhang. Der vorbeugende Eingriff bedeutet Nutzverzicht zugunsten größerer Fertigungssicherheit.

1 Einleitung

Flexibilität, Produktivität und Wirtschaftlichkeit sind wesentliche Ziele, wenn erhebliche Summen in Fertigungssysteme investiert werden. Handhaben von Material und Werkzeugen wird automatisiert. Anforderungsgerechte Ergebnisse sind selbstverständlich. Dabei liegt besonderes Gewicht auf der Fertigungssicherheit, denn der Kunde – der draußen am Markt wie der drinnen in der nächsten Abteilung – stellt höchste Ansprüche an die Gleichmäßigkeit der Produkte. Also legt die Planung größten Wert auf beherrschte Fertigungsprozesse.

Aber auch im idealen Prozeß begrenzt der Verschleiß die Lebensdauer der Werkzeuge. Der Ausstoß der Maschine in Bild 1 schiebt die Werkstücke von rechts nach links. Die bekannte Badewannenkurve stellt die Ausfallwahrscheinlichkeit eines Werkzeugs dar. Ihre Zeitachse beginnt über dem ältesten Teil ganz links, das ist das erste Gut-Stück nach dem Rüsten oder nach dem letzten Werkzeugwechsel.

Die Fehler am neuen Werkzeug und solche, die es vom Voreinstellen mitbringt, verursachen die „Frühausfälle". Dann kommt die eigentliche Nutzungsphase mit sicherer Fertigung. Nur relativ seltene Störungen verursachen „Zu-

fallsausfälle". Nach einer Standzeit, die praktisch alle Werkzeuge erreichen, beginnen die „Ausfälle aufgrund von Alterung", durch Verschleiß. Bei Nutzung des richtigen Zeitpunkts zum vorbeugenden Eingriff genügt die Korrektur am Prozeß, das Nachstellen oder Wechseln des Werkzeugs. Sind bereits fehlerhafte Werkstücke („nicht in Ordnung") angefallen, dann muß der letzte Teil des Ausstoßes sortiert werden. Nur ein Prüfen zeigt den rechten Zeitpunkt zum Eingreifen. Geprüft werden Merkmale am Werkstück oder Parameter des Prozesses wie die schon verbrauchte Standzeit. Prüfen und Eingreifen bilden die Qualitätsregelung [1]. Sie gehört zu jedem Fertigungsprozeß, weil die zum Bearbeiten notwendige Arbeit auch vom Verschleiß und von Störungen begleitet wird, die beherrscht werden müssen.

2 Eingriffshäufigkeit

Der Fertigungsmann ist stolz darauf, mit möglichst wenigen, aber richtigen Eingriffen gleichmäßig hohe Qualität und Menge herzustellen.

Dazu gehört viel Erfahrung, die sich jeder mühsam erarbeiten muß. Hier kommt der Wunsch auf, Regeln für Eingriffs- und Prüfhäufigkeit zu haben, die dem Mann an der Maschine die Entscheidungen erleichtern. Solche Richtlinien braucht aber vor allem der Planer, der die Kapazität berechnen muß und über den Einsatz von Schwesterwerkzeugen oder einer Meßsteuerung zu entscheiden hat.

Die Zeit zwischen zwei Eingriffen ist die Zeit zwischen zwei Störungen. Die Zuverlässigkeitstechnik spricht von der „Mittleren Zeit zwischen zwei Ausfällen" (MTBF mean

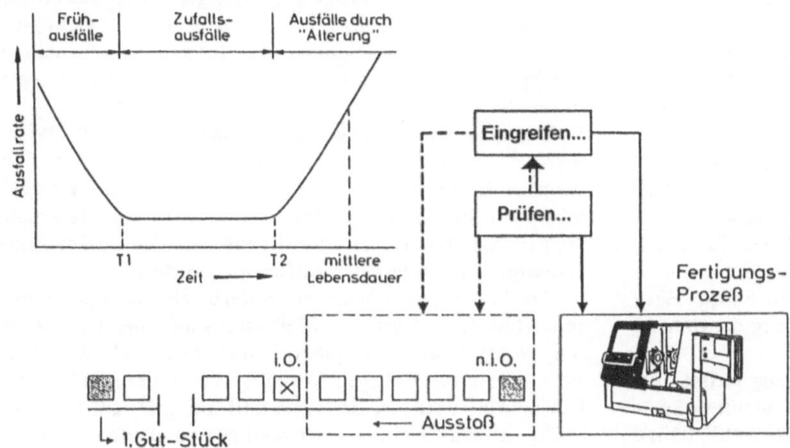

Bild 1. Die begrenzte Lebensdauer der Werkzeuge und der Bauteile der Maschine verlangt die Qualitätsregelung aus Prüfen und Eingreifen als Bestandteil des Fertigungsprozesses

Tabelle 1. Ermitteln der Prüfhäufigkeit aus Standmenge bzw. Eingriffshäufigkeit

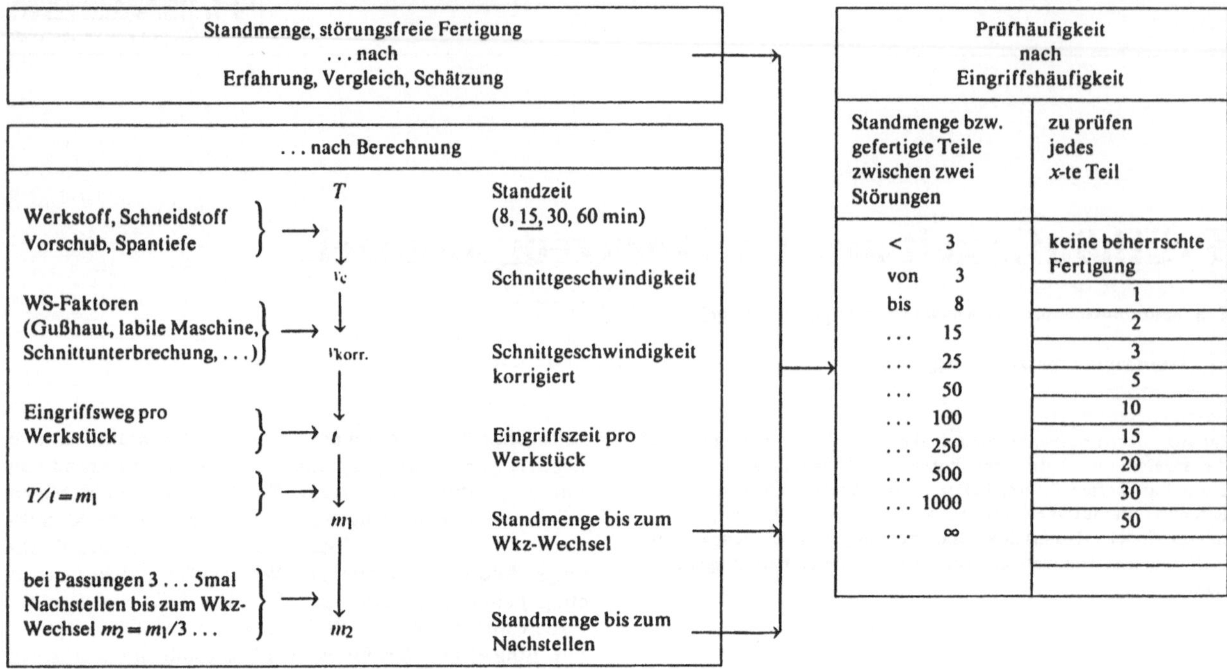

Prüfhäufigkeit nach Eingriffshäufigkeit	
Standmenge bzw. gefertigte Teile zwischen zwei Störungen	zu prüfen jedes x-te Teil
< 3	keine beherrschte Fertigung
von 3	
bis 8	1
... 15	2
... 25	3
... 50	5
... 100	10
... 250	15
... 500	20
... 1000	30
... ∞	50

time between failures). Entsprechend wäre hier von einer „Mittleren Zeit zwischen zwei Eingriffen" zu reden.

Werte dafür braucht nicht zuletzt die vorbeugende Instandhaltung. Mangels aussagefähiger Statistiken ist der Planende oft auf seine Erinnerung an ähnliche Fälle angewiesen. Schätzen und Vergleichen sind auch durchaus gebräuchlich für die Voraussage der Werkzeugnachstellung und des -wechsels.

In der spanabhebenden Fertigung sind das die häufigsten Eingriffe. Deshalb soll dieses Thema etwas gründlicher untersucht werden.

Die Lebensdauer der Werkzeuge, ihre Standzeit unter verschiedenen Bedingungen, ist in den Katalogen der Werkzeughersteller niedergelegt. Neuerdings stehen diese Informationen abrufbereit in zentralen Datenbanken.

Kann und will der Planende diese Unterlagen nutzen, dann folgt er einem ganz bestimmten Gedankengang (Tabelle 1):

Ausgehend von der als optimal erkannten Standzeit sucht er die zugehörige Schnittgeschwindigkeit in der Tabelle, die für Werkstoff und Schneidstoff in seinem Fall zuständig ist, wobei Spantiefe und Vorschub zu beachten sind.

Zum Erreichen der gewünschten Standzeit auch unter widrigen Umständen, wie Gußhaut, unterbrochener Schnitt usw., ist die gefundene Schnittgeschwindigkeit zu vermindern. Dazu dienen Korrekturwerte, sogenannte WS-Faktoren, aus den gleichen Nachschlagewerken.

Mit der korrigierten Schnittgeschwindigkeit, der Geometrie des Werkstücks und mit der geplanten Schnittaufteilung errechnet sich die Eingriffszeit des betrachteten Werkzeugs pro Werkstück. Beim rechnerunterstützten Erstellen des NC-Programms fällt diese Eingriffszeit mit an.

Die anfangs gewählte Standzeit geteilt durch die Eingriffszeit je Werkstück ergibt für das Werkzeug die Standmenge.

Das ist die Zahl der Teile, die ein Werkzeug fertigt, bis sein „Erliegenskriterium" – z. B. die Verschleißmarkenbreite – den Grenzwert erreicht. Unberücksichtigt blieb bis-

her, wie mit dem allmählichen Verschleiß des Werkzeugs etwa der Durchmesser an gedrehten Teilen immer größer wird.

Bei eng tolerierten Merkmalen (z. B. Passungen) muß das Werkzeug bis zum Wechsel vielleicht mehrmals nachgestellt werden. Entsprechend klein ist die Zahl der Werkstücke, die zwischen zwei Eingriffen von der Maschine kommt.

Die praktisch zu erreichenden Standmengem werden immer wieder um den errechneten Wert streuen. Trotzdem ist damit in die Tabelle 1, rechter Teil, zu gehen, um zur Eingriffshäufigkeit eine vernünftige Prüfhäufigkeit abzulesen. Die Stufensprünge sind bewußt grob (etwa mit dem Faktor 2) gewählt. Auch eine Schätzung wird oft die richtige Stufe treffen. Bei anderen Störungen, die sich nicht einmal annähernd berechnen lassen, werden sowieso nur Erfahrung und Vergleich helfen, ihre Häufigkeit abzuschätzen.

3 Prüfhäufigkeit

Stör- und Eingriffshäufigkeit verlangen eine bestimmte Prüfhäufigkeit. Die Frage, wie oft zu prüfen ist, stellt sich nicht, sofern Überwachungseinrichtungen und Sensoren ständig den Fertigungsprozeß kontrollieren oder wenn eine automatische Meßstation jedes Werkstück prüft.

Sensoren aber erfassen Prozeßparameter, z. B. Wirkenergien, Schnittkräfte und Funktionsfolgen. Das sind wichtige Einflußgrößen, jedoch nicht die Produkteigenschaften selbst. Und keine Meßstation prüft alle Merkmale des produzierten Werkstücks. Es bleiben also immer Prüfvorgänge, die zusätzlichen Aufwand erfordern.

Das Prüfen in der Maschine unterbricht meist den Fertigungsfluß, sobald etwa ein Meßtaster statt eines Werkzeugs eingewechselt wird. Auf jeden Fall lohnt es sich, die Frage nach einem vernünftigen Vorgehen zu stellen. Falls jedes Teil geprüft wird, ist der Aufwand am größten, und das Risiko ist sehr klein. Immer weniger zu prüfen, läßt die

Fehlerkosten schließlich untragbar hoch werden. Dieses Problem, so alltäglich es ist, findet in den Standardwerken [2, 3] nur begrenzte Aufmerksamkeit, nämlich nur Spezialfälle. Das Optimum wird bisher meist mit den Mitteln der Stichprobentechnik gesucht.

Die Produktion einer Schicht bildet bei diesen Überlegungen ein Scheinlos. Mit einem AQL-Wert je nach gewünschter Prüfschärfe geben die üblichen Tabellen (DIN 40 080) an, wie groß die zu prüfende Stichprobe sein muß. Diese wird gleichmäßig auf die gefertigte Menge verteilt. Bei großen Stückzahlen und kleinen Taktzeiten bringt dieses Verfahren durchaus sinnvolle Prüfhäufigkeiten.

Hier ist anzumerken, daß das Modell aller Stichprobenverfahren der „blinde Griff in die Urne" (das fertige Los) mit weißen (guten) und schwarzen (schlechten) Kugeln (bzw. Teilen) ist. Der Anteil fehlerhafter Teile bleibt natürlich der gleiche, wenn der Auftrag einmal erledigt ist. In der laufenden Fertigung aber ändert sich das Ergebnis allmählich mit dem Verbrauch des Abnützungsvorrats, z. B. mit der Einsatzzeit eines Werkzeugs. Schließlich wird die Toleranzgrenze erreicht und – wenn der notwendige Eingriff ausbleibt – auch überschritten. Die Wahrscheinlichkeit, schlechte Teile zu finden, steigt also mit der Zeit (Bild 1): Die klassische Stichprobentechnik gilt nicht mehr, sie liefert häufig nicht brauchbare Vorschriften.

Die Komplettbearbeitung in flexiblen Fertigungssystemen führt dagegen zu langen Laufzeiten. Die kleinen Stückzahlen verlangen dann eine 100%-Prüfung ohne Rücksicht darauf, ob ein Werkzeug durch mehrfachen Einsatz stark belastet wird oder – dank hoher Standzeit – nur selten gewechselt werden muß. Hier empfiehlt sich eine Betrachtungsweise, die auf den fertigungstechnischen Zusammenhängen aufbaut [4].

Bei einem Versuch ist jedes gefertigte Werkstück geprüft worden. Der Ausfall eines Werkzeugs wurde bei der laufenden Nummer des letzten Teiles registriert, das dieses Werkzeug bearbeitet hat. Beim nächsten Werkzeug begann die Zählung neu (Bild 2). Für 40 Werkzeuge ergab sich die dargestellte Verteilung der Ausfälle, d. h. die Lebensdauer der Werkzeuge, über der produzierten Menge je Werkzeug. Typisch ist, daß zufällige Störungen einzelne Werkzeuge auch mal frühzeitig ausfallen lassen, bevor schließlich der Verschleiß die restlichen nach und nach unbrauchbar macht. Die Hälfte der Werkzeuge fertigte mehr als 50 Werkstücke, diese Menge ist als mittlere Standmenge (Median) bezeichnet. Die andere Hälfte der 40 Werkzeuge fiel früher aus und davon jeweils zehn bei gefertigten Mengen zwischen 25 und 44 bzw. 45 und 50 Teilen.

In der folgenden Fertigung soll nach 50 Teilen (geplante Standmenge) das Werkzeug vorbeugend gewechselt werden, auch wenn es noch nicht gänzlich verschlissen ist. Nach dem Wechsel soll immer das erste Teil geprüft wer-

den, damit Fehler am neuen Werkzeug oder vom Einstellen her sofort erkannt werden. Nun ist die optimale Prüfvorschrift gesucht (Bild 3).

Bei Prüfung nur des ersten Werkstücks nach dem Werkzeugwechsel und des 50. sind zwar nur zwei Teile untersucht. In der Hälfte der Fälle ist das letzte Teil aber nicht in Ordnung, weil das Werkzeug vorher ausgefallen ist. Es sind also die 48 nicht geprüften Teile mit 50% Wahrscheinlichkeit zu sortieren, im Mittel also 24 Sortiervorgänge: Mit den zwei geprüften Teilen werden also im Durchschnitt folglich 26 Teile „in die Hand genommen".

Eine zweite Prüfvorschrift gibt an, das 1., 25. und 50. Teil zu prüfen, also ein Teil mehr; aber sortiert werden höchstens 24, weil vor dem 25. Werkstück kein Ausfall eintritt. Wegen der Ausfallwahrscheinlichkeit von 50% werden im Mittel 12 Teile sortiert, mit den drei geprüften sind das insgesamt nur 15 Teile.

Der durchschnittliche Gesamtaufwand sinkt weiter auf 10 Teile, vier geprüfte und sechs sotierte, wenn eine weitere Prüfung beim 44. Teil eingeschoben wird, weil dann nur 18 bzw. fünf Teile mit jeweils 25% Ausfallwahrscheinlichkeit sortiert werden müssen.

Wie ohne weiteres einleuchtet, ist immer häufiger zu prüfen, wenn das Ende der Standzeit naht und die Ausfallwahrscheinlichkeit zunimmt. Ohne besondere Hilfsmittel sind aber vorläufig nur gleichmäßige Prüfintervalle praxisgerecht [5, 6].

So eine Vorschrift läßt nach dem ersten jedes 10te Werkstück prüfen. Das gibt sechs Prüflinge. In der Hälfte aller Fälle sind außerdem zehn minus ein Teil, also fünf Teile, zu sortieren. Der Gesamtaufwand von elf Prüfungen steigt wieder – allerdings bemerkenswert geringfügig auf 13 –, sobald die Prüfhäufigkeit auf jedes 5te Teil erhöht wird.

Es gibt demnach ein Minimum für den Gesamtaufwand des Prüfens und Sortierens. Das Ergebnis, mit praktischen Erwägungen, führt zur Tabelle 1, rechts.

Im oberen Teil der Tabelle 1, rechts, wenn ständig Eingriffe notwendig sind, bieten die kleinen Zahlen kaum Lükken für andere Alternativen. Die großen Intervalle für die Standmenge bzw. für die ungestörte Fertigung und die großzügig gerundeten Zahlen sollen den Eindruck der Genauigkeit vermeiden, der nicht gerechtfertigt wäre. Trotzdem berücksichtigt die Tabelle alle allgemeingültigen Erkenntnisse:

Zwischen zwei Eingriffen muß mehrfach geprüft werden. Das optimale Prüfintervall nimmt zu mit der Standmenge. Und zwar wächst x in der allgemeinen Prüfvorschrift („jedes x-te Teil prüfen") mit der Wurzel aus der Menge, die ungestört gefertigt werden kann.

Natürlich ist es wichtig zu wissen, welcher Anteil der Werkzeuge die Standmenge erreicht. Über die Sicherheit der Standzeitangabe findet sich jedoch keine Auskunft in den einschlägigen Katalogen der Werkzeughersteller.

Wie die Ausfälle über die Produktionsmenge verteilt sind, ist erst recht nicht bekannt. Die Korrekturfaktoren für die Schnittgeschwindigkeit von 1,0 ... 0,6 zeigen, mit welchen Unsicherheiten zu rechnen ist.

Die Planungsregel nach Tabelle 1 sagt, jedes wievielte Teil zu prüfen ist, je nach der geplanten Standmenge oder der Erwarteten störungsfreien Fertigung. Diese Denkweise bietet einige Vorteile: Zuerst schließt sie direkt den Überlegungen des Planers zum Festlegen der Schnittdaten und der Standmenge an (siehe Abschnitt 2). Das Planen der Eingriffshäufigkeit findet seine technisch sinnvolle Fortsetzung mit dem Planen der Prüfhäufigkeit, da die Produktivität eines Fertigungssystems nicht von seiner Qualitätssicherheit zu trennen ist.

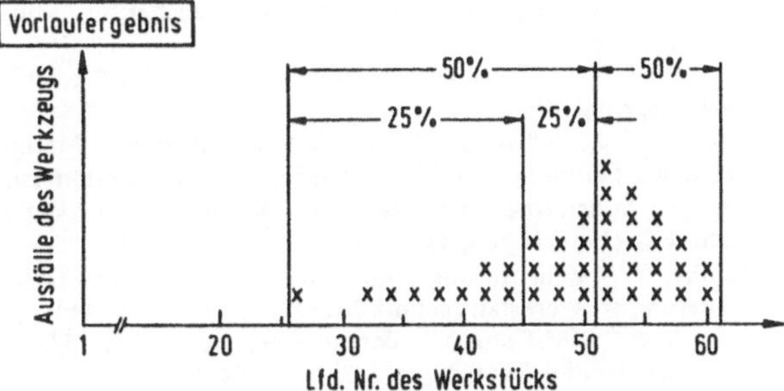

Bild 2. Lebensdauer der Werkzeuge in Abhängigkeit von den gefertigten Werkstücken

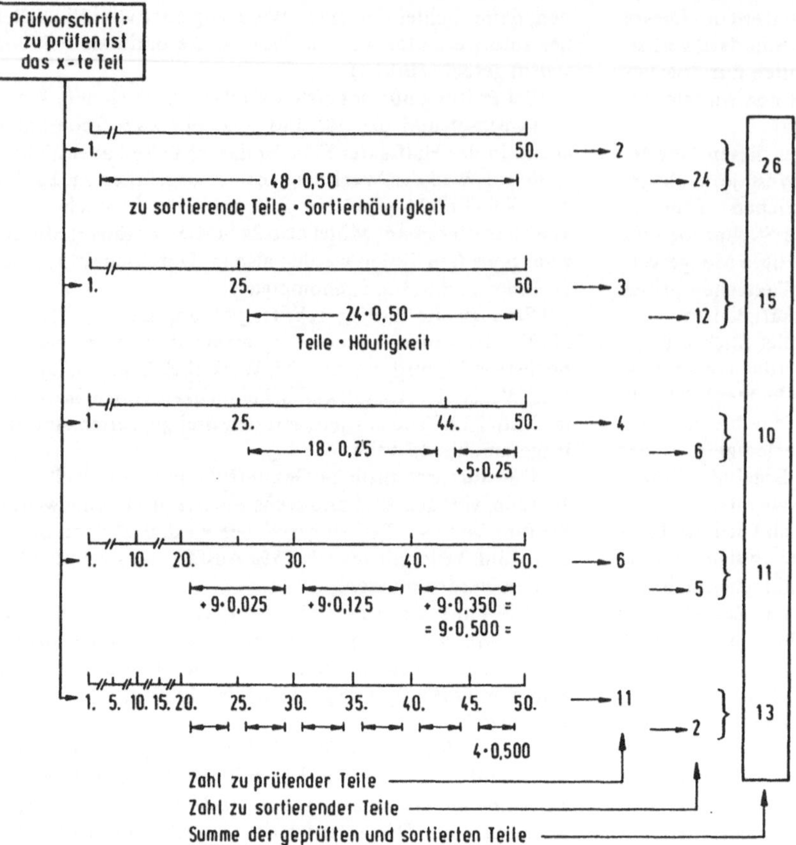

Bild 3. Modellvorstellung zum Optimieren der Prüfhäufigkeit (Erklärung im Text)

4 Schlußbemerkungen

Die notwendige oder optimale Prüfhäufigkeit ist also eine Größe der Fertigungstechnik. Als Anforderung gehört sie zur Beschreibung des Fertigungssystems ebenso wie Ausbringung und Rüstzeitbedarf. Die Ausfallwahrscheinlichkeit eines Werkzeugs ist am größten am Anfang und am Ende seiner Nutzungsdauer. Diese Zeit zwischen zwei Eingriffen wird als Standzeit mit den übrigen Schnittdaten geplant. Je mehr der Planer an die Grenzen des Machbaren geht, desto größer wird das Risiko. Aber Unsicherheiten sind nach der alten Regel von den theoretisch möglichen Werten abzuziehen. Sie reduzieren die rechnerische Standzeit.

Die Überlegungen zur Lebensdauer der Werkzeuge lassen sich praktisch auf alle Komponenten der Fertigungssysteme übertragen. Überall stecken Bauteile, die nicht ewig halten. Sie haben – wie die Werkzeuge – einen begrenzten „Abnutzungsvorrat".

Also prüft der Bedienungsmann sein Arbeitsergebnis mit der Frage, ob der Prozeß noch weiterlaufen kann. Und er greift korrigierend ein, wenn der Prüfentscheid es verlangt. Durch Prüfen und Eingreifen regelt er den Fertigungsprozeß. Diese Qualitätsregelung sorgt mindestens dafür, daß fehlerhafte Werkstücke erkannt und aussortiert werden. Doch das wäre nicht genug. Jede Abweichung am Werkstück fordert auch einen Eingriff am Prozeß, meistens am Werkzeug. Geschieht diese Korrektur rechtzeitig, so verhindert sie Ausschuß.

Aber Vorbeugen bedeutet Vorleistung oder Verzicht auf Nutzung an anderer Stelle. Die größere Sicherheit für Qualität und Ausbringung gibt es nicht umsonst. Die wichtigsten Maßnahmen sind:

– Einschränken der Toleranznutzung am Werkstück (Qualitätsregelkarten lösen die Korrektur schon an engeren Eingriffgrenzen aus).
– Einschränken der geplanten Standzeit auf den Wert, den – fast – alle Werkzeuge erreichen.
– Zusätzlich zu den Merkmalen am Werkstück werden Prozeßparameter geprüft. Hier kommen zunehmend Sensoren für Schnittkräfte und andere Größen in Frage.
– Der richtige Zeitpunkt für die vorbeugende Wartung der Maschine läßt sich mit Trendanalysen des Schwingungsverhaltens besser planen.

Nicht nur das Planen der Prüfhäufigkeit, ein großer Teil der Qualitätssicherung in der Produktion ist eine fertigungstechnische Aufgabe.

Literatur

1. Haußmann, U.: Qualität fertigen – Was bedeutet die alte Forderung in modernen Fertigungssystemen? wt Werkstattstechnik 79 (1989) H. 7, S. 375–378
2. Masing, W. (Hrsg.): Handbuch der Qualitätssicherung. München: Hanser 1980
3. Warnecke, H.-J.; Dutschke, W. (Hrsg.): Fertigungsmeßtechnik. Berlin: Springer 1984
4. Lauffer, H.-J.; Ludwig, H.-R.: Anwendung statistischer Methoden in der Fertigungstechnik am Beispiel von Standzeituntersuchungen hartstoffbeschichteter Wendelbohrer. wt Werkstatttechnik 78 (1988) H. 6, S. 373–376
5. Junike, W.: Zellenrechner-Funktionserweiterung der CNC-Steuerung. wt Werkstattstechnik 78 (1988) H. 8, S. 441–444
6. Zeh, K.-P.: CIM-Konzepte, Bericht über die CeBIT '88. wt Werkstattstechnik 78 (1988) H. 8, S. 457–458

(Bildnachweis: Linde AG, Werksgruppe Güldner, Aschaffenburg)

wt Werkstatttechnik
© Springer-Verlag 1990

Koordinatenmeßtechnik

Hilfsmittel für CAD/CAM

Th. Garbrecht, H. Schmitt, S. Roth und F. Hartmann, Stuttgart, F. Eberle, San Luis Portosi (Mexiko), und J. Funk, Kornwestheim

Inhalt. Das beschriebene Projekt beschäftigt sich mit Problemen des Formen- und des Werkzeugbaus. Es hat zur Aufgabe, die geometrische Form eines physikalischen Modells mit einem Koordinatenmeßgerät zu übernehmen und in einem CAD-System abzubilden. Anschließend können mit einem CAM-Modul CNC-Fertigungsdaten erzeugt und das Werkstück hergestellt werden. Der Beitrag befaßt sich mit der Vorgehensweise zur Formabbildung und zeigt den Stand der Entwicklung.

1 Einleitung

Formen- und Werkzeugbau sind eine Schlüsselposition in der industriellen Fertigung. In der Branche sind überwiegend kleine und mittelständische Unternehmen mit durchschnittlich 20 bis 50 Mitarbeitern zu finden [1].

Bislang waren die handwerklichen Fähigkeiten, das Geschick und die Erfahrung der Mitarbeiter ein Wettbewerbsvorteil. Zunehmend beeinflußt jedoch der Einsatz moderner Technologien, wie CAD/CAM und die 5-Achs-Frästechnik, die Marktchancen der Unternehmen. Liefergeschwindigkeit und Qualität der Produkte sind in der Zukunft noch mehr zu steigern.

Das hier vorgestellte Projekt befaßt sich mit dieser Aufgabe. Meist wird heute zum Zweck der Formfindung vor der Herstellung eines Werkzeugs zunächst ein Holz- oder Gipsmodell erstellt. Dieses Modell verkörpert die spätere geometrische Form des eigentlichen Werkzeugs. An ihm sind leicht und relativ kostengünstig Veränderungen vorzunehmen, bis die endgültige Form gefunden ist. Dann folgt die Freigabe zur Herstellung des Werkzeugs.

Diese Herstellung geschieht üblicherweise in einem Kopierfräsvorgang, bei dem das Modell zeilenweise abgetastet wird. Parallel oder dem Abtastvorgang nachgeschaltet wird ebenfalls zeilenweise das Werkstück bearbeitet. Zukunftsweisend wäre der Verzicht auf das physikalische Modell. Das Werkzeug oder die Form könnte vollständig am grafischen Bildschirm im CAD-System konstruiert werden. Mit Hilfe eines nachgeschalteten CAM-Moduls sind bezüglich des rechnerinternen Datenmodells die NC-Daten für die Fertigungsmaschine generierbar.

Es hat sich jedoch bei Versuchen gezeigt, daß aus praktischen Gründen ein ausschließlich rechnerunterstützter Ablauf nicht möglich ist. Die Gründe sind überwiegend im Bereich der CAD-Systeme zu finden: Es existieren heute noch keine geeigneten Grafiksysteme, mit denen ein Designer oder Konstrukteur schöpferisch befriedigend arbeiten könnte. Die verfügbaren CAD-Systeme sind zwar prinzipiell in der Lage, Flächen am Bildschirm zu erzeugen. Im Detail ist der Aufwand für die vollständige Konstruktion einer Form aber sehr hoch und im Formenbau wirtschaft-

lich nicht vertretbar. Selbst im japanischen Formenbau, der diese Verfahrensweise sehr vorantrieb, konnte sie sich nicht durchsetzen. Nur durchschnittlich 5 % der Werkzeuge werden dort ausschließlich mit CAD konstruiert [1].

Wegen der unbefriedigenden Systemsituation ist deshalb langfristig absehbar, daß das physikalische Modell der späteren Form oder des Werkzeugs Bestand haben wird. Günstig wäre deshalb eine Lösung, die beide Methoden – die manuelle Formgebung und die rechnerunterstützte Konstruktion – miteinander verbindet.

Dazu eignen sich CNC-gesteuerte Mehrkoordinatenmeßgeräte in Kombination mit Flächenberechnungsmathematiken und CAD-Systemen sehr gut. Die Meßgeräte können die Modelloberfläche punktuell abtasten und die ermittelten Koordinatentripel an ein Berechnungsmodul weiterleiten. Dort lassen sich die Punkte zu Körperbegrenzungsflächen aufbereiten, die ihrerseits die Basis für die Erzeugung der Fräsbahnen im CAM-System sind (Bild 1).

Diese Vorgehensweise käme dem Modellbauer und Designer entgegen, weil beide das bislang geeignetste Verfahren zur Modellgewinnung beibehalten könnten. Und noch ein Vorteil ergäbe sich bei dieser Verfahrensweise: Das physikalische Modell kann nach erfolgter Flächenabbildung in das CAD-System verändert und optimiert werden. Die vollzogene Formübertragung ins CAD-System ermöglicht die Archivierung der unveränderten Geometrie. So ist bei Bedarf das Modell in der Ursprungsform wieder herstellbar.

Ein weiterer Vorteil, der sich bei dieser Verfahrenskette anbietet, ist die vielseitige Nutzbarkeit des numerischen Datenmodells. So ist es beispielsweise für die exakte Zweit-

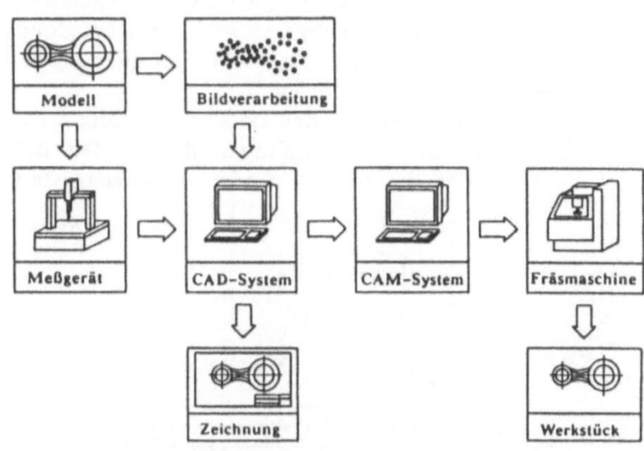

Bild 1. Systemverbund zur Herstellung eines Werkstücks, dessen geometrische Form als physikalisches Modell vorliegt

fertigung eines Werkzeugs ohne großen Mehraufwand verwendbar. Es erlaubt auch das Durchführen eines meßtechnischen Soll-Ist-Vergleichs, der Verschleißmessung oder einer FEM-Berechnung.

Der Fertigungstechniker kann so Werkzeugmaschinen und Verfahren einsetzen, die dem Stand der Technik entsprechen, beispielsweise 5-Achs- oder Hochgeschwindigkeitsfräsmaschinen.

Letztlich bereitet die Kombination „Modellbau, Meßtechnik und CAD/CAM-Technik" in wirtschaftlich vertretbarer Weise den Weg vor, der vom reinen CAD-Entwurf über die CAM-Fertigungstechnik zum Werkzeug führt.

2 Vorgehensweise

Das Modell eines Werkstücks besteht im allgemeinen gleichermaßen aus Regel- und Freiformgeometrien. Unter Regelgeometrien sind die Formelemente „Zylinder, Kegel, Kugel usw." zu verstehen. Freiformgeometrien lassen sich nicht derart klassifizieren und durch eine geschlossene analytische Form beschreiben. Sie sind mathematisch wesentlich aufwendiger zu behandeln. Vereinfacht sind Freiformflächen die Flächen, die nicht regelgeometrisch sind (Bild 2).

Die erste Aufgabe, die hier betrachtet wird, ist nach der Modellerstellung die Digitalisierung auf dem Koordinatenmeßgerät. Diese Digitalisierung muß derart geschehen, daß die Form mit den Meßwerten bestimmbar ist.

Die zweite Aufgabe umfaßt die Berechnung der Geometrien aus den diskreten Meßwerten. Für die Regelgeometrien liegen in der Meßsoftware als Standard entsprechende Auswerteroutinen vor. Für Freiformflächen gibt es wegen der zahlreichen Probleme derartige Routinen nur eingeschränkt.

Bei dieser Arbeit werden verschiedene mathematische Verfahren für eine automatische Freiformflächenberechnung eingesetzt, die die Standardmeßsoftware ergänzen.

Die dritte Aufgabe ist die Übernahme der meßtechnisch erfaßten Geometrien in das CAD-System. Der Austausch findet über standardisierte Schnittstellen (DMIS und VDA-FS) statt. Im CAD-System wird das Modell mit allen eingelesenen Oberflächen und Geometrien nachkonstruiert.

Anschließend erzeugt ein CAM-Modul die NC-Fertigungsdaten für diese Konstruktion. Mit den NC-Daten läßt sich eine Elektrode herstellen, die dann das Werkzeug erodiert.

Der fünfte Schritt ist (im CAD-System) die CNC-Datenerzeugung für einen Prüflauf mit dem Koordinatenmeßgerät. Die CNC-Messung liefert Vergleichswerte gegenüber der Sollform, die im Rechner abgelegt ist. Eine Beurteilung der Abweichungen zeigt Bereiche am Modell oder Werkzeug, die einer Nacharbeit bedürfen.

Sind Nacharbeiten am Modell notwendig, dann wird der Aufgabenkreis erneut von Anfang an durchlaufen. Bei einer Nacharbeit an der Elektrode oder am Gesenk sind

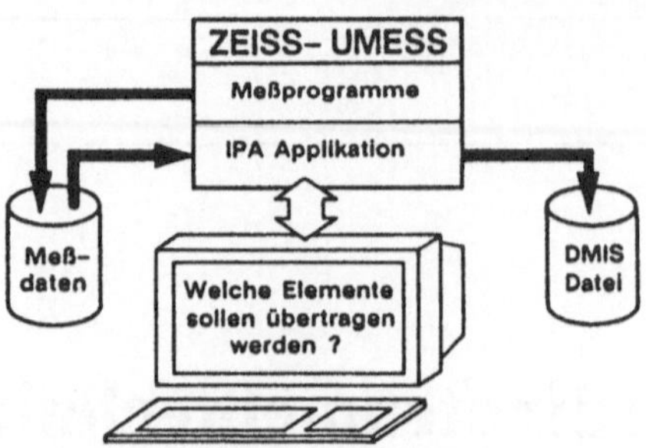

Bild 3. Selektion und DMIS-Konvertierung der notwendigen Meßdaten von Regelgeometrien mittels einer IPA-Anwendung

diese Körper zu digitalisieren, um die Änderungen ins Rechnermodell zu übernehmen.

3 Stand der Entwicklungen

Eine Laborlösung zur Formübernahme wurde am Institut aufgebaut. Verwendet wird zum Digitalisieren das Zeiss-Koordinatenmeßgerät UMC 550. Das CAD-System EUCLID von Matra-Datavision dient der Visualisierung übernommener Geometrien sowie der weiteren Konstruktion.

Nach dem Messen der Regelgeometrien der Form werden aus der Datenbasis des Meßgeräts die für Konstruktion wesentlichen Meßwerte gesucht und für die Datenübertragung ins CAD-System vorbereitet. Anschließend werden die Daten im DMIS-Format [6] in eine ASCII-Datei geschrieben. Das hierzu erstellte Anwendungsprogramm wurde in die Zeiss-Standardsoftware UMESS einbezogen (Bild 3).

DMIS-Daten überträgt vom Meßgeräterechner auf den CAD-Rechner die Programmroutine DATACOM von Zeiss. Dazu gibt es eine serielle Schnittstelle, über die der Filetransfer abgewickelt wird (Bild 4).

Die Übernahme von Freiformgeometrien wurde ebenfalls erprobt. Dabei ist für die exakte Flächenerfassung die bidirektoriale Verbindung zwischen Meßgerät und CAD-System erforderlich (Bild 5). So kann die mathematisch genaue Beschreibung der Flächen in einem iterativen Meß- und Berechnungsvorgang gut angenähert werden. Das CAD-System erzeugt hierzu CNC-Steuerdaten für das Meßgerät, das wiederum die ertasteten Koordinaten umgehend an die Berechnungsprogramme liefert.

Es wurden am Institut für Produktionstechnik und Automatisierung Stuttgart (IPA) verschiedene mathematische Routinen für die Berechnung von Freiformflächen ausge-

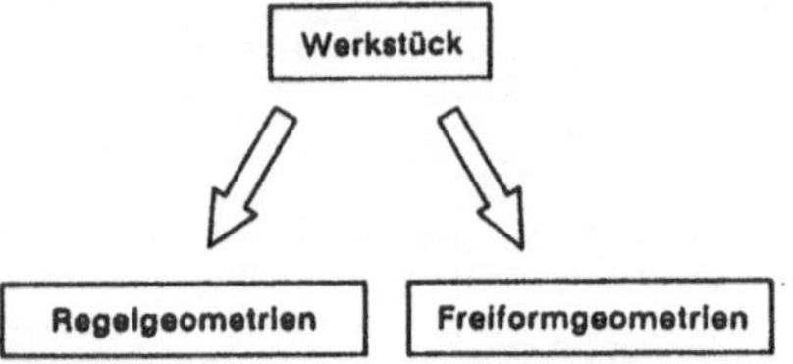

Bild 2. Regel- und Freiformgeometrien begrenzen gemeinsam Werkstücke

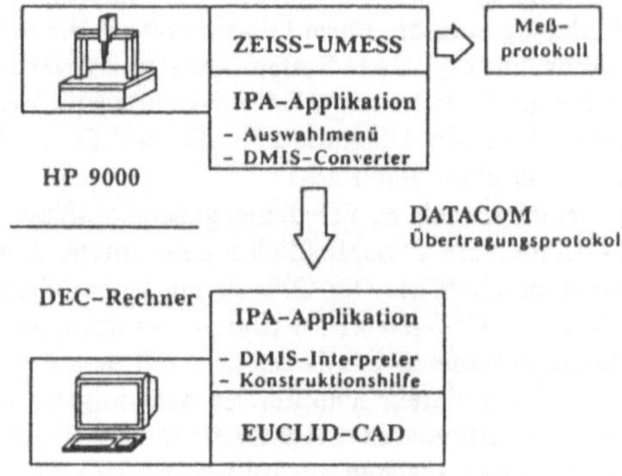

Bild 4. Strukturelle Verbindung zwischen Meßgerät und CAD-System zur Nachkonstruktion der Regelgeometrien

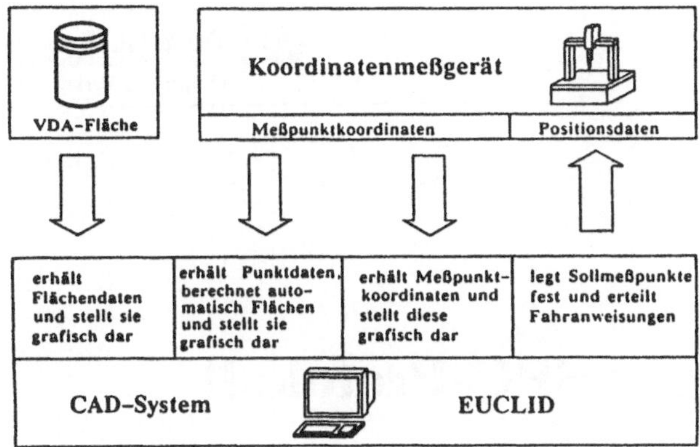

Bild 5. Beispiel für das Vermessen von Freiformflächen: Kombination „Koordinatenmeßgerät und CAD-System"

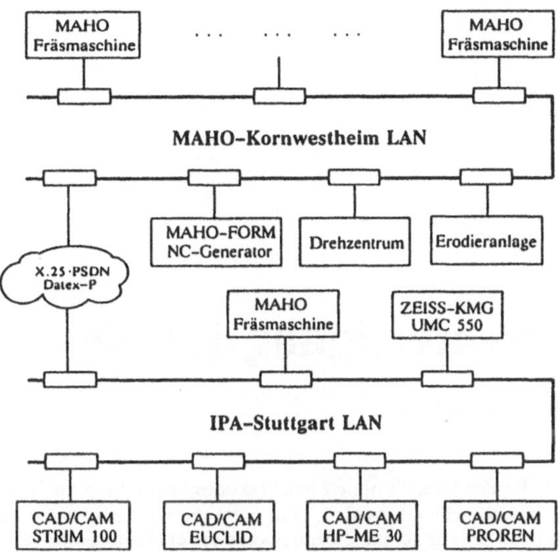

Bild 7. Netzwerkkopplung zwischen MAHO-Kornwestheim und IPA-Stuttgart mit verfügbarer Ausrüstung

wählt und in Programmpakete umgesetzt [2, 3, 4]. Ebenfalls existiert ein Programmpaket zur Tasterradiuskorrektur. Diese ist notwendig, da das Meßgerät die Oberflächen mit einer Kugel abtastet und die Meßwerte damit fehlerbehaftet sind. Die Schnittstelle zum CAD-System entspricht der VDA-FS-Norm [5]. Die Programme sind als externe Routinen in jedes offene CAD-System einbindbar (Bild 5). Zeiss hat für die externe Ansteuerung seiner Meßgeräte die hier verwendete Routine CADLINK entwickelt.

Eingebunden sind in das CAD-System EUCLID einige Hilfsroutinen, mit denen die konstruktionsgerechte Aufbereitung der eingelesenen Daten geschieht. EUCLID bietet für Anwenderroutinen eine komfortable FORTRAN-Schnittstelle an, so daß vom Benutzer entwickelte Programme in das CAD-System einfügbar sind und alles zusammen ein Guß ist.

Der Fertigungsablauf soll im MAHO-Technologiezentrum Kornwestheim erfolgen. Vor dem Abschluß steht hierfür eine Datennetzkopplung: Über das Postnetz sollen die im IPA erzeugten CNC-Fertigungsdaten zur Herstellung einer Erodier-Elektrode zur MAHO AG gesendet werden, die mit diesen Daten die Elektrode fräst und anschließend die Form erodiert (Bilder 6 und 7).

4 Ausblick

Der rein formale Weg zur Nutzung des Koordinatenmeßgeräts als Konstruktionshilfe wurde in diesem Projekt geschaffen. Damit ist der Fertigungskreis vom Werkstückmodell bis zum fertigen Werkzeug beispielhaft vorgeführt.

Bild 6. Fertigung eines digitalisierten Werkstücks mit einer 3-Achsen-Fräsmaschine

Bis dieser Weg allgemein zum Erfolg führt, sind jedoch eine Reihe von praktischen Erprobungen notwendig: Es müssen Erfahrungen mit den Hilfsmitteln gesammelt und das Gesamtsystem optimiert werden.

Noch ist dieser Weg nicht für alle Werkstückgeometrien gangbar. So schränkt bereits die Art der Meßwerterfassung mit einem tastenden Sensor und wenigen diskreten Tastpunkten das Formenspektrum bei Freiformflächen erheblich ein. Hier ist nach alternativen Sensortechniken wie den optisch berührungslosen zu suchen. Auch photogrammetrische Methoden werden derzeit in die Überlegungen mit einbezogen.

Wichtig für den Erfolg des Verfahrens sind auch Vorgehensweisen beim Messen, um beliebige Flächen korrekt abzubilden oder mathematisch genau zu beschreiben. Im Rahmen einer EUREKA-Initiative [7] wird diese Thematik derzeit untersucht.

Insgesamt ist das vorgestellte Projekt ein praktikabler Einstieg in die dargestellte Poblematik. Aufgrund der Fortführung des Projekts mit industriellen Anwendern erhält die Arbeit ihren eigentlichen Wert. Angestrebt ist die Vermittlung der gewonnenen Erfahrungen in Form von Workshops und Vorführungen.

Literatur

1. Meretz, H.: Werkzeug- und Formenbauer leben mit CAD-CAM. Werkst. u. Betr. 122 (1989) H. 9, S. 747–751
2. Eberle, F.: Erstellung eines Moduls zur Berechnung von Freiformflächen aus diskreten Punktkoordinaten. Stud.-Arb. am IFF, Univ. Stuttgart 1988
3. Hoppe, U.: Erstellung eines FORTRAN-Programms zur Approximation von Freiformflächen mit lokal interpolierenden Splines. Dipl.-Arb. am IFF, Univ. Stuttgart u. a. d. FH f. Tech. Stuttgart 1987
4. Eberle, F.: Digitalisieren von Freiformflächen mit Hilfe eines Koordinatenmeßgeräts und eines CAD-Systems. Dipl.-Arb. am IFF, Univ. Stuttgart 1989
5. N. N.: VDA-FS Flächenschnittstelle, Version 2.0. Verb. d. Automobilind. e. V., Frankfurt 1986
6. Dimensional measuring interface specification, Version 2.0. Specification CAM-I Standard 101, 1988
7. Gärbrecht, Th.: Strategien für das Messen von Freiformflächen. VDI-Ber. Nr. 751. Düsseldorf: VDI 1989

wt Werkstattstechnik
© Springer-Verlag 1990

Serienfertigung Just-in-time mit SPC-Protokoll

M. Kleiner, Esslingen

Inhalt. Werkstücke, die ohne Eingangskontrolle direkt in die Montagebereiche geliefert werden, setzen im Fertigungsbetrieb eine Qualitätssicherung voraus, die unter anderem eine statistische Kontrolle des Fertigungsprozesses (SPC) enthält. Dazu sind qualitativ hochwertige Fertigungseinrichtungen und Beherrschung des Fertigungsprozesses Voraussetzungen.

1 Japanische Industrie erster SPC-Anwender

Vor rund zehn Jahren haben japanische Automobilhersteller damit begonnen, das Prüfwesen durch Verlagern der Qualitätsverantwortung auf den Teilehersteller zu rationalisieren, um so Kosten zu sparen. Sie veranlaßten ihre Zulieferbetriebe, die hergestellten Teile direkt an die Montagelinien zu liefern. Dabei mußten die Zulieferer Verantwortung für zwei Dinge übernehmen: erstens für das in engem zeitlichen Rahmen vorgegebene termingerechte Anliefern und zweitens für die auf statistischer Basis nachgewiesene Fehlerfreiheit der angelieferten Teile. Die Art der Fertigung, die Fehlerfreiheit und Lieferzeitpunkt garantieren sollte, wurden schon sehr früh als Just-in-time-Fertigung bezeichnet.

In Europa haben zuerst die Ford-Werke Forderungen an ihre Zulieferbetriebe auf der Basis der japanischen Automobilindustrie gestellt – sie sind im Leitfaden „Statistische Prozeßregelung" [1] festgeschrieben – und ihre Einhaltung wird von den Zulieferern verlangt. Heute haben diese Methode nicht nur die Automobilfirmen weitgehend verbindlich für ihre Zulieferbetriebe eingeführt, auch andere Industriezweige fordern zunehmend einen statistischen Nachweis über die an sie gelieferten Serienteile. So ist es nicht verwunderlich, wenn tendenziell eine große Zunahme der

Anbieter von Systemen für die statistische Prozeßregelung (SPC) zu verzeichnen ist und darüber hinaus auch Fertigungsbetriebe mehr und mehr nach diesen Systemen fragen, um sie einzuführen. Jedoch ist bei den potentiellen Anwendern der Wissensstand über SPC-Systeme häufig noch nicht genügend groß. Auch sind die Möglichkeiten bei der Großserienfertigung von Drehteilen noch nicht ausgeschöpft, weil nicht alle Produktionsmittel die maschinenseitigen Voraussetzungen erfüllen, die zum Nachweis der Maschineneignung notwendig sind. Eine SPC-orientierte Fertigung läßt sich aber nur dann verwirklichen, wenn bestimmte maschinenseitige Bedingungen erfüllt sind, deren Einhaltung unter dem Begriff der „Maschinenfähigkeit" nachzuweisen ist.

2 Grundlagen der statistischen Prozeßregelung in der Serienfertigung

Die statistische Prozeßregelung (SPC) ist eine Methode, um die Serienfertigung eines Werkstücks voraussagbar im Hinblick auf gleichbleibende Qualität zu machen. SPC kann aber nur ein Teil eines umfassenden Qualitätssicherungssystems sein, wenn die Produktion auf Dauer gesichert werden soll. Die Bestrebungen laufen hier auf ein rechnerunterstütztes Qualitätssicherungssystem (CAQ) hinaus, das eine statistische Prozeßregelung als ein wesentliches Element enthält.

Statistische Verfahren [2] gehen davon aus, daß sich sowohl bei der Herstellung eines Serienwerkstücks als auch beim Vermessen der gefertigten Teile Unterschiede bei ein und demselben Merkmal herausstellen, obwohl scheinbar die gleichen Herstellungs- und Meßbedingungen vorliegen. Die Ursachen für Abweichungen vom Sollwert lassen sich auf systematische und zufällige Herstellungs- und Meßeinflüsse zurückführen. Sind Ausgangspunkt die Verwendung geeigneter Meßmittel und Meßmethoden, so sind die Meßergebnisse ein Abbild der Fertigungssituation an der entsprechenden Fertigungseinrichtung. Der Empfänger der gefertigten Teile möchte aber trotz der technischen Unvermeidbarkeit von auftretenden Sollwert-Abweichungen sichergestellt wissen, daß die angelieferten Teile möglichst alle, zumindest aber mit einer hohen Wahrscheinlichkeit, innerhalb einer vorgegebenen Toleranzbreite liegen. Da jedoch bei Massengütern eine 100%-Prüfung wegen der damit verbundenen hohen Kosten ausscheidet, werden zur Beurteilung der Fehlerfreiheit bzw. des möglichen Fehleranteils mathematisch statistische Verfahren herangezogen, die dem Ziel der Fehlerfreiheit der Teile durch Stichprobenkontrolle sehr nahe kommen.

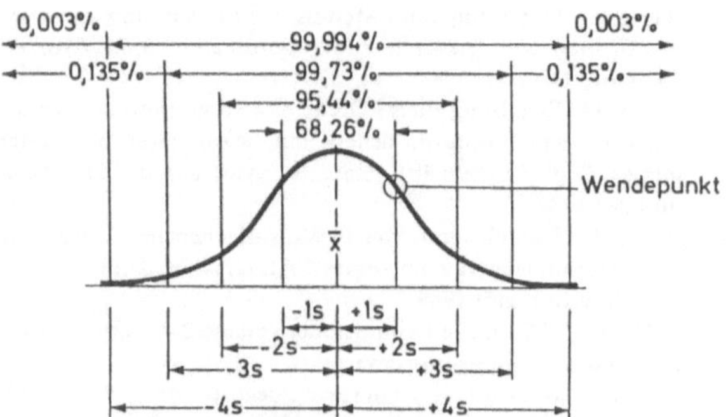

Bild 1. Darstellung der Normalverteilung von Daten mit Standardabweichungen von ±1s bis ±4s nach [1]

Ein von Großabnehmern geforderter Nachweis dieser „Null-Fehler"-Lieferungen basiert auf der statistischen Prozeßregelung (SPC), deren Methode grundlegend in [1] dargelegt ist. Nach dieser Methode werden die Serienwerkstücke anhand von Stichproben einer Merkmalsprüfung unterzogen. Dies sind in der Regel Merkmale wie Durchmesser und Längen. Bei dieser Merkmalsprüfung werden bei fünf aufeinanderfolgenden Teilen (je nach Stichprobenumfang) jeweils die betreffenden Maße gemessen, von diesen Meßwerten wird der arithmetische Mittelwert $\bar{x}$ bestimmt und in die Qualitätsregelkarte eingetragen. Außerdem wird für jede Stichprobe die Spannweite R zwischen größtem und kleinstem Abmaß der fünf Meßwerte gebildet. (d. h. $R = x_{max} - x_{min}$) und in eine Spannweitenkarte eingetragen. Parallel zu diesen Eintragungen wird von allen Meßwerten eines Merkmals ein Häufigkeitsschaubild (Gaußsche Glockenkurve) angefertigt, um die Form der Verteilung zu ermitteln. Diese Aufzeichnungsformen ergeben deutliche Bilder des Fertigungsablaufs, die als Grundlage zur Regelung des Fertigungsprozesses dienen können. SPC in dieser Form ist seit langem bekannt. Bisher scheiterte jedoch diese Art der Prozeßüberwachung und -regelung an den hohen Kosten, verursacht von der Datenflut. Erst mit den heutigen elektronischen Datenverarbeitungsmöglichkeiten ist sie praktikabel geworden.

Maßgebend für die Beurteilung einer normalverteilten Stichprobe sind der Mittelwert $\bar{x}$ und die Standardabweichung s. Der Mittelwert ist das arithmetische Mittel der Meßwerte eines Merkmals einer Stichprobe:

$$\bar{x} = \frac{1}{n} \sum_{i=1}^{n} x_i \tag{1}$$

mit x_i = einzelner Meßwert und n = Stichprobenumfang.

Die Standardabweichung s einer Stichprobe läßt sich ermitteln aus:

$$s = \sqrt{\frac{\sum_{i=1}^{n} (x_i - \bar{x})^2}{n-1}} \tag{2}$$

Bei normalverteilten Meßwerten (Bild 1) ist es mit Hilfe des Mittelwerts und der Standardabweichungen möglich, den Anteil der Grundgesamtheit mit hinreichender Genauigkeit vorauszusagen, der zwischen zwei Grundwerten liegt. Zum Beispiel bedeutet $\bar{x} \pm 4\,s$, daß bei einer Grundgesamtheit von 100 000 Teilen voraussichtlich nur sechs Teile außerhalb der Toleranz liegen werden. Eine solche Voraussage beständiger Qualität ist aber nur möglich, wenn der Fertigungsprozeß unter statistischer Kontrolle ist, d. h. wenn als einzige Streuungsursache die Zufallseinflüsse in Frage kommen. Ausgeschaltet sein müssen sämtliche systematischen Streuungsursachen wie beispielsweise Änderungen im Werkstoff, Werkzeugbruch oder Bedienungsfehler.

Ein Mittel zum Zeigen, ob der Fertigungsprozeß unter statistischer Kontrolle ist, sind die erweiterten Qualitätsregelkarten, die für jedes Werkstück angelegt werden müssen. Um den Prozeß unter Kontrolle zu bringen, sind meist folgende Schritte nötig:

— Sammeln der Daten der zu untersuchenden Merkmale,
— Berechnen der Mittelwerte, Spannweiten bzw. Standardabweichungen und Eintragen dieser Werte in eine Regelkarte,
— Bestimmen der Eingriffsgrenzen aus den gemessenen Merkmalsdaten der Stichproben als Spiegelbild der natürlichen Fertigungsstreuung,

— Feststellen, ob die auftretende Streuung stabil ist, d. h. ob nur Zufallseinflüsse vorliegen,
— bei instabiler Streuung Untersuchen und Abstellen der Ursachen systematischer Streuungseinflüsse,
— nach Erreichen des Fertigungsprozesses unter statistischer Kontrolle Nachweis der Maschineneignung,
— bei zu großer Streuung aufgrund von Zufallseinflüssen Untersuchung der Ursachen und Verbessern des Fertigungssystems, gegebenenfalls durch Maschinenaustausch.

Für eine ständige Verbesserung des Fertigungsprozesses sind die einzelnen Schritte regelmäßig zu wiederholen. Ohne rechnergestützte Meßwerterfassung und -auswertung sind die vorgenannten Schritte wegen der damit verbundenen Datenflut nicht beherrschbar.

3 Nachweis der Maschinenfähigkeit

Unter dem Fachbegriff „Maschinenfähigkeit" wird eine Maschine beurteilt und eingestuft, ob und inwieweit sie geeignet ist, ein Werkstück serienmäßig in einer geforderten Qualität herzustellen. Für jedes neu zu fertigende Teil muß diese Eignung auf der jeweiligen Maschine erneut ermittelt werden. Eine generalisierte Feststellung für ein ganzes Teilespektrum ist sehr schwierig und scheidet deswegen schon aus Kostengründen aus.

Für Maschinen der *Werkstattfertigung* bildet die Richtlinie VDI/DGQ 3441 [3] nach wie vor die Grundlage für den Nachweis der Arbeits- und Positionsgenauigkeit. Bei dieser Abnahmemethode werden die ersten 50 nacheinander gefertigten Teile in der Reihenfolge ihrer Messung in bezug auf Positionsabweichung, Umkehrspanne und Positionsstreubreite und der sich daraus ergebenden Positionsunsicherheit ausgewertet. Die gemessenen Positionswerte lassen sich in einem Häufigkeitsdiagramm darstellen. Im Bild 2 ist eine zweite Darstellungsform erkennbar, aus der der Trend eines gemessenen Merkmals zu entnehmen ist. Ursache eines solchen Trends – verursacht von systematischen Einflüssen – kann beispielsweise die Maschinenerwärmung oder der Werkzeugverschleiß sein. Zunehmend tritt bei kleineren Drehmaschinen und vor allem bei Maschinen für die *Serienfertigung* die Maschinenabnahme nach der VDI-DGQ-Vorschrift gegenüber dem Nachweis der SPC-Eignung in den Hintergrund.

Welche Voraussetzungen müssen nun Werkzeugmaschinen, z. B. einspindlige Vielschlitten-Drehautomaten (Bild 3) und mehrspindlige Drehautomaten für die Serien-

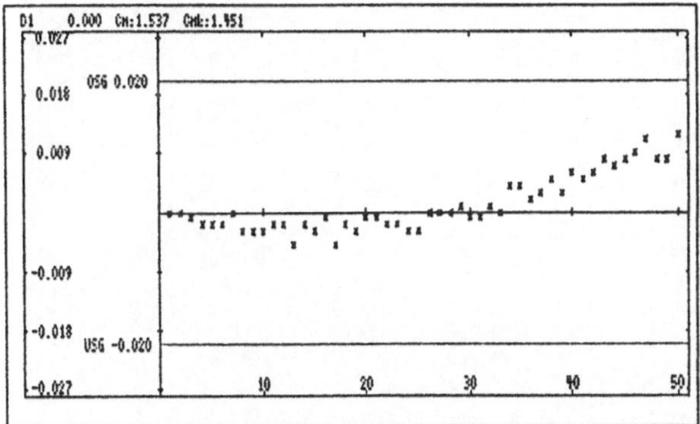

Bild 2. Auftretende Toleranzen bei einer Stichprobe von 50 Einzelwerten, in der Reihenfolge ihrer Entstehung aufgetragen

Bild 3. CNC-Vielschlitten-Drehautomaten für die Serienfertigung

Bild 5. Grundgestell aus Polymerbeton

fertigung erfüllen? — Die Grundvoraussetzungen zur Erfüllung der Maschinenfähigkeit sind:
- hohe Steifigkeit der Gesamtmaschine,
- kontrollierter günstiger Wärmegang,
- Maschinenbett- und Baugruppen-Gestaltung so, daß keine größere Wärmeübertragung von den Spänen zustande kommt (Bild 4),
- große Schwingungsdämpfung durch Verwendung geeigneter Werkstoffe, z. B. Grundgestell aus Polymerbeton (Bild 5), zum Abbau von Schwingungen, deren Verursacher schnelle Schlitten- und Schaltbewegungen oder gleichzeitiger Einsatz mehrerer Werkzeuge sind,
- dauerhafte Langzeitgenauigkeit.

Diese Grundeigenschaften SPC-geeigneter Maschinen in der Serienfertigung werden von zeitgemäßen einspindligen CNC-Vielschlitten-Drehautomaten und den entsprechenden CNC-Mehrspindel-Drehautomaten erfüllt. Auch kurvengesteuerte Mehrspindel-Drehautomaten der neuen Drehautomaten-Generation ohne und mit elektronischem Nockenschaltwerk (Bild 6) bieten die Grundvoraussetzungen der SPC-Eignung.

Die Maschinenfähigkeit ist werkstückabhängig, d. h., sie ist von den Schnittbedingungen, vom Werkstückstoff und der geforderten Genauigkeit abhängig. Den Nachweis der Maschinenfähigkeit für ein Serienwerkstück zu erbringen heißt zu zeigen, daß die von der Maschine verursachte Merkmalsstreuung innerhalb der vorgegebenen Spezifikationsgrenzen liegt. Für meßbare Merkmale ist die Maschinenfähigkeit das Maß der von dem Drehautomaten verursachten kurzzeitigen Einflüsse auf die Streuung der Merk-

malsgrößen. Als Mindestforderung nach [1] gilt, daß die Streuung $\bar{x} \pm 4\,s$ in der Spezifikation liegen muß, damit 99,994 % der gefertigten Teile innerhalb der Toleranzgrenzen erwartet werden können. Als Stichprobe für die Maschinenabnahme und damit für den Nachweis der SPC-Eignung wird gewöhnlich die Zahl 50 als ausreichend betrachtet.

Die beiden Indizes C_m und C_{mk} beschreiben die Maschinenfähigkeit, wobei

$$C_m = \frac{OSG - USG}{6\,s} \quad \text{und} \quad C_{mk} = \frac{Z_{krit}}{3}. \tag{3}$$

Darin ist $OSG - USG$ die Differenz zwischen oberem und unterem Wert der Spezifikationsgrenzen, während s die Standardabweichung aus der Maschinenfähigkeitsuntersuchung ist. Z_{krit} ist der kritische Abstand des Mittelwerts zu den Spezifikationsgrenzen in Einheiten der Standardabweichung s:

$$Z_{krit} = \frac{OSG - \bar{x}}{s} \quad \text{oder} \quad = \frac{\bar{x} - USG}{s} \tag{4}$$

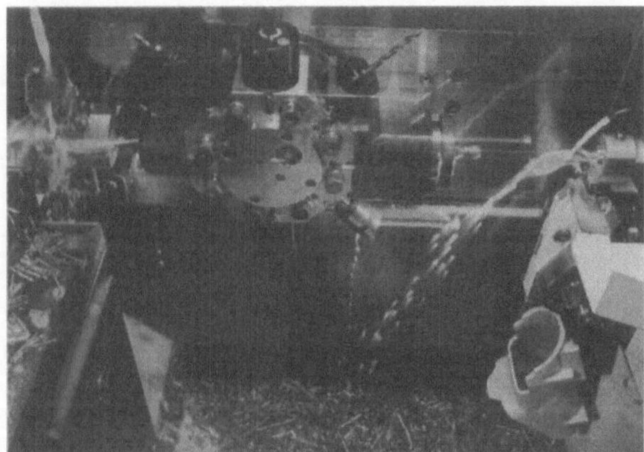

Bild 4. Freier Spänefall aus dem Arbeitsraum in einen Späneförderer

Bild 6. Darstellung des elektronischen Schaltwerks auf dem Steuerungsbildschirm

```
----------------------------------------------------------------
Variable Merkmale   M : 25   V : 5
----------------------------------------------------------------
NR Bezeichnung         Nenn      OT       UT Formel
----------------------------------------------------------------
1 Bohrungsdurchmesser  19.000   0.020    0.000 A1/1000+19
----------------------------------------------------------------
Numerische Statistik
----------------------------------------------------------------
NR C      xqa       xqg        R        s         €         cm      cmk #
----------------------------------------------------------------
1 0   19.00996            0.007  0.002092            1.5931   1.5867
----------------------------------------------------------------
          Maschine ist fähig !
----------------------------------------------------------------
NR C   xqa+4s     xqa-4s   xqg*€^4   xqg/€^4    MIN     MAX  <UT >OT
----------------------------------------------------------------
1 0 19.01833  19.00159                        19.006  19.013  0   0
----------------------------------------------------------------
n   =   25
----------------------------------------------------------------
```

Bild 7. Ergebnisprotokoll einer rechnerunterstützten Maschinenfähigkeitsuntersuchung

Als Mindestforderung für die Eignung einer Maschine (bei Normalverteilung) wird in der Regel der Wert $C_m = 1{,}33$ angesehen. Dies entspricht einem Abstand der Spezifikationsgrenze von $\bar{x} \pm 4\,s$. Bild 7 zeigt das rechnerunterstützte Ergebnis einer Maschinenfähigkeitsuntersuchung. Der hierbei erzielte maßgebliche C_m-Wert beträgt 1,5931 und zeigt damit die Maschinenfähigkeit des untersuchten CNC-Vielschlitten-Drehautomaten in bezug auf Lage (C_{mk}-Wert) und Streuung (C_m-Wert) für das Werkstück „Adapter" an.

Eine Maschinenfähigkeitsuntersuchung spiegelt immer nur eine Kurzzeituntersuchung der Fertigungsgenauigkeit einer Serienmaschine wider. Bei Maschinen, auf denen Werkstücke mit erheblichen Stückzeiten und hohen Genauigkeitsforderungen gefertigt werden und bei solchen mit unregelmäßigem Betrieb ist die Aussage der Fignung nach SPC nicht die richtige.

4 SPC-Protokoll zur Dokumentation der Fehlerfreiheit

An einem praktischen Beispiel soll das Vorgehen beim Erstellen eines SPC-Protokolls dargelegt werden. Die Aufgabe besteht darin, zwei Serienteile auf zwei verschiedenen Drehautomaten zu fertigen und hierfür je ein SPC-Protokoll anzufertigen. Als meßbare Merkmale (relevante Größen) werden die beiden Paßmaße gewählt, weil sich beide Teile zusammenfügen lassen sollen. Aus der Produktion werden als Stichprobe je fünf nacheinander gefertigte Werkstücke gezogen, mit einem Meßdorn bzw. einer Rachenlehre gemessen und in einem SPC-System auf einem Arbeitsplatzrechner verarbeitet (Bild 8). Anschließend wer-

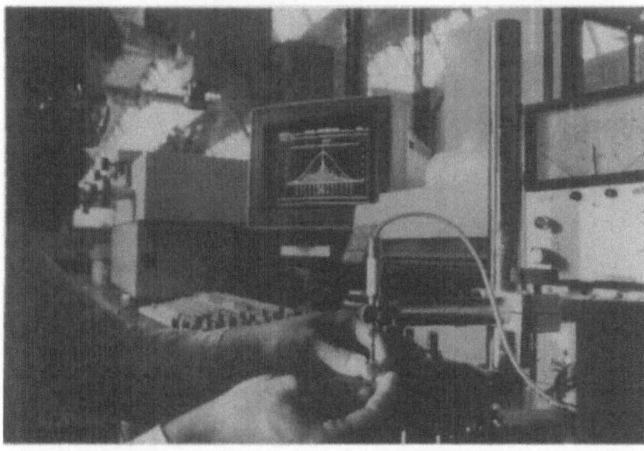

Bild 8. Rechnerunterstützter SPC-Arbeitsplatz

tet der Rechner die Meßwerte entsprechend den oben beschriebenen Grundlagen der statistischen Prozeßregelung automatisch aus.

Bei diesem Vorgehen ist es wichtig, die Stichproben periodisch so zu ziehen, daß sich Änderungen im Fertigungsprozeß über einen definierten Zeitraum erfassen lassen, z. B. alle 15 min, nach jeder vollen Stunde oder zweimal je Schicht. Die Zeitdauer zwischen den Stichproben kann mit zunehmender Stabilität des Fertigungsprozesses vergrößert werden. Für die Erstuntersuchung ist es zweckmäßig, die Stichprobe von fünf nacheinander gefertigten Teilen zu ziehen, die nur von einem Werkzeug gefertigt wurden, um so in erster Linie die zufälligen Einflüsse einzufangen.

Die Zahl der durchzuführenden Stichproben muß so groß sein, daß sie eine statistische Sicherheit ergibt. Nach [1] reichen schon 20 Stichproben mit mindestens 100 Einzelwerten aus, um zu einer guten Schätzung von Lage und Streuung des Fertigungsprozesses zu kommen. Außerdem sollte die Stichprobenzahl alle möglichen größeren Streuungsursachen erfassen.

Beim manuellen Anlegen einer Qualitätsregelkarte ist zu empfehlen, den Mittelwert $\bar{x}$ und die dazugehörende Spannweite $R = x_{max} - x_{min}$ einer Stichprobe in zwei übereinanderliegenden Datenfeldern einzuzeichnen, weil dies den Überblick erhöht.

Sind die Stichproben ausgewertet und die Werte in die Qualitätsregelkarte eingetragen, werden die eingetragenen Punkte jeweils geradlinig miteinander verbunden. Zweiter Schritt ist, die Eingriffsgrenzen für die Mittelwerte und die Spannweiten-Werte aus diesen zu berechnen. Hierzu werden der arithmetische Spannweitenmittelwert $\bar{R}$ aus den Spannweiten R_i aller m Stichproben und der arithmetische Gesamtmittelwert $\bar{\bar{x}}$ aus den Mittelwerten $\bar{x}_i$ aller m Stichproben analog Gl. (1) berechnet.

Die obere und die untere Eingriffsgrenze für die Mittelwerte x_i ergeben sich aus

$$OSG_{\bar{x}} = \bar{\bar{x}} + A_2 \cdot \bar{R} \quad \text{und} \quad USG_{\bar{x}} = \bar{\bar{x}} - A_2 \cdot \bar{R}. \quad (5)$$

Die entsprechenden Eingriffsgrenzen für die Spannweiten folgen aus:

$$OSG_R = D_4 \cdot \bar{R} \quad \text{und} \quad USG_R = D_3 \cdot \bar{R}. \quad (6)$$

D_3 und D_4 sind konstante Größen, die vom Stichprobenumfang abhängen, für die Mindestzahl von 20 Stichproben beträgt $D_3 = 0{,}415$ und $D_4 = 1{,}585$. Die Eingriffsgrenzen sind in die Qualitätsregelkarte einzuzeichnen, damit erkennbar ist, ob Werte außerhalb liegen. Außerhalb liegende Werte weisen darauf hin, daß zu diesem Zeitpunkt ein systematischer Einfluß vorgelegen hat. Dies ist ein Hinweis für eine sofortige Untersuchung des Fertigungsvorgangs mit dem Ziel, einen möglichen systematischen Einfluß zu beseitigen. Beispielsweise kann ein solcher systematischer Einfluß dann auftreten, wenn ein anderer Prüfer gemessen hat oder zu diesem Zeitpunkt ein anderes Meßmittel verwendet wurde oder ein noch ungeübter Maschinenbediener einen Bedienungsfehler verursachte.

Bei rechnerunterstützter Auswertung oder rechnergeführter Datenerfassung wird anstelle der Spannweite R die aussagefähigere Standardabweichung s zum Steuern des Fertigungsprozesses verwendet, insbesondere bei größeren Stichprobenumfängen. Solche Erfassungs- und Auswerteprogramme werden inzwischen von etwa 150 Softwarefirmen angeboten, viele bereits als Einzel- oder Mehrplatzlösung auf einem Arbeitsplatzrechner (PC). Die Wahl einer PC-Lösung hängt von der Aufgabenstellung im Fertigungsbetrieb, den Forderungen an ein solches System und nicht zuletzt von den finanziellen Möglichkeiten des Betriebs ab.

Denn PC-Lösungen sind ab einem Kostenaufwand von 10 000 DM möglich [4].

Ein Betrieb, der SPC einführen will, ist gut beraten, die zukünftig verantwortlichen Mitarbeiter zunächst auf einen entsprechenden Kursus zu schicken, damit sie sich mit der Problematik der SPC-orientierten Fertigung vertraut machen können. Eine solche Informationsveranstaltung bietet meist auch die Möglichkeit, Erfahrungen mit Mitarbeitern anderer, bereits mit SPC arbeitender Firmen auszutauschen.

5 Schlußbetrachtungen

In größerem Maß ist in letzter Zeit bei Drehautomaten für die Großserienfertigung die Maschinenabnahme nach den Methoden der statistischen Prozeßkontrolle gefragt. Vor allem moderne einspindlige und mehrspindlige Vielschlitten-Drehautomaten sind als Produktionsmittel für Just-in-time-Fertigung mit SPC-Protokoll prädestiniert. Dagegen ist bei Drehmaschinen für die Klein- und Mittelserienfertigung und die Fertigung zeitaufwendiger, hochgenauer und komplizierter Werkstücke nach wie vor die Maschinenabnahme nach VDI/DGQ 3441 üblich.

Während dem Maschinenhersteller die Aufgabe zufällt, seine Werkzeugmaschinen für die Serienfertigung SPC-gerecht zu liefern, ist es die Aufgabe des Maschinenanwenders und Teileproduzenten, nach Maßgabe des Abnehmers über die produzierten Serienteile ein SPC-Protokoll anzufertigen. Grundlage der SPC-Fertigung ist der Leitfaden für die Anwendung statistischer Prozeßregelung zur Verbesserung von Qualität und Produktivität [2].

Neben den SPC-spezifischen Eigenschaften gelten besonders für Mehrspindel-Drehautomaten die schnelle Umrüstbarkeit zum Beispiel durch numerische Steuerung oder elektronisches Nockenschaltwerk und hohes Leistungsvermögen als wichtige Kriterien, um den gleichzeitigen rationellen Einsatz mehrerer Werkzeuge zu ermöglichen.

Manchmal wird übersehen, daß es neben der Maschineneignung auch eine Herstelleignung des Werkstücks zu beachten gilt, d. h., ein Bauteil sollte so konstruiert sein, daß unter wirtschaftlichen Gesichtspunkten auch die geforderte Qualität erzeugt werden kann [5]. Deshalb muß schon bei der Planung und Konstruktion eines Produkts die Fertigung zu Rate gezogen werden, damit die technische Erzeugung verbessert wird. Einsichtige Auftraggeber tun dies schon lange, da sich mit der Verlagerung der Fertigungstiefe auf Zulieferbetriebe ein erhebliches fertigungstechnisches Know-how bei diesen angesammelt hat. Eine gegenseitige Absprache von Konstruktion und Fertigung ist schon immer dem Produkt zugute gekommen

Literatur

1. Statistische Prozeßregelung – Ein Leitfaden für die Anwendung statistischer Prozeßregelung zur Verbesserung von Qualität und Produktivität. Köln: Ford 1985
2. Masing, W.: Handbuch der Qualitätssicherung. München: Carl Hanser 1988
3. VDI/DGQ 3441: Statistische Prüfung der Arbeits- und Positionsgenauigkeit von Werkzeugmaschinen. – Grundlagen. Berlin: Beuth 1977
4. Görke, M.: Im beherrschten Produktionsprozeß entsteht Qualität automatisch. VDI-Nachrichten 43 (1989) Nr. 43, S. 46
5. Warnecke, H.-J.; Melchior, K.; Kring, J.: Qualitätsgerechte Produktionsgestaltung. In: Jahrbuch 89/90 VDI-Gesellschaft Produktionstechnik (VDI-ADB), S. 90–103. Düsseldorf: VDI-Verlag 1989

(Bildnachweis: Index-Werke KG Hahn & Tessky, Esslingen)

W**t** Werkstattstechnik
© Springer-Verlag 1990

Bahnregelung im Zustandsraum

Ein Verfahren zur hochgenauen Bahnerzeugung

G. Pritschow und H. Rudloff, Stuttgart

Inhalt. Die stetig steigenden Forderungen an Fertigungsgenauigkeit und Bearbeitungsgeschwindigkeit von Fertigungseinrichtungen zwingen zum Einsatz geeigneter Regelverfahren zur Verbesserung der Konturtreue bei Mehrachsbewegungen. Dieser Beitrag beschreibt ein neues Verfahren zur Erhöhung der Bahngenauigkeit und die zugehörenden Einstellregeln für die Inbetriebnahme des Regelsystems.

1 Einleitung

Die begrenzte Dynamik der Bewegungsachsen an Fertigungseinrichtungen verursacht bei Mehrachsbewegungen Bahnfehler. Zur Verringerung dieser Bahnabweichungen werden meist folgende Maßnahmen ergriffen:
- Wahl identischer Geschwindigkeitsverstärkungen der Lageregelkreise und
- Einsatz von Vorsteueralgorithmen.

Diese Verfahren basieren auf voneinander unabhängigen Lageregelkreisen und besitzen den Nachteil, daß Bahnfehler für den Fall ungleicher Achsdynamiken nur bei konstanten Achsgeschwindigkeiten und nicht auch bei Beschleunigungsvorgängen vermieden werden. Darüber hinaus bewirkt die Wahl identischer Geschwindigkeitsverstärkungen trotz unterschiedlicher dynamischer Kennwerte der Antriebe ein nicht optimales Störverhalten der Achsen mit der höheren Dynamik. Für die gezielte Synchronisation von Bewegungsachsen ist daher der Einsatz achsübergreifender Regelungskonzepte sinnvoll. Hierfür bieten sich die Verfahren der Zwangskopplung [1] und Bahnregelung [2–6] an.

Bei den Verfahren der Bahnregelung wird bisher lediglich der Bahnfehler bzw. dessen erste zeitliche Ableitung berücksichtigt. Eine weitere Verbesserung der Bahntreue kann mit der Verwendung eines Bahnzustandsreglers erzielt werden. In Analogie zur Einachs-Zustandsregelung [7, 8] werden bei diesem Regelverfahren sämtliche, das Bahnverhalten beschreibende Zustandsgrößen verwendet.

Im folgenden wird zunächst auf die Struktur einer solchen „Bahnregelung im Zustandsraum" eingegangen. Anschließend werden die zugehörenden Auslegungsvorschriften hergeleitet sowie Ergebnisse dargestellt.

2 Reglerstruktur

Für das Beispiel einer Zweiachsbewegung zeigt Bild 1 das Blockschaltbild einer Bahnregelung im Zustandsraum. Das Verhalten der beiden Antriebe wird mit Verzögerungsgliedern zweiter Ordnung mit Integration zur Lage beschrieben. Der Synchronisation der Achsbewegungen von An-

trieb 1 (Master) und Antrieb 2 (Slave) dient eine den Lageregelkreisen der beiden Achsen überlagerte Bahnregelung. Hierfür werden über die Faktoren $K_{B,i}$ der Bahnfehler e_B sowie dessen erste und zweite zeitliche Ableitungen $\dot{e}_B$ und $\ddot{e}_B$ bewertet. Die Ermittlung von e_B, $\dot{e}_B$ und $\ddot{e}_B$ geschieht über die die Bahnbewegung beschreibenden Funktionen f_x, f_v und f_a. Bei ausreichender Auflösung der Meßsysteme lassen sich $\dot{e}_B$ und $\ddot{e}_B$ auch mittels ein- bzw. zweifacher Differentiation von e_B bestimmen.

Des weiteren werden mit den Koeffizienten $K_{2,i}$ die Zustandsgrößen der Slaveachse gewichtet. Um das dynamische Verhalten der Masterachse zu optimieren, wird für die Masterachse ebenfalls eine Zustandsregelung vorgesehen. Diese Maßnahme erhöht die Konturgenauigkeit bei Bahnbewegungen mit Richtungsumkehr der Masterachse.

Es handelt sich also um Einachs-Zustandsregelungen für beide Achsen mit übergeordneter Bahnzustandsregelung. Der Einsatz dieses Bahnreglers bewirkt eine Synchronisation von Bewegungsachsen auch bei unterschiedlichen dynamischen Kennwerten der Achsen. Für jede Achse ist somit die maximal einstellbare Geschwindigkeitsverstärkung wählbar, was ein optimales Störverhalten erlaubt. Diese Reglerstruktur ist ebenso für mehr als zwei zu synchronisierende Bewegungsachsen einzusetzen. Bei Bahnbe-

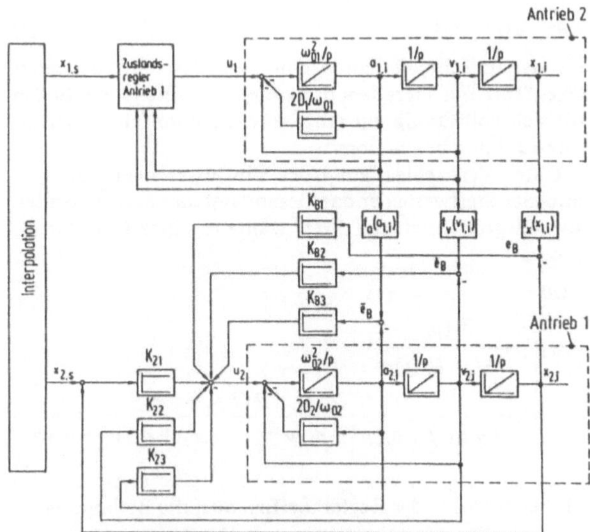

Bild 1. Blockschaltbild der Bahnregelung im Zustandsraum. ω_0 Kennkreisfrequenz; D Dämpfung; K_{Bi}, K_{2i} Reglerkoeffizienten; f_x, f_v, f_a Bahnfunktionen; e_B Bahnfehler; x Lage; v Geschwindigkeit; a Beschleunigung; u Stellgröße; Index s Sollwert; Index i Ist-Wert

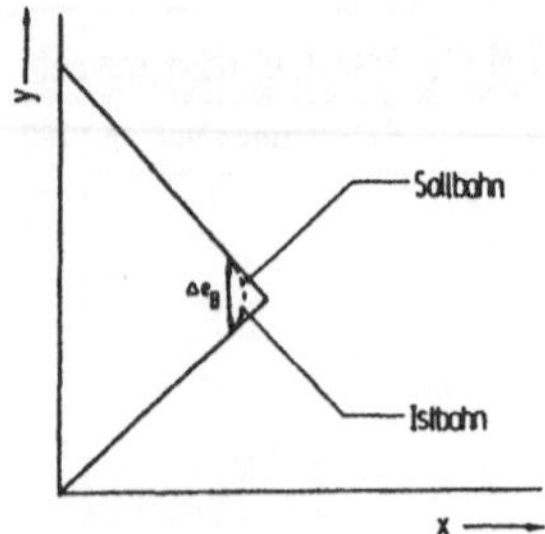

Bild 2. Qualitativer Verlauf von Soll- und Ist-Bahn bei einer Zweiachsbewegung mit Richtungsumkehr der Masterachse (X-Achse). Δe_B sprungförmige Bahnfehleränderung

wegungen, die einen zeitweiligen Stillstand der Masterachse zur Folge haben, ist für mehr als zwei an der Bewegungserzeugung beteiligten Achsen jedoch ein Wechsel der Masterachse vorzusehen. Das gewährleistet die Synchronisation der restlichen bewegten Achsen auch während des Stillstands einer Masterachse.

Es ist notwendig, um einen sprungförmigen Verlauf der Stellgröße für die Slaveachse zu vermeiden, bei einer Richtungsumkehr der Masterachse die zeitlichen Verläufe von f_x, f_v und f_a zu glätten. Die Ursache für das mögliche Auftreten von Stellgrößensprüngen verdeutlicht Bild 2. Beim Richtungswechsel der Masterachse kann es vorkommen, daß die Masterachse ihren Sollumkehrpunkt nicht erreicht. Dies kann zu einem sprungförmigen Verlauf von $e_B(t)$ (Sprunghöhe Δe_B) und damit auch von der Stellgröße u_2 der Slaveachse (s. Bild 1) führen.

3 Bahnfehlerübertragungsfunktion für lineare Bahnfunktionen

Für in Maschinenkoordinaten lineare Bahnfunktionen kann eine lineare Bahnfehlerübertragungsfunktion $F_B(p)$ definiert werden, die den Zusammenhang zwischen der Bahngeschwindigkeit $v_B(p)$ und dem Bahnfehler $e_B(p)$ im Laplacebereich beschreibt. Dabei gilt

$$e_B = F_B(p) \cdot v_B(p). \tag{1}$$

Das dynamische Verhalten eines Regelsystems bei einer Eckenfahrt mit Geradenabschnitten zwischen den Ecken läßt sich vollständig mit einer solchen Bahnfehlerübertragungsfunktion beschreiben.

Unter Vernachlässigung des Einflusses eventuell vorhandener Startwerte der das Gesamtsystem beschreibenden Zustandsgrößen gilt für $F_B(p)$ während eines Geradenabschnitts

$$F_B(p) =$$

$$= z_0\, p^2\, \frac{Z_1(p)}{N_1(p)\, N_2(p)}$$

$$= z_0\, p^2\, \frac{1 + z_1\, p}{(1 + n_{11}\,p + n_{12}\,p^2 + n_{13}\,p^3)(1 + n_{21}\,p + n_{22}\,p^2 + n_{23}\,p^3)} \tag{2}$$

falls bei der Wahl der Reglerkoeffizienten die Bedingung

$$K_{22} = K_{21}/K_{v1} - 1 \tag{3}$$

mit

K_{v1} Geschwindigkeitsverstärkung der Masterachse

erfüllt wird. Gleichung (3) ist gleichbedeutend mit der For-

derung nach einer vollständigen Vermeidung von stationären Bahnfehlern bei in Maschinenkoordinaten linearen Bahnfunktionen.

Die Terme $N_1(p)$, $N_2(p)$, $Z_1(p)$ und der Koeffizient z_0 besitzen folgende Eigenschaften:
- $N_1(p)$: Nenner der Übertragungsfunktion des Lageregelkreises der Masterachse (Antrieb 1), wobei für die Geschwindigkeitsverstärkung $K_{v1} = 1/n_{11}$ gilt.
  → Wählbar über die Zustandsregelung der Achse 1.
- $N_2(p)$: Nenner der Übertragungsfunktion des Lageregelkreises der Slaveachse (Antrieb 2), wobei für die Geschwindigkeitsverstärkung $K_{v2} = 1/n_{21}$ gilt.
  → Wählbar über K_{2i}; K_{Bi}.
- $Z_1(p)$: → Wählbar über K_{2i}; K_{Bi}.
- z_0: → Wählbar über K_{2i}; K_{Bi}.

Den Zählerterm $Z_1(p)$ kann seine Grenzkreisfrequenz $\omega_{GZ1} = 1/z_1$ charakterisieren. Die Nennerterme $N_1(p)$ und $N_2(p)$ besitzen die Eckkreisfrequenzen ω_{EN1} bzw. ω_{EN2}. Entsprechend [9] gelten dabei folgende Zusammenhänge:

$$\omega_{EN1} = \sqrt[3]{1/n_{13}} \quad \text{und} \quad \omega_{EN2} = \sqrt[3]{1/n_{23}}.$$

Zwischen den Reglerparametern und den Koeffizienten von $F_B(p)$ bestehen die Beziehungen:

$$K_{21} = \frac{1}{\omega_{02}^2 \cdot n_{13}} \cdot \left(1 - \frac{z_0 \cdot z_1}{n_{23}}\right) \tag{4a}$$

$$K_{22} = \frac{K_{21}}{K_{v1}} - 1 \tag{4b}$$

$$K_{23} = \frac{z_0}{n_{23} \cdot \omega_{02}^2} - \frac{2\,D_2}{\omega_{02}} + K_{21} \cdot n_{12} \tag{4c}$$

$$K_{B1} = \frac{1}{n_{23} \cdot \omega_{02}^2} - K_{21} \tag{4d}$$

$$K_{B2} = \frac{n_{21}}{n_{23} \cdot \omega_{02}^2} - K_{22} - 1 \tag{4e}$$

$$K_{B3} = \left(\frac{1}{n_{23} \cdot \omega_{02}^2} \cdot (n_{22} - z_0) - K_{21} \cdot n_{12}\right) \sqrt{1/(n_{13} \cdot K_{v1})}. \tag{4f}$$

4 Reglerauslegung

Zum Gewährleisten eines minimalen Bahnfehlers e_B müssen wegen Gleichung (1) die Reglerkoeffizienten so gewählt werden, daß $|F_B(\omega)|$ für alle Kreisfrequenzen möglichst klein ist.

Entsprechend Bild 3 ergeben sich folgende Auslegungsvorschriften:
- Optimierung von $N_1(p)$ und $N_2(p)$ auf optimales Stör- bzw. Führungsverhalten,
- Wahl von $Z_1(p)$, so daß

$$\omega_{GZ1} \geq \omega_{EN1} \quad \text{für} \quad \omega_{EN1} < \omega_{EN2}$$

bzw.

$$\omega_{GZ1} \geq \omega_{EN2} \quad \text{für} \quad \omega_{EN2} < \omega_{EN1}$$

gilt. Damit wird die Überhöhung des Betragsfrequenzgangs $|Z_1(\omega)|$ oberhalb von ω_{GZ1} durch die fallenden Flanken von $|1/N_1(\omega)|$ bzw. $|1/N_1(\omega)|$ kompensiert.
- Wahl eines möglichst kleinen Wertes von z_0.

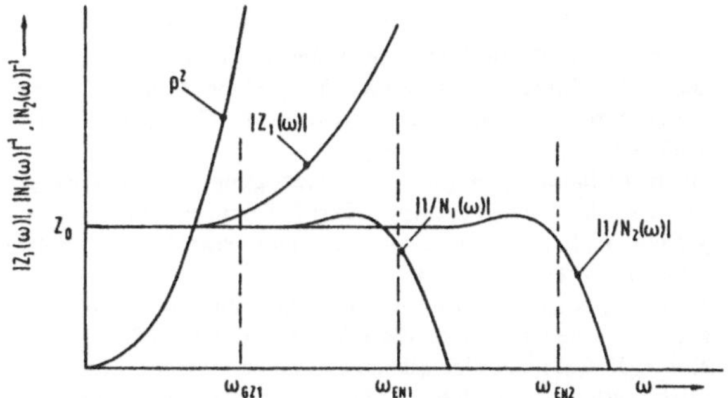

Bild 3. Qualitativer Verlauf der Betragsfrequenzgänge von p^2, $z_1(p)$, $N_1^{-1}(p)$ und $N_2^{-1}(p)$. ω_{GZ1} Grenzkreisfrequenz von $Z_1(p)$; ω_{EN1} Eckkreisfrequenz von $1/N_1(p)$; ω_{EN2} Eckkreisfrequenz von $1/N_2(p)$

Bei der Wahl von z_0, $Z_1(p)$, $N_1(p)$ und $N_2(p)$ entsprechend der oben genannten Auslegungskriterien ist der Einfluß der Abtastzeit und das nicht-ideale Verhalten der Regelstrecken zu berücksichtigen.

5 Ergebnisse

Im Rahmen simulativer Untersuchungen wurde das Fahren einer 90°-Ecke mit Slope ($a = 2$ m/s^2) betrachtet. Als Bahngeschwindigkeit wurde $v_B = 8,5$ m/min gewählt. Die Abtastzeit beträgt 2 ms. An der Ecke wurde solange ein Interpolationsstop durchgeführt, bis die Bahngeschwindigkeit den Wert $V_{B,\min} = 4,25$ m/min erreicht hat. Bei diesem Einstellwert für den Interpolationsstop entsteht bei den zugrundegelegten dynamischen Kennwerten der Bewegungsachsen keine nennenswerte Beeinträchtigung des Bahngeschwindigkeitsverlaufs. Für die Antriebe wurden die in Bild 1 beschriebenen Modelle 3. Ordnung zugrundegelegt, wobei die zugehörigen Kennkreisfrequenzen ω_{0i} und Dämpfungen D_i folgende Zahlenwerte besitzen:

- $\omega_{01} = 125$ s^{-1}, $\omega_{02} = 250$ s^{-1},
- $D_1 = D_2 = 0,1$.

Die Reglerparameter von Achse 1 sowie die -koeffizienten $K_{2,i}$ und $K_{B,i}$ wurden so gewählt, daß sich für die einzelnen Lageregelkreise folgende Geschwindigkeitsverstärkungen ergaben:

- Achse 1 (Master): $K_{v1} = 30$ s^{-1},
- Achse 2 (Slave): $K_{v2} = 60$ s^{-1}.

Auf eine Erhöhung der Kennkreisfrequenzen entsprechend [8] wurde verzichtet, so daß die Zustandsregelung die Lageregelkreise lediglich aktiv dämpfte. Dies entspricht einer häufig angewandten Vorgehensweise, wenn z. B. aufgrund nicht-idealer Antriebseigenschaften keine nennenswerte Erhöhung der Kennkreisfrequenz möglich ist. Die Dämpfungen der geregelten Systeme wurden dabei zu $D_{g1} = D_{g2} = 0,6$ gemäß [8] bestimmt.

Die Zahlenwerte von z_0 und z_1 der Bahnfehlerübertragungsfunktion entsprechend Gleichung (2) wurden gemäß den Auslegungsvorschriften aus Punkt 4 zu

$$z_0 = -5 \cdot 10^{-6}\ \text{s}^3,$$

$$z_1 = 6,7 \cdot 10^{-3}\ \text{s}$$

gewählt. Damit ergibt sich eine Grenzkreisfrequenz für $Z_1(p)$ von $\omega_{GZ1} = 150$ s^{-1}.

Bei der Auslegung der Regelkreise wurden Schwankungen der Kennkreisfrequenzen ω_{01} und ω_{02} von -20% zugrundegelegt.

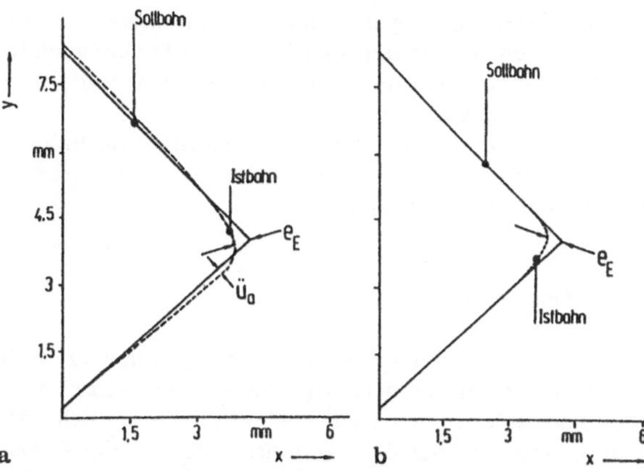

Bild 4a und b. Soll- und Istbahn beim Fahren einer 90°-Ecke (Bahngeschwindigkeit $v_B = 8,5$ m/min, Slope $a = 2$ m/s^2) mit Richtungsumkehr der Masterachse (X-Achse). **a** Nur Zustandsregelung der Achsen (Einachszustandsregelung); **b** Einachszustandsregelung und Bahnzustandsregelung. $\ddot{u}_a$ Überschwingweite, e_E maximale Eckenabweichung

Im Rahmen der Untersuchungen wurde das Bahnverhalten beim Einsatz von Zustandsreglern für beide Achsen mit und ohne überlagerte Bahnregelung im Zustandsraum verglichen. Dabei wurden beidemal die oben genannten Werte für die Dämpfungen eingestellt. Um auch ohne Bahnregelung einen stationären Bahnfehler zu vermeiden, betrug in diesem Fall

$$K_{V1} = K_{V2} = 30\ \text{s}^{-1}.$$

Der größte Bahnfehler ergab sich jeweils bei einer Eckenfahrt mit Richtungsumkehr der Masterachse. Die Bilder 4 a und 4 b zeigen die zugehörenden Bahnverläufe.

Diese Bahnregelung ergibt eine deutliche Verbesserung der Überschwingweite $\ddot{u}_a$, während die Eckenabweichung e_E nahezu konstant bleibt, da sie allein von der Dynamik der Masterachse abhängt. Weil für die Bahnzustandsregelung die Überschwingweite in Bild 4 nicht mehr erkennbar ist, werden im folgenden die zugehörenden Zahlenwerte angegeben:

- nur Zustandsregelung der Achsen $\qquad \ddot{u}_a = 180\ \mu\text{m}$,
- Zustandsregelung der Achsen mit Bahnregelung im Zustandsraum $\qquad \ddot{u}_a = 8\ \mu\text{m}$.

Eine Verbesserung der Eckenabweichung ist zu erwarten, wenn die dynamisch bessere Achse als Masterachse gewählt wird. Dafür ist in diesem Fall mit einer größeren Überschwingweite und einem schlechteren Störverhalten zu rechnen. Vergleichende Untersuchungen laufen zur Zeit.

Für viele Fertigungsprozesse ist ein möglichst geringer und kurzzeitiger Einbruch der Bahngeschwindigkeit notwendig. Bild 5 stellt deshalb die zeitlichen Verläufe der Bahngeschwindigkeit im Bereich der Ecke mit und ohne Bahnzustandsregelung dar. Es ergibt sich nur eine unwe-

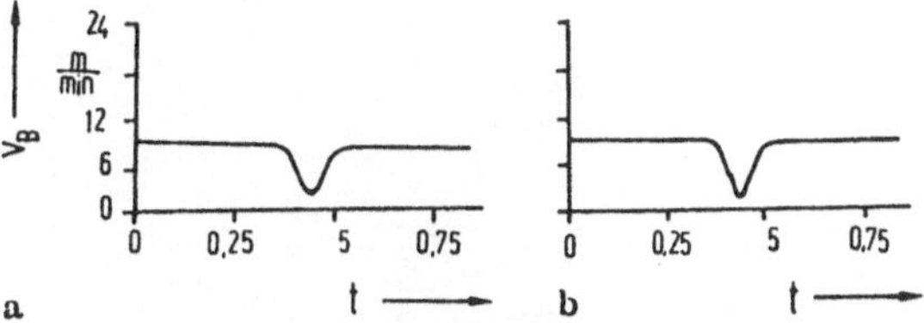

Bild 5a und b. Verlauf der Bahngeschwindigkeit beim Durchfahren einer 90°-Ecke entsprechend Bild 4. **a** Einachszustandsregelung; **b** Einachszustandsregelung und Bahnzustandsregelung

sentliche Beeinflussung der Bahngeschwindigkeit, so daß
das Verfahren der Bahnregelung im Zustandsraum auch für
Bearbeitungsvorgänge mit hohen Forderungen an die Konstanz der Bahngeschwindigkeit geeignet ist.

Des weiteren ist darauf hinzuweisen, daß die Bahnzustandsregelung keine erhöhten Forderungen an die Maximalmomente der Antriebe stellt.

6 Zusammenfassung

Es wurde ein neues Verfahren der Bahnregelung vorgestellt,
das im Gegensatz zu bereits bekannten Verfahren außer
dem Bahnfehler auch dessen erste und zweite zeitliche Ableitung berücksichtigt. Das Verfahren erzielt beim Eckenfahren – insbesondere bei der Überschwingweite – eine
deutliche Verbesserung der Bahntreue. Ein ganz wesentlicher Aspekt der untersuchten Reglerstruktur ist, daß hierbei
die Verfahren der Zustandsregelung und Bahnregelung sich
ergänzende Verfahren sind.

Eine Eingliederung der Bahnregelung im Zustandsraum
in offene Steuerungssysteme ist mit dem in [6] beschriebenen Bahnmodul möglich.

Literatur

1. Pritschow, G.; Rudloff, H.: Verminderung von Bahnabweichungen bei Nachfolgeregelungen am Beispiel einer Nockenwellenschleifmaschine. wt Werkstatttechnik 77 (1987) H. 8, S. 431–434
2. Huan, J.: Bahnregelung zur Bahnerzeugung an numerisch gesteuerten Werkzeugmaschinen. Berlin: Springer 1982
3. Wendt, W.: Bahnregelung von Handhabungsgeräten und Werkzeugmaschinen. Diss. TU Berlin 1987
4. Kulkarni, K.: Identification and contouring control of multiaxial machine tool feed drives. Diss. Ohio (USA) 1987
5. Koran, J.: Cross-coupled biaxial computer control for manufacturing systems. J. o. Dynamic Systems, Measurement and Control (1980) H. 12
6. Pritschow, G.; Rudloff, H.: Hochgenaue Achssynchronisation mit einem konfigurierbaren Bahnmodul. wt Werkstatttechnik 79 (1989) H. 11, S. 633–636
7. Hesselbach, J.: Digitale Lageregelung an numerisch gesteuerten Fertigungseinrichtungen. Berlin: Springer 1981
8. Pritschow, G.; Hagl, R.: Parameteradaptive Regelsysteme an numerisch gesteuerten Bewegungsachsen. wt Werkstatttechnik 79 (1989) H. 11, S. 637–642
9. Stute, G. u. a.: Elektrische Vorschubantriebe für Werkzeugmaschinen. Erlangen: Siemens 1981

wt Werkstattstechnik 81 (1991) 36–40

wt Werkstattstechnik
© Springer-Verlag 1991

Automatisierung der Werkstückversorgung an Werkzeugmaschinen*

U. Dilling, München

Inhalt. Maschinen und Anlagen lassen sich in unterschiedlichem Maße automatisieren, die Werkstückversorgung beispielsweise mit Palettenspeichern oder Industrierobotern als Beschickungsgeräte. Die dabei zu beachtenden Randbedingungen sind beschrieben. Am Beispiel einer realen Fertigung zweier Gehäuse bot sich die Möglichkeit, die Handhabungskosten verschiedener Konzepte bei unterschiedlich großen Stückzahlen zu vergleichen, was Hinweise zur Lösung ähnlicher Probleme gibt.

1 Einleitung

Die Wettbewerbssituation eines Unternehmens wird wesentlich von dem Ausmaß beeinflußt, in dem die Unternehmenspotentiale in den Bereichen Vertrieb, Forschung und Entwicklung, Beschaffung, Produktion und Finanzen ausgeschöpft werden. Beim Aufbau von Wettbewerbsvorteilen in einem Markt, den eine wachsende Zahl Zulieferer, Kunden und Wettbewerber kennzeichnen, hat die Produktionsstrategie zunehmende Bedeutung [1].

Die Unternehmen stehen vor der Aufgabe, sich schnell und reibungslos auf veränderte Markt- und Produktionsbedingungen einzustellen. Die Produktvielfalt wird größer und die Produktlebens- und Innovationszyklen werden immer kürzer. Ein weiterer Gesichtspunkt sind die Schwankungen der Fertigungsstückzahlen, die hohe Lagerkosten zur Folge haben können [2]. Wegen hohen Umrüstungsaufwands, schlechter Nutzungsgrade und langer Durchlaufzeiten entsteht bei bisherigen Fertigungskonzepten ein höherer Bedarf an Personal und Betriebsmitteln und damit steigen die Kosten. Fortschrittliche, flexibel automatisierte Produktionssysteme (Bild 1) bieten das geforderte Maß an Flexibilität, weisen aufgrund größerer Komplexität aber das Risiko der geringeren Verfügbarkeit auf und brauchen höhere Investitionen. Bei der Festlegung des Automatisierungsgrads eines Fertigungssystems ist daher ein geeigneter Kompromiß zwischen Produktivität und Flexibilität in Abhängigkeit des jeweiligen Produktionsprogramms und der Unternehmensziele zu finden.

2 Automatisierungsstufen in der Fertigung

Die Fertigungseinrichtungen lassen sich schrittweise automatisieren. Bei einer Gliederung der Fertigungsinhalte in die automatisierbaren Teilfunktionen Bearbeitung, Hand-

Bild 1. Automatische Werkstückversorgung im FFS des Instituts für Werkzeugmaschinen und Betriebswissenschaften der Technischen Universität München mit mobilem Roboter und FTS

habung, Transport und Informationsfluß wird deutlich, daß die Fertigungskonzepte wesentlich von den Automatisierungsgraden der Materialflußeinrichtungen geprägt werden und diese daher bei der Planung besonders beachtet werden müssen (Bild 2). In der konventionellen Fertigung mit unverketteten CNC-Maschinen werden alle Handhabungsaufgaben mit entsprechendem Bedienungsaufwand manuell ausgeführt. Beim Betrieb von Bearbeitungszentren mit automatischem Werkzeugwechsel und zweitem Maschinentisch zum hauptzeitparallelen Spannen und Rüsten wird die Produktivität gegenüber geringer automatisierten CNC-Maschinen deutlich erhöht. Den höchsten Automatisierungsgrad der Einzelmaschinen erreichen diese in flexiblen Fertigungszellen mit automatischer Werkstückspeicherung. Flexible Fertigungssysteme entstehen aus der material- und informationstechnischen Verknüpfung mehrerer Maschinen.

Die Werkstückspeicherung in flexibel automatisierten Anlagen übernehmen Palettenspeicher oder Werkstückpaletten mit automatischer Beschickung durch Industrieroboter (Bild 3). Beide Lösungen bieten den Vorteil, daß sich die Bediener vom Takt der Maschine lösen und zusätzliche Aufgaben, z. B. im Bereich der Qualitätssicherung, übernehmen können. Ferner lassen sich mannarme Schichten einrichten.

Der Betrieb von Palettenspeichern ist Stand der Technik und läuft zuverlässig in den meisten flexiblen Fertigungszellen und -systemen. Die Paletten werden manuell beschickt. Die Investitionskosten für Palettenspeicher und

---

* Veröffentlichung aus dem Institut für Werkzeugmaschinen und Betriebswissenschaften der Technischen Universität München, Leiter: Prof. Dr.-Ing. J. Milberg

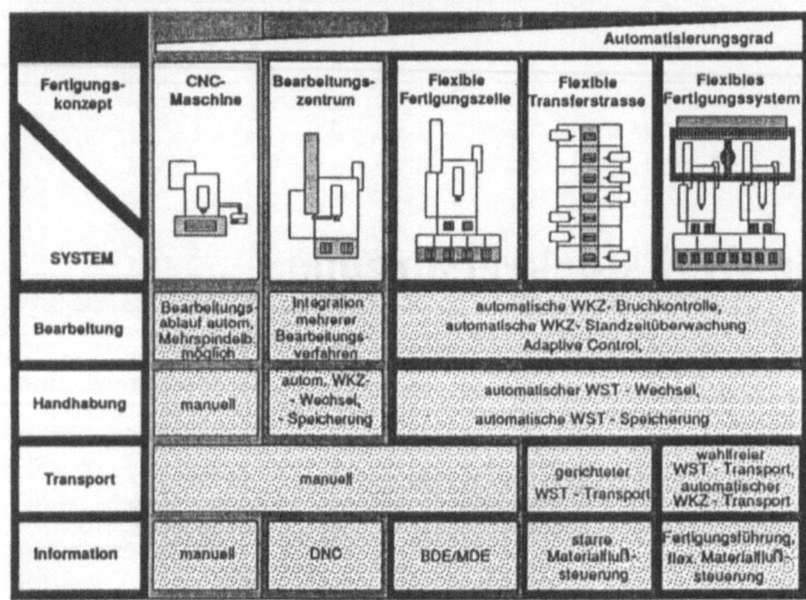

Bild 2. Automatisierungsstufen in der Fertigung. *WKZ* Werkzeug; *WST* Werkstück

Vorrichtungen und die Aufwendungen für das Personal sind hoch. Der Einsatz der Industrieroboter ist besonders bei größeren Losen eine interessante Alternative. In automatisierten Drehzellen mit kurzen Taktzeiten und einfach zu handhabenden Drehteilen ist die Handhabungstechnik zu einem festen Bestandteil geworden. Mit Bearbeitungszentren werden jedoch meist geometrisch komplexe Werkstücke wie Gehäuseteile gefertigt, die bei der automatischen Handhabung verschiedene technische Probleme aufwerfen.

3 Automatische Maschinenbeschickung mit Industrierobotern

Zu einer automatisch beschickten Fertigungszelle gehören die Komponenten
- Werkzeugmaschine mit Vorrichtung,
- Handhabungsgerät mit Greifern und

- Werkstückträger.

Die wichtigsten Problemstellungen bei der Automatisierung des Beschickungsvorgangs sind:
- Positionierung und Spannung der Werkstücke,
- Reinigung der Vorrichtungen,
- steuerungs- und energietechnische Verknüpfung der verschiedenen Komponenten und
- Überwachung des Bearbeitungs- und Handhabungsprozesses (Bild 4).

Das für die Fertigungsqualität entscheidende Kriterium ist die lagegenaue Positionierung der Werkstücke in der Spannvorrichtung. Die vom Handhabungsvorgang hervorgerufenen Positionierunggenauigkeiten der Werkstücke sind von einer Wegausgleichsvorrichtung zwischen der Spannvorrichtung und der Roboterhand zu kompensieren. Bei einfachen Teilen können Spannelemente der Vorrichtungen die Ungenauigkeiten ausgleichen, wie dies Dreibakkenfutter beim Spannen von Rotationsteilen tun. Kom-

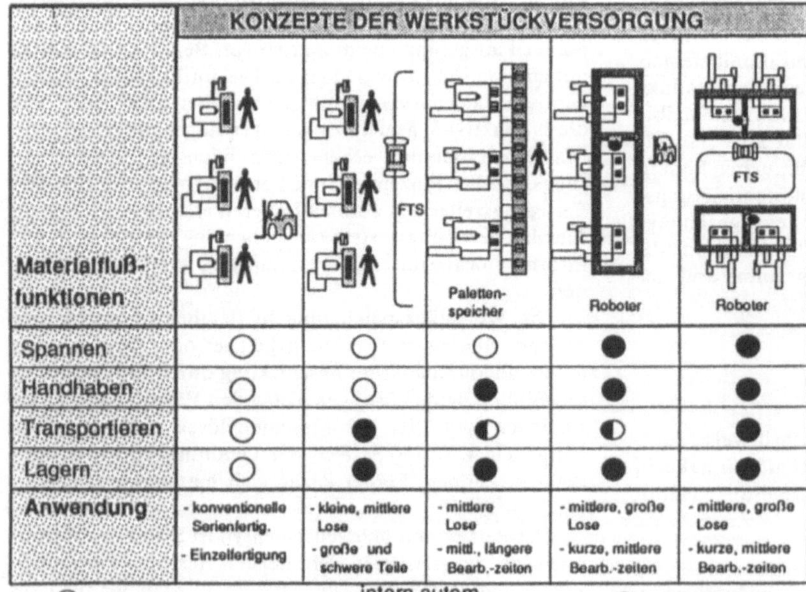

Bild 3. Werkstückversorgung an Bearbeitungszentren mit unterschiedlichem Automatisierungsgrad

Aufgabe \\ Komponente	CNC-Maschine Vorrichtung	Industrieroboter Greifer	WST-Träger Aufnahmen
Positionieren	Fügegünstige Positionierelemente, günstiger Spänefall	Kompliente Systeme	flexible und austauschbare Werkstückaufnahmen
Spannen	Hydraulische Spannelemente	Greiferanpassung durch: - Greiferwechsel - Backenanpassung - verstellbare Greifer	
Reinigen	von Werkzeugmaschine durch Kühlschmiermittel	von Roboter durch Druckluft	
Überwachen	Sensorik für Spanndruck und WST-Position		
Verknüpfen	Energietechnisch: Hydraulikkupplung Steuerungstechnisch: I-Roboter und WZM	Steuerungstechnisch: I-Roboter und WZM über SPS-Signale	

Bild 4. Problemstellungen und Lösungen bei der automatischen Maschinenbeschickung mit Industrierobotern. *WST* Werkstück; *WZM* Werkzeugmaschine

plexe Teile oder Folgeaufspannungen, bei denen ein Gehäuse über Paßstifte zu positionieren ist, lassen diese Lösung nicht mehr zu. Dann ist es einfacher, den Ausgleich roboterseitig zu bewerkstelligen, wobei die Vorrichtungen kostengünstig nach herkömmlichen Gesichtspunkten gestaltet werden können. Dazu wird zwischen Roboterhand und Werkstück eine Fügehilfe eingerichtet. Passive Fügehilfen (z. B. RCC, remote center compliance) sind aufgrund des einfachen Aufbaus und der Wirkungsweise für den sehr von Spänen und Kühlschmiermitteln beeinträchtigten Einsatz an Werkzeugmaschinen besonders geeignet. Diese führen beim Fügen – beispielsweise eines Paßstifts in eine Zentrierbohrung – kinematisch gesteuerte Ausgleichsbewegungen aus, die einem Verspannen der Fügepartner entgegenwirken (Bild 5.)

Hydraulisch ansteuerbare Spannelemente und fügegünstig gestaltete Positionierelemente erlauben das Automatisieren der Spannvorrichtungen. Die späneflußgünstige Gestaltung der Vorrichtungen ist besonders zu beachten, da im automatischen Betrieb kleine Späne nur schwer erkannt werden und zu Ausschuß oder Beschädigungen führen kön-

nen. Vertikales Anordnen der Vorrichtungen, Abdeckungen und Einbezug der Vorrichtungselemente in die Vorrichtungen können den Spänefluß optimieren. Zusätzlich sind die Vorrichtungen vor jedem Werkstückwechsel sorgfältig von Spänen zu befreien. Dazu hat die Werkzeugmaschine und/oder der Roboter einen Fluidstrom aufzubringen, der die Späne wegspült.

Das Handhabungsgerät ist mit den dem Teilespektrum angepaßten Greifwerkzeugen auszurüsten (Bild 6). Die richtige Wahl von Greifkraft und Hub paßt sie der jeweiligen Teilefamilie an. Wenn verschiedene Teilebaugrößen mit ähnlicher Greifgeometrie gehandhabt werden sollen, ist der Einsatz eines Greifers mit automatisch verstellbarem Greifweg (z. B. elektrisch) für alle Teile möglich. Bei unterschiedlicher Greifgeometrie schafft dies ein einziger Greifer nicht mehr. An den Greifern sind Spannbacken montiert, deren Greifflächen den Werkstücken entsprechen. Wenn eine gemeinsame Schnittstelle vorgesehen wird, lassen sich

Bild 5. Automatische Vorrichtungsbeschickung mit Hilfe einer passiven Fügehilfe

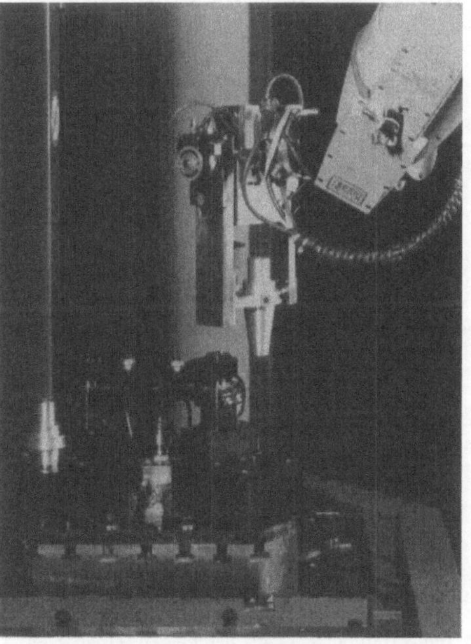

Bild 6. Robotergreifer zur Handhabung von Werkzeugaufnahmen

Bild 7. Mehrmaschinenbedienung mit einem Linienportalroboter an einem Sägezentrum und einer CNC-Drehmaschine

die Spannbacken leicht gegen andere auswechseln. Da auf Bearbeitungszentren große Teilespektren bearbeitet werden, sind in der Regel mehrere Greifer zum Erfüllen der Handhabungsaufgaben notwendig. Sie lassen sich mit einem druckluftbetätigten Wechselsystem ausstatten, über das sie automatisch an die Roboterhand angedockt werden können. Als Werkstückträger sind Systempaletten mit verstell- und auswechselbaren Aufnahmeelementen sinnvoll, die die für die automatische Handhabung notwendige Positioniergenauigkeit aufweisen und sich leicht umrüsten lassen.

Bei der Wahl eines für die jeweilige Handhabungsaufgabe geeigneten Roboters sind besonders die Handhabungsaufgabe, das Teilespektrum und die Schnittstellen zu den Werkzeugmaschinen und den Materialflußeinrichtungen zu betrachten [3]. Die Kinematik der Industrieroboter kann wesentlich differieren. Mit unterschiedlicher Kombination und Ansteuerung von Rotations- und Linearachsen entstehen Roboter mit sehr verschiedenen Eigenschaften. Beim Einsatz im Fertigungsprozeß sind in der Regel mindestens drei Linearachsen und bei schwierigen Fügevorgängen bis zu sechs Achsen und mehr erforderlich.

Die Stückzeiten auf Bearbeitungszentren sind meistens so lang, daß ein Roboter mit der Beschickung einer Maschine nicht ausgelastet ist. In diesen Fällen ist eine Mehrmaschinenbedienung anzustreben. Die Arbeitsräume stationärer Standgeräte sind beschränkt. Sie werden daher für

die Mehrmaschinenbeschickung nur selten eingesetzt. Besser geeignet sind Portalgeräte, die noch dazu den Vorteil einer guten Maschinenzugänglichkeit bieten. Linienportale besitzen eine lineare Verfahrachse in x-Richtung (Bild 7), Flächenportale je eine in x- und y-Richtung. Eine dieser Linearachsen kann sehr lang gebaut sein, so daß auch räumlich weit auseinanderliegende Maschinen von einem Gerät zu bedienen sind. Eine weitere Möglichkeit der Mehrmaschinenbedienung sind mobile Roboter [4], die mit einem Transportsystem oder die selbstfahrend zu verschiedenen Einsatzorten gelangen (Bild 8).

4 Kostenvergleich unterschiedlicher Materialflußkonzepte

Bei der Bestimmung des Automatisierungsgrads der Werkstückversorgung sind neben den technischen Randbedingungen vor allem auch die Daten des Produktionsprogramms wie Teilevielfalt, Art und Größe der Teile, Zahl der Varianten, Jahresstückzahlen und Losgrößen wichtige Einflußgrößen. Zur wirtschaftlichen Beurteilung verschiedener Konzepte kann eine vergleichende Stückkostenrechnung herangezogen werden.

In Bild 9 sind in zwei Grafiken beispielhaft die Stückkosten bei der Fertigung zweier unterschiedlicher Gehäusetypen aus der Großserienfertigung aufgetragen. Die Teile haben etwa die Größe eines Quaders mit 250 mm Seitenlänge, die Gehäuse sind aus Stahl- bzw. Aluminiumdruckguß. Die Bearbeitungszeiten liegen bei der Fertigung auf Bearbeitungszentren zwischen 5 und 15 Minuten. Die Aluminium-Gehäuse werden in einer Aufspannung bearbeitet, die

Bild 8. Mobiler Industrieroboter beim Beschicken einer CNC-Drehmaschine

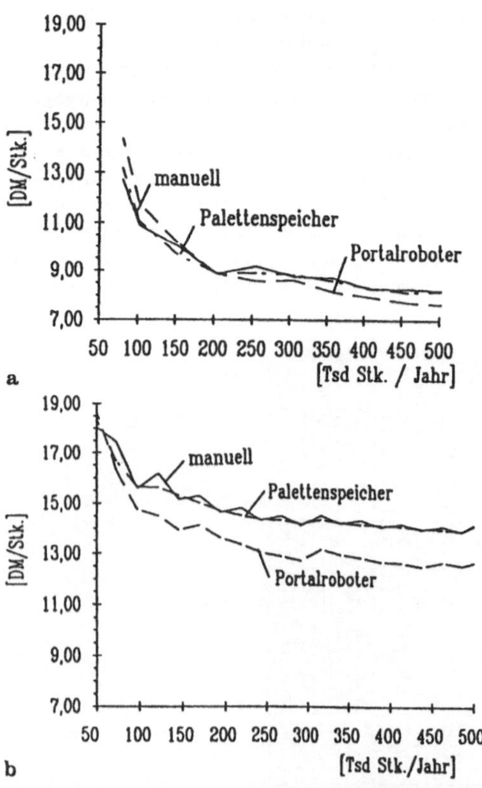

Bild 9a und 9b. Kostenvergleich beim Einsatz unterschiedlicher Materialflußkonzepte zur Werkstückversorgung an Bearbeitungszentren. **a** Handhabung bzw. Transport bei der Al-Gehäuse-Fertigung, eine Aufspannung; **b** Handhabung bzw. Transport bei der GS-Gehäuse-Fertigung, drei Aufspannungen

Stahlgußgehäuse in drei Aufspannungen. Der Stückkostenrechnung liegt ein 3-Schicht-Betrieb zugrunde.

Zur wirtschaftlichen Gegenüberstellung werden die zur Fertigung der Gehäuse erforderlichen Bearbeitungszentren mit den alternativ möglichen Materialflußkonzepten verkettet und mittels einer Stückkostenrechnung verglichen. Für jedes Fertigungskonzept ist der Stückkostenverlauf über der Jahresstückzahl als Parameter dargestellt. Somit lassen sich Aussagen über die Eignung der Konzepte bei unterschiedlicher Jahresproduktion treffen.

Die Kostenkurven bei der Fertigung der Aluminiumteile (Al) liegen nahe zusammen (Bild 9 a). Im unteren Stückzahlbereich – bis 100 000 Teile/Jahr – ist die manuelle Beschickung der Maschinen am kostengünstigsten. Bis zu einer Jahresstückzahl von etwa 200 000 Teilen liegen die Stückkosten beim Einsatz von Palettenspeichern am niedrigsten. Darüber steigen die Personalkosten beim manuellen Betrieb mehr als die Kosten beim Betrieb automatischer Systeme. Damit wird das Konzept „automatische Handhabung mit Industrierobotern" am billigsten. Bei der Fertigung der Stahlgußgehäuse (GS) vergrößern sich diese Tendenzen wesentlich (Bild 9 b). Aufgrund der höheren Zahl von Arbeitsfolgen nehmen die Handhabungskosten einen höheren Anteil an den Gesamtkosten ein und gewinnen damit an Bedeutung. Die Grafik zeigt, daß die automatische Handhabung mit Robotern bei Jahresstückzahlen über 75 000 deutlich kostengünstiger wird als die manuelle Bedienung.

Den beiden Beispielen ist zu entnehmen, daß der Einfluß der Materialflußsysteme auf die Gesamtkosten in Abhängigkeit von den unternehmensspezifischen Forderungen sehr unterschiedlich sein kann. Die Kurven beruhen auf den Daten eines konkreten Fertigungsbeispiels und besitzen daher keine Allgemeingültigkeit. Die qualitativen Aussagen lassen sich aber auch auf andere Anwendungsfälle übertragen.

Die konventionelle manuelle Beschickung ist immer die flexibelste Lösung. Sie eignet sich vor allem für die Einzel- und Kleinserienfertigung und für die Teilefertigung mit langen Bearbeitungszeiten. Die automatische Werkstückversorgung mit Palettenspeichern oder Industrierobotern gestattet den Betrieb mannarmer Schichten. Der Einsatz von Palettenspeichern bietet sich bei Teilen mit mittleren Bearbeitungszeiten an. Die Bearbeitungszeiten sollten nicht zu kurz sein, weil der Werkstückvorrat eines Palettenspeichers begrenzt ist und eine zu schnelle Abarbeitung die Vorteile des mannarmen Betriebs wieder zunichte macht. Die Palettenspeicher sind besonders wirtschaftlich einsetzbar, wenn im Teilemix zu fertigen ist, weil dann je Werkstücktyp nur eine Vorrichtung bereitgestellt werden muß, wie bei den anderen Konzepten auch. Die automatische Beschickung mit Industrierobotern läßt sich vorteilhaft in der Serienfertigung nutzen, wenn die Geräte gut ausgelastet sind und die Teilevielfalt nicht zu groß ist. Eine hohe Auslastung der Handhabungsgeräte ergibt sich bei kurzen bis mittleren Bearbeitungszeiten, Mehrmaschinenbedienung und der Nutzung bedienarmer Schichten.

5 Zusammenfassung

Die Automatisierung der Fertigung erfordert hohe Investitionen, die sich nur rechtfertigen lassen, wenn die Zielsetzungen des Unternehmens, wie geringere Fertigungskosten, kürzere Durchlaufzeiten und kürzere Rüstzeiten oder höhere Qualität, mit den Investitionen erreicht werden. Um das Investitionsrisiko gering zu halten, ist der Automatisierungsgrad der Fertigungseinrichtungen dem Produktionsprogramm und den Gegebenheiten des Unternehmens anzupassen. Der Festlegung eines optimalen Automatisierungsgrads kommt deshalb beim Planungsprozeß von komplexen Produktionssystemen eine erhöhte Bedeutung zu.

Literatur

1. Milberg, J.; Wendt. A.: Flexibel automatisierte Produktion: Eine Quelle für Wettbewerbsvorteile. Schweizer Maschinenmarkt 19 (1990), S. 84–89.
2. Eversheim, W.: Organisation in der Produktionstechnik, Bd. 4. Düsseldorf: VDI-Verlag 1984
3. Klippel, Cl.: Mobiler Roboter im Materialfluß eines flexiblen Fertigungssystems. Diss. Tech. Univ. München 1987 und Berlin: Springer 1988
4. Naber, H.: Roboter als mobiles Element. Knickarmroboter auf Transportpalette kombiniert mit FTS. Fertigung (1989) H. 12, S. 46–48

Originalaufsätze

wt Werkstatttechnik
© Springer-Verlag 1991

Optimale Anwendung moderner Schneidstoffe

R. Abel, Ebersbach

Inhalt. Die herkömmliche Analyse des Zerspanungsprozesses hinsichtlich seiner Wirtschaftlichkeit wird seiner Komplexität nicht gerecht. Der folgende Beitrag behandelt den Einsatz neuzeitlicher Schneidstoffe auch unter Beachtung der immer größer werdenden Forderung nach mehr Fertigungssicherheit. Repräsentative Beispiele zeigen, daß diese auch bei hohen Leistungen erfüllbar ist.

1 Einleitung

Auf der Basis konventioneller Wirtschaftlichkeitsrechnungen wurde lange Zeit die kostenoptimale Schnittgeschwindigkeit als die maßgebende Größe für die Werkzeugwahl und die Anwendung der Werkzeuge betrachtet. Diese Betrachtungsweise ist überholt. Sie wird der Komplexität des Zerspanungsprozesses nicht gerecht. Vor allem muß die Prozeßsicherheit vermehrt in die Planung der Bearbeitungsparameter einbezogen werden. Dabei ist nicht nur schnell, sondern auch sicher zu arbeiten [1].

2 Moderne Schneidstoffe

Im folgenden werden aus der Reihe der Schneidstoffe zunächst die Cermets (Metallkeramiken), dann neue Schneidkeramiken und abschließend CBN/HBN, hier Wurbon, mit für sie typischen Anwendungen behandelt.

3 Cermet

3.1 Eigenschaften

Unter dem Begriff „Cermet" (ceramic metal) werden heute Schneidstoffe auf der Basis von Titannitrid und Titankarbid zusammengefaßt. Cermet-Schneidstoffe (Metallkeramiken) bestehen aus metallischen und keramischen Komponenten. Sie sind insofern vom Hartmetall abgegrenzt, als daß sie neben den vom Hartmetall bekannten Karbiden wie Wolfram- (WC), Titankarbid (TiC) und Tantalkarbid (TaC) immer stickstoffhaltige Hartstoffe, wie Titannitrid (TiN), und als Binder Nickel enthalten. Cermets sind weder dem Hartmetall noch der Schneidkeramik zuzuordnen. Sie bilden eine eigenständige Schneidstoffgruppe.

Das Verschleißverhalten der Cermets gegenüber Abrasion wird hauptsächlich von den Härteträgern TiC bzw. TiN bestimmt. Die TiN-Komponente verbessert das Reibverhalten und das Verhalten gegenüber Adhäsion (Verschweißung) zwischen Span und Schneidplatte. Besonders günstig ist das Verschleißverhalten der Cermets an der Nebenschneide.

Bild 1. Feindrehen einer Welle aus 20 MnCr 5 mit SC 30

3.2 Anwendung

Die Tendenz in der Fertigungstechnik, Werkstücke in einer Aufspannung fertigzubearbeiten, hat die Minimierung von Aufmaßen zur Folge: Rohteil- und Fertigteilkontur nähern sich immer mehr an („Near-Net-Shape"-Technologie). Dieser Trend kommt dem Einsatzverhalten der Cermets mit ihrer gegenüber Hartmetall höheren Warmhärte und höheren Kantenfestigkeit entgegen. Allerdings stellt die „Near-Net-Shape"-Technologie hohe Forderungen an die Ausführung der zu bearbeitenden Rohteile [2–4].

Einen typischen Anwendungsfall für Cermets zeigt Bild 1. Mit der Wendeschneidplatte DNGG 150 608 – SP SC 30 werden Wellen aus 20 MnCr 5 unter den Arbeitsbedingungen $a_p = 0,3$ mm, $f = 0,12$ mm/U und $v_c = 410$ m/min feinstgedreht. Es werden besonders hohe Forderungen an die Maßkonstanz und die Oberflächengüte gestellt, die mit $R_a < 0,5$ μm vorgeschrieben ist. SC 30 erreicht mit $n_{wT} = 185$ Stück etwa die dreifache Standmenge gegenüber beschichtetem Hartmetall. Das Werkzeug braucht in der Standzeit nur dreimal nachgestellt zu werden.

Beim Drehen von Stempeln aus X12 CrNiS 188 mit dem Cermet SC 40 wird besonders die Gleichmäßigkeit der gedrehten Durchmesser deutlich (Bild 2). Bei der Fertigung von 120 Teilen unter den Arbeitsbedingungen $a_p = 0,3$ mm, $f = 0,045$ mm/U und $v_c = 235$ m/min bleibt bei einem Sollmaß 14 +0,040/ +0,050 das Istmaß innerhalb weniger Mikrometer praktisch konstant. Die Cermet-Wendeschneidplatte braucht wegen ihres geringen Verschleißes nicht nachgestellt zu werden.

Beim Einsatz von Cermets zum Stechdrehen und Gewindeschneiden wird wegen ihres geringen Schneidenver-

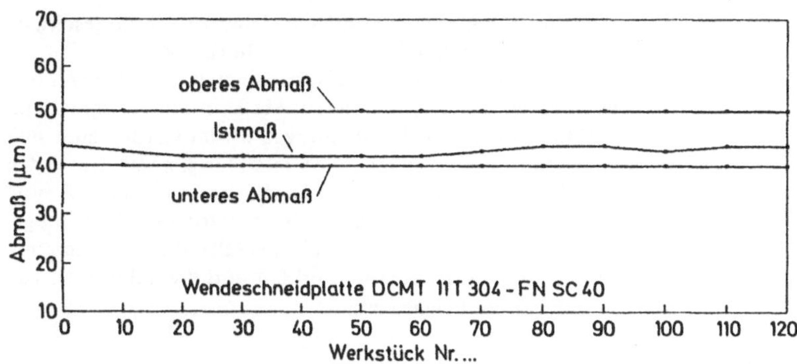

Bild 2. Maßkonstanz einer Cermet-Wendeschneidplatte in SC 30 beim Drehen von Stempeln (d = 14 mm) aus X12 CrNiS 188. a_p = 0,3 mm, f = 0,045 mm/U, v_c = 235 m/min

schleißes ohne Erhöhen der Arbeitsbedingungen meistens eine Verdoppelung der Standmenge und eine Halbierung der Werkzeugkosten erreicht.

Ein weiterer Anwendungsschwerpunkt der Cermets ist die Bearbeitung duktiler Gußwerkstoffe, z. B. GGG-Werkstoffe. Beim Schrupp-/Schlichtfräsen von Lenkgehäusen gemäß Bild 3 konnte die geforderte Oberfläche mit der Sorte SC 60 wegen ihres günstigen Verschleißverhaltens mit ein und demselben Fräser erzeugt werden, während mit Hartmetall ein Schrupp- und ein Schlichtfräser erforderlich waren. Die gleichzeitig erhöhte Schnittgeschwindigkeit verdoppelte nahezu die Ausbringung je Schicht.

4 Siliziumnitridkeramik

Viele Anwender haben es verstanden, die vergleichsweise niedrige Bruchfestigkeit der Schneidkeramik mit richtiger Wahl der ihnen angebotenen Werkzeuge und dem Einstellen zweckmäßiger Arbeitsbedingungen zu kompensieren. Der Einsatz der sogenannten Rein- und Mischkeramiken beim Bearbeiten von Grau- und Hartguß ist inzwischen Stand der Technik. Auf ihn wird im folgenden nicht weiter eingegangen. Als neu sind die Siliziumnitridkeramiken zu betrachten [5].

4.1 Eigenschaften

Bei den zum Einsatz kommenden Nitridkeramiken, beispielsweise den Sorten SL 100 und SL 200, handelt es sich um Siliziumnitride mit oxidischem Zusatz. Sie haben wegen ihrer hohen Schlagfestigkeit und besonders hohen Wärmewechselfestigkeit dem Schneidkeramikeinsatz neue Impulse vermittelt, wenn auch ihre Anwendung zunächst auf die Bearbeitung von Grauguß (und im unterbrochenen Schnitt auch auf die von duktilem Guß) beschränkt bleibt. Sie garantieren vor allem für das Schruppdrehen und -fräsen bei großen Arbeitsgeschwindigkeiten und langen Standwegen die notwendige Arbeitssicherheit, auch wenn die sonst bei Schneidkeramik geltenden Anwendungsrichtlinien nicht strikt befolgt werden [6].

4.2 Anwendung

Siliziumnitridkeramik ist für die Bearbeitung – insbesondere für das Schruppen – von Grauguß hervorragend geeignet. Für die Stahlbearbeitung kommt sie nicht in Frage. Grund ist ihre geringe thermische Belastbarkeit bei der Anwesenheit von Ferrit.

Bei hohen Schnittgeschwindigkeiten – vorzugsweise ist der Bereich v_c = 600 bis 900 m/min (10 bis 15 m/s) anzustreben – arbeitet die Nitridkeramik besonders wirtschaftlich. Bild 4 zeigt Mulden-Wendeschneidplatten aus SL 200 im Einsatz beim Anfasen bzw. Schruppdrehen einer Bremsscheibe auf einer Vertikal-Drehmaschine unter den Arbeitsbedingungen a_p = 2,5 mm, f = 0,35 mm/U und v_c = 635 m/min. Im Einsatz sind FTC-Werkzeuge in Sonderausführung. Siliziumnitridkeramik ergab gegenüber Oxidkeramik die mehr als verdoppelte Standmenge.

Die Schlagfestigkeit und das günstige Zähigkeitsverhalten der Siliziumnitridkeramik wird beim Drehen von Grau-

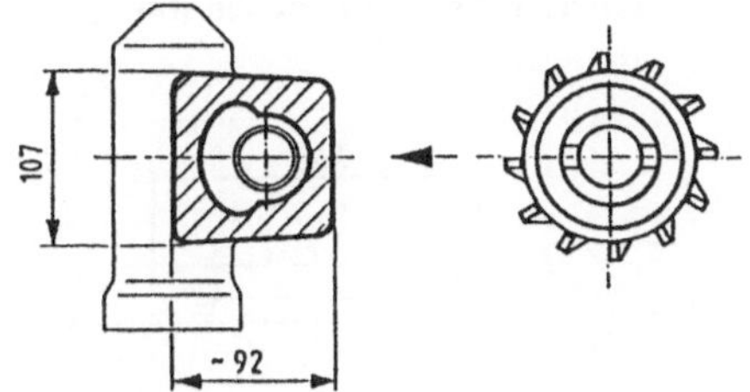

Schneidstoff Schneidplatte Messerkopf	SPK-Cermet SC 60 SPKN 1203 EDTR MFP 125-8-75 F3, D = 125mm, z = 8, kappa = 75°	
	1. Schnitt	2. Schnitt
a_p (mm) f_z (mm/z) v_c (m/min) v_f (mm/min)	5 – 6 0,18 1500	0,3 – 0,5 0,25 400 2040
Standzeitkriterium	Oberflächengüte: R_z < 20 μm	
Standmenge	im Mittel 150 Teile	

Bild 3. Schrupp- und Schlichtfräsen von Lenkgehäusen aus GGG 50 mit einem Fräser aus SC 60. Beim Einsatz von Hartmetall waren zwei Fräser notwendig. Die Ausbringung wurde nahezu verdoppelt

Bild 4. Schruppdrehen einer Bremsscheibe mit Mulden-Wendeschneidplatten in SL 200 auf einer Vertikal-Drehmaschine

guß GG 25 im unterbrochenen Schnitt deutlich. Zum Beispiel wird ein rechteckiger Gußblock mit den Arbeitsbedingungen $a_p = 2$ mm, $f = 1(!)$ mm/U und $v_c = 300$ m/min abgedreht, wobei die Siliziumnitridkeramik-Wendeschneidplatte nach einer Schneidzeit von 10 min weder Ausbrüche noch größeren Verschleiß zeigt.

Siliziumnitridkeramik ist wegen ihrer hohen Schlag- und Wärmewechselfestigkeit für das Fräsen von Grauguß, aber auch von duktilem Guß prädestiniert [7]. Beim Schruppfräsen der Flanschflächen von Auslaßkrümmern mit einem Mehrzahnfräser, der mit Silizium-Wendeschneidplatten SL 100 bestückt ist, wird deutlich, welche Schnittgeschwindigkeiten mit Siliziumnitridkeramik gegenüber Hartmetall möglich sind (Bild 5).

Mit Siliziumnitrid-Wendeschneidplatten wird trotz der um mehr als das Vierfache erhöhten Vorschubgeschwindigkeit eine Standmenge von 1100 Teilen erreicht, während mit

Hartmetall bei der wesentlich niedrigeren Schnittgeschwindigkeit die Standmenge nur $n_{wT} = 300$ beträgt.

Auch das Aufbohren auf Maschinen mit großer Spindelleistung wird in zunehmendem Maße in die Fertigung eingeführt. Auf einem Bearbeitungszentrum werden zum Beispiel Bohrungen von 49 auf 55 mm Durchmesser unter den Arbeitsbedingungen $a_p = 2,5$ mm, $f_z = 0,25$ mm/Z und $v_c = 683$ m/min aufgebohrt. Dabei wird die Vorschubgeschwindigkeit von 260 (mit Hartmetall) auf 2000 mm/min (mit Siliziumnitridkeramik) erhöht und die Schnittzeit von 12 auf 3 Sekunden gesenkt.

5 HBN/CBN-Wurbon

5.1 Zusammensetzung

CBN-Schneidstoffe haben sich aufgrund ihrer vergleichsweise hohen Zähigkeit auch bei kritischen Operationen in der Hartbearbeitung bewährt. An ihr Leistungsvermögen werden aber besonders hohe Forderungen gestellt, da ihr Anschaffungspreis vergleichsweise hoch ist.

Neben den bekannten Schneidstoffen auf der Basis des kubischen Bornitrids wird in jüngster Zeit ein neuer Schneidstoff eingesetzt. Es handelt sich um Wurbon, das neben kubischem auch hexagonales Bornitrid enthält. Es wird in mehreren Sorten angeboten und ist besonders für die Feinbearbeitung harter und halbharter Werkstücke geeignet.

Zur Zeit werden drei Sorten mit 20 %, 50 % und 60 % HBN-Anteil eingesetzt. Diese Schneidstoffe haben ein ausgewogenes Verhältnis von Verschleißfestigkeit und Zähigkeit.

5.2 Anwendung

Die Hauptanwendungsgebiete von Wurbon sind
– Fein- und Schlichtdrehen von gehärteten Werkstücken im unterbrochenen Schnitt und
– Abdrehen von gehärteten Werkstoffschichten.
Wurbon-Sorten eignen sich auch gut für die Bearbeitung von Sintermetallen. Sie haben bei diesen besonders lange Standzeiten. Bild 6 zeigt die Bearbeitung eines Ventilrings aus hochlegiertem Sintermetall mit der Härte 40 HRC, bei dem enge Toleranzen eingehalten werden müssen. Mit Hartmetall wurden wegen des äußerst verschleißend wirkenden Sintermetalls nur geringe Standmengen erzielt, wobei auch noch häufig nachzustellen war.

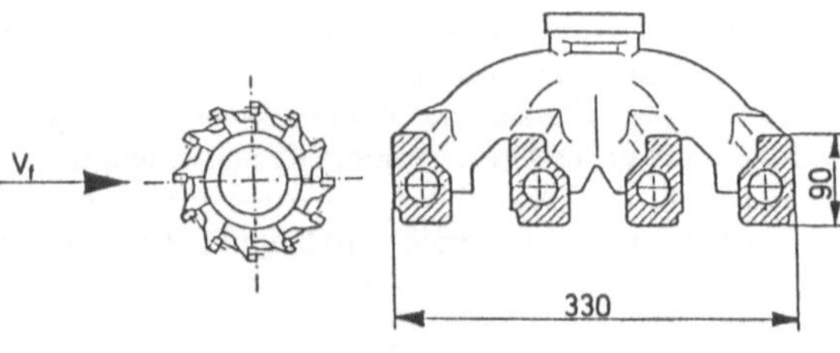

	Hartmetall	Siliziumnitrid
Schneidstoff Schneidplatte Messerkopf Einstellwinkel	Hartmetall, unbesch. TNJN 2204 ANT D = 125 mm z = 20 45 Grad	SL 100 TNCN 2204 ANT
a_p (mm) f_z (mm/Z) v_c (m/min) v_f (mm/min)	3 0,18 120 1100	0,117 785 4700
Standzeitkriterium	Freiflächenverschleiß	
Standmenge	300	1100

Erhöhung der Vorschubgeschwindigkeit auf das 4fache.
Erhöhung der Standmenge um mehr als das 3fache.
Jahresersparnis: 55.000 DM.

Bild 5. Schruppfräsen von Auslaßkrümmern aus GGG 40 mit Siliziumnitrid-Wendeschneidplatten in SL 100: Der Vorschub wurde auf das Vierfache erhöht. Die Standmenge verbesserte sich um mehr als das Dreifache

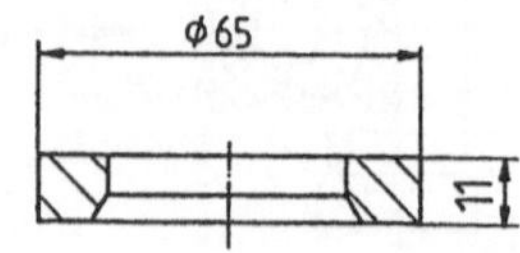

Schneidstoff Schneidplatte Werkzeug	Hartmetall K 05 SNGN 120412 Sonderklemmhalter kappa = 75°	WURBON WBN 5
a_p (mm) f (mm/U) v_c (m/min)	1 0,1 50	150
Kühlmittel Standzeitkriterium	nein Oberflächengüte $R_a < 0,4$ µm	
Standmenge	80	4000

Bild 6. Feindrehen von Ventilringen aus hochlegiertem Sintermetall, Härte HRC 40. Die Stückfertigungszeit reduzierte sich um mehr als 50 %, die Standmenge erhöhte sich um das 50fache

6 Zerspanbarkeit

Die Beschaffenheit der zu bearbeitenden Rohteile hat großen Einfluß auf sichere Beherrschung des Zerspanprozesses [8].

Der Schwefelgehalt beeinflußt die Zerspanbarkeit in allen Fällen positiv. Er sollte zwingend an die obere Grenze des Zulässigen gelegt werden. Auch sulfidformbeeinflußte Stähle verbessern die Zerspanbarkeit.

Bei der Gußbearbeitung hat sich ein Standard bei der Ausführung der Rohteile ergeben. Ihre automatisierungsgerechte Ausführung orientiert sich am Leistungsvermögen der Schneidkeramik. Dagegen wird bei Stahlteilen die negative Auswirkung schlecht oder ungleichmäßig geschmiedeter Teile oder auch das „Zusammenwürfeln" von Anlieferungen der Teile verschiedener Lieferanten auf die Fertigungssicherheit nicht genügend erkannt. Hier gibt es noch viel zu tun.

7 Zusammenfassung und Ausblick

Der erfolgreiche Einsatz der Cermets in Japan hat in Europa einen Umdenkungsprozeß in Gang gesetzt: Es wird wieder mehr für die Prozeßsicherheit im komplexen Zusammenhang getan.

Die Einführung der Schneidkeramik in die industrielle Fertigung folgte prinzipiell der des Hartmetalls. Sie hat sich in der Gußbearbeitung – letztlich wegen des günstigen Zähigkeitsverhaltens der Nitridkeramik-Werkzeuge – durchgesetzt.

Der Einsatz polykristalliner Schneidstoffe leidet in Europa noch unter der singulären Betrachtung der Werkzeugbeschaffungskosten. Wie bei den Cermets wird bei ihnen in vielen Fällen noch nicht ihre hohe Wirtschaftlichkeit durch die mit ihnen gegebene Prozeßsicherheit im weitesten Sinne erkannt.

Literatur

1. Winkler, H.: Keramische Schneidstoffe und Cermets erzielen hohe Schnittleistungen. MM 95 (1989) H. 34, S. 54–59
2. Abel, R.: Mit Cermets Produktionssteigerung und Qualitätsverbesserung. dima 43 (1989) H. 9, S. 100–108
3. Abel, R.: Cermets – bestens geeignet für das Schlichten, Werkzeuge für die spanende Fertigung. VDI-Z Special, Sept. 1989, S. 18–24
4. Abel, R.: Produktionssicherheit beim Drehen von Werkstücken aus Stahl. dima 44 (1990) H. 9, S. 112–118; H. 10, S. 51–62
5. Abel, R.: Hochleistungszerspanen von Gußeisenwerkstoffen mit modernen Schneidstoffen: Keramiken und Cermets. konstruieren + gießen 15 (1990) H. 3, S. 4–15
6. Friederich, K. M.; Momper, F. J.: Spanen mit Siliziumnitrid-Schneidkeramik. wt Werkstatttechnik 77 (1987) H. 1, S. 19–24
7. Abel, R.: Fräsen mit Schneidkeramik. wt Werkstatttechnik 77 (1987) H. 10, S. 553–556
8. Abel, R.: Drehen mit Schneidkeramik – das automatisierungsgerechte Werkstück. Werkst. u. Betr. 114 (1981) H. 8, S. 549–553

(Bildnachweis: Feldmühle AG, Werk Plochingen, Ebersbach)

wt Werkstattstechnik
© Springer-Verlag 1991

Fehlerdiagnose an Werkzeugmaschinen mittels Parameterschätzmethoden

R. Isermann, Darmstadt

Inhalt. Fehler in technischen Prozessen sind mit der Messung leicht erfaßbarer Signale und Nutzung ihrer kausalen Verknüpfungen früher zu erkennen und besser zu lokalisieren als durch Grenzwertkontrolle weniger, einzelner Signale. Mit Parameterschätzverfahren (für Differentialgleichungen) lassen sich Parameteränderungen im Prozeß während des Betriebs feststellen. Hieraus wird die Änderung physikalischer Prozeßkoeffizienten wie der Reibungswerte ermittelt. Sie dienen einem On-line-Expertensystem zur Fehlerdiagnose.

1 Einführung

Eine Voraussetzung zur weiteren Automatisierung ist eine verbesserte Überwachung der technischen Prozesse. Hierbei sind sich anbahnende Fehler so früh wie möglich zu erkennen, damit noch genügend Zeit für Maßnahmen bleibt, um Ausfälle zu verhindern. Die bisher eingesetzte Grenzwertüberwachung einiger wichtiger meßbarer Signale reicht hierzu nicht aus. Deshalb wird versucht, ob über mathematische Modelle des dynamischen Verhaltens und einige wenige, leicht meßbare Signale das „innere" Prozeßverhalten besser zu erfassen ist. Hierzu sind insbesondere Parameterschätzmethoden geeignet, die physikalische Parameter der Prozesse wie Widerstände, Kapazitäten, Induktivitäten, Reibungskoeffizienten, Federkonstanten, Wärmeübergangszahlen usw. ermitteln. Diese physikalischen Parameter bilden dann eine analytische Wissensbasis für den Prozeß. Ihre Änderungen sind Symptome. Heuristisches Wissen in Form von Prozeßgeschichte, Fehlerbäumen und Fehlerstatistiken kann dann eingesetzt werden, um in einem Inferenzmechanismus die Symptome zu bewerten und eine Fehlerdiagnose durchzuführen. Mit wachsendem Prozeßwissen lassen sich somit On-line-Experten-Systeme zur Fehlerdiagnose technischer Prozesse aufbauen [1, 2].

2 Bisherige Fehlererkennung bei Werkzeugmaschinen

Über die Ausfall- und Schadenshäufigkeit von Fertigungseinrichtungen einschließlich der Werkzeugmaschinen existieren viele Erhebungen. Eine Zusammenfassung veröffentlichter Statistiken ist z. B. in [3] gegeben. Wegen der unterschiedlichen Zielrichtungen und Begriffsdefinitionen ist es jedoch schwierig, zu einem einheitlichen Bild zu kommen. Bei hochautomatisierten Werkzeugmaschinen [4] sind die Fehlerursachen z. B. zu 38 % in der Ver- und Entsorgung (Werkzeug, Werkstück, Energie), zu 27 % in der Steuerung, zu 15 % bei Meßsystemen und zu 20 % bei Übertragungselementen und Antrieben zu finden. 48 % aller Fehler sind elektrischen oder elektronischen, 37 % mechanischen Ur-

sprungs. 15 % der Fehler entstehen wegen falscher Bedienung und Wartung. Zum Beurteilen der Wirkung von Fehlern lassen sich die resultierenden Stillstands- und Reparaturzeiten heranziehen. So haben z. B. Hauptspindeln die höchsten und Werkzeuge die geringsten Reparaturdauern. Die Fehlerbehebung bei mechanischen Teilen dauert meist viel länger als bei elektrischen Teilen.

Aus diesen Gründen ist es zweckmäßig, die Methoden der Fehlererkennung zunächst bei den am höchsten belasteten mechanischen Maschinenkomponenten und Werkzeugen anzusetzen [3]. Dabei kommt es darauf an, sich anbahnende Fehler möglichst früh zu erfassen, um noch Zeit für Gegenmaßnahmen zum Verhindern von Ausfällen oder Schäden zu haben [4].

Werkzeugmaschinen gehören zu den relativ knapp instrumentierten Maschinen. Außer den zur numerischen Steuerung notwendigen Signalen, z. B. Vorschubpositionen und Drehzahlen, stehen meist nur wenig weitere Informationen zur Verfügung. Deshalb liegt es nahe, zunächst mittels zusätzlicher Sensoren in der Werkzeugmaschine Fehler zu erkennen. Beispiele sind das Erkennen von Werkzeugverschleiß oder -bruch aufgrund der Messung von Kräften, Drehmomenten, Schwingungen oder Temperaturen, z. B. [3, 5–7].

Zusätzliche Sensoren sind meist auf das Erkennen einzelner Fehler zugeschnitten. Sind daher mehrere Fehler zu erkennen, so sind mehrere zusätzliche Sensoren, Kabel und Meßumformer einzubauen. Dies bereitet aber bei Werkzeugmaschinen aus Gründen der rauhen Umgebungsbedingungen im Bearbeitungsraum, der rotierenden Elemente und des mangelnden Einbauraums Schwierigkeiten.

In Forschungsvorhaben wird jetzt versucht, die bereits für die NC-Steuerung vorhandenen Meßsignale von Haupt- und Vorschubantrieben zu verwenden und die Information zu nutzen, die in der kausalen Verknüpfung dieser Signale steckt. Diese drückt sich im statischen und dynamischen Übertragungsverhalten der Werkzeugmaschinenkomponenten aus. Zur Ergänzung können dann noch einige wenige zusätzliche Sensoren herangezogen werden.

3 Modellgestützte Fehlerdiagnose

Das Überwachen technischer Prozesse geschieht bisher fast ausschließlich mittels automatischer Grenzwertkontrollen einiger weniger meßbarer Signale wie Drücke, Temperaturen, Schwingungsamplituden. Da manche Fehler hiermit erst relativ spät oder gar nicht zu erkennen sind, werden zur Überwachung zusätzlich das Bedienungspersonal und zyklische Inspektionen eingesetzt. Zur weiteren Automati-

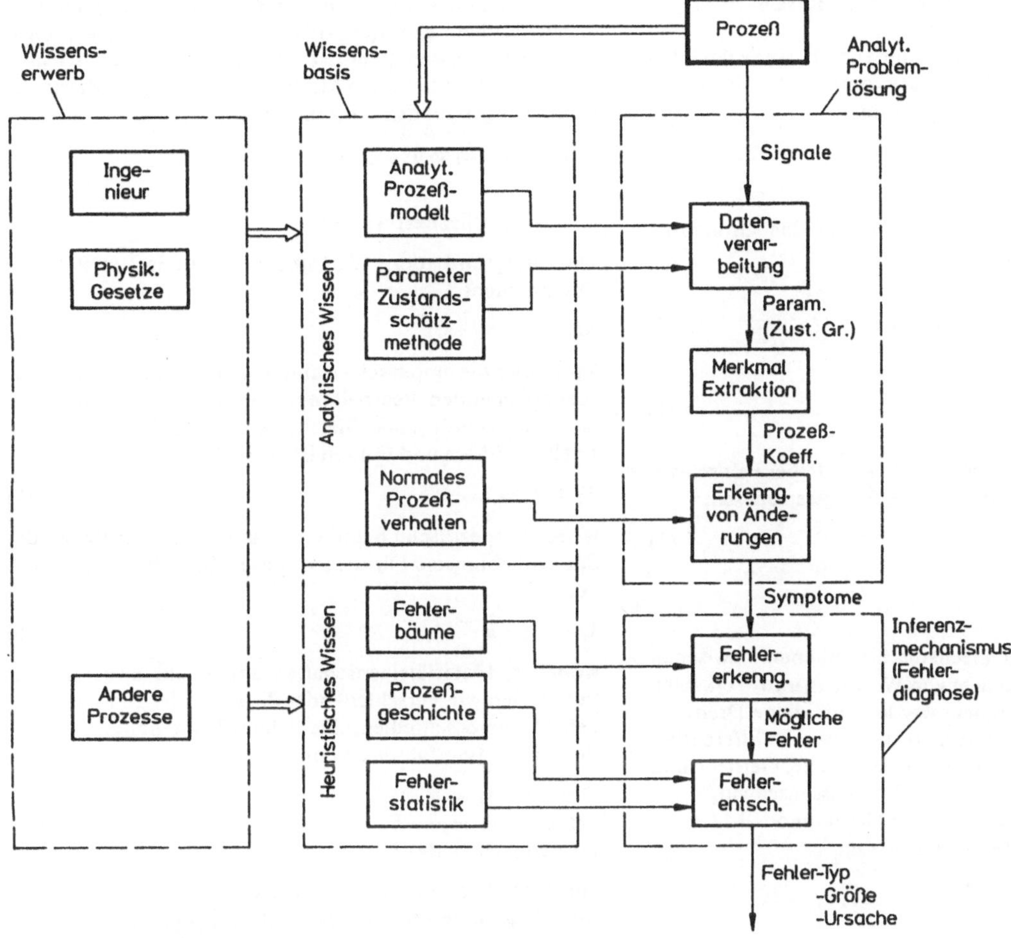

Bild 1. On-line Expertensystem zur modellgestützten Fehlerdiagnose technischer Prozesse [1]

sierung der Überwachung ist zum einen mehr Information über den Prozeß notwendig und zum anderen ist das Bedienungspersonal-Wissen in Rechnern abzulegen. Der Einbau zusätzlicher Meßeinrichtungen, die spezielle Fehler möglichst direkt erfassen, erhöht wegen ihrer meist relativ hohen Ausfallhäufigkeit nicht unbedingt die Gesamtzuverlässigkeit. Deshalb ist zu versuchen, mit Hilfe weniger, aber robuster Sensoren und mathematischer Prozeßmodelle interne Prozeßveränderungen zu erkennen. Dabei zeigten bisherige Untersuchungen, daß bereits kleine Änderungen des zeitlichen Verlaufs meßbarer Ein- und Ausgangssignale ausreichen, um über Parameterschätzmethoden Parameteränderungen oder über Zustandsschätzmethoden Zustandsgrößenänderungen im Inneren des Prozesses zu erkennen und als Symptome von Fehlern zu behandeln.

Das prinzipielle Vorgehen einer modellgestützten Fehlerdiagnose ist in Bild 1 zusammengefaßt [1]. Als *analytische Wissensbasis* dienen: Das aus einer theoretischen Modellbildung folgende mathematische Prozeßmodell für das statische oder dynamische Prozeßverhalten, hieran angepaßte Parameter- oder Zustandsschätzmethoden und Kenntnisse über die normalen Parameter oder Zustandsgrößen. Ein *analytischer Problemlösungsteil* erzeugt dann gegebenenfalls Symptome, in dem die meßbaren Signale z. B. zur Parameterschätzung verwendet werden. Hieraus werden dann Merkmale in Form von physikalisch deutbaren Prozeßkoeffizienten und deren Änderungen gebildet. In einer *heu-*

ristischen Wissensbasis sind die nicht quantifizierbaren Kenntnisse, z. B. Fehlerbäume, die Prozeßgeschichte und Fehlerstatistiken enthalten. Mit ihrer Hilfe und den beobachteten aktuellen Symptomen wird dann in einem *Inferenzmechanismus* eine Fehlererkennung und eine Fehlerentscheidung durchgeführt. Das Ergebnis eines solchen On-line-Expertensystems ist dann die Angabe von Fehlertyp, Fehlergröße und Fehlerursache mit Erklärungen.

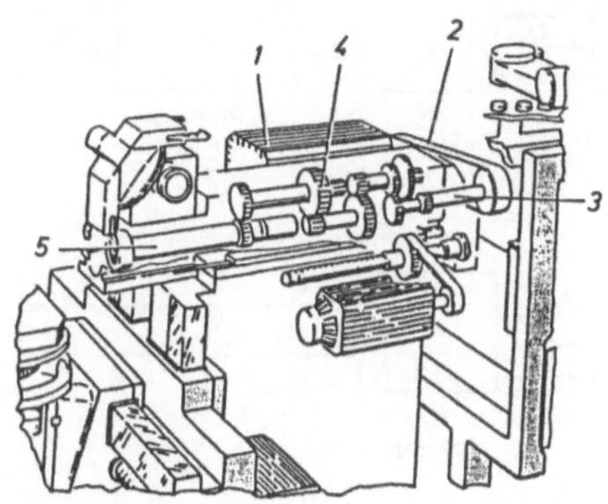

Bild 2. Beispiel für den Hauptantrieb einer Werkzeugmaschine
1 Antriebsmotor; *2* Riementrieb; *3* Getriebeeingangswelle;
4 Getriebe; *5* Spindel

4 Mathematische Modelle für den Hauptantrieb

Bild 2 zeigt als Beispiel den Hauptantrieb eines flexiblen Bearbeitungszentrums. Das Ersatzschaltbild für das dynamische Verhalten ist in Bild 3 dargestellt.

4.1 Antriebsmotor

Für den Gleichstrommotor gelten die beiden Grundgleichungen des dynamischen Verhaltens

$$L \frac{dI_A(t)}{dt} = -R I_A(t) - \Psi_A \omega_1(t) + U_A(t) \quad \text{und} \tag{1}$$

$$J_1 \frac{d\omega_1(t)}{dt} = \Psi_A I_A(t) - M_1(t). \tag{2}$$

Hierbei kann der magnetische Fluß Ψ_A z. B. bei Feldschwächungsbetrieb in Abhängigkeit vom Energiestrom sein

$$\Psi_A = f(I_E). \tag{3}$$

4.2 Antriebsstrang

Zur Modellbildung der mechanischen Elemente zwischen dem Antriebsmotor und dem von Werkzeug und Werkstück erzeugten Gegendrehmoment werden nun kleine Drehwinkeländerungen angenommen, so daß lineare Differentialgleichungen entstehen. Riemenantrieb, Welle, Getriebe und Spindel können dann jeweils als Zweimassenschwinger betrachtet werden. Dann entsteht ein Gesamtmodell 11. Ordnung mit der Vektordifferentialgleichung

$$\dot{x}(t) = \underline{A}\,\underline{x}(t) + \underline{b}\,u(t) + \underline{f}\,z(t), \tag{4}$$

wobei

$$x^T(t) = [I_A\,\dot{\varphi}_1\,\varphi_1\,\dot{\varphi}_2\,\varphi_2\,\dot{\varphi}_3\,\varphi_3\,\dot{\varphi}_4\,\varphi_4\,\dot{\varphi}_5\,\varphi_5]\quad \text{und} \tag{5}$$

$$u(t) = \Delta U_A(t); \quad z(t) = \Delta M_5(t). \tag{6}$$

Dieses Gesamtmodell läßt sich nun weiter vereinfachen. Wird die Torsionssteifigkeit von Wellen und Spindel als groß angenommen gegenüber derjenigen von Riemen und Getriebe, dann reduziert sich das Modell auf die 7. Ordnung. Beim Zusammenfassen der Elastizität von Riemen und Getriebe entsteht ein Modell 5. Ordnung, ein Zweimassenschwinger mit dem Zustandsvektor

$$x^T(t) = [I_A\,\dot{\varphi}_1\,\varphi_1\,\dot{\varphi}_5\,\varphi_5]. \tag{7}$$

4.3 Werkstückbearbeitung

Das aufgrund der Werkstückbearbeitung entstehende Drehmoment

$$M_5(t) = r_s\,F_T(t) \tag{8}$$

kann über die empirisch ermittelten Schnittkraftgesetze der spanabhebenden Bearbeitungsverfahren beschrieben werden. Die grundlegende Gleichung für die Schnittkraft beim Drehen, Fräsen und Bohren ist nach *Victor-Kienzle* [8, 9]

$$F_T = F_c = k_c \cdot A_c, \tag{9}$$

wobei k_c spezifische Schnittkraft und A_c Schnittfläche der Spanabhebung ist. Für die spezifische Schnittkraft gilt hierbei

$$k_c = k_{c1\cdot1}\,h^{-m_c}\,k_r, \tag{10}$$

wobei m_c Materialeigenschaften und k_r alle anderen Einflußgrößen wie Verschleiß oder die Form der zu zerspanenden Fläche beschreiben. Die Schnittfläche hängt von dem Bearbeitungsverfahren ab und ist jeweils beim

$$\begin{aligned}
&\text{Drehen:} \quad A_c = b \cdot h,\\
&\text{Fräsen:} \quad A_c = a_p \cdot h,\\
&\text{Bohren:} \quad A_c = d_B \cdot h
\end{aligned} \tag{11}$$

mit h der Spandicke, b Spanbreite, a_p Schnittiefe und d_B Bohrerdurchmesser. Die Spandicke h hängt über geometrische Beziehungen von der Vorschubgeschwindigkeit v_f, der Schneidenzahl und eventuellen Schnittwinkeln ab.

Zur Parameterschätzung können nun direkt die nichtlinearen Schnittkraftgleichungen als Funktion der leicht meßbaren Variablen v_f und ω oder aber nach Linearisierung um einen Arbeitspunkt in der linearen Form

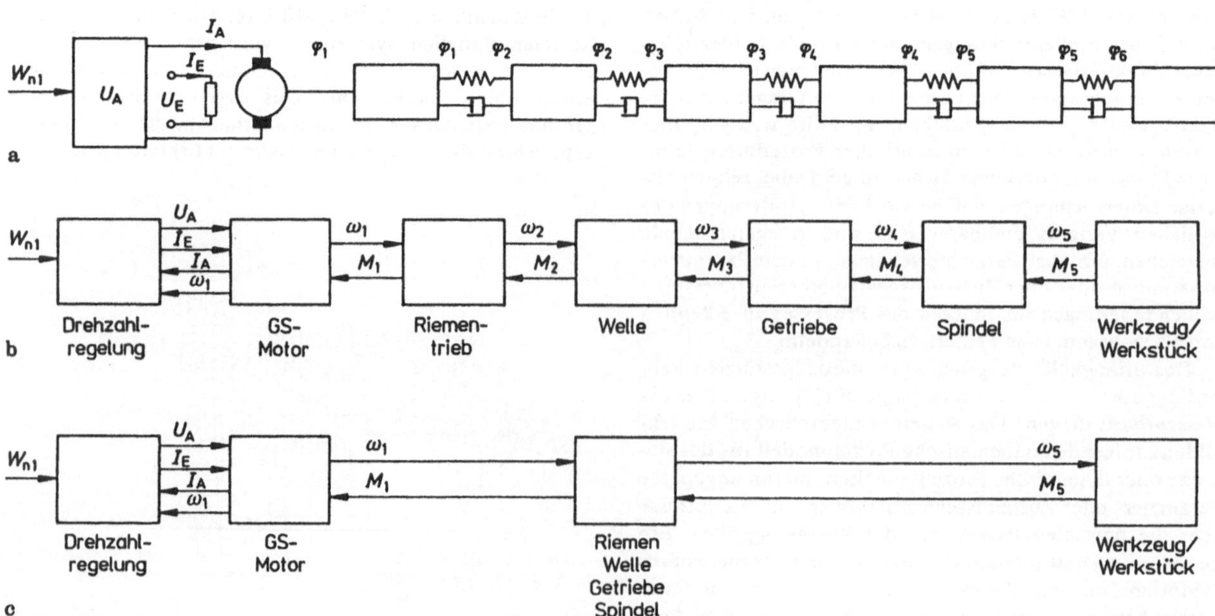

Bild 3 a–c. Näherungsmodelle eines Werkzeugmaschinen-Hauptantriebs. **a** Ersatzschaltbild der Drehfeder/Drehmassen-Systeme; **b** Vierpoldarstellung des Ersatzschaltbildes; **c** Vereinfachtes Modell zur Parameterschätzung

$$\Delta F_c = \alpha \, \Delta v_f + \beta \, \Delta \omega \tag{12}$$

verwendet werden. Die linearisierte Gleichung kann direkt über Gl. (5) in das Gesamtmodell eingesetzt werden. Die Parameteränderungen $\Delta \alpha$ und $\Delta \beta$ weisen dann auf bestimmte Symptome des Werkzeugs oder Werkstücks hin.

5 Mathematisches Modell für den Vorschubantrieb

Der Vorschubantrieb besteht im allgemeinen aus dem Antriebsmotor (Gleichstrommotor oder permanent erregter Synchronmotor), einem Riementrieb, der Gewindespindel mit Kugelumlaufspindel und dem Schlitten mit Tisch, auf dem das Werkzeug oder das Werkstück aufgespannt ist. Ersatzschaltbild und Näherungsmodelle entsprechen der Darstellung in Bild 3.

5.1 Antriebsmotor

Für einen Gleichstrommotor als Antrieb gelten die Gln. (1) bis (3). Die ebenfalls bei Vorschubantrieben eingesetzten permanenterregten Synchronmotoren mit transistorgesteuertem Pulswechselrichter zeigen ein ähnliches dynamisches Verhalten wie Gleichstrommotoren. Mit dem Summenstrom I_A anstelle des Ankerstroms und dem Summenstromsollwert I_S gelten dann

$$T_p \frac{\mathrm{d}I_A(t)}{\mathrm{d}t} + I_A(t) = K_p I_s(t) \quad \text{und} \tag{13}$$

$$J_1 \frac{\mathrm{d}\omega_1(t)}{\mathrm{d}t} = \Psi_A I_A(t) - M_1(t). \tag{14}$$

5.2 Antriebsstrang

Für kleine Drehwinkeländerungen können die elastomechanischen Elemente Riementrieb, antriebsseitiger Teil der Gewindespindel und Spindelmotor jeweils als Zweimassenschwinger beschrieben werden, so daß ein näherungsweise lineares Gesamtmodell 9. Ordnung entsteht:

$$\dot{x}(t) = \underline{A}\,\underline{x}(t) + \underline{b}\,u(t) + \underline{f}\,z(t) \tag{15}$$

mit

$$x^T(t) = [I_A \, \dot{\varphi}_1 \, \varphi_1 \, \dot{\varphi}_2 \, \varphi_2 \, \dot{\varphi}_3 \, \varphi_3 \, \dot{x}_4 \, x_4] \quad \text{und} \tag{16}$$

$$u(t) = \Delta I_s(t); \quad z^T(t) = [\Delta F_x(t) \, \Delta F_y(t)]. \tag{17}$$

x_4 ist hierbei die Position des Vorschubschlittens, und F_x und F_y sind die Schnittkräfte in x- und y-Richtung (waagerecht und senkrecht).

Die Vereinfachung dieses Gesamtmodells hängt vom Aufbau und von den Steifigkeiten und Dämpfungen der einzelnen Elemente ab. Dies wird an einem Beispiel erläutert. Für einen Vorschubantrieb mit Synchronmotor $M_{A\,\text{Nenn}} \simeq 10\,\text{mN}$, Zahnriementrieb (Glasfaser, Neopren, HTD 8 M25) mit Untersetzung 1:2,5, Spindellänge $l = 0{,}65\,\text{m}$, Spindelsteigung $h = 10\,\text{mm}$ und Tischmasse $m = 480\,\text{kg}$ hat die Längssteifigkeit der Spindel den kleinsten Wert im Vergleich zu den Steifigkeiten durch Spindeltorsion, Spindelmutter, Spindelfestlager und Riementrieb. Die zwischen Riementrieb und Spindel angeordnete Rutschkupplung dient als Überlastungsschutz, so daß normalerweise $\varphi_2 = \dot{\varphi}_3$ ist.

Weiterhin können die Dynamik des Riementriebs beim Setzen von $\varphi_2 = \varphi_1 (r_1/r_2)$ und durch die Zeitkonstante T_p des Motors vernachlässigt werden. Dann ergibt sich ein reduziertes Gesamtmodell 4. Ordnung mit

$$x^T = [\dot{\varphi}_1 \, \varphi_1 \, \dot{x}_4 \, x_4]. \tag{18}$$

Hinzu kommt dann noch die Bewegungsgleichung des Vorschubschlittens mit Tisch z. B. als Einmassenschwinger.

Bisherige Experimente haben gezeigt, daß die ganze Vorschubeinheit näherungsweise auch als Einmassenschwinger beschrieben werden kann. Dann gilt

$$J_{\text{ges}} \frac{\mathrm{d}\omega_1}{\mathrm{d}t} = \Psi_A I_A(t) - \frac{h}{2\pi} \frac{r_1}{r_2} [F_x(t) + F_R(t)], \tag{19}$$

wobei $F_x(t)$ die bei der Bearbeitung entstehende Gegenkraft und $F_R(t)$ die Summe der Reibungskräfte in der Mutter, den Lagern und der Schlittenführung ist. Die Reibungskraft kann als trockene Reibung angenommen werden zu

$$F_R(t) = [\mu\, g\,(m_T + m_w) + F_y(t)]\,\text{sign}\,\omega_1(t) \tag{20}$$

mit m_T, m_w den Tisch- und Werkstückmassen und F_y der senkrechten Bearbeitungskraft.

6 Parameterschätzung

Die analytischen Prozeßmodelle beschreiben das Prozeßverhalten in kontinuierlicher Zeit. Deshalb ist zur Ermittlung der Prozeßparameter Θ eine Parameterschätzung für Modelle mit Signalen in kontinuierlicher Zeit auszuführen. Modelle mit zeitdiskreten Signalen in Form von Differenzengleichungen sind wegen der zu komplizierten Beziehungen zu den Prozeßkoeffizienten im allgemeinen nicht geeignet. Eine Übersicht von Methoden zur Parameterschätzung bei zeitkontinuierlichen Signalen findet man in [10]. Die Methoden der kleinsten Quadrate sind für die Fehlererkennung gut geeignet, besonders in der numerisch verbesserten Wurzelfilterform. Die lineare (oder nichtlineare) Differentialgleichung wird hierzu in die Form

$$y(t) = \psi^T(t)\,\Theta + e(t) \tag{21}$$

mit den Vektoren

$$\psi^T(t) = [-y^{(n)}(t) - y^{(n-1)}(t) \ldots - y^{(1)}(t);$$
$$u^{(m)}(t)\, u^{(m-1)}(t) \ldots u^{(1)}(t)\, u(t)]. \tag{22}$$

$$\Theta^T = [a_n\, a_{n-1} \ldots a_1; \quad b_m\, b_{m-1} \ldots b_1\, b_0] \tag{23}$$

gebracht. $y^{(n)}$ bedeutet die n-te Ableitung $\mathrm{d}^n y(t)/\mathrm{d}t^n$. Die gemessenen Signale werden zu diskreten Zeiten $t = kT_0$, $k = 0, 1, 2, \ldots, N$ mit T_0 als Abtastzeit abgetastet, und es werden die Änderungen

$$y(k) = Y(k) - Y_{00}, \quad u(k) = U(k) - U_{00} \tag{24}$$

zu den Gleichwerten U_{00} und Y_{00} und die erforderlichen Ableitungen der Signale gebildet. Dann ergibt sich ein Gleichungssystem mit $N + 1$ Gleichungen, und die Minimierung der Summe der quadratischen Gleichungsfehler $e(k)$ liefert dann die bekannte Schätzgleichung nach der Methode der kleinsten Quadrate (LS)

$$\hat{\Theta} = [\Psi^T \Psi]^{-1} \Psi^T y. \tag{25}$$

Aus den Grundgleichungen dieser Methode folgen dann die numerisch und programmtechnisch besseren Wurzelfiltermethoden $DSFI$ oder $DSFC$.

Zur Bestimmung der in Gl. (22) stehenden Ableitungen der Signale haben sich Zustandsvariablenfilter mit der Übertragungsfunktion

$$F(s) = 1/(1 + f_1 s + \ldots + f_n s^n), \tag{26}$$

die z. B. als Butterworth-Filter ausgelegt sind, bewährt [10].

7 Ausblick

Die mit den hier beschriebenen Methoden zur Fehlerdiagnose von Werkzeugmaschinen bisher erzielten experimentellen Ergebnisse werden in einem nachfolgenden Beitrag beschrieben.

Literatur

1. Isermann, R.: Wissensbasierte Fehlerdiagnose technischer Prozesse. Automatisierungstechnik 36 (1988), S. 421–426
2. Isermann, R.: Beispiele für die Fehlerdiagnose mittels Parameterschätzung. Automatisierungstechnik 37 (1989), S. 336–343 und S. 445–447
3. Schneider-Fresenius, W. (Hrsg.): Technische Fehlerfrühdiagnose – Einrichtungen. München: R. Oldenbourg 1985
4. Schulz H.; Vossloh, M.: Einsatz und Entwicklung von Diagnosesystemen für die Fertigungstechnik. Werkst. u. Betr. 118 (1985), S. 739–743
5. Weck, M.: Maschinendiagnose in der automatisierten Fertigung. Ind.-Anz. 103 (1981), S. 181–190
6. Pfeifer, T.; Schüller, H.: Integrierte Meßtechnik für die automatisierte Fertigung. Automobil-Ind. (1987), S. 241–248
7. Höbing, N. u. a.: Modellgestützte Signalanalyse beim Planfräsen durchbrochener Oberflächen. FhG-Bericht 4, 1987, S. 42–44
8. Kienzle, O.: Die Bestimmung von Kräften und Leistungen an spanenden Werkzeugen und Werkzeugmaschinen. VDI-Z. 94 (1952) H. 11/12, S. 299–305
9. Victor, H.: Schnittkraftberechnungen für das Abspanen von Metallen. wt-Z. ind. Fertig. 59 (1969) H. 7, S. 317–327
10. Isermann, R.: Identifikation dynamischer Systeme. Bd. I u. II. Berlin: Springer 1988

wt Werkstattstechnik

© Springer-Verlag 1991

Probleme und Lösungsmöglichkeiten der Bewertung von Ausreißern bei der Einflanken-Wälzprüfung

R. Marquardt, Hückeswagen

Inhalt. In der Meßtechnik gibt es immer wieder das Problem der Bewertung von Ausreißern und auch von solchen Abweichungen, die sich nicht in einen ansonsten periodischen Ablauf einfügen. Auf die bei der Einflanken-Wälzprüfung speziell auftretenden Probleme dieser Art wird im folgenden eingegangen. Außerdem werden Lösungsmöglichkeiten gezeigt und eine erprobte Vorgehensweise beschrieben.

1 Einleitung

Die heute wegen ihrer praxisnahen Meßbedingungen zunehmend eingeführte Einflanken-Wälzprüfung [1, 2] bildet in vielen Fällen – insbesondere bei Forderungen an hohe kinematische Übertragungsgenauigkeit – die Basis für die endgültige Beurteilung eines Rades, eines Radsatzes oder einer mehrstufigen Getriebekette. Aus diesem Grund wurde diese Prüfmethode in DIN 3960 genormt, und in DIN 3963 (für Stirnräder) und 3965 (für Kegelräder) wurden die Toleranzen der Kennwerte für die verschiedenen Güteklassen festgelegt.

Die beiden wichtigsten Kennwerte der Einflanken-Wälzprüfung, die Einflanken-Wälzabweichung F_i' und der Einflanken-Wälzsprung f_i', sind als maximale Differenz zwischen vor- und nacheilender Winkelstellung innerhalb einer Rad-Umdrehung bzw. eines Zahneingriffs definiert (Bild 1). Verunreinigungen und Beschädigungen gehen voll in das Meßergebnis ein. Daß deshalb die Flankenoberflächen sauber sein müssen, bedarf kaum einer Erwähnung. Was soll jedoch bei der Auswertung mit den trotzdem im Meßdiagramm auftretenden Ausreißern geschehen, mit einem, mit mehreren? Ab wann handelt es sich um Ausrei-

ßer, ab welcher Größe und Breite? Sind sie mechanisch zu beseitigen oder dürfen sie auch elektronisch unterdrückt werden?

Fragen, deren Beantwortung selbstverständlich auch von der Funktion der Zahnräder abhängt, auf die jedoch in keiner Normvorschrift oder Richtlinie zur Einflanken-Wälzprüfung eingegangen wird. Aus diesem Grund wurden hier und da firmeninterne Vorschriften erarbeitet – teilweise ähnlich der Bewertung von sogenannten „Klopfern" im Zweiflanken-Wälzdiagramm –, die Ansatzpunkte für eine weitere Ausarbeitung zwecks Aufnahme in Normen oder Richtlinien liefern könnten. Erheblich weiter entwickelt ist die Bewertung von Unregelmäßigkeiten beispielsweise in der Oberflächen-Meßtechnik. Auch in der Akustik stellen sich bei der Messung impulshaltiger Geräusche ähnliche Aufgaben, für die ebenfalls befriedigende Lösungen gefunden wurden. Ein Vergleich mit weiteren Gebieten der Meßtechnik zeigt, daß es für jedes Sachgebiet nur eine individuelle Lösung geben kann.

2 Definition und Zustandekommen von Ausreißern

Ein „Ausreißer" könnte, speziell auf die Einflanken-Wälzprüfung bezogen, etwa folgendermaßen definiert werden:

„Ein Ausreißer ist eine Abweichung. Sie hebt sich deutlich aus dem Verlauf der Hüllkurven heraus, welche äquidistant zu einer Mittellinie mit einer Grenzwellenlänge von drei Zahnteilungen von unten und oben an die Meßkurve angelegt werden. Dabei sollte der gegenseitige Abstand die Größe des Mittelwerts der Einflanken-Wälzsprünge

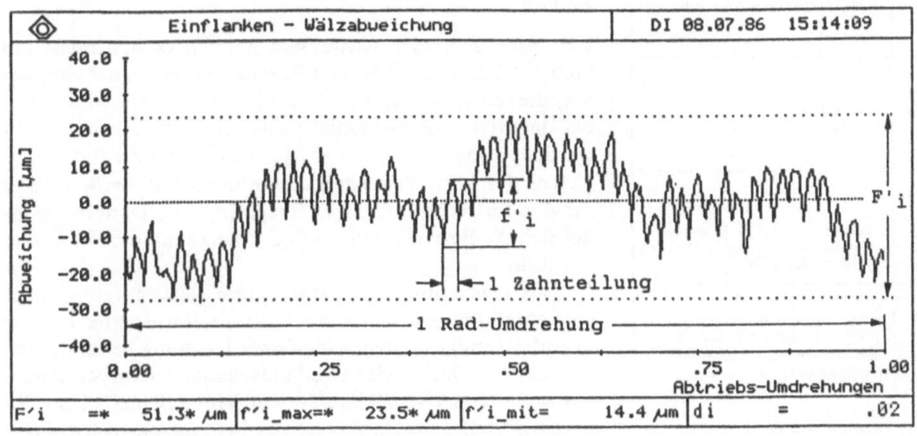

Bild 1. Definition der Kennwerte f_i' und F_i' der Einflanken-Wälzprüfung nach DIN 3960 und VDI 2608

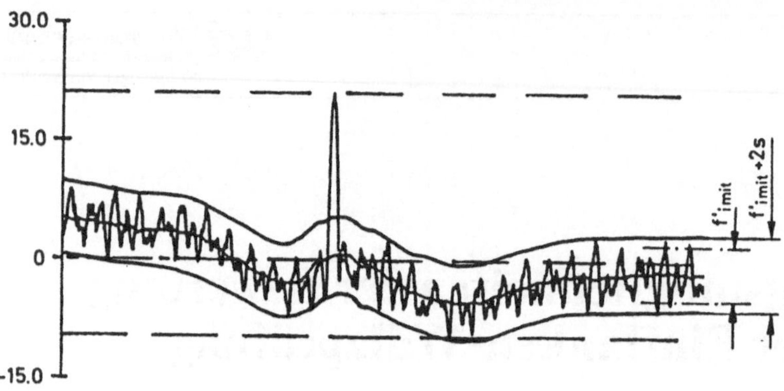

Bild 2. Definition von Ausreißern mittels Hüllinien-Konstruktion

$f'_{imit} + 2\,s$ (= Streubreite) haben (Bild 2)." Die Grenzwellenlänge „drei Zahnteilungen" ist ein Erfahrungswert. Die beim Verfahren der fortlaufenden Mittelwertbildung damit erzeugte Mittellinie beschreibt recht gut den Verlauf des langwelligen Anteils der Einflanken-Wälzabweichung. Sie entspricht einer Kurve, die sich nach Abzug der von den einzelnen Zahneingriffen verursachten Abweichungen ergibt. Bei besonderen Vorkehrungen wird dieser Verlauf nicht von einzelnen schmalen Ausreißern beeinflußt.

Zu unterscheiden ist zwischen positiven Ausreißern, die das Gegenrad beschleunigen, und negativen, die es verzögern. Positive Ausreißer können ihre Ursache in Schmutzpartikeln auf der Flanke, örtlichen Beschädigungen oder Materialaufwerfungen aufgrund äußerer Einwirkung oder in positiver Richtung verbogener Zähne haben. Seltener auftretende negative Ausreißer werden fast ausschließlich von in negativer Richtung verbogenen Zähnen oder auch beispielsweise von einem örtlich begrenzten tieferen Schnitt des verwendeten Werkzeugs aufgrund kinematischer Fehler oder einer Aufbauschneide verursacht.

Die weitaus meisten Beschädigungen kommen auf dem Transportwege zwischen Endbearbeitungsmaschine und Einbau ins Getriebe zustande. Sie treten normalerweise an den äußeren Flankenbegrenzungen auf. Bei geeigneten Transportbedingungen und äußerster Vorsicht beim Einbau können die Beschädigungen nahezu vollständig vermieden werden.

3 Versuch einer Klassifizierung

Da die Kennwerte der Einflanken-Wälzprüfung automatisch berechnet werden und der Rechner Ausreißer zunächst nicht erkennen kann, gehen deren Amplituden voll in die Kennwerte ein und verfälschen diese gegenüber ausreißerfreien Rädern um mehrere Qualitätsstufen.

In Abhängigkeit von der Größe der positiven Ausreißer und ihrer Häufigkeit sowie von der Funktion des Zahnrades ist dann zu entscheiden, ob die Ausreißer

a) mechanisch beseitigt werden sollen (weil sie im Getriebe schaden würden),

b) elektronisch unterdrückt werden dürfen (weil sie ohnehin beim Einlaufen nach und nach verschwinden) oder

c) aus Zeit- oder Erziehungsgründen beim Messen nicht beseitigt werden dürfen oder sogar wegen ihrer Größe und Häufigkeit auch nicht beseitigt werden können und somit beim Einbau das Laufverhalten beeinflussen würden.

Hieraus ist schon erkennbar, daß es zur Behandlung von Ausreißern bei der Einflanken-Wälzprüfung keine Generallösung geben kann, sondern vielmehr eine differenzierte Beurteilung erforderlich ist. Deshalb werden im folgenden die mannigfaltigen in der Praxis vorkommenden Erscheinungsformen von Ausreißern auf wenige charakteristische Fälle reduziert (Bild 3).

Zu Fall 1

Bei derart schmalen Ausreißern handelt es sich meist um kleine Schmutzpartikel oder Beschädigungen an Zahnkanten, die leicht zu lokalisieren sind und normalerweise auch bei der Messung mechanisch oder elektronisch eliminiert werden. Mittels Stoppen der Messung im Moment des Auftretens des Ausreißers kann dieser lokalisiert werden. Ist er nicht sofort erkennbar, hilft Tragbildpaste. Danach befindet sich die Beschädigung auf der Flanke mit dem kleinsten Tragbild.

Das mechanische Entfernen einer Beschädigung sollte sehr sorgfältig geschehen. Als Hilfsmittel werden keil- oder zylinderförmige Schleifsteine feiner Körnung benutzt, Diamantfeilen, Flach- oder Dreikantschaber oder auch Hochgeschwindigkeits-Schleifgeräte mit feinen Schleif- oder Poliereinsätzen. Zum Entfernen von Schmutzpartikeln, Fräs-

Erscheinungsformen	Periode der Zahneingriffe	Beschreibung der Ausreißer
1	regelmäßig	sehr schmal, vereinzelt auftretend
2	regelmäßig	Breite bis zu einer Eingriffsperiode oder mehr
3	unregelmäßig	sehr schmal, häufiger auftretend
4	unregelmäßig	schmale und breite Ausreißer (Breite bis zu einer Eingriffsperiode oder mehr)
5	sektorweise unregelmäßig	Anhäufung von Ausreißern, jeweils im gleichen Sektor des Ritzels oder Rades an- und abschwellend

Bild 3. Charakteristische Erscheinungsformen von Ausreißern

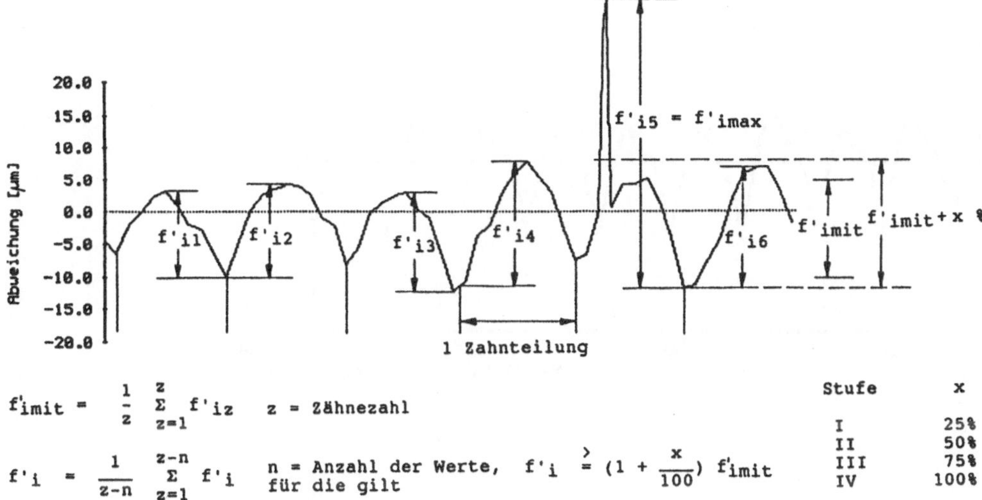

$$f'_{imit} = \frac{1}{z} \sum_{z=1}^{z} f'_{iz} \qquad z = \text{Zähnezahl}$$

$$f'_i = \frac{1}{z-n} \sum_{z=1}^{z-n} f'_i \qquad n = \text{Anzahl der Werte, } \quad f'_i \overset{>}{=} (1 + \frac{x}{100})\, f'_{imit}$$
für die gilt

Stufe	x
I	25%
II	50%
III	75%
IV	100%

Bild 4. Unterdrückung von Ausreißern mittels wählbarer Schnittlinie

oder Schleifrückständen, Oxydschichten von Härten oder Bondern haben sich schmale Messingdrahtbürsten bewährt.

Ist ein Ausreißer sehr schmal – z. B. 1/10 der Eingriffsperiode oder kleiner – erspart man sich häufig die mechanische Beseitigung, da dieser elektronisch unterdrückt werden kann (vgl. Pkt. 4).

Zu Fall 2

Bei stärkeren Stößen auf die Zähne kann es vorkommen, daß sich ein Ausreißer über eine ganze oder sogar mehrere Teilungsperioden erstreckt. Mechanisches Beseitigen entfällt hier, zumal dann die andere Flanke meist zurückliegt und somit in der anderen Drehrichtung ein „Loch" entsteht (negativer Ausreißer).

In diesem Falle muß die automatische Qualitätsüberwachung auf „Überschreitung der Toleranz" hinweisen, wonach die Abnahme zu verweigern ist.

Zu Fall 3

Eine mechanische Beseitigung ist hier noch möglich, – eine elektronische Unterdrückung schwierig, aber denkbar.

Zu Fall 4

Dieser recht hoffnungslose Fall läßt weder eine mechanische noch eine elektronische Eliminierung zu. Die Qualität des Rades muß nach den größten Spitzen beurteilt werden und wird dann meist außerhalb der Toleranz liegen.

Zu Fall 5

Als einer von vielen Sonderfällen ist hier der Fall dargestellt, bei dem aufgrund von Radexzentrizität oder -taumel an der engsten Stelle Flankenpartien zum Tragen kommen, die außerhalb der aktiven Flanke liegen. Auch Berührungen im Zahngrund oder ein Klemmen führen zum gleichen Effekt. Eine spezielle Ausreißer-Behandlung muß hier ausgeschlossen bleiben, da u. U. generelle Unzulänglichkeiten verwischt würden.

4 Die Behandlung der Ausreißer im Auswerteprogramm, ihre Erkennung und Eliminierung

Zum Unterscheiden der Fälle 1 und 3 in Bild 3 (schmale Ausreißer) gegenüber den Fällen 2 und 4 (breite Ausreißer) ist eine Methode wünschenswert, die es gestattet, ohne Verfälschung der Kennwerte schmale Ausreißer zu unterdrükken. Grund ist, eine zeitraubende mechanische Beseitigung zu sparen. Gerechtfertigt ist sie durch die Tatsache, daß schmale Ausreißer nach kurzer Laufzeit abgetragen sind, also verschwinden.

Eine bewährte Methode wird hier vorgestellt und andere mögliche Verfahrensweisen werden diskutiert.

4.1 Unterdrückung der Meßwerte des beschädigten Zahns

Aus einer Auflistung sämtlicher Einflanken-Wälzsprünge f'_i oder der kurzwelligen Anteile f'_k wird bei einem einigermaßen gleichmäßigen Zahneingriffsverlauf festgestellt, welche Werte sich um ein bestimmtes, vorgebbares Maß über den Durchschnittswert erheben, um sie zu eliminieren (Bild 4).

Einen Wert für dieses dem Mittelwert hinzuzurechnende Maß zum Festlegen der Eiliminierungsgrenze kann der Bediener aus den Stufen 25 % – 50 % – 75 % – 100 % wählen. Die Wahl des Wertes hängt von der Regelmäßigkeit des Zahneingriffsverlaufs ab: bei sehr regelmäßigem Verlauf wird die Schnittlinie 25 % über den Mittelwert gelegt, bei unregelmäßigem Verlauf bis zu 100 %. (Diese Methode wird seit einigen Jahren bei Bedarf in der Einflanken-Wälzprüfung angewandt.)

Um die Wahl der Schnittlinien-Lage und damit die Beeinflussung der Kennwerte nicht dem subjektiven, visuellen Eindruck zu überlassen, könnte der Vorgang auch automatisiert werden. Hierzu eignet sich der bereits in den Auswertungen enthaltene d_i- bzw. d_p-Wert (Bild 5), der ein statistisches Maß (Variationskoeffizient) für die Streuung der einzelnen f'_i- bzw. f'_k-Werte ist. Er gibt damit Aufschluß über die Gleichmäßigkeit der Zahneingriffe:

$$d_i = \frac{s}{f'_{i\,mit}} \quad \text{bzw.} \quad d_p = \frac{s}{f'_{k\,mit}},$$

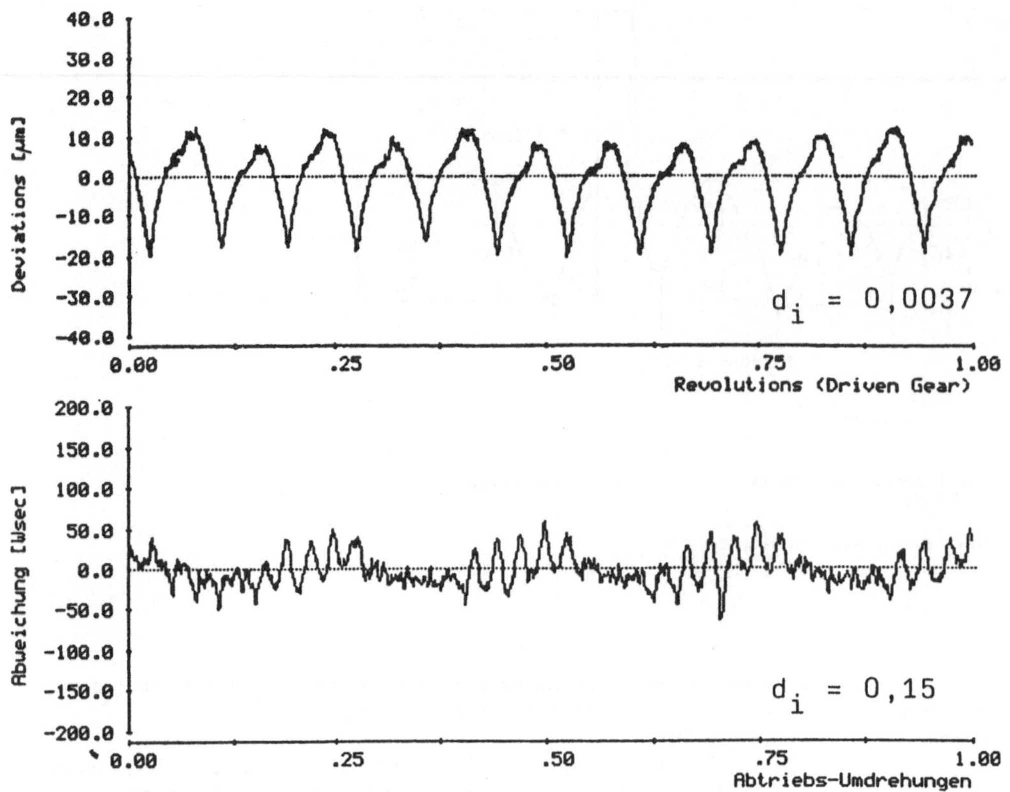

Bild 5. Gleichförmigkeits-Maß d_i in Abhängigkeit von der Gleichförmigkeit der Zahneingriffe

wobei s = Standardabweichung und $f'_{i\,\text{mit}}$ bzw. $f'_{k\,\text{mit}}$ die Mittelwerte bedeuten. Diese Vorgehensweise würde dann etwa dem in den DGQ-Richtlinien beschriebenen Verfahren für die statistische Auswertung von Meßreihen entsprechen. Danach liegen Ausreißer mit einer Wahrscheinlichkeit von z. B. 95,4 % dann vor, wenn sie außerhalb des Bereiches $x \pm 2\,s$ liegen. Auf die Einflanken-Wälzprüfung bezogen müßte die Eliminierungs-Grenze dann aufgrund von Erfahrungen auf $f'_{i\,\text{mit}} + 2\,s$ gelegt werden.

4.2 Unterdrückung der Ausreißer durch Filterung

In den Zeiten der Diagrammerstellung mittels Analogtechnik wurden Ausreißer häufig mit einer Tiefpaßfilterung eliminiert. Das ist heute in der Digitaltechnik natürlich ebenso möglich. Die Nachteile jedoch sind bekannt:
- Die Filter können nicht so scharf ausgelegt werden, daß Ausreißer ganz unterdrückt werden und gleichzeitig interessierende Feinheiten im Diagramm nicht verloren gehen,
- der Eingriffsverlauf wird wegen der Phasendrehung des Filters verfälscht und
- schon die Filterwahl kann das Meßergebnis manipulieren.

Die heute zunehmend verwendete phasenkorrekte Filtermethode würde die genannten Nachteile nur teilweise beseitigen.

4.3 Berechnung der Kennwerte aus einer Fourier-Analyse

Wird der zunächst im Zeitbereich erhaltene Verlauf der Einflanken-Wälzabweichung mit einer schnellen Fourier-Analyse (FFT = Fast Fourier Transform) in seine einzelnen Komponenten zerlegt, so lassen sich unter Beachtung der Phasenrelationen theoretisch die Kennwerte F'_i, f'_i und f'_k bei einer Addition der dafür zuständigen Komponenten berechnen. Dabei entfallen einzelne schmale Ausreißer automatisch, weil sie nur Anteile kleiner Amplitude und weit im Obertonbereich liegender Frequenz liefern [1]. Da die Fourier-Koeffizienten der Teilungsperiode jedoch Mittelwerte über alle gemessenen Zahnteilungen sind, fällt der Wert f'_k und damit auch $F'_i \sim (f'_i + f'_k)$ meist zu klein aus, und zwar um so kleiner, je unregelmäßiger die Zahneingriffe verlaufen.

4.4 Verwendung der Häufigkeitsverteilung

Aus der Oberflächen-Meßtechnik ist die Verwendung der Abbott'schen Tragkurve bekannt, die eine Häufigkeitsverteilung des Materialanteils in Tiefenrichtung darstellt (DIN 4776/VDI 2615). In ähnlicher Weise ist eine vertikale

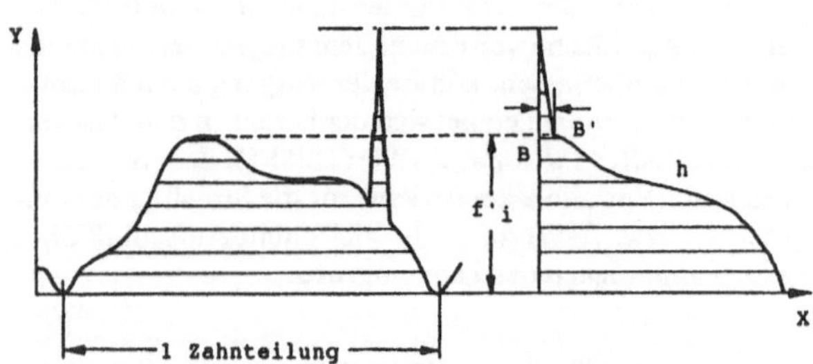

Bild 6. Kennwert-Ermittlung mittels Häufigkeitskurve

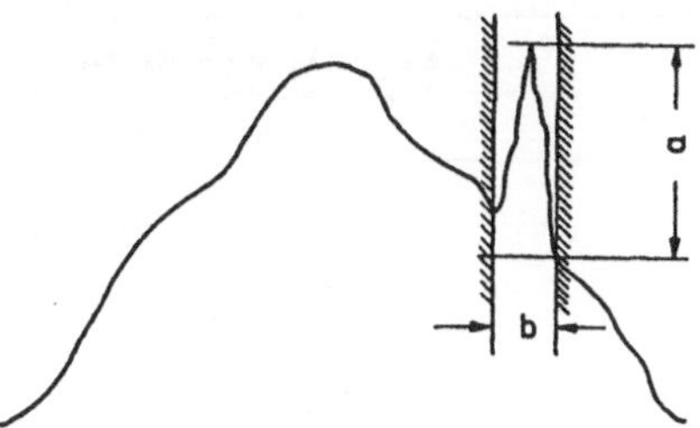

Bild 7. Durchsuchen des Kurvenverlaufs nach Ausreißern mittels Fenster. *a* Amplitude; *b* Fensterbreite

Häufigkeitsverteilung von allen Zahneingriffen denkbar, die mit f_i' bzw. f_k' deutlich den Mittelwert $f_{i\,\text{mit}}'$ bzw. $f_{k\,\text{mit}}'$ überschreiten (Bild 6). Der von Ausreißern bereinigte Kennwert f_i' bzw. f_k' kann dann an der Durchstoßstelle B der Verlängerung der Häufigkeits-Hüllinie h mit der Y-Achse abgegriffen werden. Was darüber hinausgeht, ist als Ausreißer zu bezeichnen.

Die solchermaßen um Ausreißer bereinigten f_i'/f_k'-Werte lassen sich dann für die Weiterverarbeitung verwenden.

Die elektronische Unterdrückung von Ausreißern muß selbstverständlich ihre Grenzen haben. Es ist sowohl die Anzahl pro Rad zu begrenzen, als auch deren Basisbreite in der Häufigkeitskurve (Strecke BB', Bild 6), da ab einer bestimmten Breite nicht mehr mit einem Abtrag während der Einlaufphase zu rechnen ist. Ebenso könnte das Ausreißer-Volumen oberhalb BB' zugrundegelegt werden. Hier sind Erfahrungswerte einzusetzen, die abhängig vom Material und der Flankenpressung sind. Gebräuchliche noch zulässige Werte für die Breite liegen bei 5 % bis 10 % der Teilungsperiode.

4.5 Prüfung des Diagrammverlaufs mittels Fenster

Beim Definieren eines Fensters mit einer fallweise angepaßten Größe – z. B. in Winkelsekunden, Breite in Mikrometern oder in Prozent der Eingriffsperiodenlänge – und beim Vergleich eines jeden maximalen Meßwerts mit den beidseitig benachbarten kleineren Werten, kann ein Ausreißer als solcher erkannt werden, wenn er eine bestimmte, ebenfalls vorher definierte Amplitude aufweist (Bild 7). Dieses Verfahren wird seit Jahren mit Erfolg in der Zweiflanken-Wälzprüfung zur sogenannten „Klopfer-Erkennung" eingesetzt. Bei der Einflanken-Wälzprüfung könnte es z. B. mittels dreier Fenster-Breiten vorteilhaft zum Unterscheiden

– zu vernachlässigender,
– rechnerisch zu eliminierender und
– nicht mehr eliminierbarer

Außreißer verwendet werden.

4.6 Weitere mathematische Methoden

Da sich die Aufgabe der Ausreißer-Erkennung und -behandlung auch in der Statistik stellt, wurden dort mathematische Methoden entwickelt (z. B. Thompsonsche Regel, Ausarbeitung von Willke u. a.), die zwar zur Erkennung einzelner aus dem Rahmen fallender Werte sehr leistungsfähig sind, eine Differenzierung hinsichtlich Ausreißerbreite jedoch nicht ermöglichen.

5 Zusammenfassung

Auf die bei der Einflanken-Wälzprüfung auftretenden Ausreißer und eine wie bei anderen physikalisch-technischen Messungen notwendige Behandlung bei der Auswertung wurde hingewiesen. Eine seit einiger Zeit angewandte Methode sowie weitere denkbare Verfahren wurden beschrieben.

In Ermangelung einer DIN-Vorschrift hält sich der Anwender – wenn keine mechanische Beseitigung erfolgt – an den Wortlaut der Definition. Danach geht die volle Größe aller Ausreißer in die Kennwerte ein, was in den meisten Fällen nicht der Praxis gerecht wird.

Die vorliegende Erörterung dieses Problems sollte deshalb dazu dienen, eine Diskussion hierüber anzuregen mit dem Ziel, bei einer künftigen Revision der betreffenden DIN-Normen oder den in Bearbeitung befindlichen ISO-Standards eine Regelung zu erreichen.

Als Mitarbeiter des VDI-Ausschusses „Messen an Zahnrädern und Getrieben" ist der Autor an Vorschlägen und Hinweisen interessiert, die zur Lösung des angesprochenen Problems und damit zur Klarstellung im Rahmen einer gelegentlich zu überarbeitenden Fassung der VDI-Richtlinie 2608 beitragen können.

(Bildnachweis: Klingelnberg Söhne, Hückeswagen)

Literatur

1. Marquardt, R.: Heutiger Stand der Einflanken-Wälzprüfung. wt Werkstatttechnik 80 (1990) H. 9, S. 509–513
2. Marquardt, R.: Industrieller Einsatz der Einflanken-Wälzprüfung, Anwendungsbereich und praktische Erfahrungen. wt Werkstatttechnik 80 (1990) H. 11, S. 637–641

wt Werkstattstechnik
© Springer-Verlag 1991

Aktuelle Probleme
der Abrasiv-Wasserstrahl-Bearbeitung

A. Momber, Leipzig

Inhalt. Das Bearbeiten fester Werkstoffe mit dem Wasserstrahl ist noch wenig verbreitet. Dem Strahl zugesetzte abrasive Stoffe machen ihn zum geeigneten Mittel, harte, spröde oder Verbundwerkstoffe abzutragen. Der Bericht beschreibt die Wirkungsweise und neue Anwendungsgebiete, beispielsweise beim Drehen oder Fräsen.

1 Einführung

Die Abrasiv-Wasserstrahl-Bearbeitung (AJM, von engl. Abrasive-Waterjet-Machining) hat in den letzten Jahren speziell in den USA vermehrt an Bedeutung gewonnen. So ist z. B. für den Zeitraum 1990/91 ein Forschungsprogramm zur Entwicklung einer neuen Generation von Wasserstrahl- und Abrasivstrahl-Bearbeitungstechnologien initiiert worden [1]. Diese Entwicklung ist eng verbunden mit der Einführung neuer, z. T. schwer bearbeitbarer Werkstoffe in die Fertigungsindustrie (z. B. keramische Werkstoffe, faserbewehrte Harze, Schichtwerkstoffe) sowie mit neuen Forderungen an die Geometrie (z. B. komplexe Formen, dünne Stege) auch bei konventionellen Werkstoffen.

Abrasiv-Hochdruckwasserstrahlen (in der Folge AWS) werden bereits seit geraumer Zeit als Werkzeug zum Reinigen, vorwiegend jedoch zum Schneiden bzw. Trennen von Materialien eingesetzt. Die aktuelle Zahl kommerziell betriebener Anlagen kann mit etwa 400 angenommen werden [2].

Inzwischen liegen jedoch Erfahrungen zum Einsatz von AWS auf bisher von traditionellen Verfahren beherrschten

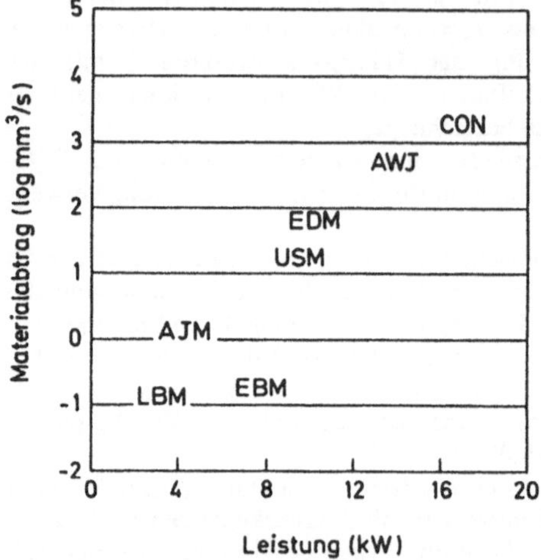

Bild 2. Materialabtragsraten verschiedener Fertigungsverfahren. *CON* konventionell; *AWJ* Abrasivwasserstrahl; *EDM* Funkenerosion; *USM* Ultraschall; *AJM* Abrasiv (Druckluft) Strahl; *EBM* Elektronenstrahl; *LBM* Laserstrahl

Gebieten – insbesondere der dreidimensionalen Bearbeitung von Werkstücken – vor. Bild 1 gibt einen Überblick von den erweiterten Möglichkeiten der Anwendung von AWS in der Fertigung.

Als Vorteile des Einsatzes von AWS als Fertigungswerkzeug sind anzusehen [2]:
- einsetzbar für viele verschiedene Operationen (Bild 1),
- Möglichkeit der Bearbeitung sehr weicher *und* sehr harter Werkstoffe,
- Möglichkeit der Bearbeitung von Mehrkomponentenwerkstoffen,
- Möglichkeit des gleichzeitigen Schneidens verschiedener Materialien,
- Vibrationsfreiheit,
- keine thermischen Effekte,
- minimales Einbringen von Spannungen,
- hohe Materialabtragsraten (Bild 2),
- Möglichkeit beliebiger Bearbeitungsrichtung,
- straffes Einspannen der Werkstücke ist nicht nötig,
- kein direkter Kontakt Werkzeug – Werkstück,
- ideal für Automatisierung, Robotisierung und Überwachung.

Die im Zusammenhang mit dem AJM weltweit betriebenen Untersuchungen konzentrieren sich auf die folgenden Problemstellungen:

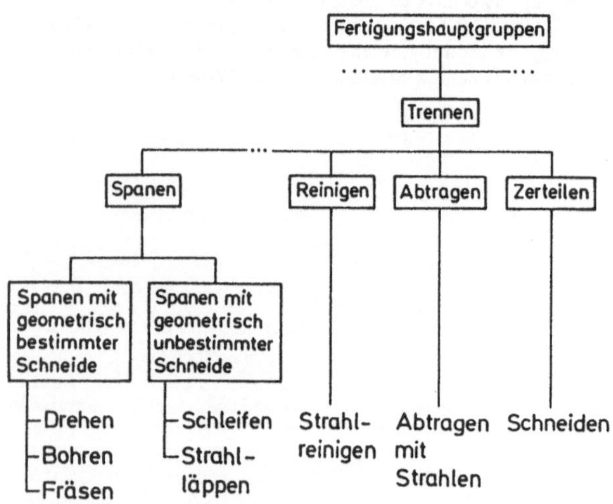

Bild 1. Anwendungsmöglichkeiten von AWS in der Fertigung

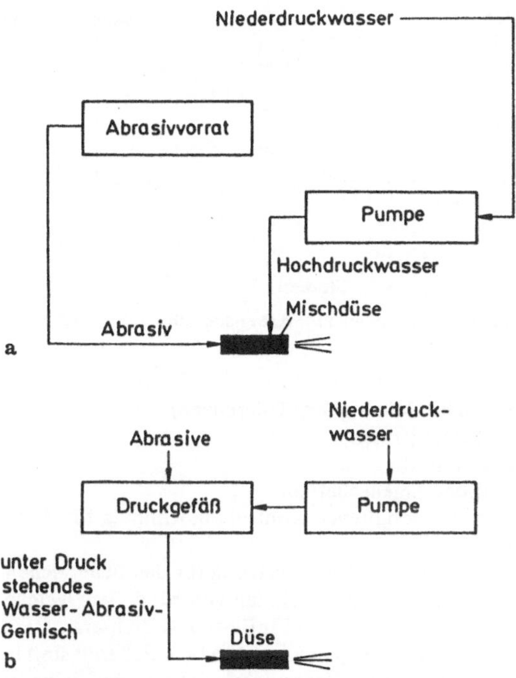

Bild 3a und b. Erzeugung von Abrasivstrahlen.
a indirekte Erzeugung; b direkte Erzeugung

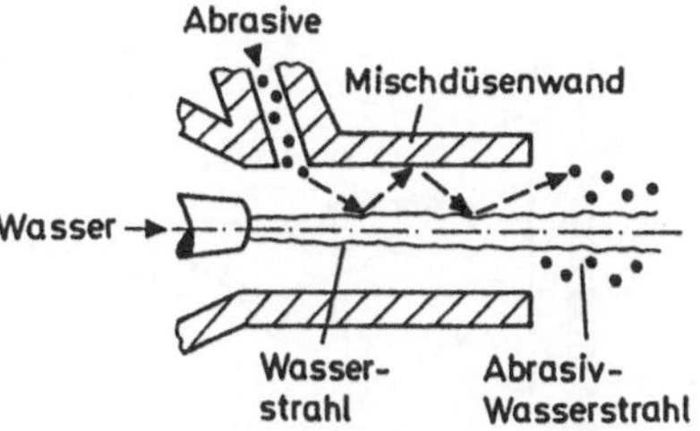

Bild 4. Abrasivbewegung im Mischprozeß (indirekte Erzeugung)

- Erzeugen stabiler AWS (*Werkzeug*),
- Beschreiben und Optimierung der Bearbeitungsprozesse (*Prozeß*) und
- Erschließen neuer Anwendungsgebiete.

2 Probleme der Erzeugung und Anwendung von Abrasiv-Hochdruckwasserstrahlen (AWS)

2.1 Erzeugung von AWS

Grundsätzlich können zwei Methoden der Erzeugung von AWS unterschieden werden (Bild 3):
- direktes Erzeugen,
- indirektes Erzeugen.

Eine ausführliche Diskussion beider Methoden findet sich in [3].

In der Fertigung sind bisher vorwiegend indirekt erzeugte AWS im Einsatz. Druckwasser als Treib- und Abrasivmittel werden getrennt zugeführt und erst in einer speziellen Mischdüse vermischt. Der Vorgang des Vermischens wird z. Z. nur ungenügend beherrscht – eine Tatsache, die sich in einer geringen Effektivität der Abrasiv-Mischdüsen äußert. So zerbrechen z. B. 70 % bis 80 % aller die Düse durchströmenden Abrasiv-Partikel bereits während des Vermischens [4, 5]. Die Mehrzahl der Partikel kann nicht in den Kern des Hochgeschwindigkeitsstrahls eindringen und ist einem Zyklus von Reflektion und Deflektion an der Strahloberfläche bzw. an der Mischdüseninnenwandung unterworfen [6, 7] (Bild 4). Viele technische und materialdeterminierte Einflüsse bestimmen die Intensität, mit der dieser Prozeß abläuft, beispielsweise:
- Wasserdurchsatz (bzw. Düsendurchmesser) [8],
- Strahldruck [7],
- Abrasiv-Zugabemenge [5, 9],
- Abrasiv-Korngröße [9] und
- Mischdüsengeometrie [4, 5, 10].

Hochgeschwindigkeits-Kameraaufnahmen von AWS ver-

mitteln das Bild eines zur Instabilität neigenden, oszillierenden Flüssigkeitsstrahls, der von abgelösten Einzeltropfen und Abrasivpartikeln umgeben ist [11]. Schwerpunkte gegenwärtiger AWS-Forschung sind daher Untersuchungen zum Verbessern der Stabilität von AWS, wobei die Bemühungen in folgende Richtungen gehen:
- Optimieren der Mischdüsengeometrie (Partikel-Zerkleinerungsrate [4, 7]; Druckübertragung zwischen Wasser- und Abrasivmischdüse [4]; Energieverlustrate [12]; relativer Geschwindigkeitsunterschied zwischen Wasser und Abrasiv [12]; spezifische Zerkleinerungsarbeit in der Mischdüse [13]),
- Erarbeiten alternativer indirekter Einmischkonzeptionen (Luftmantel; Druckluftbett),
- Beeinflussen des indirekten Einmischvorgangs aufgrund der Nutzung sekundärer Effekte (Anlegen von Drehmagnetfeldern und Einsatz metallischer Abrasivmaterialien [14]),
- grundlegende Untersuchungen zu direkten Einmischmöglichkeiten („DIAJET"; Abrasiv-Suspensionen).

2.2 Prozeßbeschreibung und -optimierung

Der meist als „Schneid"prozeß bezeichnete Vorgang der Materialzerstörung durch AWS wird als in zwei grundlegende Mechanismen unterteilt verstanden [15—17] (Bild 5):
- Gleitverschleiß und
- Prallverschleiß.

Der zyklisch ablaufende „Schneid"prozeß ist in [18] beschrieben. Das Resultat dieses Vorgangs ist ein für das Bearbeiten mit AWS typisches, gekrümmtes Riefenmuster.

Die Effektivität des Bearbeitungsprozesses wird von vielen Einflußparametern bestimmt, die z. T. sehr eng miteinander verquickt sind und nicht nur auf die Zielparameter, sondern auch aufeinander abgestimmt werden müssen. In

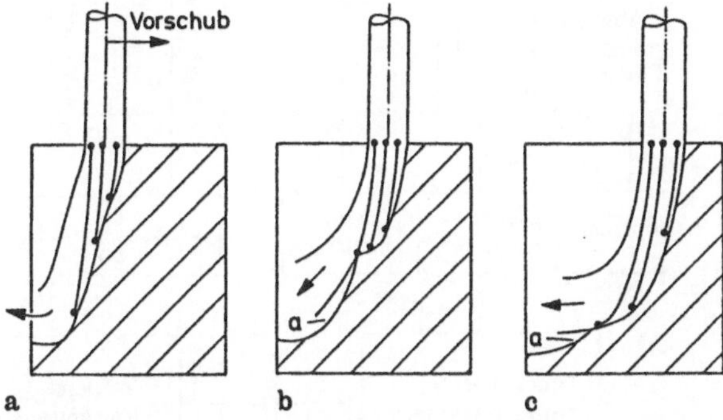

Bild 5 a–c. Abrasivstrahl-Schneidzyklus nach [18]. a beginnende Stufenbildung (Gleitverschleiß); b Stufenbildung abgeschlossen (Prallverschleiß); c Wanderung der Stufe in Schnittiefenrichtung

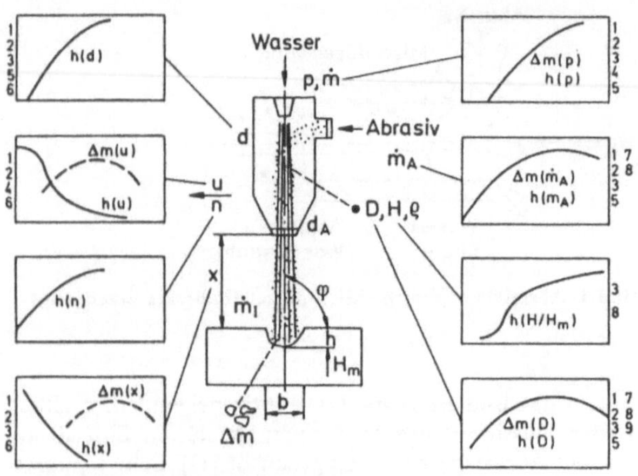

Bild 6. Einfluß ausgewählter Kenngrößen auf den Abrasivstrahlprozeß [19]. *1* Aluminium; *2* Baustahl; *3* Werkzeugstahl; *4* Lexan; *5* Grauguß; *6* Titan; *7* Glas; *8* Keramik; *9* Kupfer

Bild 6 ist der Einfluß ausgewählter Kenngrößen auf mögliche Zielparameter tendenziell wiedergegeben.

Das Optimieren aller Parameter im Rahmen des Gesamtprozesses ist ein äußerst komplexer Vorgang und wird momentan nur in Ansätzen beherrscht. So ist derzeit eine Aufteilung des Gesamtprozesses in die Einzelprozesse AWS-Erzeugung, AWS-Wirkung (Materialbelastung) und Materialverhalten zu beobachten, wobei der Einfluß wesentlicher Kennwerte beschränkt auf diese Teilprozesse untersucht wird.

Das entscheidende Problem besteht auch im Fall der Prozeßoptimierung in der Instabilität des AWS bzw. im Erfassen und Steuern der für die Instabilität verantwortlichen Einflußparameter.

Bild 7 zeigt schematisch die Probleme der Überwachung des AJM. Als Zielparameter sind in der Fertigungstechnik anzusehen:
– Schnittiefe,
– Schnittbreite,
– Rauheit von Oberflächen,
– Oberflächenprofil,

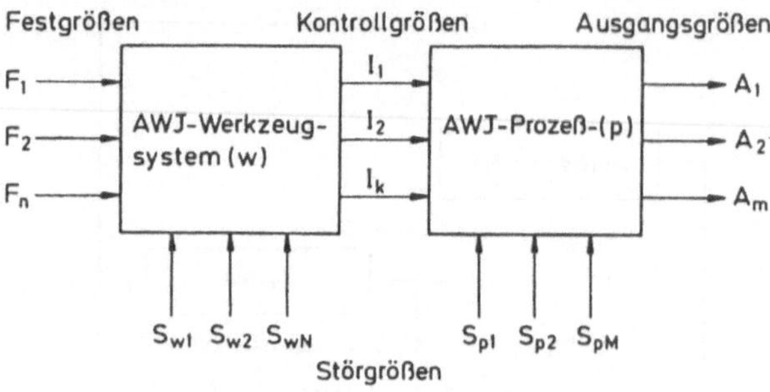

Bild 7. Überwachungsschema für AJM nach [20]

– geometrische Genauigkeit (Toleranzen),
– Materialabtragsraten,
– Effektivität und
– mechanische Eigenschaften.

In Bild 8 ist ein möglicher Kontrollalgorithmus für AJM wiedergegeben.

Eine grundsätzliche Voraussetzung für das Beherrschen und Steuern des AJM ist das Bilden von Modellen, welche die Abhängigkeiten zwischen Einfluß- und Zielparametern quantitativ hinreichend genau beschreiben. Bekannt sind in diesem Zusammenhang Untersuchungen zu den Zielparametern
– Schnittiefe [16, 21],
– Materialabtragrate [16, 21],
– Oberflächenprofil [22] und
– Schnittgeometrie [23].

3 Neue Anwendungsgebiete für AWS

3.1 Drehen mit AWS

In Bild 9 sind die Verhältnisse beim Drehen mit AWS dargestellt. Wesentliche Zielparameter sind
– Masseverlust (Arbeitsfortschritt),
– Qualitätskriterien (Welligkeit, Rauheit),
– mechanische Eigenschaften und
– metallurgische Eigenschaften.

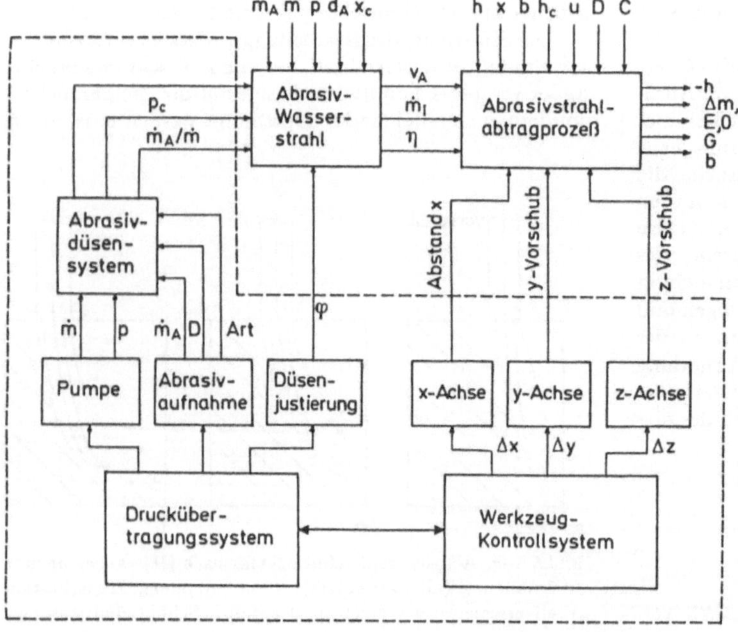

Bild 8. Kontrollalgorithmus für AJM nach [20]. *C* Materialkonstante; *w* Welligkeit; η Wirkungsgrad; *E* Effektivität; *O* Oberflächentextur; *G* Oberflächengeometrie

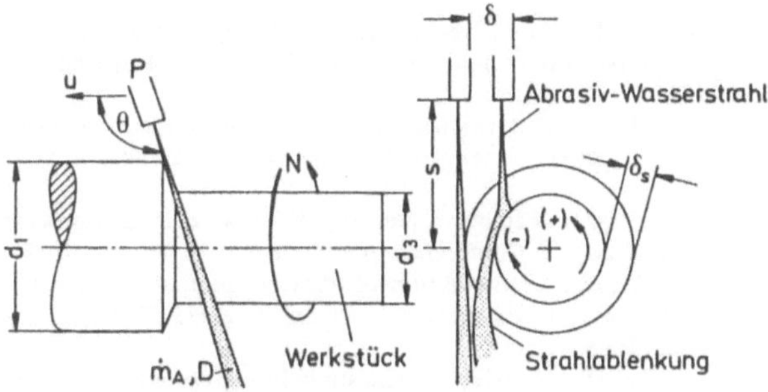

Bild 9. Drehen mit Abrasiv-Wasserstrahlen nach [24]

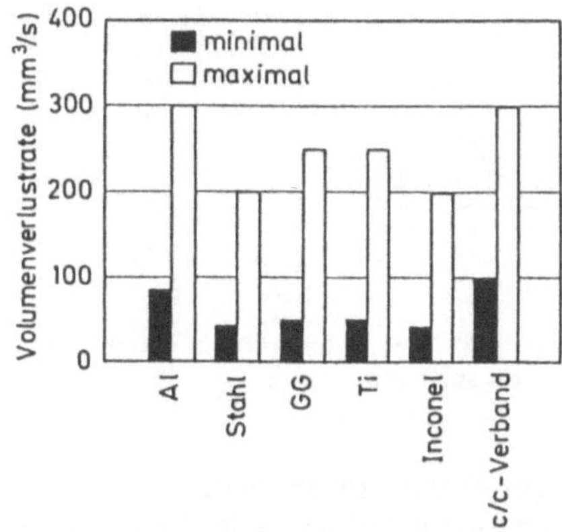

Bild 11. Volumenverlustraten für ausgewählte Werkstoffe durch AJM nach [2]

Untersuchungen zum Einfluß der in Bild 9 dargestellten Parameter liegen bereits vor [2, 24]. Bild 10 gibt eine Auswahl wieder.

Aufgrund der zahlreichen Einflußparameter sind beim Drehen mit AWS beträchtliche Welligkeitswerte zu verzeichnen (um eine Größenordnung über die Welligkeit der mit Diamantwerkzeugen gedrehten Werkstücke liegend). Zur Lösung dieses Problems bieten sich die folgenden Möglichkeiten [2]:
- Nachbearbeitung ohne Beistellen des Strahls,
- Nacharbeiten mit feineren Abrasiven (das wirkt sich aber deutlicher auf die Rauheit aus),
- Nachbearbeiten mit weicheren Abrasiven (z. B. Silikasand, Kupferschlacke; das wirkt sich aber deutlicher auf die Rauheit aus) und
- Verwenden direkt eingemischter Abrasive („DIAJAT").

Allerdings erweist es sich nach bisherigen Erkenntnissen als wirtschaftlicher, AWS-gedrehte Werkstücke mit konventionellen Werkzeugen nachzubearbeiten. Es existieren Überlegungen zu kombinierten Werkzeugen (z. B. AWS-Diamant).

Die AWS-Bearbeitung beeinflußt nicht die Zugfestigkeit der Materialien [24]. Die normierte Dauerschwellfestigkeit wird weniger gesenkt als z. B. bei der Laserbearbeitung [18]. Die Mikrohärte der Materialien verändert sich unwesentlich [18, 24]. Eine Veränderung der Mikrostruktur wird (am Beispiel von Aluminium und Magnesium-Borkarbid) ausgeschlossen [24]. Beim Bearbeiten von Verbundwerkstoffen sind allerdings ein Mikroaufschmelzen sowie eine Einlagerung von Abrasivpartikeln in die Matrix beobachtet worden.

3.2 Fräsen mit AWS

Das Hauptproblem des Fräsens mit AWS ist das Erzeugen gleichmäßiger Tiefenprofile. Bei konventionellen Fräsverfahren wird die Tiefe mit dem Vorschub der Werkzeuge eingestellt. Beim Verwenden von AWS ist die Frästiefe eine Funktion sehr vieler Parameter (vgl. Bild 6). Die Komplexität der Einflüsse und die Kompliziertheit der Prozeßoptimierung ist in [2] am Beispiel des Ausstrahlwinkels gezeigt, bei dem die Optimalwerte für die Schnittiefe (Frästiefe) bzw. für die Oberflächenregelmäßigkeit bei verschiedenen Werten liegen. Größere Unregelmäßigkeiten am Boden der gefrästen Geometrie lassen sich durch nachträgliche Bearbeitung nur mit großem Aufwand beseitigen.

Bild 11 zeigt Volumenverlustraten für ausgewählte Werkstoffe. Mit Hilfe von AWS ist es möglich, nahezu beliebige Geometrien in schwer bearbeitbaren Materialien zu erzeugen (Bild 12).

3.3 Bohren mit AWS

Der AWS bohrt Löcher mit folgenden Methoden (Bild 13):
- Durchbohren mit stationären AWS (für die Erzeugung sehr schmaler Bohrlöcher),
- Herausschneiden aufgrund einer Kreisbewegung der Probe oder des Strahls (für Durchmesser größer als der Strahldurchmesser) oder
- Herausfräsen von Bohrungen.

Versuche zum Bearbeiten spröder, schwer bohrbarer Werkstoffe sind am Beispiel von Glas vorgenommen worden [2, 25]. Bei solchen Werkstoffen kann momentan nur mit relativ geringen Drücken gebohrt werden, da es bei hohen Drücken zu Materialausbrüchen kommt. Bohrlochober-

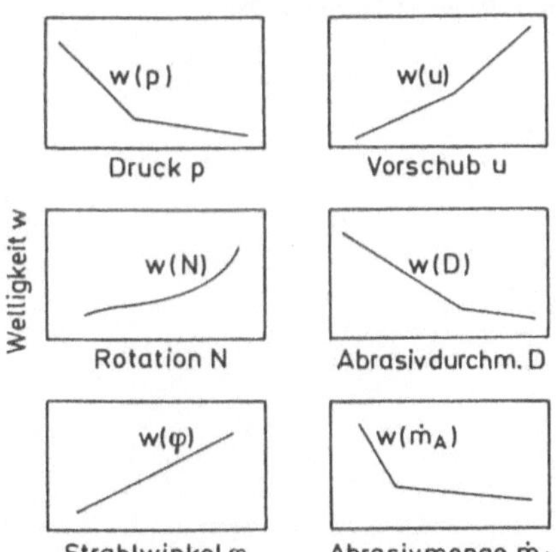

Bild 10. Einfluß ausgewählter Kennwerte auf die Welligkeit beim Drehen mit AWS [2], [24]

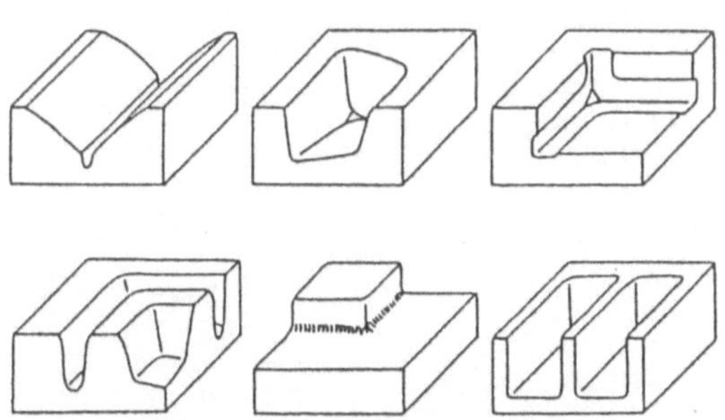

Bild 12. Geometrien mit AWS gefräster Werkstücke nach [20]

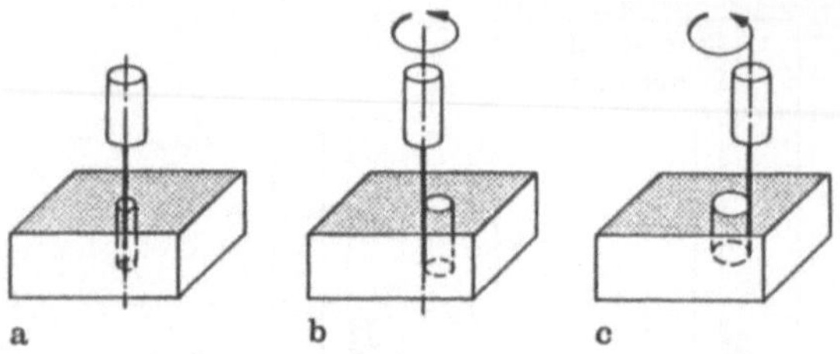

Bild 13 a—c. Methoden zum Bohren mit AWS. **a** Durchbohren; **b** Herausschneiden; **c** Herausfräsen

und -unterseite zeigen oft Unregelmäßigkeiten. Als Ursache gelten Brüche während des Aufschlagens der AWS bzw. das Bilden hydrodynamischer Drücke im Bohrloch selbst.

Um die Bohrlocheintrittsöffnungen herum finden sich zudem meist ringförmige zerstörte Zonen als Ergebnis reflektierter Abrasivpartikel. Dieser Schaden kann offensichtlich über den Abstand Düse—Werkstückoberfläche reguliert werden. Speziell beim Bohren tiefer Löcher treten Unregelmäßigkeiten im Bohrlochdurchmesser auf.

Um Bohrungen mit hohen Bohrraten vorantreiben und trotzdem eine ausreichende Bohrlochqualität erreichen zu können, ist eine Kombination von Bohrfräsen und Bohrschneiden denkbar.

4 Zusammenfassung

Das AJM bietet sich als unkonventionelles Verfahren für eine Reihe von Fertigungsaufgaben an.

Neben dem Einsatz als Reinigungs- und Schneidwerkzeug lassen sich AWS unter bestimmten Bedingungen auch als Werkzeuge zum dreidimensionalen Bearbeiten von Werkstücken einsetzen.

Ein entscheidendes Problem des AJM ist die Instabilität der eingesetzten AWS und die damit verbundene Unstetigkeit der Bearbeitungsprozesse. Darüber hinaus spielen die Beurteilung und Erfassung des Einflusses von strahl- und prozeßbezogenen Parametern auf das Bearbeitungsergebnis eine wesentliche Rolle.

Literatur

1. Jet News (1990) August. Water Jet Technology Association, St. Louis (USA)
2. Hashish, M.: Turning, milling and drilling with abrasive-water jets. 9. Int. Sympos. o. Jet Cutting Technology (ISJCT), Paper C 2, Sendai 1988
3. Hashish, M.: Abrasive-fluid-jet machining systems: entrainment versus direct pumping. 10. ISJCT, Paper F 4, Amsterdam 1990
4. Galecki, G.; Mazurkiewicz, M.: Hydroabrasive cutting head-energy transfer efficiency. 4. US Water Jet Conference, Berkeley 1987
5. Labus, T., u. a.: Factors influencing the abrasive mixing process. 5. Am. Water Jet Conference (AWJC), Paper 20, Toronto 1989
6. Isobe, T., u. a.: Distribution of abrasive particles in abrasive water jets and acceleration mechanism. 8. ISJCT, Paper E 2, Sendai 1988
7. Simpson, M.: Abrasive particle study in high pressure water jet cutting. Int. J. o. Water Jet Technology 1 (1990) March, S. 17—28
8. Li, H. Y., u. a.: Investigation of forces experted by an abrasive water jet on a workpiece. 5. AWJC, Paper 7, Toronto 1989
9. Mazurkiewicz, M., u. a.: Investigation of abrasive cutting head internal parameter. 9. ISJCT, Paper B 3, Sendai 1988
10. You Ming-quing, u. a.: The study of the mechanism of abrasive water jet. 9. ISJCT, Paper C 4, Sendai 1988
11. Geskin, E. S., u. a.: Investigation of anatomy of an abrasive water jet. 5. AWJC, Paper 21, Toronto 1989
12. Galecki, G., u. a.: Abrasive grain desintegration effect during jet ejection. Int. Water Jet Symp., Paper 4, Beijing 1987
13. Mazurkiewicz, M.; Galecki, G.: Energy consumed for hydroabrasive jet formation. Int. J. o. Water Jet Technology. 1 (1990) March, S. 43—50
14. Chi, T. H.: Trennen mit Flüssigkeitsstrahl. Thesen zur Diss. A, TU Chemnitz 1990
15. Hashish, M.: On the modelling of abrasive-waterjet cutting. 7. ISJCT, Paper Ottawa 1984
16. Hashish, M.: A modelling study of metal cutting with abrasive water jets. Trans. of the ASME, J. o. Engineering Materials and Technology, 106 (1984) Jan., S. 88—100
17. Hashish, M.: Visualization of the abrasive-water jet cutting process. Experimental Mechanics (1988) June, S. 159—169
18. Blickwedel, H., u. a.: Abrasivschneiden metallischer Werkstoffe im Vergleich zu anderen Trennverfahren. Maschinenmarkt 95 (1989) H. 49, S. 80
19. Momber, A.: Verschleiß von Konstruktionswerkstoffen durch Abrasivstrahlen hoher Geschwindigkeit. Eingereicht für Schmierungstechnik 22 (1991)
20. Mazurkiewicz, M.; Kavlic, P.: Material dynamic response during hydroabrasive jet machining. 4. USWJC, Berkeley 1987, S. 159—167
21. Hashish, M.: A model for abrasive water jet machining. J. o. Engineering Materials and Technology 111 (1989) April, S. 154—162
22. Tan, D.: A model for the surface finish in abrasive water jet cutting. 8. ISJCT, Paper 31, Durham 1986
23. Freist, B., u. a.: Abrasive jet machining of ceramic products. 5. AWJC, Paper 19, Toronto 1989
24. Hashish, M.: Turning with abrasive-waterjets — a first investigation. J. of Engineering for Industry 109 (1987) Nov., S. 281—290
25. Yanaginchi, S.; Yamagata, H.: Cutting and drilling of glass by abrasive jet. 8. ISJCT, Paper 33, Durham 1986

wt **Werkstattstechnik**
© Springer-Verlag 1991

Lasermaterialbearbeitung mit CO_2-Hochleistungslasern bis 25 kW Strahlausgangsleistung

R. Nuss, Nürnberg

Inhalt. Bei Anwendung der Modultechnik lassen sich Laser mit einer Strahlleistung weit über 10 kW erreichen. Mit diesen Strahlquellen ist z. B. das Schweißen mit hoher Geschwindigkeit oder an großen Blechdicken möglich. – Der Einsatz linienförmiger Laserstrahlen führt in der Oberflächenbehandlung zu neuen Anwendungen. Praxisbeispiele verdeutlichen die Anwendung von Lasern der oberen Leistungsklasse.

1 Einleitung

CO_2-Laser bis 25 kW Strahlausgangsleistung können heute als ausgereifte Systeme mit hoher Verfügbarkeit angesehen werden. Für deren Einsatz in der Produktion wird ein wesentliches Wachstumspotential in der Automobilindustrie gesehen. CO_2-Hochleistungslaser werden hier zum Schweißen und Behandeln von Oberflächen eingesetzt [1]. Weitere Einsatzgebiete von Lasern der oberen Leistungsklasse sind im allgemeinen Maschinenbau, dem Schiffs- und Anlagenbau sowie bei der Rohrherstellung zu finden. Primäre Ziele sind dabei geringere Durchlaufzeiten und höhere Bearbeitungsqualität.

Diese Ziele lassen sich zum Teil wirtschaftlich und technologisch sinnvoll nur mit Strahlquellen von über 10 kW Leistung erreichen. Während in Europa erst in jüngster Zeit Strahlquellen dieser Leistungsklasse Berücksichtigung finden, werden sie in den USA schon seit Jahren in der Produktion eingesetzt [2].

Die mögliche Materialbearbeitung mit Lasern der oberen Leistungsklasse wird hier anhand von Praxisbeispielen gezeigt. Hinweise auf künftige Entwicklungen runden die Betrachtung ab.

2 Hochleistungslaser und Bearbeitungssysteme

Der prinzipielle Aufbau eines 14-kW-Lasers ist in Bild 1 gezeigt. Dieser Zwei-Modul-CO_2-Laser ist quergeströmt und gleichstromangeregt. Der amerikanische Hersteller bietet modular aufgebaute Laser von 6 kW (ein Modul) bis 25 kW (vier Module) an. 45 kW (6 Module) sind mit diesem Konzept möglich.

Je nach Bearbeitungsaufgabe und Abmessungen werden Strahl und Werkstücke von Portalanlagen, Bearbeitungszentren in Tisch- und Ständerbauweise oder auch Industrierobotern geführt (letztere werden bislang nicht für CO_2-Laser über 5 kW eingesetzt) [3].

Bei hohen Bearbeitungsgeschwindigkeiten muß dem Einfluß der Wechselwirkung zwischen Laserstrahl, Werkstück und Relativbewegungssystem auf die Bearbeitungsqualität besondere Beachtung geschenkt werden. Beispielsweise müssen beim Schweißen räumlich geformter Blechteile Führungsmaschine und Steuerung den Ansprüchen einer Bearbeitungsgeschwindigkeit von 15 bis 20 m/min gerecht werden und den Laserstrahl in engen Bahn-, Abstands- (Fokuslage) und Winkeltoleranzen zur Blechoberfläche führen.

Bild 2 stellt ein geeignetes 6-Achsen-Laser-Bearbeitungszentrum in Torständerkonstruktion vor (zur Verdeutlichung ohne Schutzeinrichtung), wie es auf der letztjährigen Messe METAV in Düsseldorf erstmals gezeigt wurde. Diese Laserfertigungszelle zum Schweißen, Oberflächenbehandeln, Schneiden und Bohren ist standardmäßig mit Strahlquellen von 6 kW bis 25 kW koppelbar. Neben dem Einsatz von Palettenwechslern ist auch eine Verkettung mit

Bild 1. Prinzipieller Aufbau eines Zwei-Modul-CO_2-Hochleistungslasers mit 14 kW Strahlausgangsleistung

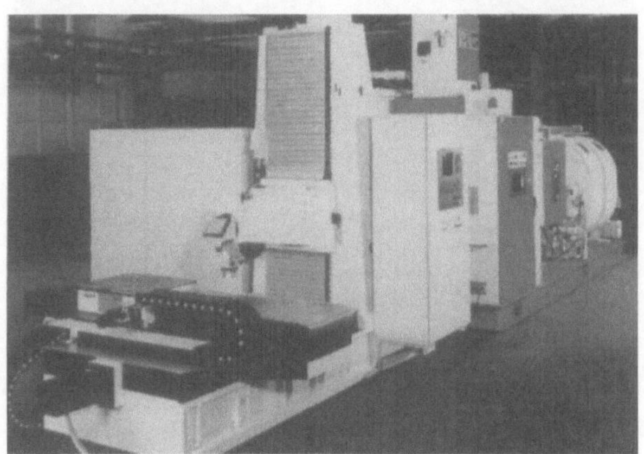

Bild 2. 6-Achsen-Laserbearbeitungszentrum mit 14-kW-Laser (Bild: Mauser/GEAT)

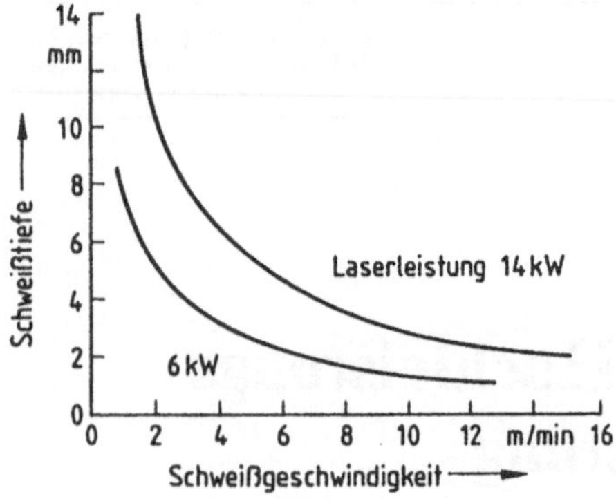

Bild 3. Schweißgeschwindigkeit und Einschweißtiefe für 6 kW und 14 kW Strahlausgangsleistung (Werkstoff: unlegierter Massenstahl, $f = 508$ mm, $F = 10$, Resonator: $M = 2$)

anderen Bearbeitungseinheiten oder flexiblen Fertigungssystemen möglich. Andererseits läßt sich auch die Strahlquelle über entsprechende Strahlweichen mit mehreren Bearbeitungsstationen verketten.

3 Schweißen mit Hochleistungslasern

Charakteristisch für das Laserschweißen sind schmale Schweißnähte mit deutlich kleineren Wärmeeinflußszonen als bei konventionellen Verfahren. Im Gegensatz zum Elektronenstrahlschweißen kann mit Laserstrahlung unter Schutzgas bei Atmosphärendruck, also ohne Vakuumkammer, geschweißt werden.

Hohe Strahlleistungen ermöglichen zum einen das Verbinden großer Bauteildicken, zum anderen können diese Leistungen in entsprechend hohe Bearbeitungsgeschwindigkeiten umgesetzt werden.

Einschweißtiefen und Schweißgeschwindigkeiten sind in Bild 3 für Laser mit 6 kW und 14 kW Strahlausgangsleistung einander gegenübergestellt. Zum Beispiel zeigt sich für die Einschweißtiefe 5 mm, daß mit dem 14-kW-Laser mehr als doppelt so schnell geschweißt werden kann.

Ein Beispiel für die Umsetzung hoher Laserleistung in hohe Bearbeitungsgeschwindigkeiten ist das Schweißen von

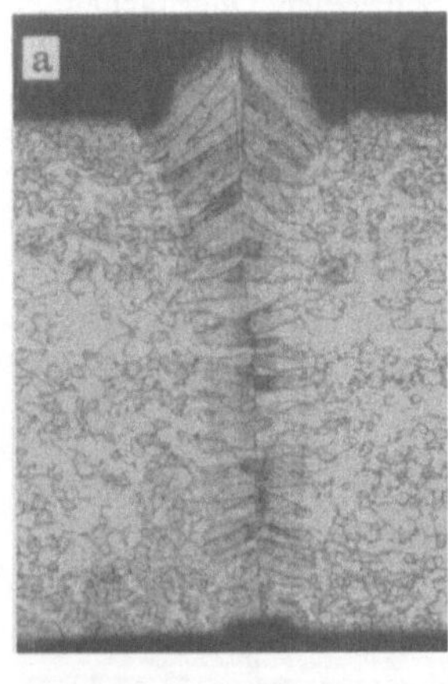

Bild 4 a und b. Laserstrahlschweißen von Profilhalbzeugen, $P_L = 9$ kW. **a** ferritischer Werkstoff 2,0 mm dick, $v_s = 18,5$ m/min; **b** austenitischer Werkstoff 2,5 mm dick, $v_s = 15,0$ m/min

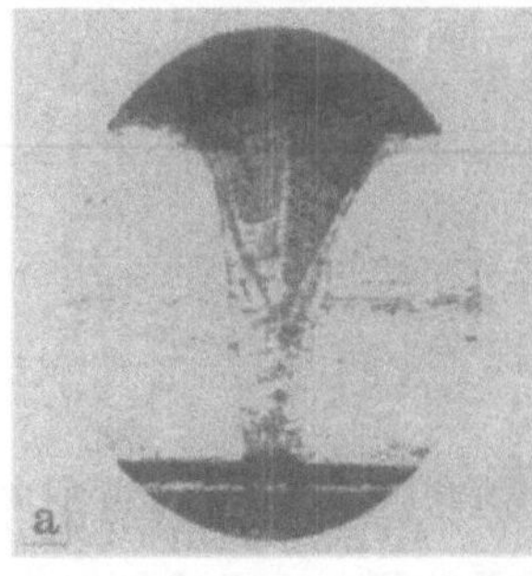
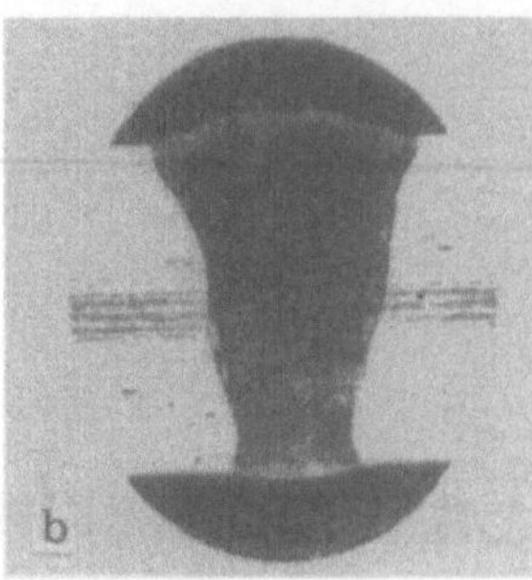

Bild 5 a und b. Vergleich von Schweißprofilen, die **a** mit Einzelfokus und **b** mit „Twin-Focus" in 3 mm Abstand in Schweißrichtung erhalten werden (hochlegierter Edelstahl, 1,5 mm dick, $P_L = 14$ kW, $v_s = 22,5$ mm)

räumlich geformten Strukturkomponenten aus dem Automobilbau [4]. Bei notwendigen Einschweißtiefen von etwa 5 mm und geforderten Schweißgeschwindigkeiten von z. B. 6 m/min wird ein Laser der 15-kW-Leistungsklasse erforderlich (siehe Bild 3). Hier kann aufgrund der zukünftigen Substitution der bisherigen Punktschweißungen durch Laserschweißnähte der Flansch schmaler ausgeführt werden. Einerseits läßt sich damit das Bauteilgewicht verringern, andererseits ist auch einsichtig, daß eine durchgehende Schweißnaht eine höhere Belastung (z. B. dynamisch) des Bauteils zuläßt als aneinandergereihte Schweißpunkte. Insgesamt wird der konstruktive Freiraum zum Gestalten der Bauteile erweitert.

Ein Ergebnis zum Laserstrahlschweißen von Profilhalbzeugen ist in Bild 4 dargestellt. Mit einer Strahlausgangsleistung von 9 kW konnten an hochlegierten ferritischen und austenitischen Edelstahlprofilen Schweißgeschwindigkeiten von 18,5 m/min (Dicke 2,0 mm – Bild 4 a) bzw. 15 m/min (Dicke 2,5 mm – Bild 4 b) ausgeführt werden. Die Querschliffe der Blindnaht-(Key-Hole)-schweißungen verdeutlichen die erreichbare Schweißqualität. Für die Produktion ist diese Anwendung vor allem zum Schweißen von Rohren, etwa für Abgasanlagen von Automobilen, interessant.

Bei Bearbeitungsgeschwindigkeiten über 15 m/min ist in bezug auf den Key-Hole-Schweißvorgang selbst mit Beschränkungen zu rechnen. Je nach Werkstoff kann es aufgrund dynamischer Instabilitäten im Schmelzbad zu periodischen Tropfenbildungen in der Nahtoberraupe kommen. Ein solcher Effekt wird strömungstechnisch als „Überschwappen" der Schmelze gedeutet.

Mittels angepaßter Prozeßführung, z. B. mit Blick auf die Fokusgeometrie des Laserstrahls, kann das Schmelzbad

Bild 6. Laserstrahlschweißen von Bauteilen für Pkw-Automatikgetriebe, ein Beispiel aus der Produktionspraxis

Bild 7. Dickblechschweißen (unlegierter Massenstahl, 20 mm dick, P_L = 20 kW, v_s = 1m/min)

Bild 8. Laserbearbeitungszentrum zum Oberflächenbehandeln: hier Umschmelzhärten von Pkw-Nockenwellen mit einem 14-kW-CO_2-Hochleistungslaser (Bild: Mauser/GEAT)

gezielt geformt und das Auftreten dieses Effekts zu Schweißgeschwindigkeiten von mehr als 20 m/min hinausgeschoben werden. Mit einer Strahlausgangsleistung von 14 kW wurde so gezeigt, daß hochlegierter Edelstahl der Dicke 1,5 mm mit 22,5 mm/min bei geeigneter Qualität geschweißt werden kann [5].

Die in Bild 5 dargestellten Querschliffe von Schweißnähten, die zum einen mit Einzelfokus (Bild 5 a) und zum anderen mit zwei in Schweißrichtung dicht hintereinander liegenden Fokuspunkten [6] eines Laserstrahls (Bild 5 b) erzeugt wurden, geben einen Eindruck von der erreichbaren Schweißqualität.

Daß das Laserstrahlschweißen heute bereits erfolgreich Eingang in die Produktionspraxis gefunden hat, wird mit Bild 6 belegt. Das gezeigte Bauteil eines Pkw-Automatikgetriebes wird aus mehreren spanend herzustellenden Teilen vorgefertigt und durch Laserstrahlschweißen sozusagen „montiert". Von ausschlaggebender Bedeutung ist hierbei, daß die Einzelteile mit Hilfe der Laserstrahlung (Laser der 15-kW-Klasse) verzugsarm und mit hoher Bearbeitungsgeschwindigkeit zu einer funktionsfähigen Baugruppe gefügt werden können.

Auch eine Schweißgeschwindigkeit wesentlich unter 1 m/min führt zu ungünstigen dynamischen Verhältnissen in bezug auf „Key Hole" und Schmelzbad. Bei gegebener Laserleistung besteht demnach ein Grenzwert für die Einschweißtiefe.

Die Effizienz des Schweißvorgangs sinkt mit abnehmender Schweißgeschwindigkeit, da im Vergleich zu hohen Prozeßgeschwindigkeiten vermehrt Wärme in das Bauteil abfließen und für den Schweißvorgang nicht genutzt werden kann. In der Praxis werden mit 25-kW-Lasern Einschweißtiefen bis 30 mm erreicht, z. B. bei der Herstellung von Schienen mit Sonderprofilen.

Bild 7 zeigt Schweißungen an Dickblechen, wo mit Hilfe eines 25-kW-Lasers bei der Herstellung von funktionsangepaßten Rechteckprofilen (300 mm × 300 mm) mit 20 kW Strahlausgangsleistung Einschweißtiefen von 20 mm bei Schweißgeschwindigkeiten von 1 m/min zu erreichen waren.

4 Oberflächenbearbeiten

Obgleich das Laserschweißen derzeit das Hauptanwendungsgebiet für Laser der oberen Leistungsklasse ist, werden vermehrt auch Oberflächenbearbeitungen damit erprobt und ausgeführt: Randschicht-Umschmelzen oder -härten, Auflegieren oder Beschichten. Harte und äußerst verschleißfeste Oberflächen werden z. B. beim Umschmelzhärten von Guß-Nockenwellen und Nockenfolgern für Verbrennungsmotoren erzeugt (Bild 8).

Hier konkurriert die Lasertechnik mit den klassischen Verfahren, die auf der Basis von Schreckguß oder WIG-Umschmelzen arbeiten, wobei sich beim Laserumschmelzen Vorteile hinsichtlich der Verschleißbeständigkeit der Bauteile ergeben. Die günstigeren Verschleißeigenschaften laserumgeschmolzener Grauguß-Nockenwellen sind in der Mikroduktilität des sehr feinen ledeburitischen Gefüges begründet, das sich aufgrund der raschen Erstarrung (Selbstabschreckung der Schmelze durch das Bauteil) einstellen kann. Diese Selbstabschreckung der Gußeisenschmelze hat zur Folge, daß sich der darin befindliche Kohlenstoff nicht nach dem stabilen FeC-System als Graphit ausbilden kann. Es kommt vielmehr zu einer Erstarrung der Randschicht nach dem metastabilen Fe-Fe$_3$C-System, wobei der harte Zementit (Fe$_3$C) entsteht.

Steht eine Strahlquelle im Leistungsbereich von 10 kW bis 15 kW zur Verfügung, so läßt sich mit Hilfe geeigneter Optiken (Facettenspiegel) eine linienförmige Abbildung des Laserstrahls auf der Nockenoberfläche erzielen. Deren Energiedichte ist ausreichend, um die gesamte Nockenbreite in einer Bahnbewegung umschmelzen zu können.

Bild 9 zeigt dieses Prinzip des Nockenwellenumschmelzens, während in Bild 10 in einem Querschliff das Umschmelzergebnis erkennbar ist. Mit der industriellen Verfügbarkeit von Laserbearbeitungszentren, wie dem in Bild 2 gezeigten, sowie aufgrund der vorhandenen Verfahrenskenntnisse steht der Prozeß des Nockenwellenumschmelzens an der Schwelle zur Produktionseinführung.

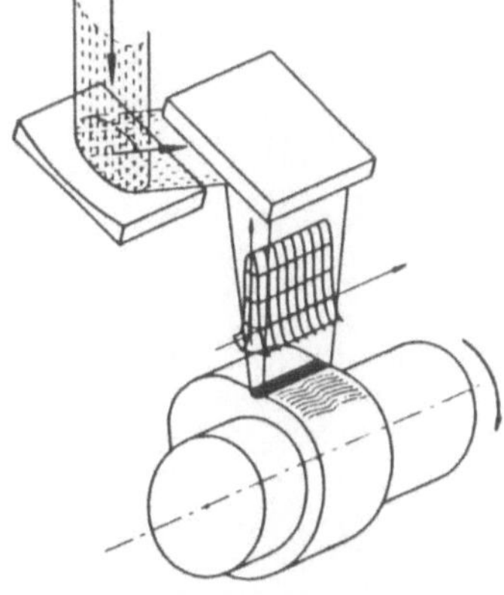

Bild 9. Prinzip des Nockenwellenumschmelzens

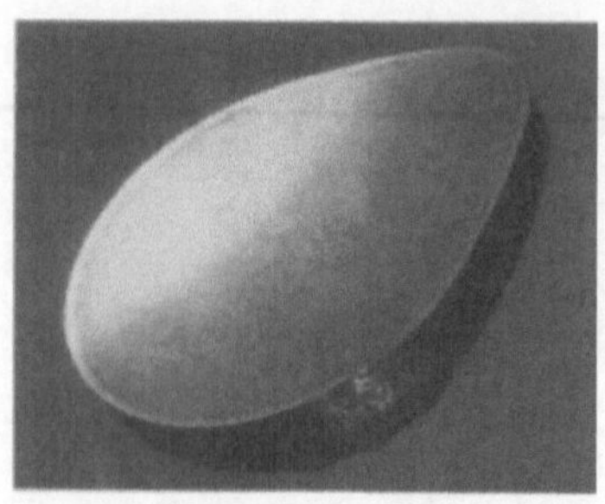

Bild 10. Querschliff einer umgeschmolzenen Nocke
(Bild: Mauser/GEAT)

5 Ausblick

Obgleich sowohl das Laserstrahlschweißen als auch das Beschichten mit Hilfe von Laserstrahlung [7] bereits mehrschichtig in der Produktion eingesetzt werden, sind zweifellos vorhandene weitere Möglichkeiten der Hochleistungslaser nur unvollkommen ausgeschöpft. Hier werden jedoch mit zunehmender Beherrschung von Materialbearbeitungsprozessen, z. B. im Hochgeschwindigkeits- oder Dickblechschweißen, weitere Produktionsanwendungen erkennbar, etwa bei der Rohrherstellung und vor allem im Automobilbau [8].

Die erfolgreiche Anwendung der Lasertechnik erfordert eine Systembetrachtung bei der Analyse der gestellten Materialbearbeitungsprobleme. Diese sollte umfassend sein und die metallkundlichen und physikalischen Fragestellungen, die Technologie selbst und die fertigungstechnische Einbindung in den betrieblichen Produktionsvorgang berücksichtigen.

(Bildnachweis: GEAT Gesellschaft für angewandte Technologie mbH, Nürnberg)

Literatur

1. Banas, C.; Nuss, R.: Materials processing with high power CO_2-Lasers. Proc. ECLAT 90, Erlangen, Vol. 1, S. 103–110
2. Davis, J.: Laser technology for production processing. Proc. of the Conf „The Laser vs. the Electron Beam in Welding, Cutting and Surface Treatment, State. of the Art", Reno Nevada USA) 1985
3. Hoffmann, P., u. a.: Three dimensional CO_2 laser material processing with gantry machine systems. Proc. of the SPIE, Vol. 1276, 1990, S. 130–141
4. Nuss, R., u. a.: High Power setzt neue Akzente in der Produktion. Laser Praxis, Okt. 1990, S. LS86–LS89, Beiblatt zu Hanser Fachzeitschr.
5. Nuss, R., u. a.: High power laser welding on its way into automotive production. Proc. of the 23rd Intern. Sympos. on Automotive Technology and Automation (ISATA), Wien, 1990, S. 358–364
6. Banas, C.; Doyle, B.: Twin spot laser welding. US Patent 469103, 1987
7. Duhamel, R., u. a.: Production laser hardfacing of jet engine turbine blades. Proc. of the SPIE, Vol. 621, 1986, S. 31–39
8. Ogle, M.: Making laser work in automotive transmission manufacturing. Paper presented at „Laser vs. Electron Beam" Conf., Reno (Nevada/USA) 1989

wt Werkstatttechnik
© Springer-Verlag 1991

Werkstattorientierte Programmiersysteme: Charakteristika, Erfahrungen und Entwicklungen

M. Thines, Stuttgart

Inhalt. Werkstattorientierte Programmiersysteme (WOP-Systeme) sind eine neue Generation von NC-Programmiersystemen, die besonders den Flexibilitätsanforderungen im Werkstattbereich gerecht werden. Charakteristika, Erfahrungen, der heutige Stand sowie künftige Entwicklungen werden dargestellt.

1 Einleitung

Zur Ausführung von Integrationskonzepten, welche die Werkstatt als Kristallisationskeim betrachten (zum Konzept der „Werkstattorientierten Produktionsunterstützung" siehe [1, 2]), sind speziell für den Einsatz im Werkstattfeld konzipierte und gestaltete Systemkomponenten, z. B. werkstattorientierte NC-Programmiersysteme, Fertigungsleitstände, werkstattorientierte Qualitätssicherungssysteme usw., notwendig. Von den genannten Systemen haben die Werkstattorientierten Programmiersysteme („WOP-Systeme") bereits einen hohen Entwicklungs- und Reifegrad erreicht. Im folgenden werden deshalb anhand der Entwicklungsziele von WOP-Systemen deren Charakteristika dargestellt. Daran schließt sich eine Betrachtung des heutigen Standes und der ersten Erfahrungen mit entsprechenden Systemen an. Abschluß ist ein Ausblick auf zukünftige Entwicklungen und Aktivitäten.

2 Ziele und Charakteristika Werkstattorientierter Programmiersysteme

Innerhalb der Konzepte zur maschinellen NC-Programmierung lassen sich die in Bild 1 dargestellten drei grundsätzlichen Entwicklungslinien identifizieren [3, 4].

Die WOP-Systeme sind die jüngsten in der Entwicklung der NC-Programmiersysteme. Mit der im Rahmen eines vom *BMFT* geförderten Verbundforschungsvorhabens (Start war im Jahr 1984) angestoßenen Entwicklung sollte eine neue Generation von NC-Programmiersystemen entwickelt werden, die neben einem möglichst flexiblen Einsatz auch speziell die Kenntnisse und Erfahrungen der Facharbeiter im Werkstattbereich berücksichtigt und damit dem Trend der 80er Jahre hin zu einer Orientierung zurück in die Werkstatt Rechnung trägt. Folgende Ziele wurden und werden bei zukünftigen Entwicklungen dabei verfolgt und charakterisieren gleichzeitig WOP-Systeme [4, 5, 6]:

2.1 Allgemeine Ziele

a) An den spanenden Fertigungsverfahren orientierte Programmiermethoden mit einheitlichem Dialog
Ziel der WOP-Philosophie ist es, die CNC-Programmierung auf eine einheitliche Basis zu stellen. Dies bedeutet

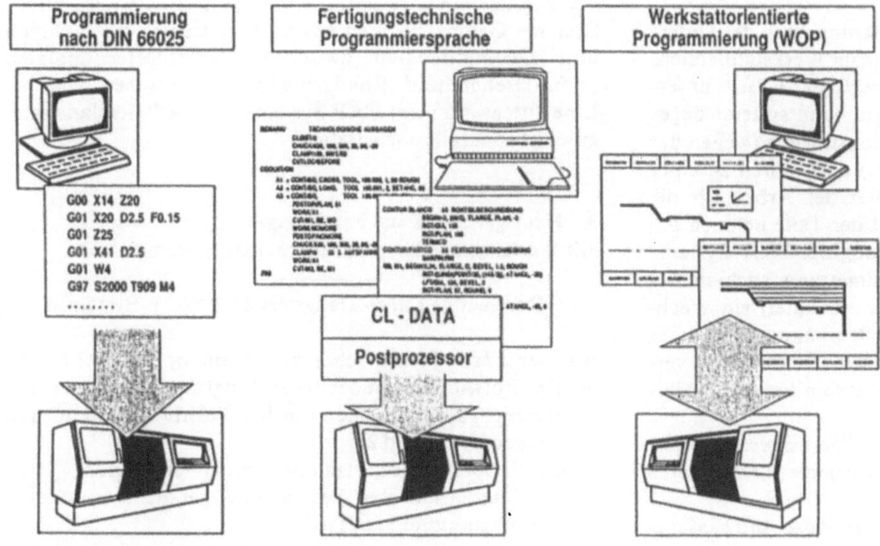

Bild 1. Konzepte der NC-Programmierung

einerseits eine einheitliche Programmierung innerhalb eines Verfahrens (z. B. Drehen), unabhängig vom Hersteller der Steuerung, und andererseits die Einheitlichkeit über verschiedene Fertigungsverfahren (z. B. Drehen, Schleifen) hinweg. Diese Einheitlichkeit bei der Programmierung setzt ein einheitliches Konzept hinsichtlich Gestaltung und Bedienung der Benutzerschnittstelle voraus (vgl. „WOP-Kriterien", Pkt. 3).

b) Grafisch-interaktive Eingabe ohne Programmiersprache
WOP-Systeme müssen einfach zu bedienen sein. Der Bediener programmiert nicht mehr in abstrakten Kommandosprachen, sondern gibt die für das NC-Programm notwendigen Informationen im grafisch-interaktiven Dialog ein. Hierzu werden werkstattgerechte Begriffe und Bildsymbole genutzt (nicht „Programmieren", sondern „Geometrie beschreiben" und „Arbeitsplan machen"). Charakteristisch daran ist die vollständig getrennte Eingabe der Werkstückgeometrie und des Bearbeitungsablaufs. Das so erstellte maschinen- und steuerungsneutrale Quellprogramm wird anschließend intern in das steuerungsspezifische NC-Programm übersetzt.

c) Grafisch-dynamische Simulation des Bearbeitungsprozesses
WOP-Systeme müssen das erstellte Teileprogramm am Bildschirm simulieren können. Fehler im Programm lassen sich so im Vorfeld lokalisieren und können vor dem Einfahren des Programms behoben werden. Die Simulation sollte in Echtzeit sowie in verschiedenen, individuell manipulierbaren Geschwindigkeiten möglich sein, um z. B. schwierig zu fertigende Passagen genauer betrachten zu können. Die ergänzende Darstellung mit Spannmitteln und Werkzeugaufnahmen erlaubt eine Kollisionsbetrachtung im gesamten Arbeitsraum.

d) Optimierung und Änderung von Programmen in gleicher Methode wie die Neuprogrammierung
Werden nach dem Erstellen eines Teileprogramms Änderungen notwendig (z. B. um die Bearbeitungsreihenfolge zu ändern oder die Technologiewerte zu optimieren), so muß dies ebenfalls grafisch-interaktiv im Quellprogramm – gleich wie bei der ursprünglichen Programmierung – möglich sein. Das geänderte Teileprogramm kann somit problemlos an einen eventuell vorhandenen Programmierplatz zurückübertragen und in der aktuellen Version archiviert werden.

e) Wirkungsvoller Einsatz des Facharbeiters bei numerisch gesteuerten Fertigungseinrichtungen
WOP-Systeme unterstützen die Forderung nach der Unterstützung ganzheitlicher Arbeitsinhalte im Werkstattbereich, indem, wie unter *f* genannt ist, auch z. B. das Rüsten unterstützt wird. Herkömmliche NC-Programmiersysteme dagegen fördern eher zentrale Organisationsformen (wegen der systemtechnischen Unverträglichkeit) und führen zu einer größeren Arbeitsteilung. Die Qualität der Arbeit für die Facharbeiter und damit die Qualität der Teile nehmen damit häufig ab. Die einfache Bedienung der WOP-Systeme erlaubt die wirtschaftliche Programmierung auch in der Werkstatt. Das einheitliche Konzept erleichtert ein Wechseln des Facharbeiters auf andere Bearbeitungsverfahren sowie den Austausch von Programmteilen zwischen verschiedenen WOP-Systemen und bringt somit mehr Flexibilität.

f) Modul zum Erstellen, Verwalten und Übertragen von Daten für Werkzeuge, Spannmittel und Programme für Einfahren und Rüsten
Ziel von WOP-Systemen ist es auch, den Rüst- und Einfahrvorgang zu unterstützen. Voraussetzung dafür ist der Zugriff auf Werkzeug- und Spannmitteldateien sowie die Möglichkeit der Verwaltung und Eingabe von Werkzeugen und Spannmitteln. Die Bedienung des Systems, z. B. die Zuordnung der Werkzeuge zu den Speicherplätzen auf der Maschine, soll ebenfalls grafisch-interaktiv vorgenommen werden können.

g) Einheitliches System für Werkstatt und Arbeitsvorbereitung
CNC-Maschinen selbst werden in den Betrieben heute als flexible Produktionsmittel beschafft und sollen auch möglichst flexibel eingesetzt werden. Hier darf die Programmierung kein Hemmschuh sein. Für einen entsprechend flexiblen Einsatz der Facharbeiter ist ein einheitliches System in der Arbeitsvorbereitung und an der Steuerung von Vorteil. Nicht nur die Einheitlichkeit in der Programmierung wird von WOP-Systemen angestrebt, sondern zudem eine systemtechnische Einheitlichkeit, so daß Teilaufgaben der Programmierung (z. B. Geometriebeschreibung) im zentralen Bereich und die Definition des Arbeitsplans an der Steuerung der Maschine gemacht werden können.

2.2 Weitere Ziele

Die nachfolgenden Ziele sind von Mitgliedern des *WOP-Zentrums Stuttgart* im Hinblick auf Weiterentwicklungen innerhalb der Werkstattorientierten Produktionsunterstützung zusätzlich definiert worden.

h) Vereinheitlichung der Bedienung der Komponenten im Werkstattbereich
Die NC-Programmierung war Ausgangspunkt der WOP-Philosophie. Weitere Systemkomponenten, die den Facharbeiter bei der Erfüllung ganzheitlicher Arbeitsinhalte unterstützen, sind gefordert. Systeme für diese werkstattorientierte Produktionsunterstützung (z. B. Leitstände, werkstattorientierte Prüfsysteme, DNC oder werkstattorientierte Betriebsmittel-Verwaltungssysteme) müssen dieselben Ziele hinsichtlich Einfachheit und Einheitlichkeit verfolgen, um zu einem integrierten Konzept für die Werkstatt zusammengeführt werden zu können.

i) Integration im CIM-Umfeld
Hinsichtlich der Integration in ein umfassendes CIM-Konzept dürfen Systeme zur werkstattorientierten Produktionsunterstützung keine Insellösungen sein. Vielmehr sind Schnittstellen zu vorgelagerten Bereichen, wie Konstruktion und Arbeitsvorbereitung, oder auch innerhalb der Werkstattebene notwendig. So sollen beispielsweise WOP-Systeme Geometriedaten aus CAD-Systemen übernehmen und Geometriedaten zwischen Nachfolgetechnologien (z. B. Drehen und Rundschleifen) austauschen können. Eine Integration mit CAP-Systemen zur Arbeitsplanerzeugung ist ebenfalls anzustreben.

3 Heutiger Stand und Erfahrungen mit Werkstattorientierten Programmiersystemen

3.1 Der heutige Entwicklungsstand bei WOP-Systemen

Auf der *EMO '91* war schon zu erkennen, daß WOP-Ziele bei den Entwicklungen der neuen Programmiersysteme und Steuerungen aufgenommen wurden. Positiv ist folgendes zu vermerken [2, 6] (Bild 2):
– Grafikoberflächen setzen sich zunehmend durch,
– die Simulation der Bearbeitung gehört in einfacher Form heute zum Standard,
– die strukturelle Trennung von Geometrie-/Technologieeingabe wird zunehmend angewandt,

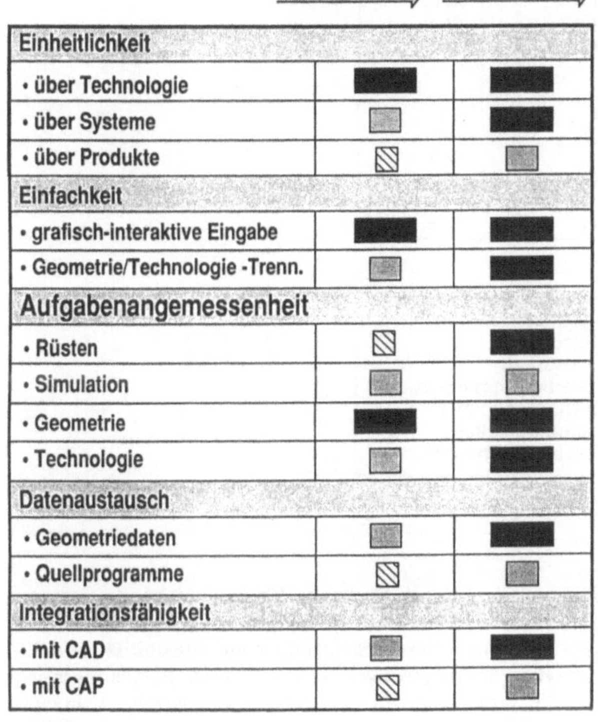

Bild 2. Werkstattorientiertes Programmieren heute — morgen

– es existieren für alle gängigen Technologien von verschiedenen Anbietern WOP-Systeme,
– die Einheitlichkeit der Programmierung ist in einigen Fällen vorhanden (Bild 2).

Für die einheitliche Gestaltung der WOP-Systeme existieren vom *WOP-Zentrum Stuttgart* erarbeitete Gestaltungsrichtlinien, die sogenannten „WOP-Kriterien", die momentan mit Gewichtungsfaktoren versehen werden, um sie auch bei der Systembewertung im Sinne einer Nutzwertanalyse anwenden zu können [4].

Die WOP-Kriterien haben sich jedoch noch nicht auf breiter Front durchgesetzt. Kritische Punkte sind des weiteren [2]:
– es gibt für die Komplettbearbeitung nur von wenigen Anbietern WOP-Systeme,
– für die komplexeren Bearbeitungen, wie 3- bzw. 5-Achsfräsen oder Bearbeitungszentren existieren noch keine Lösungen,
– es fehlen Schnittstellen zum Geometrie- und Quellendatenaustausch zwischen Programmierplatz und Steuerung und zwischen verschiedenen Steuerungen (z. B. vom Drehen zum Rundschleifen),
– insgesamt wird das Rüsten und Einfahren momentan noch wenig vom System unterstützt (fehlender Einbezug von Modulen zur Werkzeug- und Spannmittelverwaltung).

3.2 Bisherige Erfahrungen beim Einsatz von WOP-Systemen

In einzelnen Beispielen stellen sich mit WOP-Systemen die verschiedenen Organisationsformen der NC-Programmierung wirtschaftlich wesentlich positiver dar. So z. B.:
– Programmierung in der Arbeitsvorbereitung und in der Werkstatt im Verbund [7, 8],
– Programmierung nur in der Werkstatt [9, 10],
– WOP-Systeme „nur" zur Geometrieeingabe [11].

WOP-Systeme führen in vielen Fällen zu einem wirkungsvolleren Einsatz der Facharbeiterqualifikation bei numerisch gesteuerten Fertigungseinrichtungen, wie die folgenden Ergebnisse der Untersuchungen bei MTU beispielhaft zeigen [10, 12]:
– eine schnellere Programmierung ist möglich (Verbesserung von 30 % bis 70 %),
– beim Einfahrzeitvergleich lassen sich Zeitreduzierungen von 30 % bis 60 % erreichen (Bild 3) [10],
– von den Kosten her ist der Einmalaufwand für Neuprogramme bei den grafisch-interaktiven Programmierverfahren deutlich niedriger,
– die Kosten für die Programmierung in der Werkstatt sind bei geringeren Investkosten nicht höher als am Programmierplatz (Bild 4) [8],

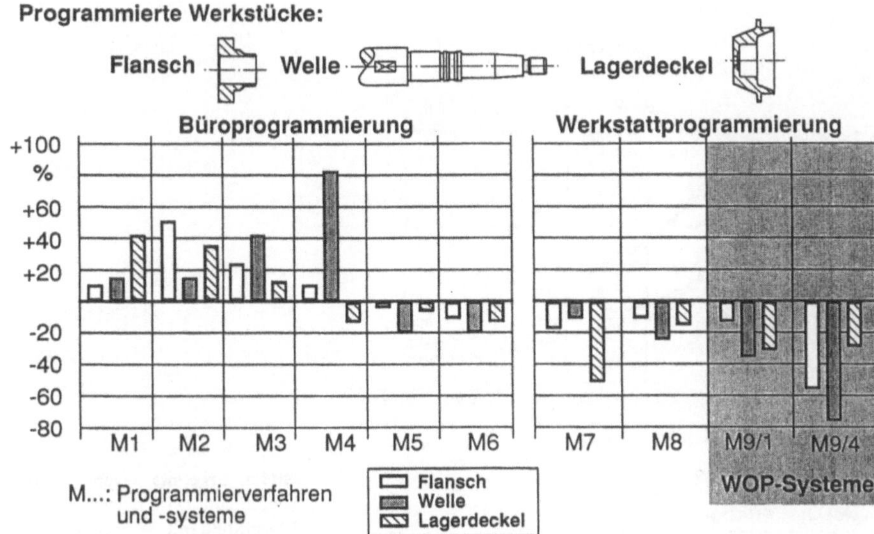

Bild 3. Evaluation werkstattorientierte Programmierverfahren: Einfahrzeitvergleich

	Untersuchungskriterien	Maschine A	Maschine B	Maschine C
1	Inbetriebnahme	1/88	10/88	12/87
2	Erfassung der NV-Programme ab	5/88	10/88	5/88
3	Anzahl Programme bis 11/89	755	525	862
	Durchschnittliche Anzahl:			
4	• Neuprogramme pro Schicht	1	1	1
5	• Spannungen Programme	2,5	2	2
6	• Aufträge pro Schicht	3,3	4,3	4
7	• Losgröße pro Auftrag	4,6	4,1	3,5
8	• Gesamtrüstzeit in min.	75	60	60
9	• te-Zeit in min.	13	11	14
10	• ta-Zeit pro Auftrag in min.	136	105	109

Quantifizierbare Einsparungen	Nichtquantifizierbare Ergebnisse
• 112 min. pro Auftrag entspricht: 165 DM bei 1 482 Neuprogrammen (3 Maschinen) • 2 768 Stunden entsprechen: <u>248 000 DM</u>	• autarke Bearbeitungsinseln • Reduzierung der Einfahrzeit • Vereinfachung der Fertigungssteuerung • 15% mehr Teile auf NC-Maschinen • Reduzierung der Durchlaufzeiten • 'Schnellschüsse' leicht handhabbar

Bild 4. Vergleich AV-Programmierung/WOP-Programmierung an der Maschine

– bei Untersuchungen ergab sich eine sehr leichte, schnelle Erlernbarkeit über verschiedene Ausbildungs- und Altersstufen hinweg (Bild 5) [10, 12].
Über die absolute Höhe der Effekte entscheidet natürlich das jeweilige Teilespektrum. Insofern sind die Zahlen hier als beispielhaft zu sehen.

Werden ergänzend die nicht quantifizierbaren wirtschaftlichen Einflußgrößen betrachtet [8, 10, 12], so wird erkennbar, daß für den Programmierort damit in zunehmendem Maße die Qualifikation der Mitarbeiter und der Klärungs- und Schnittstellenaufwand bei der Programmierung entscheidend wird.

4 Künftige Entwicklungen und Ausblick

Die Normung und Anwendung der vorn angesprochenen WOP-Kriterien ergibt eine weitergehende, für den Anwender nutzbringende, Vereinheitlichung. Im Hinblick auf Schnittstellen arbeiten Arbeitskreise in den beiden *WOP-Zentren Berlin* und *Stuttgart,* die entsprechende Formate definieren und standardisieren sollen, so daß auch in diesem Feld ein weiterer Schritt zu mehr Flexibilität und Effektivität für den Anwender getan wird. Forschungsseitig werden momentan im *WOP-Zentrum Stuttgart* Konzepte für eine Programmierung im Experten- und Anfängermodus erarbeitet, um den Anwenderforderungen nach mehr Effizienz bei der Programmierung in den verschiedenen Lernstadien gerecht zu werden. In diesem Kontext sind auch Entwicklungen hin zu multimedialen Einlern- und Trainingssystemen zu sehen. Des weiteren werden in einem vom *BMFT* geförderten Vorhaben Untersuchungen zum Thema Erfahrungswissen durchgeführt und Konzepte für entsprechende Systeme erarbeitet, die beim Anwender im Sinne einer Erhaltung, einer besseren Nutzung und dem künftigen Aufbau von Erfahrungswissen wirken sollen [13, 14].

In Zukunft anzugehen sind Konzepte für eine weiterreichende Technologieunterstützung beim Programmieren, die bessere Unterstützung des Rüstens und Einfahrens der

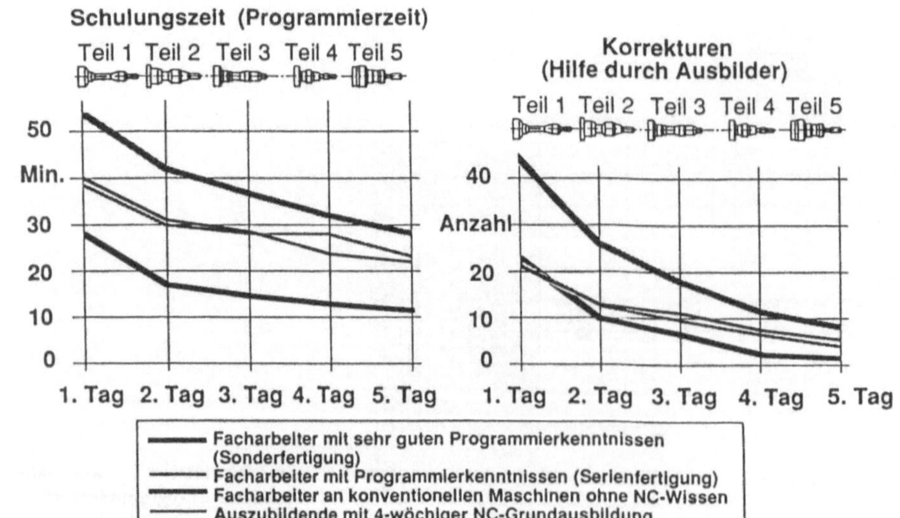

Bild 5. Ergebnis von Untersuchungen zum Lernen an NC-Maschinen mit WOP-System

Maschine wie auch die Aufgabenstellung der Simulation (z. B. 3-D beim Fräsen) mit einer Kollisionsbetrachtung, in der beispielsweise Spannmittel und Werkzeugaufnahmen berücksichtigt werden. Eine Übertragung der Konzepte und Richtlinien auf komplexere Bearbeitungsverfahren steht ebenfalls noch aus.

Literatur

1. Bullinger, H.-J. u. a.: Werkstattorientierte Produktionsunterstützung. In: Bullinger, H.-J. (Hrsg.): Werkstattorientierte Produktionsunterstützung. Berlin: Springer 1990
2. Bullinger, H.-J.; Ammon, R.: Werkstattorientierte Produktionsunterstützung. Vortr. FTK '91, Tag.bd. Berlin: Springer 1991
3. Thines, M.; Rundel, T.: Werkstattorientierte Programmierverfahren − Konzepte und Charakteristika. In: Bullinger, H.-J. (Hrsg): Werkstattorientierte Produktionsunterstützung. Berlin: Springer 1990
4. Thines, M.: Werkstattorientierte Programmiersysteme. Technica, 40 (1991) H. 4, S. 14
5. Liese, S. (Hrsg.): Werkstattorientierte Programmierverfahren (WOP). Ein Beitrag zur Weiterentwicklung qualifikationsorientierter Produktion. PFT-Bericht, KfK-PFT 138, Kernforschungszentrum Karlsruhe 1989.
6. Unveröffentl. Unterlagen z. 1. WOP-Hearing „NC-Programmierung" am 25./26. 3. 1991 in Stuttgart
7. Bolder, E.: Auf der Suche nach neuen Strukturen. Tech. Rdsch. 38 (1990), S. 37
8. Bergmann, H.: Erfahrungsbericht eines Anwenders über Werkstattorientierte Programmierverfahren. In: Bullinger, H.-J. (Hrsg.): Werkstattorientierte Produktionsunterstützung. Berlin: Springer 1990
9. Carnelon, E.: Mit neuen Arbeitsformen zu CIM. Tech. Rdsch. 38 (1990), S. 41
10. Ammon, R.; Raether, C.: Erfahrungsbericht eines Anwenders − Evaluation der WOP-Systeme. In: Liese, S. (Hrsg.): Werkstattorientierte Programmierverfahren (WOP). KfK-PFT 138, Kernforschungszentrum Karlsruhe 1989
11. Karakasch, K.: Programmieren in der Werkstatt. wt Werkstatttechnik 81 (1991) H. 4, S. 247
12. Kromberg, J.: Unisono-Syntax. S.-A. aus: NC-Fertigung (1988) H. 6
13. Martin, H. u. a.: Computergestützte erfahrungsgeleitete Arbeit in der Produktion (CeA) − Aufzeigen von technischen, organisatorischen und qualifikatorischen Gestaltungsfeldern zur Nutzung erfahrungsgeleiteter Arbeit bei der Entwicklung und beim Einsatz von CNC-Techniken durch einen Forschungsverbund. BMFT-HdA-Vorhaben 01 HH 348, Kassel, Juli 1989
14. Rose, H.: Bedeutung des Erfahrungswissens für die Bedienung von CNC-Maschinen. ZwF 86 (1991), H. 1, S. 45

Die fraktale Fabrik

Das Ende der arbeitsteiligen Systeme ist vorhersehbar

Die Fertigungstechnik ist auf der Suche nach der „Fabrik mit Zukunft". Gründe dafür sind beispielsweise der Wandel des Käuferverhaltens – vielgestaltige Produkte sind gefragt – oder die explosionsartige Entwicklung der Rechnertechnik, die zu schneller Informationsübertragung und -verarbeitung führt. Heutige Modelle von der neuen Fabrik bieten meist Teillösungen oder sind nicht universell anwendbar. Ein neuer Denkansatz soll hier weiterhelfen.

Autor:
Prof. Dr.-Ing.
H.-J. Warnecke

Wenngleich die lineare und monokausale Weltsicht bereits zu Beginn unseres Jahrhunderts mit der Quantentheorie in Frage gestellt wurde, suchen wir auch heute noch nach der „Weltformel", in der Produktionstechnik z.B. nach der „Fabrik mit Zukunft". Die Physiker werden die Weltformel nicht finden, ebensowenig die Ingenieure. In jüngerer Zeit hat die Wissenschaft das Chaos als ein weiteres Grundmuster unseres Daseins zwar akzeptiert, aber bei weitem noch nicht verinnerlicht. Wenn wir täglich in dieser Umgebung unsere Aufgaben bewältigen, so gelingt dies am besten, wenn von vornherein nicht nach der „Wahrheit" als übergeordnetem Wert gesucht wird.

In dieser Erkenntnis kann der vorliegende Beitrag nicht **die** innovative Produktionsstruktur beschreiben. Wesentliches Anliegen ist es vielmehr, die Bedeutung ständiger Bemühungen und Verbesserungen in einer sich rasch wandelnden und weitgehend unberechenbaren Umgebung zu betonen. Ein Produktionssystem unterliegt mehr entscheidenden Einflüssen als den drei oder vier, die wir als wesentlich ansehen und vorstellungsmäßig miteinander verknüpfen können.

Menge und Vielfalt als Produktionsstrategie

Das hervorstechende Merkmal unseres Wirtschaftssystems ist seine Vielgestaltigkeit. Die Überlegenheit gegenüber allen Alternativen mit vorherrschend planerischer Komponente zeugt von der Unberechenbarkeit des Zusammenwirkens aller Elemente. Das Scheitern der Planwirtschaften fällt geradezu als Beweis mit dem Paradigmenwechsel in der Wissenschaft zusammen.

Das Systemverhalten kann somit als chaotisch bezeichnet werden. Auch mit höchstem Aufwand erstellte Modelle zu seiner Beschreibung sind prinzipiell unzulänglich. Folgerichtig nehmen die Wettbewerbsstrategien der in dieser Umgebung agierenden Unternehmen sehr unterschiedliche Gestalt an.

Arbeitsteilige Strukturen, wie sie **Taylor** als scheinbar optimale Lösung hergeleitet hat, zielen auf die Nutzung von Mengeneffekten.

Dem gegenüber steht das Charakteristikum einer Fertigung, die das Ziel der Befriedigung individueller Kundenwünsche verfolgt. Der besondere Nutzen für den Abnehmer kann dabei im Produkt selbst (z.B. hohe Variantenvielfalt) oder auch in der Serviceleistung begründet sein.

Die Vorteile einer auf Menge bzw. Vielfalt fokussierten Produktion können um so besser

▼ *Fabrikstruktur im deterministischen Weltbild*

wt Januar 1992 – © Springer-Verlag

genutzt werden, je mehr man sich einem der Extrema annähert. Vor diesem Hintergrund kann eine Segmentierung der Produktion zur besten Lösung führen. Treten innerhalb des Produktionsprogramms große Streuungen hinsichtlich fertigungstechnischer Merkmale auf, kann es keine Lösung geben, die das gesamte Produktspektrum gleichermaßen gut abdeckt.

Informationsverarbeitung als Produktionsfaktor

Aus der beschriebenen Vielgestaltigkeit der Produktion läßt sich ableiten, daß für die Informationsverarbeitung ein firmenspezifisches Konzept zu erarbeiten ist, in dem sich die Unternehmensstrategie widerspiegelt. Eine allgemeine Lösung mit geringem Anpassungsbedarf an betriebliche Randbedingungen ist daher nicht vorstellbar. Trotz fehlender betriebswirtschaftlicher Erfassung müssen wir begreifen:

- Das Unternehmen ist ein informationsverarbeitendes System.
- Der Informationsaufwand ist entscheidend für die Gestaltung der Produktion.

Wir können zwei wesentliche Aufwandsbereiche unterscheiden, den

- technischen Informationsfluß (produkt- und prozeßorientiert) und den
- logistischen Informationsfluß (ablauforientiert).

Extrem arbeitsteilige Strukturen der Mengenfertigung sind gekennzeichnet durch einen geringen Informationsaufwand zur Steuerung des Prozesses. Die Informationen sind zwar vorhanden, werden als solche aber kaum noch wahrgenommen, da sie vor Produktionsbeginn einmalig festgelegt wurden: die Kurvenscheibe als mechanisch verschlüsselte Weginformation oder die Anordnung einer Fertigungslinie als Ausdruck der Abfolge von Arbeitsgängen. Gelingt es, die Fertigungstoleranzen zuverlässig innerhalb der zulässigen Grenzen zu halten, minimiert sich auch der informatorische Aufwand für die Qualitätssicherung. Bei einer Prozeßtoleranz von sechsfacher statistischer Streuung verringert sich der Anteil der Fehlteile auf 3,4 pro Million. Während die Prozeßsteuerung im Verantwortungsbereich der Fertigung liegt, wird die Entwurfstoleranz von der Produktentwicklung bestimmt. Anzustreben ist eine Prozeßfähigkeit $C_P = 2$. Die totale Qualität wird somit wirtschaftlich erreichbar, da Informations- und Prozeßaufwand gleichzeitig sinken.

Durch die Brille der Informationstechnik betrachtet, steigt bei einer auf Vielfalt ausgerichteten Produktion der Logistik- oder Kommunikationsaufwand an, da z.B. weder die Gestalt des Werkstücks noch die Bearbeitungsfolge im Werkzeug und der Fertigungseinrichtung gespeichert sind.

Produzieren ist Umwandeln von Informationen in gestaltete Materie. Damit ist das CAD-System Basis und Ausgangspunkt für einen effektiven technischen Informationsfluß. Der organisatorische Informationsfluß wird hingegen maßgeblich vom PPS-System geprägt.

Zur Gestaltung der Produktion steht uns heute ein Baukastensystem unterschiedlicher Methoden zur Verfügung, die sinnvoll zu kombinieren und anzuwenden sind. Jede Methode – genau wie jede Maschine – hat ihren begrenzten Anwendungsbereich und macht gezielte Auswahl und Substitution bzw. Methodenauswahl bei Änderung der Randbedingungen erforderlich. Es ist falsch, nach einem allgemeingültigen System für einen Betrieb z.B. zur Produktionssteuerung zu suchen.

Angepaßte Produktionsstrukturen

Die beschriebenen Produktionsstrategien führen zu spezifischen Problemfeldern bei der Fabrik-

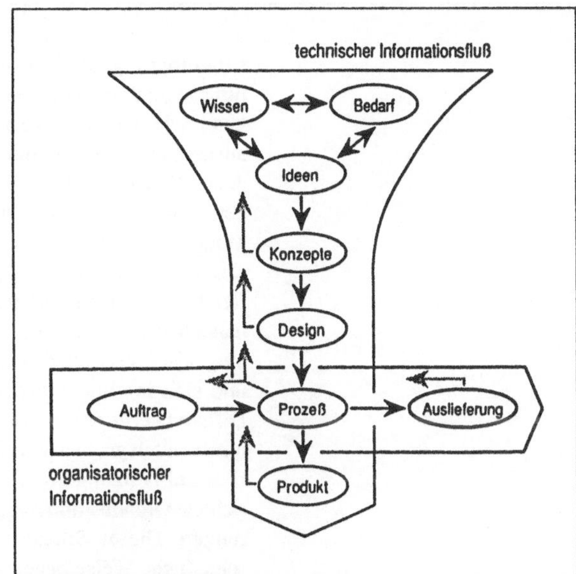

► *Technischer und organisatorischer Informationsfluß im Betrieb*

► *Angepaßte Methoden zur Ablaufsteuerung*

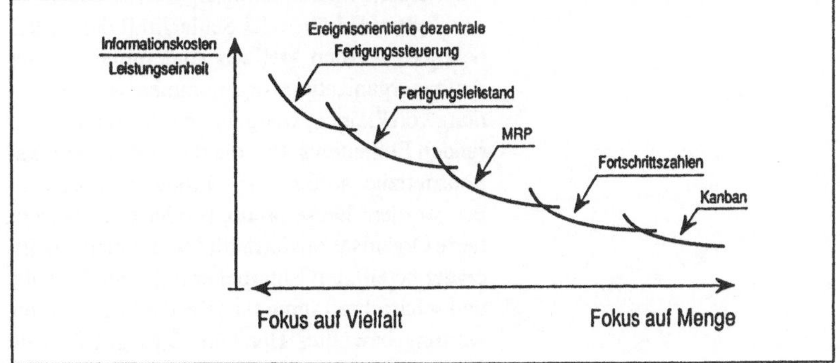

127

strukturierung. So sieht sich ein auf Differenzierung gegenüber dem Wettbewerb ausgerichtetes Unternehmen einer gesteigerten Unsicherheit ausgesetzt. Zum Minimieren der damit verbundenen Risiken muß die Reaktionsgeschwindigkeit gegenüber veränderten Randbedingungen möglichst hoch sein. Dies fällt bei einer Fokussierung auf die Vielfalt leicht, da in diesem Fall flexible Organisationsstrukturen ohnehin vorhanden sind. Unternehmen jedoch, die sich bislang als Preiswettbewerber verstanden haben und sich in zunehmendem Maße in Richtung Differenzierungsstrategie bewegen, sehen sich unvermittelt großen Schwierigkeiten ausgesetzt. Eine auf Nutzung von Mengenvorteilen ausgerichtete Organisation reagiert träge auf Veränderungen. Dieser Situation läßt sich auf unterschiedliche Weise begegnen:

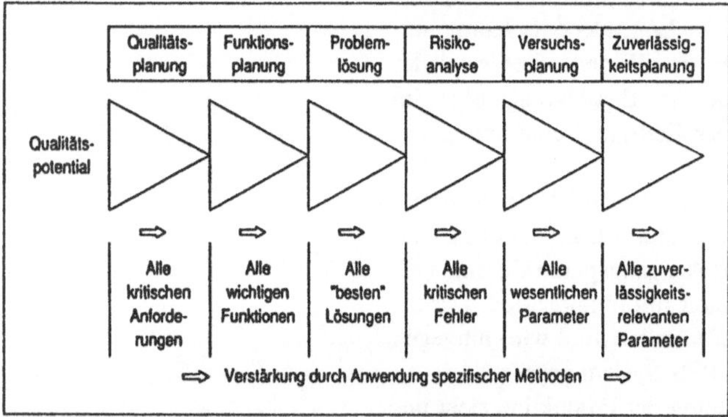

▲ Einsatz von Methoden zur Qualitätssicherung

Logisch sequentiell ablaufende Schritte bei der Produktentwicklung werden weitgehend zeitparallel bearbeitet (Simultaneous Engineering). Dabei entsteht ein hoher Koordinierungsaufwand, da alle Aktivitäten miteinander verzahnt sind. Der Kommunikationsaufwand zwischen den Beteiligten steigt entsprechend an. Eine Erhöhung der Entwicklungskosten ist jedoch für den Unternehmenserfolg weit weniger bedeutsam als eine Terminüberschreitung bei der Markteinführung. Eine stabile, unter Qualitätsgesichtspunkten einwandfreie Produktion muß deshalb möglichst schnell nach Produktionsbeginn erreicht werden. Der kostspielige Zeitverzug zwischen Auftreten und Erkennen von Fehlern wird minimiert.

Zum Erhöhen der Schlagkraft des Unternehmens werden vielfach Änderungen in der Aufbauorganisation vorgenommen. Mit der Bildung von kleinen, weitgehend selbständig agierenden Einheiten sollen die durch Kommunikationsdefizite auftretenden Probleme überwunden werden. Diese produkt- oder prozeßorientierte Organisationsform fördert die Identifikation der beteiligten Mitarbeiter mit ihrer Aufgabe und schafft Freiräume für selbständiges, verantwortungsbewußtes Handeln. Dies gilt für alle Hierarchiestufen und für alle Unternehmensfunktionen.

Zum Erkennen von Potentialen, Reserven und Verbesserungsmöglichkeiten hat sich das Erfassen der Größe „Zeit" wie Liege-, Warte-, Wege- oder Stillstandszeit als objektive Datengrundlage sowie die anschließende Senkung dieser Verlustzeiten als ein sehr wirksames Instrument erwiesen. Allerdings erzielt man damit nur dann eine dauerhafte Wirkung, wenn diese Institutionalisierung in der Anwendung zur Routine wird.

Die Etablierung flacher Hierarchien fördert tendenziell das Generalistentum der Mitarbeiter und ist Ausdruck nicht bewältigter Komplexität innerhalb einer großen Organisation. Es ist jedoch unbestritten, daß Spezialistentum gerade in technologischen Fragestellungen unabdingbar bleibt. Bei Restrukturierungsmaßnahmen ist daher unbedingt darauf zu achten, daß ein angemessenes Verhältnis zwischen Spezialisten und Generalisten erhalten bleibt. Sonst besteht die Gefahr, in kurzer Zeit entscheidendes Knowhow zu verlieren. Veränderungen in der Organisationsstruktur haben daher stets behutsam zu erfolgen, durchgreifende Kehrtwendungen bergen nicht zu unterschätzende Gefahren. Dies gilt um so mehr unter den Bedingungen einer stetig wachsenden Zahl von Gesetzen und behördlichen Auflagen, über deren Einhaltung Rechenschaft abzulegen ist.

Für die Wahl der für den Einzelfall sinnvollen Organisationsform kann im Sinne der eingangs hergeleiteten prinzipiellen Unsicherheit kein Algorithmus angegeben werden. Auch in Zukunft bleibt es ständige Aufgabe der Unternehmensführung, Technik und Organisation den Erfordernissen anzupassen und alle Potentiale, insbesondere bei den Mitarbeitern, für die Erreichung der Unternehmensziele einzusetzen. Sogenannte schlanke Produktionsstrukturen (lean production) sind somit ein System aufeinander abgestimmter Methoden und Organisationsformen. Weil es „die" Fabrik der Zukunft aber nicht geben kann, wird auch die schlanke Produktion nur eine Episode bei der ständigen Suche nach angepaßten Strukturen bleiben.

Weitere Möglichkeiten

Die Lösung einer Produktionsaufgabe braucht vor allem Prozeßaufwand (Umsetzen von Informationen über gesteuerte Energie in geformtes Material) sowie Logistikaufwand (Planen und Steuern der Aufträge bis zur Lieferung, Service und Entsorgung). Somit wird eine leistungsfähige Mengenfertigung beim Senken des Prozeßaufwands erreicht, da der Logistikaufwand wegen des vorherigen, einmaligen Planens und Festlegens der Abläufe je Leistungseinheit gering ist. Bei der kundenorientierten Beherrschung der Vielfalt ist hingegen der Logistikaufwand ausschlaggebend für die Effektivität.

Eine Fabrik ist also so zu gestalten, daß die Summe aus Prozeßaufwand und Logistikaufwand ein Minimum wird. Dabei bewegen wir uns zwischen den beiden genannten Extremen Menge und Vielfalt, die jeweils andere Strukturen und Methoden voraussetzen.

Vision und Ziel

Das deterministische Weltbild reicht nicht mehr aus, um die künftigen Aufgaben bei Planung und Betrieb von Industriebetrieben zu bewältigen. Ein neuer konzeptioneller Ansatz zur Lösung dieser Aufgabe ist die „fraktale Fabrik". Diese Konzeption verfolgt nicht den Grundgedanken, gänzlich neue Organisationsformen zu schaffen – das wäre kurzfristig auch gar nicht mehr möglich –, sondern Erkenntnisse, Erfahrungen und bestehende Lösungen in einem größeren Zusammenhang nutzbar zu machen und umzusetzen.

Der Begriff „fraktal" stammt aus der mathematisch-geometrischen Beschreibung natürlicher Strukturen bei lebenden Organismen und bei Materie. Fraktale sind gekennzeichnet durch eine Selbstähnlichkeit von Strukturen und vom Verhalten des ganzen Systems wie auch seiner Subsysteme und Elemente hinsichtlich der verfolgten Ziele. Jedes Fraktal verfolgt im kleinen die Ziele des Gesamtsystems und betreibt weitgehend Selbstorganisation und Selbstoptimierung.

Die Ziele zweier Teileinheiten stimmen jedoch niemals genau überein. Solange die Aktivitäten der Teilsysteme nicht einander zuwiderlaufen und das Gesamtziel torpedieren, können diese optimal agieren. Erfahrungsgemäß sind gerade in diesen Bereichen die größten Hemmnisse zu erwarten. Das menschliche Miteinander spielt dabei eine entscheidende Rolle. Eine wesentliche Aufgabe für die Realisierung der fraktalen Fabrik besteht also darin, die Widerspruchsfreiheit der Fraktale herzustellen. Die damit verbundene Managementaufgabe ist der wesentliche Erfolgsfaktor bei Einführung und Betrieb.

Fazit:

Die „fraktale Fabrik" beschreibt analog zu lebenden Organismen das Zusammenspiel der Teile eines Gesamtsystems: Jedes Teilsystem arbeitet für sich selbständig, aber Verhalten und verfolgtes Ziel müssen dem des Gesamtsystems gleichen. Nur so werden die Ziele optimal erreicht. Deshalb ist es eine Managementaufgabe, die Übereinstimmung im Verhalten und das Miteinanderarbeiten aller Teilsysteme sicherzustellen.

Wirtschaftlichkeit durch beherrschte	
Menge (Economy of Scale) Spezialist	**Vielfalt (Economy of Scope)** Generalist
Massen-, Großserienfertigung programm-, lagergesteuert	Einzel-, Kleinserienfertigung bedarfs-, auftragsgesteuert
teile die Arbeit, vereinfache die Arbeit	integriere, dezentralisiere
Produktivität	Flexibilität
spezialisierte Arbeitsstationen starre Automatisierung	Komplettbearbeitung flexible Automatisierung
Mengen-Know-how-funktionsorientiert — Konzentration	Organisations-Informations-produktorientiert — Konzentration
Führen durch Planen und Anweisen	Führen durch Ziele setzen und überzeugen
Fertigungsprozeß (Logistik)	(Fertigungsprozeß) Logistik
Prozeßzeit, Prozeßkosten	Durchlaufzeit, Auftragszeit
stabile Produktion	An- und Auslauf
Verfügbarkeit	Wiederverwendbarkeit
Qualität durch Inspektion	Qualität durch Prozeßregelung
viele Schnittstellen	wenige Schnittstellen
hierarchische-bürokratische- Strukturen	Netzwerk-Gruppen- Strukturen
ein großer Regelkreis nacheinander	viele kleine Regelkreise miteinander

▶ *Organisatorische Charakteristika von Massen- und Kleinserienfertigung*

Fabrik mit Zukunft: *Die fraktale Fabrik!*

● Das unberechenbare Systemverhalten nicht bekämpfen, sondern damit umgehen.

● Selbständige Einheiten (Fraktale) bilden, die "selbstähnliche Ziele" mittels angepaßter Strukturen und Methoden verfolgen: Fabriken in der Fabrik mit horizontaler Geschäftsprozeßorientierung.

● Übergeordnete Strukturen nur, soweit zur Abstimmung der Fraktale und zur Sicherstellung der Unternehmensziele erforderlich.

▶ *Leitlinien in der Produktion*

▶ *Fabrikstruktur im chaotischen Weltbild*

129

Inhaltsverzeichnis

wt-Produktion und Management 83(1993) Heft 1 bis 11/12

Angaben in der Reihenfolge Autor, Titel, Heftnummer, Seitennummer

Adams, F.-J.: siehe Weinert, K.-D.

Ahrend, H.-W.: Gemeinsame Planung von Fabrik und Gebäude 7/8, 60

Ahrend, H.-W.; Ruß, P.; Tabatzki, M.: Zur Modernisierung von Anlagensystemen 2, 62

Ahrend, H.-W.; Tabazki, M.: Teilefertigung und Montage durchgängig planen 11/12, 86

Alphéus, I.: Pilotanlage zur optimierten Teilereinigung 3, 46

Anderl, R.: siehe Dangelmaier, W.

Aupperle, G.: siehe Moßmann, M.

Aupperle, G.; Bischoff, J.; Block, M.; Burr, G.; Ullmann, B.: Die Fraktale Fabrik lebt 3, 54

Backes, F.: siehe Hoffmann, M.

Bamberger, R.; Laubscher, H.-P.: Leitstandsysteme in der Bewertung 5(Facts), 26

Bamberger, T.: siehe Zülch, G.

Bauer, C.-O.: Die Aussagesicherheit von Meßverfahren 1, 46

Bauer, R.: siehe Körner, E.

Beitz, W.: siehe Krause, F.-L.

Binner, H. F.: Bedarfssicherheit: Ausgangspunkt für eine logistikgerechte Produktion 2, 50

Binner, H. F.: Wege aus der Krise 10, 42

Bischoff, J.: siehe Aupperle, G.

Block, M.: siehe Aupperle, G.

Böckmann, F.: siehe Moßmann, M.

Böschke, K.: Der Kühlschmierstoff als Werkzeug 3, 62

Boetz, V.: CNC-Bearbeitungszentrum für große Lose 9, 70

Boetz, V.: Vorsprung auch bei kleinen Serien 7/8, 52

Boetz, V.: Wirtschaftliche Fertigung von Automobilteilen 1, 32

Brandt, B.: siehe Mönnich, K. D.

Brandt, D.: siehe Wobke, H.-G.

Buchholz, B.: siehe Doege, E.

Burr, G.: siehe Aupperle, G.

Burgstahler, B.: siehe Westkämper, E.

Cianci, P.: Neuartiges Spannsystem für Werkstücke 9, 94

Dangelmeier, W.: Fertigungssteuerung in einer qualitätsorientierten Fabrik 5, 42

Dangelmaier, W.; Anderl, R.: Produzieren ohne Reserven, 1, 54

Diekhof, W.: Wassermischbare Kühlschmierstoffe 11/12, 64

Dieterle, A.: siehe Milberg, J.

Doege, E.; Buchholz, B.: Simulation des Ringwalzens 7/8, 42

Doege, E.; Schliephake, U.: Verschleißprognose beim Gesenkschmieden 9, 118

Drude, M.: siehe Schönheit, M.

Feldmann, K.; Franke, J.; Wolf, M.: Neue Fertigungstechnologie 3, 50

Fleckenstein, I.: Effizientes Logistik-Controlling 2, 46

Franke, J.: siehe Feldmann, K.

Freytag, J.: Laserstrahlbohren mit dem Festkörperlaser 7/8, 68

Gebhardt, A.: Die Sterne vom Himmel 6, 50

Glöckner, M.: Rechnerunterstützte Fertigungsstruktierung 5, 28

Görke, M.: Senkrechtes Drehen von Futterteilen mit einfacher Werkstückhandhabung 9, 56

Gonschior, M.: siehe Richter, R.

Gottschalch, H.; Vöge, M.; Spatz, H,: Meister spezifizieren Forderungen an Leitstände 9, 166

Gräble, A.; Kurz, E.: Notepad-Einsatz in der Instalthaltung 4, 74

Grohmann, J.: Umweltschutz in der Zerspanung 11/12, 60

Hanisch, G.; Krockenberger, O.: Flexibles Greifen und Vereinzeln biegeschlaffer Flächengebilde 9, 138

Haux, K.-E.: siehe Korn, G.

Heger, G. F. J.: siehe Storr, A.

Heisel, U.; Stephan, S.: Nutzungsgrade flexibler Fertigungssysteme 4, 66

Heller, R.: siehe Richter, R.

Herrmann, W.: Informationstechnologie für die Werkstatt 5(Facts), 28

Herzog, O.: siehe Warnecke, H.-J.

Hirsch-Kreinsen, H.: Arbeitsorganisatorische Probleme des Qualitätsmanagements 10, 58

Hördemann, G.: Schallemissionsanalyse optimiert den Schleifprozeß 9, 150

Hoffman, M.; Backes, F.: Wissensbasierte Biegestadienplanung 10, 61

Junghanns, J.: Im Trend: Berührungslose Identifikation 2, 58

Jürging, C.-P.: siehe Richter, R.

Kahlenberg, R.: Integrierte Qualitätssicherung in Produktionssystemen 5, 36

Kaiser, L.: siehe Storr, A.

Kappelsberger, E.; Schnee, D.: Wirtschaftliches Laserschneiden nimmt zu 9, 85

Kappmeyer, G.: Laserfokussensor zur berührungslosen Oberflächenmessung 2, 65

Klein, B.: Simultaneous Engineering 2, 42

Klos, M.: siehe Scharf, P.

Knödler, R.: siehe Körner, E.

Könnemann, G.: Bessere Oberflächen beim Schleifen 5, 32

Körner, E.; Bauer, R.; Knödler, R.; Lutz, B.: Kombiniertes Umformverfahren halbwarm/kalt 9, 35

Korn, G.; Haux, K.-E.: Werkzeugkostenermittlung und -zuordnung 3, 38

Kramer, W.: Laserschneiden dicker Bleche 6, 54

Krause, F.-L.; Beitz, W.: Produktentwick-

wt November/Dezember 1993 – © Springer-Verlag

lung mit Simultaneous Engineering 5(Facts), 4

Krockenberger, O.: siehe Hanisch, G.

Krüger, H.: Kontrollierte Spanformung beim Drehen 9, 96

Künzel, R.; Scheuermann, W.: Gruppentechnologische Analysen mit Hilfe neuronaler Netze 3, 66

Kugelmann, F.: Automatische Dichtschnurmontage 9, 135

Kugler, W.: siehe Sperling, W.

Kurz, E.: siehe Gräble, A.

Laubscher, H.-P.: siehe Bamberger, R.

Laucht, O.: Formen der Leistungsförderung in der flexiblen Großmontage 10, 54

Lehmann, P.: siehe Mönnich, K. D.

Linß, M.: siehe Tikal, F.

Lutz, B.: siehe Körner, E.

Mikosch, F.: Umwelt-und Ressourcenschonende Produktion 11/12, 56

Miksch, R.: Experimentelle Optimierung freier Roboterbahnen 1, 43

Milberg, J.; Dieterle, A.: Integration der Demontage in die Produktgestaltung 3, 42

Mittelviefhaus, C.: Controlling in der Instandhaltung 4, 82

Mönnich, K. D.; Brandt, B.; Reuter, I.; Steffin, G.; Lehmann, P.; Saffian, K.: Organisation von Fertigung und Logistik 4, 86

Momber, A.: Neue Erkenntnisse auf dem Gebiet des Abrasivstrahlschneidens 11/12, 74

Moßmann, M.; Aupperle, G.; Böckmann, F.: Mehrere Ressourcen optimal verplant 7/8, 56

Prasetio, J.: Stetige Eckenfahrt 6, 76

Reibetanz, T.: siehe Storr, A.

Reiß, T.: Verschleißerkennung beim Fräsen mittels Korrelationsfunktionen 2, 34

Reuter, I.: siehe Mönnich, K. D.

Richter, R.; Gonschior, M.; Heller, R.; Jürging, C.-P.: Rapid-Prototyping - Verfahrensprinzipien und Praxisanwendungen 6, 62

Richter, R.; Gonschior, M.; Heller, R.; Jürging, C.-P.: Rapid-Prototyping mittels Schmelzen oder Kleben 10, 50

Richter, R.; Gonschior; M.; Heller, R.; Jürging, C.-P.: Rapid-Prototyping im Betrieb 11/12, 70

Rong Jer Lai: Segmentgravuren beim Reckwalzen 4, 89

Rundel, P.; Thines, M.: WOP-Steuerung 2000 9, 156

Ruß, P.: siehe Ahrend, H.-W.

Saffian, K.: siehe Mönnich, K. D.

Scharf, P.; Klos, M.: Informationssystem für die automatische Schraubmontage 6, 68

Scheuermann, W.: siehe Künzel, R.

Schindele, H.: siehe Zülch, G.

Schliephake, U,: siehe Doege, E.

Schmid, J.: Schweißen und Schneiden mit einem Laser 6, 58

Schmidt, J.: siehe Weule, H.

Schmitt, A.: Technische Abwicklung im Anlagenbau 6, 72

Schnee, D.: siehe Kappelsberger, E.

Schneider, D.: siehe Warnecke, H.-J.

Schönheit, M.; Wiegershaus, U.; Drude, M.: FTS-Moderne Transporttechnik 9, 132

Schulze, O.: siehe Weck, M.

Schweizer, M.: siehe Warnecke, H.-J.

Seifert, H.-J.: Modellgestützte Diagnose komplexer Produktionssysteme 2, 45

Shrikant Ranade: siehe Zeder, M.

Simon, H.: Elementare Ansätze zur Auslegung von Tiefziehteiten 3, 34

Spath, D.: siehe Weule, H.

Spatz, H.: siehe Gottschalch, H.

Sperling, W.; Kugler, W.: Informationsaustausch zwischen Automatisierungsgeräten 4, 78

Steffin, G.: siehe Mönnich, K. D.

Steinhilper, R.: Recycling 1, 58

Stephan, S.: siehe Heisel, U.

Storr, A.; Heger, G. F. J.; Kaiser, L.: Qualitätssicherung in der flexiblen Fertigung 9, 122

Storr, A.; Reibetanz, T.: Qualitätsgerechtes NC-Programmieren von Drehteilen 9, 125

Tabatzki, M.: siehe Ahrend, H.-W.

Tikal, F.; Linß, M.: Renaissance für das Gewindebohren 9, 100

Thiermann, L.: Mehrspindler: diesmal linear und CNC-gesteuert 1, 36

Thines, M.: siehe Rundel, P.

Tubandt, E.: siehe Zeidler, H.

Ullmann, B.: siehe Aupperle, G.

Ullmann, W.: Logistisches Produktions-Controlling 5, 40

Vöge, M.: siehe Gottschalch, H.

Wack, P.: Bauteilbeurteilung anhand von Prozeßkennfeldern beim Schmieden 4, 84

Wack, P.: Bauteilbeurteilung mit Prozeßkennfeldern beim Schmieden 11/12, 78

Walker, T.: Aufgabenangepaßte Drehmaschinen senken die Kosten 7/8, 48

Walze, H.: Normung der Schnittstellen sichert Qualität 11/12, 82

Warnecke, H.-J.; Herzog, O.: Entwurf von Leitsystemen 2, 54

Warnecke, H.-J.; Schweizer, M.; Schneider, D.: Bleche sicher verbinden: Automatische Nietprozeßüberwachung 1, 50

Weck, M.; Schulze, O.: Unrundgeometrien flexibel fertigen 10, 46

Wendt, A.: Sensoren verleihen flexiblen Produktionsprozessen Transparenz 4, 70

Weinert, K. D.; Adams, F.-J.: Vorrichtung zur Untersuchung der Spanbildung beim Bohren 2, 38

Westkämper, E.; Burgstahler, B.: Neuorientierung einer Fertigung 3, 58

Weule, H.; Spath, D.; Schmidt, J.; Zimek, S.: Computerunterstützte kooperative Arbeit in der Produktionstechnik 11/12, 90

Wiegershaus, U,: siehe Schönheit, M.

Wobker, H.-G.; Brandt, D.: Perspektiven beim Hartdrehen 9, 65

Wolf, M.: siehe Feldmann, K.

Zeder, M.; Shrikant Ranade: Fuzzy-Logik auf SPS 9, 153

Zeidler, H.; Tubandt, E.: Gestaltspeichernde Werkzeuge für geringe Stückzahlen 1, 40

Zimek, S.: siehe Weule, H.

Zülch, G.; Bamberger, T.; Schindele, H,: Simulation des Personaleinsatzes 9, 170

wt November/Dezember 1993 – © Springer-Verlag

W. Kunerth (Hrsg.)

Menschen, Maschinen, Märkte

Die Zukunft unserer Industrie sichern

Festschrift zum 60. Geburtstag von Prof. Dr.-Ing. Dr. h. c. mult. Hans-Jürgen Warnecke

1994. XIV, 259 S. 150 Abb. Geb. **DM 68,-**; öS 530,40; sFr 68,- ISBN 3-540-57925-7

Viele Analysen von Wirtschaftsexperten bestätigen, daß die Umsetzung innovativer Erfindungen und Entwicklungen in marktfähige Produkte zu einer der wichtigsten Triebfedern einer funktionierenden Marktwirtschaft gehört. Hier darf der Prozeß aber nicht enden. In der heutigen Situation des internationalen Wettbewerbs gehören Marketingkonzepte und Überlegungen zur Marktdurchdringung auch zum Erfolg eines Produktes oder einer Dienstleistung.

Namhafte Autoren legen unter den Begriffen **Menschen, Maschinen, Märkte** ihre Ideen und Lösungsansätze zur Sicherstellung unserer industriellen Zukunft dar.

H.-J. Warnecke

Revolution der Unternehmenskultur

Das Fraktale Unternehmen

Unter Mitarbeit von **M. Hüser**

2. Aufl. 1993. 282 S. 96 Abb. Brosch. **DM 39,80**; öS 310,50; sFr 39,80 ISBN 3-540-57196-5

Ursprünglich veröffentlicht unter dem Titel: Die Fraktale Fabrik

Strukturkrise, Rezession, Standortnachteile, verpaßte Chancen, Miß-Management, Massenentlassungen, Konkursrekordzahlen:Europa durchläuft zur Zeit die schwerste ökonomische Krise der Nachkriegszeit. Professor Warnecke, der Leiter des Fraunhofer-Instituts für Produktionstechnik und Automatisierung, liefert einen hervorragenden Überblick über die Schwachstellen im organisatorischen Zusammenspiel eines Unternehmens und beschreibt Wege zu seiner effizienteren Gestaltung. Dem Autor gelingt es, komplexe Zusammenhänge leicht verständlich darzustellen. Begriffe wie Lean Management, Total Quality Management, Core Business, dezentrale Strukturen oder Selbstorganisation werden im Kontext einleuchtend verständlich. Die bemerkenswert große Resonanz der ersten Auflage unter dem Titel "Die Fraktale Fabrik" hat den Verlag bewogen, die zweite Auflage noch ansprechender und lesefreundlicher zu gestalten. Der geänderte Titel soll darüber hinaus helfen, alle Entscheider im mittleren und oberen Management in Unternehmen der unterschiedlichsten Branchen zu erreichen.

Tm.BA94.7.9c